Python
Algorithms

Python
算法教程

U0265283

[挪威] Magnus Lie Hetland　著

凌杰　陆禹淳　顾俊　译

人民邮电出版社

北　京

图书在版编目（CIP）数据

Python算法教程 / （挪威）赫特兰（Hetland, M. L.）
著；凌杰，陆禹淳，顾俊译. -- 北京：人民邮电出版
社，2016.1
　ISBN 978-7-115-40483-1

　Ⅰ. ①P… Ⅱ. ①赫… ②凌… ③陆… ④顾… Ⅲ. ①
软件工具－程序设计－教材 Ⅳ. ①TP311.56

　中国版本图书馆CIP数据核字(2015)第247097号

版 权 声 明

Python Algorithms: Mastering Basic Algorithms in the Python Language, Second Edition
by Magnus Lie Hetland, ISBN: 978-1-4842-0056-8
Original English language edition published by Apress Media.
Copyright ©2014 by Apress Media.
Simplified Chinese-language edition copyright ©2015 by Post & Telecom Press.
All rights reserved.
本书中文简体字版由 Apress L.P. 授权人民邮电出版社独家出版。未经出版者书面许可，不得以任何方式复
制或抄袭本书内容。
版权所有，侵权必究。

◆ 著　　　　[挪威] Magnus Lie Hetland
　 译　　　　凌 杰　陆禹淳　顾 俊
　 责任编辑　陈冀康
　 责任印制　张佳莹　焦志炜
◆ 人民邮电出版社出版发行　　北京市丰台区成寿寺路 11 号
　 邮编　100164　电子邮件　315@ptpress.com.cn
　 网址　http://www.ptpress.com.cn
　 北京九州迅驰传媒文化有限公司印刷
◆ 开本：800×1000　1/16
　 印张：20.75　　　　　　　　　2016 年 1 月第 1 版
　 字数：497 千字　　　　　　　 2024 年 7 月北京第 21 次印刷
　 著作权合同登记号　图字：01-2013-6325 号
　 定价：69.00 元
读者服务热线：(010)81055410　印装质量热线：(010)81055316
反盗版热线：(010)81055315

内容提要

　　Python 是一种面向对象、解释型计算机程序设计语言，其应用领域非常广泛，包括数据分析、自然语言处理、机器学习、科学计算以及推荐系统构建等。

　　本书用 Python 语言来讲解算法的分析和设计。本书主要关注经典的算法，但同时会为读者理解基本算法问题和解决问题打下很好的基础。全书共 11 章。分别介绍了树、图、计数问题、归纳递归、遍历、分解合并、贪心算法、复杂依赖、Dijkstra 算法、匹配切割问题以及困难问题及其稀释等内容。本书在每一章结束的时候均有练习题和参考资料，这为读者的自我检查以及进一步学习提供了较多的便利。在全书的最后，给出了练习题的提示，方便读者进行查漏补缺。

　　本书概念和知识点讲解清晰，语言简洁。本书适合对 Python 算法感兴趣的初中级用户阅读和自学，也适合高等院校的计算机系学生作为参考教材来阅读。

作者简介

 **Magnus Lie Hetland** 是一位经验丰富的 Python 程序员，他自 20 世纪 90 年代以来就一直在使用该语言。同时，他还是挪威科技大学的副教授，有着数十年的算法教学经验，是《Beginning Python》[①]一书的作者。

---

① 译者注：此书最初版本名为 Practical Python，现已更新至第 2 版，其中译本《Python 基础教程》已于 2010 年 7 月由人民邮电出版社出版。

技术评审人简介

Stefan Turalski 是一位非常乐于分享实际经验的程序员。这些经验不仅有软件方面的，还包括一些解决方案，以及攀登陡峭学习曲线的经验。

他有着十年以上的从业经验，曾针对知识管理、嵌入式网络、医疗、电力及天然气交易等数十个领域的问题构建过解决方案，并且近些年还将业务扩展到了金融领域。

虽然这位朋友一直专注于代码优化与系统集成，但其涉猎的编程语言可不少（或者说他已经被淹没在其中了），也曾滥用过一些开源的、商业的软件框架、库以及服务等。

Stefan 目前正在伦敦的一家金融机构研究一套具有高扩展性、低延迟的当日风险评估系统（intraday risk valuation system）。因此，他最近的兴趣主要集中在响应式编程（reactive programming）相关领域，例如 F#、Clojure、Python、OpenCL、WebGL 等。

Stefan 至今都无法相信自己在 Magnus Lie Hetland 的这本超级著作的第二版修订过程中提供了不少足以令人信赖的帮助。现在他只希望自己（和您）在学习作者带来的那些算法问题时所损失的脑细胞能早日得到恢复，并变得更聪明一些。

译者简介

凌杰 1981 年生，浙江大学远程教育学院"荣誉学员"、"2012 年度十大远程骄子"。目前为自由开发者、技术译者。精通多门编程语言，拥有丰富的软件开发及测试经验。个人崇尚黑客文化，支持开源运动，时常出没于国内外各种技术社区，曾担任上海交通大学饮水思源 BBS 的技术区区长，并兼任该区 C/C++ 板板主多年。近些年来还参与了多项技术相关的外文翻译工作，译作包括《JavaScript 面向对象编程指南》、《元素模式》等。

陆禹淳 1987 年生，软件工程师。《JavaScript 面向对象编程指南（第 2 版）》译者，上海交通大学饮水思源 BBS 水源先生，技术智囊，WebDevelop 板块以及 Algorithms 板块的板主。对 JavaScript 以及 Python 等语言经验丰富。维护一个诞生于 20 年以前的、由 C++ 写的 BBS 终端项目，是 BBS 社区"思源湖"的站长。业余时间喜欢冒充及"欺负"学生，去参加平均年龄 24 岁左右的黑客马拉松比赛。目前在物联网行业工作。

顾俊 1989 年生，上海交通大学工学学士，在复旦大学获得计算机软件与理论专业硕士学位。拥有多年使用 Java 以及 Python 等语言的开发经验。参与过多项企业项目开发以及软件设计比赛。热衷于开源项目，熟悉 Hadoop 生态系统，对于各类新型数据库、分布式系统以及大数据分析有着浓厚的研究兴趣和丰富的实践经验。目前在互联网行业，主要从事数据研发相关的工作与研究。

译 者 序

在计算机的世界中，算法本质上是我们对某一个问题或者某一类问题的解决方案。也就是说，如果我们想用计算机来解决问题的话，就必须将问题的解决思路准确而完整地描述出来，同时计算机也要能理解这个描述。这需要我们这些程序员将整个描述转化成一系列清晰的指令，这些指令要能接收满足一定规范的输入，并在有限的时间内产生出相应的输出。我们通常将这些指令称为程序，而算法则是程序的灵魂。

然而，程序光有灵魂是不够的。例如，诚然搜索算法可以用来解决搜索类问题，但我们通常是不会为搜索而搜索的。所有搜索算法在进入程序的时候，都要面对一些实质性的内容，比如新闻信息、论文存档，而这些内容往往都有具体的存储系统，如数据库、文件系统等。这些系统本身也有各自的数据结构，如图、树、列表等，所以算法并不是我们写程序时唯一要考虑的问题。在很多现实情况下，它甚至还不是主要问题。

所以，如果用 C 或 C++来进行编程教学的话，我们对于算法设计的专注力很容易被数据结构这种更为基础的细节干扰。毕竟用这些语言实现并使用好数据结构本身就已经很复杂了。因此，如果想专注于算法教学，就需要一种不太需要程序员在数据结构上花太多时间的编程语言。

在相当长的一段时间里，我们在进行算法设计的时候通常用的是一种更接近于人类语言的"伪代码"。这种代码足够抽象，能让我们专注于算法的表达，但遗憾的是，它们无法在计算机中执行，我们最终还是要将其翻译成真正的编程语言。这很管用，但显然不够优雅。我们需要一种既能在抽象层面接近于这些"伪代码"，又能在计算机上像 C 那样通用的语言。Python 就是这样一种语言。

这本书就是一本用 Python 来进行算法设计教学的书，本书的作者在其上一本著作《Python基础教程》中已经展现了其丰富的教学经验和技术实力，我本人亦从中受益匪浅。能翻译他的后续作品，我深感荣幸。但翻译一本算法书所需要付出的时间和精力还是远远超出了我的想象。而且，当我译了近八个月，终于快将本书第 1 版译完的时候，它的第 2 版又出版了。于是我不得不找了两个朋友（见译者简介），他们的工作是重新针对第 2 版对译稿进行校对、增改以及最后两章的初译。我很感谢他们给予我的帮助。除此之外，我还要感谢我的好朋友、《深入解析 Windows操作系统》（第 6 版）的译者范德成工程师，他全程参与了本书的校对，对译稿进行了严格审阅，提供了很多宝贵建议。

祝愿这本书能给读者们带来帮助，同时也希望你们阅读快乐。

凌杰

2015 年 5 月 30 日

于新安江畔

致　　谢

　　我感谢每个直接或间接成就了这本书的人。首先要感谢的当然是 Arne Halaas 和 Bjørn Olstad，他们是我在算法方面的导师。然后是 Apress 出版社的相关负责团队以及我那声名显赫的技术编辑 Alex。感谢 Nils Grimsmo、Jon Marius Venstad、Ole Edsberg、Rolv Seehuus、Jorg Rødsjø 等人在本书上所投入的精力与提供的帮助。我还要感谢我的父母 Kjersti Lie、Tor M. Hetland 以及妹妹 Anne Lie-Hetland 对我的关怀与支持。还有 Axel 叔叔，谢谢您帮忙检查我的法语。最后要特别感谢 PSF（Python Software Foundation）组织，他们准许我部分复制 Python 标准库的源码；还有 Randall Munroe，谢谢您准许我引用那些精彩的 XKCD 漫画作品。

前　　言

　　这本书结合了我的三大爱好：算法、Python 编程及诠释事物。对我来说，这三项都是美学问题——找出让事情尽善尽美的方法。这就需要我们首先去发现相关事物的精华所在，然后精雕细琢，使其发光发亮，或至少比原先要闪亮一些。当然，由于某些材料表面的杂质太多，加工的结果可能会有些不尽人意。但幸运的是，本书中所涉及的内容大多都是现成品，因为我所写的都是一些久负盛名的算法及其论证，采用的也是最受欢迎的编程语言之一。至于在诠释事物方面，我一直在努力试着让事情变得尽可能显而易见一些。但即便如此，我也肯定还有许多失败的地方。如果读者有任何对本书的改进建议，我都非常乐意听取。没准这其中的某些意见会成就本书将来的修订版呢！但就目前来说，我还希望读者能享受这本书，用你们的洞察力去重新发现一些玩法，并且去实际运行它们。如果可能的话，用它制造出一些"可怕"的东西也行。总之，想怎么玩就怎么玩吧！

目　　录

## 第 1 章

引　言

1. 提出问题。
2. 思考真正困难所在。
3. 提出解决方案。

——摘自《The Feynman Algorithm》，Murray Gell-Mann 著

让我们先来考虑一下下面这个问题：我们想要访遍瑞典境内所有的城市、小镇和村庄，然后再返回出发地点。显然，这段旅程肯定要耗费掉不少时间（毕竟我们要访问 24 978 个地方），因而我们希望能最小化该旅行路线。也就是说，我们既要能按计划逐个参观这些地方，又要尽可能地走出一条最短路线来。作为一个程序员，我们当然不屑于用手工方式来设计该路线，显然会更倾向于用写代码的方式来完成相关计划。然而，这似乎是一件不可能完成的任务。的确，想要写出一个针对少量城镇的简单程序并不难，但如果想要进一步用它来解决实际问题，相关的改进就会变得极其困难。这是为什么呢？

其实，早在 2004 年就已经有一个五人的研究团队[①]发现了这个被称为瑞典之旅的问题，之后陆续有多个别的研究团队也都试图解决过这个问题，但是都失败了。该五人团队采用了一款带有智能优化技术的、能模拟交易技巧的软件，并将其运行在一组由 96 台机器（Xeon 2.6GHz）组成的工作站集群上。结果，该软件从 2003 年 3 月一直运行到 2004 年 5 月。最终不得不在打印出该问题的最佳解决方案之前被中止运行。因为综合各方面的因素，他们估计程序所需要的总 CPU 时间竟然长达 85 年！

下面再来思考一个类似的问题：我们想要在中国西部的喀什市到东海岸的宁波市之间找出一条最短路线[②]。目前，中国境内有 3 583 715 千米长的公路和 77 834 千米长的铁路，之间有着数以百万计的路口可供我们考虑，其中可供选择的路线千千万万，难以估算。这个问题似乎与前一个问题是密切相关的，都是希望通过 GPS 导航和在线地图服务找出最短路线的规划问题，并且不能有太明显的滞后现象。也就是说，只要向您最爱的地图服务程序输入这两个城市，您就应该能在短时间内得到它们之间的最短路线。这又应该怎么做呢？

关于这些问题，读者将来都可以在本书中找到相关进一步的讨论。例如，第一个问题其实叫

---

① 这五人分别是 David Applegate、Robert Bixby、Vašek Chvátal、William Cook 与 Keld Helsgaun。
② 这里假设飞机不是我们的选项。

作旅行商问题（traveling salesman，或推销员问题（salesrep）），这将是本书第 11 章所要涵盖的内容。而所谓的最短路径问题（shortest path），则是第 9 章中所要介绍的内容。但我们更希望读者能从中学会如何深入分析问题的困难所在，并且掌握那些已被承认的、高效的知名解决方案。更为重要的是，我们将在本书中传授一系列常用的算法处理技术，及一些与计算机运算相关的问题，以便帮助读者熟练掌握书中所介绍的技术和算法，以及所演示的针对困难问题而提出的最接近期望值的解决方案。在这一章中，我们将对本书的主要内容做简单介绍——我们可以期望什么，我们应该期望什么。另外，我们还会列举本书各章节所要介绍的具体内容，以便读者可以直接跳到自己想阅读的内容附近。

1.1　这是一本怎么样的书

简而言之，这是一本为 Python 程序员解决算法问题的书。正如书上所说，它的内容涵盖相关的面向对象模式和一些常见问题的处理方式——也就是相关的解决方案。对于一个算法设计者，我们需要的不是简单地实现或执行一些现有算法的能力。相反，我们期望能拿出一个新算法——一个能解决一般性问题的、前人没有提过的全新解决方案。在本书中，我们要学习的就是此类解决方案的设计原则。

但这又不是一本传统意义上的算法书。毕竟，大部分这类题材的权威书籍（例如 Knuth 那部经典著作，或是由 Cormen 等人合著的那本标准教科书[1]）都属于理论研究型的，显得有些过于严肃，尽管其中也不乏一些侧重于可读性的作品（例如 Kleinberg 与 Tardos 合写的书[2]就是其中之一）。当然，我们在这里并不是要取代这些优秀的作品，而只是希望能在此基础上做一些补充。我希望利用自己多年的算法教学经验，尽可能清楚地为读者诠释算法的工作方式，以及一些需要共同遵守的基本原则。对于一个程序员来说，这种程度的诠释可能就已经足够了，读者需要有更多的机会去理解为什么相关的算法是正确的、如何将这些算法运用到他们所面对的新问题中去。但这就需要去阅读一些更形而上的、百科全书式的教科书。我希望这本书能为读者打下一定的基础，这将有助于他们理解相关的定理以及其相应的证明。

> **请注意：**这本书和其他算法书之间的一个区别是，我采用了谈话式的风格。虽然我希望这至少能吸引一些我的读者，但这可能不是您喜欢的风格。我们对此深感抱歉，但现在您已经至少被提醒了。

除此之外，市面上还有另一种算法类书籍。它们通常以"（数据结构与）算法（blank 版）"为题，这里的 blank 通常为作者本人所使用的编程语言。有不少这样的书（而且似乎都是以 blank=Java 的情况为主），但其关注点多集中在与基本数据结构有关的东西上，以至于忽略了某些更为实质性的内容。如果说这是某一门数据结构基础课程的教科书，或许还可以理解，但对于 Python 程序员来说，学习单向或双向链表并不是一件能让所有人兴致勃勃的事情（尽管我们在下

---

① 译者注：指《The Art of Computer Programming》、《Introduction to Algorithms》这两部经典巨作。
② 译者注：即《Algorithm Design》。

一章中还是会提到一些）。即便是哈希这样重要的技术，我们也可以通过 Python 中的字典类型免费获得相应的哈希表，完全不需要再去考虑重新实现它们。恰恰相反，我将注意力集中在更高级的一些算法。但这样一来，许多重要的概念在 Python 语言本身或标准库对相关算法（如查找、搜索、哈希等）的"黑盒"化实现中被淡化了。为此，我们在文中加入了一些特定的"黑盒子"专栏，以做补充。

当然，本书与那些"Java/C/C++/C#"算法流派还有一个显著的区别，即这里的 blank 为 Python。这使得本书更接近那些与语言无关的算法书（例如 Knuth[①]、Cormon 等人以及 Kleinberg 与 Tardos 的作品），这些书常常使用伪代码来说明问题。这实际上是一种侧重于可读性的伪编程语言，因而它不具备执行能力。而可读性正好是 Python 最显著的特点之一，因此它或多或少可以被视为是一种具有执行能力的伪代码。就算我们从没用过 Python，也能看懂绝大部分 Python 程序。总之，这本书中代码示例都是高度可读的——我们不需要成为 Python 方面专家，也能轻松读懂这些示例（尽管有时候还是需要读者去查阅一些与内置函数有关的资料）。当然，您也可以把这些示例当作伪代码来理解。综上所述……

1.1.1　本书将主要涉及以下内容

- 算法分析，主要侧重于渐近运行时间分析。
- 算法设计的基本原则。
- 如何用 Python 描述那些常用的数据结构。
- 如何用 Python 实现那些知名算法。

1.1.2　本书还将简单或部分涉及以下内容

- Python 中直接可用的算法，它们通常是语言本身或其标准库的一部分。
- 纯思想性及形而上的内容（尽管本书会对它们做一些证明，并提供相关的证明示例）。

1.1.3　本书不会涉足以下领域

- 与数值计算或数学理论有关的算法（只有第 2 章中涉及了一些浮点运算）。
- 并行算法与多核编程。

正如大家所知，"用 Python 实现"只是整个拼图的一部分。我们所希望的是，读者能掌握其中的设计原则与理论基础，以便能设计出属于自己的算法与数据结构。

1.2　为什么要读这本书

当我们在工作中使用算法时，通常都是希望能更有效地解决问题、使程序运行得更快，并且

---

① 众所周知，Knuth 还专门设计了一套属于他自己的抽象计算编码。

让解决方案变得更为简短。但实际情况如何呢？我们获得所需要的效率、速度和简洁性了吗？为什么人们在使用 Python 这种语言时依然要在乎这些事呢？选择这种语言对于追求高速度的人来说是一个好的开端吗？为什么不选择 C 或 Java 这样的语言呢？

首先，可能是因为 Python 语言本身很讨人喜欢，以至于人们不想换别的语言，或者他们目前也没有更好的选择。但最为重要的可能还是第二点，即在这里，算法设计者们首先要担心的并不是常数级别的性能差异。[①] 即便相关程序完成任务所需要的时间是另一程序的两倍，甚至十倍，但这样的速度可能依然是够快的。况且，那个较慢的程序（或语言）中可能恰好有某些我们所需要的特性，如它可能有更好的可读性。而调整和优化程序在很多时候会非常费劲，其代价是不容小视的。然而，无论选择什么语言，我们都得考虑一下程序自身的弹性问题。也就是说，如果我们将程序的输入量翻倍，会发生什么呢？程序运行时间会是之前的两倍？四倍？还是更多？或者即便增加那么一丁点的输入量也会导致程序运行时间的成倍增长？当您遇到的问题足够大的时候，这样的性能差异显然就不能再靠简单的语言选择或硬件选择来解决了。在面对一个"足够大"的问题（在某些情况下，当问题还没有特别大的时候，它就已经"足够大"了）时，我们能抑制运行时间增长的主要武器就只有——您猜对了——一份扎实的算法设计功底了。

下面让我们来做一个小小的实验，打开 Python 的交互解释器，并输入以下内容：

```
>>> count = 10**5
>>> nums = []
>>> for i in range(count):
...     nums.append(i)
...
>>> nums.reverse()
```

乍看这段代码似乎没什么用处，它只是简单地将一堆数字添加到一个（最初为）空列表中，然后反转该列表而已。但在更现实的情况下，这些数字很可能是来自某些外部数据源（如它们可能是对一台服务器建立的连接），而或许是为了实现最近优先的原则，我们希望这些数字被添加到列表中后顺序是相反的。于是我们产生了一个想法：与其到最后才将整个列表反转过来，何不在数字出现的时候就将它插到列表的头部？这样的话，我们可以将相关代码精简如下（还是同样的解释器窗口）：

```
>>> nums = []
>>> for i in range(count):
...     nums.insert(0, i)
```

除非我们以前遇到过类似的情况，否则一定会觉得这段新代码看上去很不错。但如果您有机会去试一试的话，就会发现其实速度反而是明显变慢了。至少在我的计算机上，第二段代码完成任务所需的时间大约是第一段的 200 倍[②]。而且不仅是速度变慢了，其应对问题规模的性能弹性也更差了。我们不妨来测试一下，如将变量 count 的值由 10**5 增加到 10**6。不出所料的话，第一段代码的运行时间应该大约比原来增长了十倍……但第二版的速度则是下降了两个数量级，

---

① 这里所指的是恒定的倍数变化，如程序执行时间的翻倍或减半。

② 关于更多算法的基准测试及实证评估，请参见第 2 章中的相关讨论。

即它竟比第一版慢了两千倍以上！读者可能已经猜到了，随着问题的规模持续扩大，这两个版本之间的差距只会越来越大。这时候，我们的选择就会比任何时候都要来得重要。

请注意：这是一个拿线性增长与二次方增长相比较的例子，也是我们在第 3 章中将要详细讨论的话题。另外，关于向量（或动态数组）的二次方增长问题，读者还可以参考第 2 章中标题为"list"的黑盒子专栏当中的相关讨论。

1.3 一些准备工作

本书的读者大致上可分为两个群体：首先是希望提升自身算法能力的 Python 程序员；再来就是正在进修算法课程的学生，他们可能都希望能有一本对普通教材有所补充的算法类书籍。即便对于后一种读者，我们也假设他们应该已经掌握了一定的编程基础，以及使用 Python 的经验。如果不是这样的话，也许我的另一本书《Beginning Python》会更有帮助一些吧？另外，Python 官方网站上也有大量可用的学习资料，Python 是一种非常易学的编程语言。尽管这些页面中会涉及一些数学方面的问题，但这并不等于我们非得是数学神童才能读懂它们。您的确会遇到一些简单的求和运算和一些相关的数学用语，如多项式、指数、对数等，但我们会将这一切都解释清楚，读者只需要跟着我们就可以了。

另外，在进入神秘的计算机科学领域之前，读者还需要准备好相关的设备环境。作为一个 Python 程序员，我们会假定您应该已经有了自己喜欢的文本/代码编辑器或集成开发环境——我们也不打算对您的选择指手画脚。至于涉及 Python 版本的部分，本书中所写的内容原则上是与版本无关的。也就是说，这里大部分代码都可以在 Python 2 到 3 的任何一个版本中运行。当遇到 Python 3 中个别特性的向下兼容问题时，我们都将会做出相应的解释，并且说明如何在 Python 2 中实现相同的算法。（即使您由于种种原因还在坚持使用 Python 1.5，书中的大部分代码还是依然可以工作的，当然有些地方要做些调整。）

获取您所需要的资源

在 Mac OS X 和一些不同风格 Linux 发行版中，操作系统本身就已经安装了 Python。即便没有，大多数 Linux 发行版也都支持您从相关的包管理器（package manager）中获取并安装该软件。而如果您需要手动安装 Python 的话，也可以在其官方网站（http://python.org）上找到您所需要的一切。

1.4 本书主要内容

本书大体结构如下。

- **第 1 章 引言**：这章您目前已经读了大半了，主要是对本书内容做一个预览。
- **第 2 章 基础知识**：这章主要涉及一些基本的概念与术语，以及一些基本的数学运算。除此之外，我们还会介绍一些比以往任何时候都要模糊的计算公式，并试图用它们来获取正确的结果。这就是所谓的渐近记法。

- **第 3 章 计数初步**：这章会涉及更多数学运算——但这些运算真的很有趣，我保证！主要是一些用于算法运行时间分析的基本组合运算，以及对递归与递推关系的概念性介绍。

- **第 4 章 归纳、递归及归简**：标题中的这三个词至关重要，三者是密切相关的。这章主要介绍的是归纳（**Induction**）与递归（**Recursion**），它们其实是互为镜像的，并且都对新算法设计以及其正确性证明有着重要作用。当然我们也会简短地介绍一些与归简（**Reduction**）有关的内容，这也是一种几乎所有现行算法中都通用的设计思想。

- **第 5 章 遍历：算法学中的万能钥匙**：遍历（Traversal）也可以通过归纳和递归的角度来理解，但从许多方面来说，它都是一项更为具体的特殊技术。本书所介绍的许多算法实际上都属于简单的扩展性遍历。因此掌握遍历将是我们实现飞跃的第一步。

- **第 6 章 分解、合并、解决**：当目标问题可以被分解成多个彼此独立的子问题时，我们往往可以对这些子问题使用递归算法，这既能获得正确的结果，又能提高我们的算法效率。当然，这种设计思路可以有若干种应用，虽然并非个个都是那么显而易见的，但它是一种非常有价值的思想工具。

- **第 7 章 贪心有理？请证明** 贪心算法（Greedy algorithms）的设计通常很容易。只要人们坚持根据问题的最佳情况来设计整体方案，而不是去面面俱到，得到的就是所谓的贪心算法。简而言之，我们就是要设计一种即插即用式的解决方案。这种算法不仅设计容易，通常也很有效率。但问题在于，我们很难证明它们的正确性（而且大多其实都不正确）。在这一章，我们将会为您介绍一些这方面的知名案例，以及用于证明其正确性的常用方法。

- **第 8 章 复杂依赖及其记忆体化**：这章所要介绍的设计方法（过去也有叫作设计问题的），业界对它的称呼有些混乱，我们通常称之为动态规划（dynamic programming）。尽管这是一种非常难以掌握的算法设计技术，但它也催生了一些算法设计领域中最为经久不衰的论点与优雅的解决方案。

- **第 9 章 Dijkstra①及其朋友们从 A 到 B 的旅程**：在经过了前三章的设计方法讨论之后，我们将焦点转向一个与主机应用相关的特殊问题，即网络或图结构中的最短路径问题。该问题有着许多种变化，而针对这些变化，我们也都有相应的（漂亮）算法。

- **第 10 章 匹配、切割及流量**：我们如何进行匹配工作呢？诸如如何找出学校中整体满意度最高的大学生、如何找出线上社区中最可信的成员、我们如何查看某个公路网的总容纳量等问题，我们都可以通过设计一小类互相紧密联系的算法，以及各种流量最大化技术来解决。这一切我们都会在这一章中做详细介绍。

- **第 11 章 困难问题及其（有限）稀释**：正如这篇引言开头所暗示的那样，对于某些问题，我们可能确实找不出有效的解决方法，甚至在很长一段时间内都无法解决它们——也许是永远解决不了了。在这一章，我们将学习一种全新的处理方式：我们将会选择一些可靠的归简工具，这些工具的作用不是解决问题，而是凸显相关问题的难度。除此之外，我们

---

① 译者注：Edsger Wybe Dijkstra 是 Dijkstra 算法的设计者，原标题中使用的是他的名字 Edsger，但人们更熟悉的是他的姓 Dijkstra。

还将与您讨论究竟应该将问题稀释到何种程度（这必须严格把关），才能使它们看起来更容易解决一些。

- **附录 A 猛踩油门！令 Python 加速**：本书主要聚焦于程序的渐近效率问题——该程序相对于问题大小的弹性空间。但对于某些具体情况而言，我们的讨论依然还不够充足。该附录将介绍一些用于提升 Python 程序速度的工具，有时它们确实能带来速度的大幅度增长（甚至是几百倍的增长）。
- **附录 B 一些著名问题与算法**：该附录主要是为本书所讨论的算法设计问题及一些具体算法做一个概述，我们在其中加入了一些额外信息，以帮助读者在面对手头相关问题时做出正确的算法选择。
- **附录 C 图论基础**：无论是在描述真实世界中的系统时，还是在描述各种算法的工作方式时，图都是一种非常有用的数据结构。该附录将对与图相关的基本概念与术语做一个简单概述，以防您之前没有处理过与图相关的问题。
- **附录 D 习题提示**：其主要内容如标题所言。

1.5 本章小结

程序设计不仅仅是软件架构及面向对象设计方面的事情，算法设计问题也是它要解决的一个方面，其中有些问题还真的很难。对于那些普通问题（如找出 A、B 两点之间的最短路径）来说，我们所采用或设计的算法可以对代码完成任务的时间产生重要的影响；但对于那些困难的问题（如要找出通过 A 到 Z 之间所有点的最短路线）而言，可能根本就不存在高效的算法，这意味着我们将不得不接受一个近似的解决方案。

本书将致力于传授一些知名算法与常用设计原则，这将有利于帮助读者设计出属于自己的算法。并且在理想情况下，这些内容还将有助于解决一些更具挑战性的问题，以便我们能创建出一些能对其问题规模保持适度弹性的程序。在下一章中，我们将正式开始为您介绍算法设计方面的基本概念，以及本书中所要用到的术语名词。

1.6 如果您感兴趣

这一节是我们在每一章都会看到的既定内容。它主要是为读者提供一些细节、技巧方面的提示，或者是对于一些正文中所忽略或掩盖掉的高级话题，指示读者应该如何获取进一步的详细资料。就本章而言，这些资料已经在后面的"参考资料"一节中列出来了，主要是我们在正文中所提及的那些算法书的详细资料。

1.7 练习题

和上面一样，这一节也是我们今后将会反复看到的固定章节。读者可在本书后面（附录 D）

找到关于这些练习题的提示。这些练习题是为了配合正文内容而设定的，它们主要针对的是那些正文中没有明确讨论，但又可能会引起读者兴趣或值得读者深思的问题。不过，如果您真的想提升自己在算法设计方面的技能的话，或许还需要多多参与解决本书以外的各种编程难题。如参加大量的编程竞赛活动（通过网页搜索应该就能找到许多），里面有许多问题都是值得一试的。除此之外，许多大型软件公司也会在线上不时发布一些用于资格认证的试题，您也可以试试看。

由于这篇引言所涵盖的内容不多，所以我们在这里只提一对问题——让您热热身：

1-1. 请思考下面这句话：“随着机器的速度越来越快，内存越来越便宜，算法的重要性会越来越低。”您觉得这话说得对吗？为什么？

1-2. 请找出一种方法，使我们能检查出两个字符串之间是否存在着字符变位（比如“debit card”与“bad credit”）。您认为您所提出的解决方案性能弹性如何？您能想出一个性能弹性非常糟糕的、朴素的解决方案吗？

1.8　参考资料[①]

- Applegate, D., Bixby, R., Chvátal, V., Cook, W., and Helsgaun, K. Optimal tour of Sweden. www.math.uwaterloo.ca/tsp/sweden/. Accessed April 6,2014.

- Cormen, T. H., Leiserson, C. E., Rivest, R. L., and Stein, C. (2009). *Introduction to Algorithms*, second edition. MIT Press.

- Dasgupta, S., Papadimitriou, C., and Vazirani, U. (2006). *Algorithms*. McGraw-Hill.

- Goodrich, M. T. and Tamassia, R. (2001). *Algorithm Design: Foundations, Analysis, and Internet Examples*. John Wiley & Sons, Ltd.

- Hetland, M. L. (2008). *Beginning Python: From Novice to Professional*, second edition. Apress.

- Kleinberg, J. and Tardos, E. (2005). *Algorithm Design*. Addison-Wesley Longman Publishing Co., Inc.

- Knuth, D. E. (1968). Fundamental Algorithms, volume 1 of *The Art of Computer Programming*. AddisonWesley.

    ——. (1969). Seminumerical Algorithms, volume 2 of *The Art of Computer Programming*. AddisonWesley.

    ——. (1973). *Sorting and Searching*, volume 3 of *The Art of Computer Programming*. Addison-Wesley.

    ——. (2011). *Combinatorial Algorithm, Part 1*, volume 4A of *The Art of Computer Programming*. Addison-Wesley.

- Miller, B. N. and Ranum, D. L. (2005). *Problem Solving With Algorithms and Data Structures Using Python*. Franklin Beedle & Associates.

[①] 译者注：由于这里所列出的都是英文资料，保持原名更有利于读者查阅，考虑再三，决定保留原文。

第 2 章

基础知识

Tracey：我不知道您在哪里。

Zoe：隐身术就是这样——您应该听说过的。

Tracey：我可不认为这属于基础知识。

——选自《Firefly》第 14 集台词

在我们将注意力转向本书主体内容，也就是那些数学技术、算法设计原则及经典算法之前，还必须先了解一些最基本的技术与原则。因为当您阅读到后续章节时，至少应该非常清楚类似"无反向环路的加权有向图"以及"$\Theta(n \lg n)$运行时间"这些词句所表达的具体含义。同时，我们也理应要对 Python 中一些基本数据结构的实现方式有个起码的了解。

幸运的是，这些基本问题并非都很难掌握。本章主要将聚焦于两个话题：首先是渐近记法（asymptotic notation），它主要关注的是运行时间的本质。再就是树（tree）与图（graph）这两种数据结构在 Python 中的实现方式。在这部分内容中，我们将为您介绍一些与程序运行时间有关的实用建议，以及应该如何避免一些基本的设计陷阱。不过，还是先让我们来看看应该如何在特定抽象机制中描述算法的行为吧。

2.1 计算领域中一些核心理念

20 世纪 30 年代中期，英国数学家 Alan Turing 公开发表了一篇题为《On computable numbers, with an application to the Entscheidungsproblem》（其中译版为《论可计算数及其在判定问题上的应用》）的论文[①]，这篇论文在许多方面都奠定了现代计算机科学的理论基础。如今，由他所提出的抽象设备——图灵机——已经成为了计算领域的理论核心。当然，这在很大程度上是因为该设备本身非常简单，而且容易掌握。图灵机是一种非常简单的抽象设备，它能读、能写，并且能沿着一条无限长的纸带移动。尽管图灵机有着各种不同的具体实现，但每种实现都可以被视为一台有

---

① 判定性问题（Entscheidungsproblem）是由 David Hilbert 首先提出的，该问题的基本内容是：是否在任何时候都存在一种判定性算法，这种算法可以自行判定一个数学语句是否为真。Turing（以及在他之前的 Alonzo Church）证明了这种算法是不可能存在的。

限状态机：它由一个有限的状态集（包括已完成部分）与各种用于触发读写操作及不同状态切换的潜在符号共同组成。我们可以把它们看作这些机器运行所需要的一组规则（例如，"当我们在状态 4 的情况下遇到 X，就向左移动一步，然后写入一个 Y，并切换到状态 9。"）。尽管这些机器看上去非常简单，但已经很让人惊叹了。因为有了它们，人们在计算领域就几乎无所不能了。

通常来说，所谓算法，实际上指的是一个执行过程，包含了能够解决某个特定问题的有限步骤集（其中可能包含了一些循环和条件元素）。而图灵机则是这个待解决问题的一种正规描述形式①。这种形式通常被用于讨论解决该问题所需要的时间（这里既可以指整体时间，也可以指可接受的时间，相关内容将在第 11 章中详细讨论）。然而对于更细粒度上的算法效率分析来说，图灵机恐怕就不再是我们的首选了，因为这时候相较于可滚动的纸带，我们更需要的是一大块可直接存取的内存。于是随机存取机就应运而生了。

尽管随机存取机这种描述形式使用起来会有点儿复杂，但其实我们只需知道其能力极限在哪里，不至于让它影响我们的算法分析结果就可以了。简而言之，该机器是从标准单处理器计算机简化出来的一种抽象模型，它应该具备以下几个属性。

- 该机器上不会有任何形式的并发执行，它只有在执行完一条指令后才能执行其他指令。
- 该机器上的所有标准基本操作，如算术运算、比较运算以及内存存取，所耗费的时间都是常数级的（尽管具体数值上会有所不同），同时它也没有更复杂的基本操作，例如排序。
- 尽管计算机字（即 word，其大小通常等于我们在常数时间内所能读取的值）的字长是有限的，但必须足够大，大到能满足我们在解决问题过程中所有的内存编址的需求，此外还要加上一定比例的额外变量。

当然，在某些情况下，我们可能还会有一些更具体的要求，但就机器本身而言也就大致如此了。

现在，相信我们已经对算法是什么，以及运行它们的抽象硬件环境有了一点直观的认知。下面我们来谈谈整个概念拼图中的最后一块：问题。就我们的目标而言，问题其实指的是输入与输出之间所存在的某种关系。事实上，我们还可以说得更精确一些：这里所反映的是一组集合对之间的关系（数学意义上的）——在这里，对于输入来说，什么样的输出是可接受的——并且借由指定这种关系的过程，我们的问题就会被确定下来。以排序问题为例，我们可以将其视为 A、B 两个集合之间的关系。这两个集合分别由一组序列②组成。除了描述具体的排序过程外（该过程就是算法），我们还需要指定对于一个给定的输入序列（集合 A 中的某个元素），什么样的输出序列（集合 B 中元素）是可接受的。我们可以规定结果序列必须由输入序列相同的元素组成，并且将以递增顺序排列（其中的每个元素始终大于或等于前一个元素）。在这里，集合 A 中的元素（输入序列）就被我们称为问题实例。由此可见，关系本身实际上就是我们的问题。

当然，想要让我们的机器有的放矢，我们还得对其输入进行 0、1 编码。尽管在这里，我们无须去关心那些编码的具体细节，但是其中的理念很重要，因为其运行时间复杂度（这正是下一节中所要介绍的）是基于知道了问题实例大小，这个大小可以简单看成编码它所需的内存大小。我们会发现，这通常与编码自身的确切属性没有太大关系。

---

① 当然，也有些图灵机不是用来解决问题的——这些机器通常永远不会停机。对于这些，我们可能依然会称之为程序，但一般不会认为它们是算法了（译者注：相关内容可参考"停机问题"）。

② 由于输入与输出属于同一类型，所以实际上我们也可以直接视其为集合 A 与集合 A 之间的关系。

2.2 渐近记法

还记得第 1 章中那个拿 append 与 insert 做对比的例子吗？似乎是出于某种原因，当我们选择将相关元素项添加到 list 尾端时，其在应对 list 大小变化时的性能弹性要比在其首端插入要好一些（关于 list，读者稍后可以参考黑盒子专栏中的相关内容）。而且，这些内置操作通常还都是用 C 编写的。如果我们花点时间用纯 Python 重新实现一下 list.append 方法，（粗略）估计新版本会比原版本慢 50 倍左右。并且我们还可以做进一步估计，相较于这个较慢的、纯 Python 实现的 append 方法在一台速度非常慢的机器上的表现而言，那个较快的、优化版的 insert 方法在一台普通计算机上的速度大致要快上 1 000 倍。那么，如果我们现在将 insert 版所具有的速度优势设置为 50 000 一个单位，然后对比这两个实现在插入 100 000 个数字时的情况，您认为会是什么结果？

从直觉上来看，似乎显然应该是速度快的那个解决方案会胜出。但在这里，其"速度性"只是一个常数单位，而且它的运行时间增长得又比"较慢"的那一版要快一些。就眼前这个例子来说，运行环境较慢的、用纯 Python 实现的那一版代码完成时间实际上只有其他版本的一半。下面让我们再继续扩大问题的规模，如将数字增加到 1 000 万个。这时候我们会发现，慢机器上的 Python 版本（append 方法）已经比快机器上的 C 版本（insert 方法）快了近 2 000 倍[①]。这中间的区别几乎就相当于其中一个只需运行不到一分钟的时间，而另一个则需要运行近一天半！

这种常数单位上的差距（这通常取决于一些特定事物，如通用编程语言的性能、硬件速度等），以及其在问题规模扩大时运行时间的增长幅度，才是我们研究算法分析时所要关心的重点。也就是说，我们得将焦点集中在大局上——解决问题方法中那些能独立于具体实现的属性。我们希望能排除那些细节干扰，区分出核心问题所在，但要做到这些，我们就需要有一些形式主义方面的东西。

黑盒子专栏之 list

其实，Python 中的 list 并不是我们传统（计算机科学）意义上的列表，这也是其 append 操作会比 insert 操作效率高的原因所在。传统列表——通常也叫作链表（linked list）——通常是由一系列节点来实现的，其每个节点（尾节点除外）中都持有一个指向下一节点的引用。简单实现起来应该就像下面这样：

```
class Node:
    def __init__(self, value, next=None):
        self.value = value
        self.next = next
```

接下来，我们就可以将所有的节点构造成一个列表了：

```
>>> L = Node("a", Node("b", Node("c", Node("d"))))
>>> L.next.next.value
'c'
```

---

① 译者注：原文如此，但在译者看来，如果数字是 1 000 万个的话，速度应该只差 200 倍而已。这点希望读者自行判断一下。

这是一个所谓的单向链表。双向链表的各节点中还需要持有一个指向前一节点的引用。

但 Python 中的 list 则与此有些不同。它不是由若干个独立的节点相互引用而成的，而是一整块单一连续的内存区块——我们通常称之为数组（array）。这直接导致了它与链表之间的一些重要区别。例如，尽管两者在遍历时的效率相差无几（除了对于链表来说有一些额外的开销），但如果我们要按既定索引值对某元素进行直接访问的话，显然使用数组会更有效率。因为在数组中，我们通常可以直接计算出目标元素在内存中的位置，并能对其进行直接访问。而对于链表来说，我们必须从头开始遍历整个链表。

但具体到 insert 操作上，情况又会有所不同。对于链表而言，只要知道了要在哪里执行 insert 操作，其操作成本是非常低的。无论该列表中有多少元素，其操作时间（大致上）是相同的。而数组就不一样了，它每次执行 insert 操作都需要移动插入点右边的所有元素，甚至在必要时，我们可能还需要将这些列表元素整体搬到一个更大的数组中去。也正因为如此，append 操作通常会采用一种被称为动态数组或向量①的特定解决方案。其主要想法是将内存分配得过大一些，并且等到其溢出时，在线性时间内再次重新分配内存。但这样做似乎会使得 append 变得跟 insert 一样糟糕。其实不然，因为尽管这两种情况都有可能会迫使我们去搬动大量的元素，但主要的不同点在于，对于 append 操作，发生这样的可能性要小得多。事实上，如果我们能确保每次所搬的数组都大过原数组一定的比例（例如大 20% 甚至 100%），那么该操作的平均成本（或者说得更确切一些，将这些搬运开销均摊到每次 append 操作中去）通常是常数的。

2.2.1　我看不懂这些希腊文

其实自 19 世纪以来，渐近记法就一直是人们用于分析算法与数据结构的重要工具（当然，在用法上会有一些变化）。其核心思想是想提供一种资源表示形式，主要用于分析某项功能在应对一定规模参数输入时所需要的资源（通常指的是时间，但有时候也包括内存）。例如，我们可以将一个程序所需要的运行时间表示为 $T(n) = 2.4n + 7$。

紧接着，我们面临的下一个重要问题是：这里用的单位是什么？毕竟乍看之下，无论我们在这里是选择用秒还是毫秒来表示运行时间，或是选择用字节位还是兆字节来表示问题规模，似乎都是无关紧要的。但即便真是这样，这个问题的实际答案也还是多多少少会让您觉得有些意外的，因为它不但无关紧要，而且根本就不会对其最终结果产生任何影响。我们甚至可以用木星年来测算时间，或者用 kg（这似乎是用于表示质量的介质单位吧）来表示问题规模，都完全不会有任何问题。因为我们的初衷就是为了能忽略掉这些实现细节上的因素，而渐近记法正好能将它们通通都忽略掉！（虽然我们通常会将问题规模设定成一个正整数。）

最终，我们所获得的运行时间往往取决于某个特定基本操作被执行的次数，而对于问题的规模，我们既可以用待处理项的数量（如待排序的整数数量）来表示，或者在某些情况下，我们也可以用该问题实例在某些既定编码过程中所需要的比特数来表示。

---

① 关于从序列首端插入元素的"现成"方案，读者可以参考第 5 章中的黑盒子专栏之 deque。

忘了这个吧：断言当然是不起作用的（http://xkcd.com/379）

💧 **请注意**：通常情况下，我们在对相关问题及其解决方案进行具体编码时所采用的位模式其实对渐近运行时间的影响并不大，但前提是编码方式必须合理。例如，我们应该避免使用一元数字系统（1=1, 2=11, 3=111…）来进行编号。

渐近记法使用的是一组由希腊字母构成的记号体系。这之中最重要的记号（也是我们今后要用到的）分别是 O（原本应读作 omicron，但我们一般将其读作"大 O"）、Ω（omega）、Θ（theta）。其中，O 记号的定义可以被当作其他两个符号的基础。表达式 $O(g)$ 代表的是一组与某个函数 $g(n)$ 有关的函数集合。若要让某函数 $f(n)$ 属于该集合，该函数须满足以下关系：存在自然数 n_0 和正数 c，对于所有的 $n \geq n_0$ 都有：

$$f(n) \leq cg(n)$$

换句话说，即便我们允许对常数 c 进行调整（例如让该算法运行在速度不同的机器上），函数 g 的增长幅度最终还是会（在 n_0 处）超过 f，如图 2-1 所示。

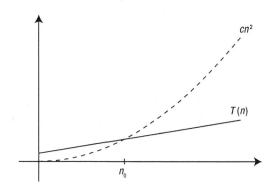

图 2-1　当 n 的值大于 n_0 时，$T(n)$ 是小于 cn^2 的，所以 $T(n)$ 属于 $O(n^2)$

该定义非常简单，也很容易理解，尽管看上去会让人感觉有些陌生。首先是最基本的，$O(g)$ 所代表的是一个函数集，它的增长速度不会快于 g。例如，如果函数 n^2 是函数集 $O(n^2)$ 中的一份子，或者如果在集合记法中，$n^2 \in O(n^2)$，我们通常都可以直接认为"n^2 属于 $O(n^2)$"。

但事实上，n^2 的增长速度本来就不会快过自己，这个推论有点无聊。也许它在以下情况中会更有用一些：无论是 $2.4n^2 + 7$ 还是线性函数 n，我们都可以认为：

$$2.4n^2 + 7 \in O(n^2)$$

和

$$n \in O(n^2)$$

我们在第一个示例中展示的是一个函数在去除旁枝末节之后的表示方式。也就是说，我们可以将该函数中的 2.4 和 7 拿掉，直接将其表示为 $O(n^2)$，这也正是我们所需要的信息。而第二个示例则用于说明：O 记号所能表示的只是一个松散的边界，即 $O(g)$ 中的任何函数都会比 g 更好（增长速度不会比它更快）。

那么，如何将其与我们原先的示例联系起来呢？好吧，联系是这样的：它可以使我们即便是在无法确定所有细节（毕竟，这取决于我们所用的 Python 版本及其硬件环境）的情况下，依然可以用渐近法来描述相关操作。如对于 Python 中的 list 而言，append n 个数字所需要的运行时间约为 $O(n)$，而在其首端 insert 相同数量的数字需要的时间则约为 $O(n^2)$。

而另外两种记法 Ω 与 Θ 则可以被视为 O 记法的变体。其中，Ω 的定义正好与之相反。也就是说，若要让函数 $f(n)$ 属于 $\Omega(g)$，该函数须满足以下关系：存在自然数 n_0 和正数 c，对于所有的 $n \geq n_0$ 都有：

$$f(n) \geq cg(n)$$

因此，O 记法所代表的其实是所谓的渐近上界，而 Ω 记法所代表的则是渐近下界。

请注意：我们前两个渐近记号 O 与 Ω 是相互可逆的，即如果 f 属于 $O(g)$，那么 g 就属于 $\Omega(f)$。在习题 1-3 中，我们将会要求您证明这个关系。

而 Θ 记号所代表的集合正好是前面两种记号的交集，即 $\Theta(g) = O(g) \cap \Omega(g)$。换句话说，若要让某个函数属于 $\Theta(g)$，该函数须满足以下条件：存在自然数 n_0 和正数 c，对于所有的 $n \geq n_0$ 都有

$$c_1 g(n) \leq f(n) \leq c_2 g(n)$$

这意味着 f 和 g 有着相同程度的渐近式增长。例如，当 $3n^2 + 2$ 属于 $\Theta(n^2)$ 成立时，同样的关系也可以被写成 n^2 属于 $\Theta(3n^2 + 2)$。而且，由于 Θ 记号同时提供了函数的上下界，这使得它成为了我们将来所能用到三个记号中最翔实的一个。

2.2.2　交通规则

虽然这些渐近记号的定义运用起来会有点难，但实际上它们也最大限度地简化了我们所面临的数学问题。我们可以忽略掉乘法或加法运算中的那些常数，以及函数中其他所有"影响较小的部分"，从而让事情得到很大程度的简化。

作为玩转这些渐近表达式的第一步，让我们先来看看一些典型的渐近类型，或优先顺序。我们在表 2-1 中列出了其中一些，内容包括它们的名称，以及对应的典型算法。这些渐近运行时间，

有时候也叫作时间复杂度（如果读者对这些数学概念感到陌生，最好参考一下本章后面的"数学快速复习"专栏中的内容）。该表有一个重要特征，它是按照复杂度来排序的，所以它的每一行都要比前一行复杂，也就是如果 f 在表中的位置比 g 高，那么 f 就一定属于 $O(g)$。[①]

表 2-1   几种常见的渐近运行时间实例

时间复杂度	相关名称	相关示例及说明
$\Theta(1)$	常数级	哈希表的查询与修改（详见与 dict 相关的黑盒子专栏）
$\Theta(\lg n)$	对数级	二分搜索（详见第 6 章）。其对数基数并不重要[②]
$\Theta(n)$	线性级	列表的遍历
$\Theta(n \lg n)$	线性对数级	任意值序列的最优化排序（详见第 6 章），其复杂度等同 $\Theta(\lg n!)$
$\Theta(n^2)$	平方级	拿 n 个对象进行相互比对（详见第 3 章）
$\Theta(n^3)$	立方级	Floyd-Warshall 算法（详见第 8、9 章）
$O(n^k)$	多项式级	基于 n 的 k 层嵌套循环（其中 k 为整数），且必须满足常数 $k > 0$
$\Omega(k^n)$	指数级	每 n 项产生一个子集（其中 $k = 2$，详见第 3 章），且必须满足 $k > 1$
$\Theta(n!)$	阶乘级	对 n 个值执行全排列操作

请注意：实际上，该关系更严格来说应该是：f 属于 $o(g)$，这里所用的"小 O"记号是一种相较于"大 O"记号来说更严格的符号。直观上，它所表示的不再是谁"不增长得更快"，而是谁"增长得更慢"。形式上，它所表示的是当 n 增长到无穷大时，$f(n)/g(n)$ 趋向于 0 的情况，尽管我们完全不必去操心这种情况。

也就是说，任何多项式级（polynomial，这里指任何指数 $k > 0$ 的项，包括分数）算法的复杂度都要高于对数级（logarithm，包括任何基数），而任何指数级（exponential，包括任何基数 $k > 1$ 的项）算法复杂度又都要高于多项式级（见习题 2-5 及 2-6）。而且事实上，所有对数级算法都是渐近等效的——因为它们之间往往只相差一个常数因子。然而，多项式级与指数级算法在渐近增长上的差异则要取决于它们各自的指数或基数。所以，显然 n^5 的增长要快于 n^4，而 5^n 的增长要快于 4^n。

该表中主要用的是 Θ 记法，但其中的多项式级与指数级有点特别，因为它们所处的位置正好分割着易处理问题（"有解"）和难处理问题（"无解"）。对此，我们会在第 11 章中做详细讨论。就基本而言，一个运行时间为多项式复杂度的算法是可以被接受的，而如果为指数复杂度，则通常是不被接受的。尽管这种说法在实践中未必完全正确（例如，复杂度为 $\Theta(n^{100})$ 的算法就不见得在实践中会比复杂度为 $\Theta(2^n)$ 的更有用一些），但在多数情况下，这样的区分还是有用的[③]。因为根据这种区分，只要运行时间为 $O(n^k)$，并且 $k > 0$，我们就可以称其为多项式级，即便这种界限设置得并不严谨。例如，即便二分搜索（详见第 6 章中黑盒子专栏之二分法）的运行时间为 $\Theta(\lg n)$，它依然可以被认为是一个"多项式级时间"（或直接简称为"多项式级"）的算法。反过

① 可以将"立方级"与"多项式级"归于同一行，只需让指数 $k \geqslant 3$ 即可。
② 我在这里用 lg 而不是 log，其实两者都可以。
③ 有趣的是，一旦某个问题被证明具有多项式级解决方案，通常就能找到一个高效的多项式级解决方案。

来说，任何一个运行时间为 $\Omega(k^n)$ ——甚至是 $\Theta(n!)$ ——的算法也都会被归于指数级。

基于我们目前对这些重要增长形式的优劣顺序所做的基本概述，可以得出两条简单规则。

- 在加法运算中，只以阶数最高的被加数为准。

  例如，$\Theta(n^2 + n^3 + 42) = \Theta(n^3)$。

- 在乘法运算中，常数因子可忽略不计。

  例如，$\Theta(4.2n \lg n) = \Theta(n \lg n)$。

通常情况下，我们都会尽可能地让渐近表达式保持简洁，使其可以省去许多不必要的部分。另外，对于 O 与 Ω，我们通常还有第三条规则，内容如下。

- 保持相关上界或下界的严谨性。

  换句话说，我们试图要确保的是最低上限与最高下限。例如，尽管在技术上，n^2 应该也属于 $O(n^3)$，但我们通常倾向于其更严格的界限：$O(n^2)$。其实，在多数情况下，最好还是直接采用 Θ 记号来表示。

在实践中，渐近表达式在算法表达中的作用往往会比其实际值来得更大一些。尽管这在技术上是不准确的（毕竟每个渐近表达式代表的都是一个函数集），但它还是被运用得相当普遍。例如，我们可以直接用 $\Theta(n^2) + \Theta(n^3)$ 来指代 $f + g$。对于某些（未知）函数 f 和 g 来说，f 就属于 $\Theta(n^2)$，而 g 就属于 $\Theta(n^3)$。即便我们在因为不能确切了解相关函数而得不到 $f + g$ 具体和值的情况下，也可以根据以下两条"福利规则（bonus rules）"，运用渐近表达式来弥补这方面的缺陷。

- $\Theta(f) + \Theta(g) = \Theta(f + g)$
- $\Theta(f) \cdot \Theta(g) = \Theta(f \cdot g)$

在习题 2-8 中，我们将会要求您证明它们的正确性。

2.2.3　让我们拿渐近性问题练练吧

下面我们来看一些简单的程序，看看您是否能确定它们的渐近运行时间。在这里，我们首先要考虑的是程序在（渐近）运行时间上的变化与问题规模之间的关系，而不是问题实例本身的细节（下一节再来详细讨论问题本身内容会对运行时间产生何种影响）。这意味着对于这些示例来说，if 语句并不重要，重要的是循环语句中除纯代码块以外的那部分东西。并且，函数调用本身不会使事情复杂化，这里只会计算该调用本身的复杂度并确保被插入到了对的地方。

请注意：这里有一种函数调用方案对我们来说会有点困难，即递归函数。对此，我们会在第 3、4 两章中做详细介绍。

当然，最简单的情况是没有循环。在这种情况下，相关语句是逐条被执行的，因此它们的复杂度是叠加而成的。例如，假设我们已经知道对于一个大小为 n 的 list 来说，调用一次 append 的复杂度是 $\Theta(1)$，而调用一次 insert（插入位置是 0）的复杂度则为 $\Theta(n)$。那么请考虑下面两行的程序片段在一个 n 大小的 list 中执行的情况：

```
nums.append(1)
nums.insert(0,2)
```

我们知道第一行复杂度为常数时间。而当我们执行到第二行时，list 的大小已经变成了 $n+1$。也就是说，第二行现在的复杂度应该为 $\Theta(n+1)$，它与 $\Theta(n)$ 是等价的。这样一来，总运行时间就是这两种复杂度之和：$\Theta(1)+\Theta(n)=\Theta(n)$。

我们再来考虑一些简单的循环，下面是一个遍历 n 个元素序列（也可说是数字序列，如 seq=range(n)）的循环：[1]

```
s = 0
for x in seq:
    s += x
```

这段代码可以被视为 sum 函数的一个简单实现：它会对 seq 进行遍历，并将每个元素值累加到初始变量 s 上去。也就是说，这里对 seq 中的 n 个元素都执行了常数时间操作（s += x），其运行时间应该是线性的，即 $\Theta(n)$。另外值得一提的是，这里还有个常数时间的初始化操作（s = 0），但它被占主导地位的循环操作忽略掉了。

而同样的逻辑也适用于那些"内藏式（camouflaged）"循环，此类循环通常存在于 list（或 set、dic）等类型的解析式（comprehensions）及生成器表达式（generator expressions）中。例如下面这个列表解析式，它的时间复杂度也是线性级的：

```
squares = [x**2 for x in seq]
```

另外那几个内置函数和方法中也存在着一些"隐式（hidden）"循环。它们通常都是一些用于处理容器内各元素的函数和方法，如 sum 和 map。

当我们开始涉及嵌套循环时，事情就会稍微麻烦一点（但也不会麻烦很多）了。例如，我们想要得出 seq 中所有元素两两之间的乘积之和：

```
s = 0
for x in seq:
    for y in seq:
        s += x*y
```

值得注意的是，在这段实现中，每种乘积都被累加了两次（例如，如果 42 和 333 都是 seq 中的元素，那么 42*333 和 333*42 就都会被累加），但这并不会真正影响运行时间（它不过是个常数因子罢了）。

那么，其运行时间究竟是多少呢？基本规则很简单：代码块的复杂度由其先后执行的语句累加而成。而嵌套循环的复杂度则在此基础上成倍增长。理由很简单：由于外循环每执行一次，内循环都要完整执行一遍。在这种情况下，其复杂度就相当于"线性级乘线性级"，即平方级。换句话说，其运行时间应该为 $\Theta(n \cdot n)=\Theta(n^2)$。实际上，这种乘法规则还可以被用于指代更多层嵌套，只需随之增加其乘方数即可（指数值）。例如，三层循环就是 $\Theta(n^3)$，而 $\Theta(n^4)$ 则意味着四层，依

---

[1] 如果这些 x 元素是一般的整型数，那么这里每个+=操作运行时间就都是属于常数级的。但 Python 也支持大整型与长整型，它们可以在我们所用的整数大到一定程度时自动调整为相关类型。这意味着一旦我们使用的数字真正够大时，先前关于该操作是常数运行时间的假设就会被打破。而如果我们改用浮点型的话，这个问题就不会发生了（当然，浮点型也有自己的问题，这方面我们会在本章末尾做相关的讨论）。

此类推。

当然，顺序与嵌套这两种情况还可以被混合在一起。接下来，我们来考虑做些轻微地扩展：

```
s = 0
for x in seq:
    for y in seq:
        s += x*y
    for z in seq:
        for w in seq:
            s += x-w
```

这段代码可能并不清楚我们在这里计算的是什么（当然，我也不清楚），但我们依然可以根据之前那套规则来找出它的运行时间。z 循环所运行的是一个线性的数字迭代操作，并且其中还包含着一个线性循环，因此其总复杂度是平方级的，即 $\Theta(n^2)$。而 y 循环的复杂度显然是 $\Theta(n)$。也就是说，x 循环的代码块复杂度应该为 $\Theta(n + n^2)$。而该代码块在 x 循环中每执行一次所需要的时间为 n，由此我们可以根据乘法规则推导出该循环的复杂度为 $\Theta(n(n + n^2)) = \Theta(n^2 + n^3) = \Theta(n^3)$，即立方级。其实我们还可以让推导过程更简单一些，即 y 循环因占主导的 z 循环而被忽略掉了，所以其内部代码块应该是平方级运行时间，而"平方级乘线性级"自然就是立方级。

当然，也不是所有循环都需要重复 $\Theta(n)$ 次的。例如，我们有两组序列 seq1 和 seq2，其中 seq1 中有 n 个元素，而 seq2 中有 m 个元素，下面代码的运行时间应该是 $\Theta(nm)$：

```
s = 0
for x in seq1:
    for y in seq2:
        s += x*y
```

事实上，内循环在外循环每次迭代中的执行次数也未必非要相同。只不过这样的话，事情就会变得稍微复杂一些，不仅仅是两个迭代次数（就像上述例子中的 m 与 n）相乘就行了，我们现在必须累计出内循环的迭代次数。读者可以通过以下实例来理解我们所指的是什么。

```
seq1 = [[0, 1], [2], [3, 4, 5]]
s = 0
for seq2 in seq1:
    for x in seq2:
        s += x
```

在这段代码中，语句 s += x 被执行了 $2 + 1 + 3 = 6$ 次。Seq2 的长度决定着内循环的运行时间，但由于它是变化的，我们不能直接拿它与外循环的迭代数相乘。下面我们来看一个更具现实意义的例子，重新回到我们先前的那个例子中——算出序列中各元素间的乘积之和：

```
s = 0
n = len(seq)
for i in range(n-1):
    for j in range(i+1, n):
        s += seq[i] * seq[j]
```

为了避免对象自身相乘或者同一乘积被累加两次的情况，现在，我们让外循环避开该序列的最后一项，并让内循环的遍历动作从外循环当前位置的后一项开始。尽管在事实上，这种做法没有像看上去那样混乱，但想要找出其复杂度确实需要多费点心思了。而且，这是一个与计数操作（counting）有关的重要案例，属于下一章所要讨论的范围。[①]

2.2.4 三种重要情况

到目前为止，我们所设想的运行时间都是完全确定的，并且只取决于输入的规模，而与输入的实际内容无关。但这显然不是特别现实。例如，如果想要构建一个排序算法的话，我们或许会这样开始：

```
def sort_w_check(seq):
    n = len(seq)
    for i in range(n-1):
        if seq[i] > seq[i+1]:
            break
    else:
        return
    ...
```

也就是在进入实际排序之前先做一个检查，如果目标序列是已排序过的，函数就直接返回。

请注意：在 Python 中，如果一个循环没有被 break 语句提前中止，那么它的可选分支 else 就会被执行。

这意味着无论我们的主排序算法效率有多低，只要它遇到的是一个已排序的序列，其运行时间就始终是线性级的。而在一般情况下是没有排序算法能达到线性级运行时间的。也就是说，这里所谓的"最好的情况"其实是个异常情况——并且有一定的突然性，我们不能基于这个来预测可靠的运行时间。对于这个难题，我们需要更具体的解决方案。我们可以选择不针对某个一般性问题泛泛而谈，而是限定相关的输入内容，并且我们通常会讨论以下三种重要情况中的一种。

- **最好的情况**：当算法遇上最理想输入时的运行时间。例如，当 sort_w_chech() 检测到输入序列已被排序时，我们所获得的就是最佳情况下的运行时间（线性级时间）。
- **最坏的情况**：这通常也是最有用的情况——我们可能会遇上的最糟糕的运行时间之所以说它有用，是因为在通常情况下，我们希望对算法效率做出某些保证，而这就是我们所能给出的最佳保证。
- **平均情况**：这是最复杂的一种情况，我们在大部分时间里都会回避这种情况，但对于某些情况，它还是有些用处的。简单而言，就是它是对于按照一定的概率分布的随机输入的期望运行时间值。

在我们工作时所用的许多算法中，这三种情况的复杂度基本上是一致的。当它们不一致时，我们的工作通常会以最坏的情况为准。但除非有明确说明，否则我们通常是不应该指出自己正在

[①] 剧透一下：该例的复杂度依然是 $\Theta(n^2)$。

研究的是哪一种情况的。事实上，我们也许完全不该将自己局限在所有输入中的某个单一情况上。例如，如果我们想要描述的是 sort_w_check() 在平均情况下的运行时间，这可行吗？即使我们确实有可能做到，该描述也必然不会太精确。

例如，我们现在所使用的主排序算法（检查之后）是线性对数级的，即其运行时间为 $\Theta(n \lg n)$，这对于排序算法来说是一个非常典型的情况（而且这事实上也往往是最佳情况了）。这样一来，该算法在最佳情况下的运行时间为 $\Theta(n)$（检查结果为已排序序列时），而在最坏情况下的运行时间则为 $\Theta(n \lg n)$。如果这时我们想对该算法在一般情况下的运行时间做个描述，然而——由于针对的是所有输入——我们无法使用 Θ 记号，因为没有单一函数能描述该运行时间，不同种类的输入对应着不同的运行时间函数，因而其渐近复杂度也不尽相同。这使我们无法将其概括成一个单一的 Θ 表达式。

那么该如何解决呢？我们可以放弃 Θ 记号的"双边界"，而选择直接用上界或下界，即用 O 或 Ω 来描述问题。例如，我们可以说 sort_w_check() 的运行时间为 $O(n \lg n)$。这就同时概括了最好的和最坏的情况。类似地，我们也可以说其运行时间为 $\Omega(n)$。但需要提醒的是，对于这些边界，我们应该尽可能设置得严格一些。

请注意：我们可以使用任何一个渐近记号来描述上述三种情况中的任何一种情况。例如，我们完全可以说 sort_w_check() 在最坏情况下的运行时间是 $\Omega(n \lg n)$，或者其最好的情况是 $O(n)$。

2.2.5　实证式算法评估

本书的焦点主要集中在算法设计以及与之相关的算法分析。然而，算法学中还有一门重要学科，其在构建实际系统时所起的作用也是至关重要的，它就是算法工程（algorithm engineering）。这是一门有关如何有效实现相关算法的艺术。从某种程度上来说，算法设计可以被看成一种通过设计高效算法达成低渐近运行时间的方法，而算法工程则侧重于降低渐近复杂度中的隐藏常量。

尽管我们可以专门针对 Python 给出一些算法工程方面的提示，但很难预计这些调整及黑客技巧能否给我们工作中具体问题的解决带来最佳性能——或者说能否适用于我们所用的硬件环境或 Python 版本。（这也正是在设计复杂度的渐近表示法时要尽力避免的情况。）并且在某些情况下，我们也没有必要采用这类调整及黑客技巧，因为相对这些手段而言，我们的程序已经够快了。在大多数情况下，我们所能做的最有用的事情也就是试试看而已。如果您认为某种调整手段能对程序有所改善，那就试试吧！实施相关调整并实际验证一下，真的改善了吗？如果这种调整降低了您代码的可读性，而带来的改善却很小，这样做真值得吗？

请注意：本节所讨论的是程序的评估方案，而不是算法工程本身。对于某些可用于提升 Python 程序速度的技巧，读者可以参考附录 A 中的相关内容。

虽然理论上确实存在一种叫作算法评估（experimental algorithmics，即与算法实践评估及其具体实现相关的内容）的东西，但它不在本书的讨论范围内。我们接下来要介绍的一些实践性提示也与此相去甚远。

提示 1：只要有可能，就不必去担心。

对渐近复杂度的担心可能很重要。有时候，它就相当于解决方案与非解决方案之间在实践中的不同之处。然而，运行时间当中的常数因子却往往没有那么重要。不妨试试先简单地实现一下您的程序，然后看看它是否足够好。事实上，我们甚至可以先试试朴素算法（naïve algorithm），引用编程大师 Ken Thompson 的话说："当没有把握的时候，就用蛮力试试。"在算法学中，所谓的蛮力往往指的就是简单地将每种可能的解决方案都试一遍，运行时间可能很糟糕。只要它工作了，就是有用的了。

提示 2：请用 timeit 模块来进行计时。

---

timeit 模块本身就是为执行相对可靠的计时操作而设计的。尽管要得到真正确切的结论（如发表一篇学术论文）需要做大量的工作，但 timeit 至少可以帮助我们简单地得到"实践中足够好"的计时操作。例如：

```
>>> import timeit
>>> timeit.timeit("x = 2 + 2")
0.034976959228515625
>>> timeit.timeit("x = sum(range(10))")
0.92387008666992188
```

当然，您看到的时间值肯定不会与我完全相同。另外，如果想对某一函数进行计时（如用来封装您代码的某个测试函数），我们也可以更简单地通过命令行环境中的-m 开关来调用 timeit 模块：

```
$ python -m timeit -s"import mymodule as m" "m.myfunction()"
```

但当您调用 timeit 模块时，有一件事需要特别注意：避免一些因重复执行带来的副作用。因为 timeit 函数会通过多次运行相关代码的方式来提高计时精度，所以，如果早先执行的操作会影响其后面的运行，我们可能就遇上麻烦了。例如，如果我们要对 mylist.sort()这样的函数进行计时，该列表只是在首次运行中得到了排序，而在该语句的其他数千次运行中，它都是一个已排序列表了，这显然会使我们的计时结果偏低。相同道理也适用于所有涉及迭代式（generator）或迭代器（iterator）的这类穷举操作。关于该模块的更多细节及其工作方式，读者可以自行参考标准库文档[①]。

提示 3：请使用 profiler 找出瓶颈。

在实践过程中，我们经常会去猜测自己代码中需要优化的是哪一部分，而这种猜测往往又都是错的。所以，与其这样胡乱猜测，不如让 profiler 来替我们找出来。Python 语言中就自带了少量的 profiler 变体，但我们还是建议您使用 cProfile 模块，它使用起来与 timeit 一样简单，但能给

出关于执行时间都花在哪里的更为详细的信息。例如，我们的主函数是 main()，那么我们就可以像下面这样，通过 profiler 来运行程序：

```
import cProfile
cProfile.run('main()')
```

这样就应该能打印出程序中各函数的计时结果。而如果 cProfile 模块在您的系统中不可用的话，我们用 profile 来代替它。同样，关于这方面的更多信息，读者可以自行查看相关库参考文件。而如果我们对实现细节不感兴趣，只是想对自己针对某既定问题实例提出的算法进行实证研究，那么标准库中的 trace 模块是个有用的选择——它可以对程序中各语句的执行次数进行计数操作。您甚至可以通过使用例如 Python Call Graph[①]的工具，可视化地看到代码的调用情况。

提示 4：绘制出结果。

在需要理清某些事情的时候，可视化往往可以成为一种非常好的工具。在性能图形化方面，我们有两种常见的绘图，一种是反映问题规模与运行时间关系的图表[②]，另一种是如图 2-2 展示的相关运行时间的详细分布情况的盒形图。另外，在 Python 中，matplotlib 是一个非常不错的绘制工具包（可以去 http://matplotlib.org 下载）。

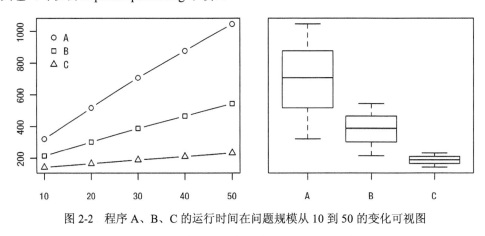

图 2-2　程序 A、B、C 的运行时间在问题规模从 10 到 50 的变化可视图

提示 5：在根据计时比对结果做出判断时要小心仔细。

这条提示有点模糊不清，这是因为在我们依据计时实验结果对"哪一种实现更好"的问题做判断时会遇到许多陷阱。首先，我们会观察到一些随机变量所带来的差异。例如，您使用了 timeit 这类工具的话，这样的风险就会少一些，因为这类工具是通过相关语句的多次重复执行来进行计

---

① http://pycallgraph.slowchop.com

② 不要误会，这里指的不是本章后面所讨论的那种网络，而是另一种——它其实是一些布局用的各种尺度参数值。

时的（甚至我们可能会多次重复运行整个实验，然后将最佳的那一次运行保存下来）。但即便如此，随机变量依旧还是存在的。因此，如果这两种实现方式之间的差异大不过我们对这些随机因素的预期，我们就无法真正确定它们之间的差距在哪里。（其实，我们甚至也无法判断它们之间是否真的存在差距。）

请注意：如果我们非做出判断不可的话，也可以用统计学中的假设性测试技术来解决问题。但就其实际作用而言，如果我们无法确定其间的差距究竟有多小，或许我们选择哪一种实现根本就无关紧要，所以您可以根据自己的喜好来。

但如果我们想要比较两个以上实现的话，问题就复杂了。其成对比较的操作数会随版本数呈平方级增长（关于这点，我们将会在第 3 章中做出解释），但其大幅增长的机会往往至少要存在于两个版本之间的差异当中，尽管这也仅仅是个机会。（这也就是所谓的多重比较问题。）尽管该类问题有现成的统计学解决方案，但最简单易行的解决方法还是对这两种实现再进行一次验证，甚至是多次验证，看看它们是否仍有什么不同。

其次，这种对平均值所进行的比较本身也存在一些问题。最起码，我们应该坚持对其实际计时结果来进行平均值比较。在实践中，我们在对各程序执行计时实验时需要得到更有意义的数字。对此，我们通常的做法是通过将每个程序的运行时间标准化，然后让它们分别去除以某种简单的标准算法的运行时间。这种做法的确能发挥一定的作用，但在某些情况下，它也会让我们获得的结果失去意义。关于这些方面，读者可以参考 Fleming 与 Wallace 在他们的论文《How not to lie with statistics: The correct way to summarize benchmark results》[①]中所做的一些指导性建议。而对于一些其他方面的观点，读者也可以阅读 Bast 和 Weber 所著的《Don't compare averages》一文，或者 Citron 等人最近发表的论文《The harmonic or geometric mean: does it really matter?》。

再次，我们的判断也可能不具有普遍性。例如，几个相互类似的实验运行在其他问题实例和硬件环境上时，可能会产生截然不同的结果。因此，如果想让其他人去解释或重现您的实验，提供完备的执行记录文档是非常重要的。

提示 6：通过相关实验对渐近时间做出判断的时候要小心仔细。

如果我们想针对某个算法行为的渐近性做出某种判断，就必须像本章之前所描述的那样，对其进行详细分析。做实验确实能给我们带来一些提示，但其作用终究是有局限性的。而渐近性所代表的是任意规模下的数据处理情况。但从另一角度来说，除非我们从事的是纯计算机科学理论工作，否则我们进行渐近性分析的目的也主要是为了实现算法，以及在实际问题中运行算法时，能对该算法的行为做出某些描述，这意味着它与做实验还是应该有一定关联性的。

设想一下，如果您直觉上认为一个算法所拥有的时间复杂度是平方级的，却又无法证明自己的判断。这时候，您会通过实验来支持自己的论点吗？虽然我们之前曾解释过，（算法工程与）实验关注的主要是常数因子，但这也是有办法解决的。主要问题是您的判断本身是否真的具备可测试性（通过实验方式）。例如，如果您只是声称某一算法的运行时间为 $O(n^2)$，那恐怕确实没有

---

① 译者注：由于这里列出的都是英文资料，故译者觉得应该保留原文名称，以方便读者查阅，下同。

数据可以证实或反证这一说法。然而，如果我们能让这一说法变得更具体一些，使其具备可测试性。例如，我们可以先根据一些初步结果设定一个时间：$0.24n^2 + 0.1n + 0.03$ 秒，然后确信相关运行时间绝不会超过这个设定。或许还可以更实际点，我们的设想也可以是某既定操作被执行的次数，您可以通过 trace 模块来完成这部分测试。那么，这就是一个可测试（或者说更具体、可反证）的假设。如果我们进行了大量的实验，却找不到任何反证，那么它就在一定程度上支持了我们的假设。同时，它也间接支持了我们认为相关算法复杂度为 $O(n^2)$ 的判断。

2.3　图与树的实现

在第 1 章中，我们所举的第一个例子与瑞典及中国境内的导航有关，这是个非常典型的问题。而要诠释这类问题，我们就需要用到算法学中最强大的框架之一——图结构（graph）。其实在许多情况下，如果我们可以将自己的工作诠释成一个图问题的话，那么该问题至少已经接近解决方案了。而如果我们的问题实例可以用树结构（tree）来诠释的话，那么我们基本上已经拥有了一个真正有效的解决方案。

图结构可以用来表现似乎所有类型的结构与系统，从交通网络到通信网络，从细胞核之间的蛋白质交换到人际之间的线上交互等。我们可以通过添加权重值、距离值等额外数据来增强其表现能力，使其能尽可能多地代表不同的问题，如下棋游戏，或根据一组人各自的能力分配工作等。而树结构则只是图的一种特殊情况，所以其大部分针对图的算法和表现形式也适用于树。然而，由于该结构自身的特殊性（它的连接点之间不存在环路），存在一些专用的（简单）算法与表现形式也是可能的。有很多实用的结构形式，如 XML 文档或者目录层次结构等，实际上也都是用树结构来表现的[①]——这也说明所谓的“特殊情况”实际上还是相当普遍的。

如果您对图这个术语名词的记忆有些生疏了（或如果这对您来说完全是新的概念的话），可以参考附录 C 中的“图术语”部分，其要点主要包括。

- 图 $G = (V, E)$ 通常由一组节点 V 及节点间的边 E 共同组成。如果这些边是带有方向的，我们就称其为有向图。
- 节点之间是通过边来实现彼此相连的。而这些边其实就是节点 v 与其邻居之间的关系。与节点 v 相邻的节点，称为节点 v 的邻居。一个节点的度数就是连接其边的个数。
- $G = (V, E)$ 的子图结构将由 V 的子集与 E 的子集共同组成。在 G 中，每一条路径（path）是一个子图结构，它们本质上都是一些由多个节点串联而成的边线序列（当然，这些节点是不重复的）。环路（cycle）的定义与路径基本相同，只不过它最后一条边所连接的末节点同时是它的首节点。
- 如果我们将图 G 中的每条边与某种权值联系在一起，G 就成了一种加权图。在加权图中，一条路径或环路的长度等于各条边上的权值之和；而对于非加权图而言，就直接等于该图的边数了。

---

① 对于各种 IDREF 与符号连接，以及 XML 文档、目录层次这样的分层结构，实际上我们都可以视其为一种普通的图结构形式。

- 森林（forest）可以被认为是一个无环路图，而这样的连通图就是一棵树。换句话说，森林就是由一棵或多棵树构成的。

到目前为止，我们只是在用图术语来描述问题，如果想要实现某种解决方案，我们就必须学会用某种数据结构来表示图。事实上，即便您只是想设计一个算法，这也是需要的，因为我们必须了解不同操作在图这种表现形式中的运行时间。其实在某些情况下，图早就在我们的代码或数据中存在了，不再需要其他独立的数据结构。举例来说，如果您要写一个 Web 爬虫程序，以便自动收集某 Web 站点中的链接，这时候 Web 本身就是一个图。再如，您有一个 Person 类，而该类的 friends 属性是一个由其他 Person 类实例组成的 list。那么该对象模型本身就是一个图，我们可以在上面运行各种图算法。但是，这些都是实现图的具体方式。

用抽象术语来说，我们通常会倾向于采用一种被称为邻近函数 $N(v)$（neighborhood function）的实现方式。因而，这里往往会涉及一个容器 N[v]（或许在某些情况下，它可能只是一个迭代器对象），主要用于存储 v 的邻近节点。在这个话题上，我们将会与其他许多同类书籍一样，把焦点主要放在邻接列表与邻接矩阵这两种著名的表现形式上，因为它们的可用性和普及率都很高。至于其他替代形式，读者可以参考本章后面"多种表现形式"一节中的相关讨论。

黑盒子专栏之：dict 与 set

散列（hashing）技术不仅在绝大多数算法类书籍中都有详细介绍，而且在 Python 程序员当中也非常普及。该技术往往会涉及一些经由某既定对象计算而来的整数值（而且乍看之下像是随机的）。例如，我们可以用这些值来索引数组元素（当然，这需要进行某些调整，以确保将其限制在既定的索引区间内）。

在 Python 语言中，标准散列机制是由 hash 函数提供的，调用一个对象的__hash__方法：

```
>>> hash(42)
42
>>> hash("Hello, world!")
-1886531940
```

该机制常用于字典类型（dict）的实现，而 dict 就是我们通常所说的散列表。同样，集合类型（set）也是通过这种机制实现的。其最重要的一点是，散列值的构成基本上是在常数级时间内完成的（这里的常数级时间是对整个散列表的大小而言的，但就对象本身大小所要做的散列处理而言，执行相关的对象函数还是需要线性级时间的）。并且只要其幕后数组足够长，我们用散列值对其进行访问的平均时间也是 $\Theta(1)$。当然，该操作在最坏情况下依然是 $\Theta(n)$ 级时间，除非我们能始终预知相关值的情况，并据此自定义出相应的散列函数。但即便如此，散列技术在实践中依然非常有效。

这意味着我们在对 dict 及 set 中的元素进行访问时所耗费的（预期）时间都是常数级的，这对于我们构建更为复杂的结构与算法是非常有用的。

注意，hash 方法是特别用来构建哈希表的。对于其他比如密码学中的哈希，有一个标准库 hashlib 模块。

2.3.1 邻接列表及其类似结构

对于图结构的实现来说，最直观的方式之一就是使用邻接列表。基本上就是要针对每个节点设置一个邻居列表（也可以是 set 等其他容器或迭代器类型）。下面我们来实现一个最简单的：假设现在我们有 n 个节点，编号分别为 $0, \cdots, n-1$。

> **请注意：** 节点当然可以是任何对象，可以被赋予任何标签或名称。但使用 $0, \cdots, n-1$ 区间内的整数来实现的话，会简单许多，因为如果能用数字来代表节点，我们索引起来显然要方便许多。

然后，每个邻接（邻居）列表就都只是一个数字列表，我们可以将它们编入一个大小为 n 的主列表，并用节点编号对其进行索引。由于这些列表内的顺序是任意的，所以实际上我们是使用列表来实现邻接集（adjacency sets）。这里之所以使用列表这个术语，主要还是因为传统。值得庆幸的是，Python 本身就提供有独立的 set 类型，这在很多情况下是一个更自然的选择。

下面以图 2-3 为例，具体说明一下图结构的各种表示法。

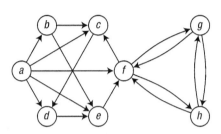

图 2-3　用于说明各种表示法的示例图

> **提示：** 参见本章后面的专栏内容"图结构库（Graph Libraries）"来找到帮助您可视化图结构的工具。

首先，假设我们已经完成了节点的编号工作（$a = 0$, $b = 1$, $\cdots$）。该图可以先用一种简单明了的方式来表示，如清单 2-1 所示。为了方便起见，我们将节点编号赋值给了一些变量，而这些变量的名称与示例图中的各节点标签相同。当然，您也可以用纯编号形式来完成相关工作。在这里，每个邻接列表旁边都注释了它所属的节点。如果您愿意的话，可以花一两分钟时间确认一下它们在示例图中的对应关系。

清单 2-1　简单明了的邻接集表示法

```
a, b, c, d, e, f, g, h = range(8)
N = [
    {b, c, d, e, f},    # a
    {c, e},             # b
    {d},                # c
    {e},                # d
    {f},                # e
    {c, g, h},          # f
    {f, h},             # g
    {f, g}              # h
]
```

> **请注意：** 在 Python 2.7（或 3.0）之前的版本中，set 类型的字面写法应该是 set([1, 2, 3])而非 {1, 2, 3}。但如今，空 set 写法依然是 set()，因为{}表示的是空 dict。

名词 N 在这段代码中的作用就相当于我们之前所讨论的 N 函数。在图论中，$N(v)$ 代表的是 v 的邻居节点集。同样，目前在我们的代码中，$N[v]$ 就是一个 v 邻居节点集。假设我们稍早前已经在交互解释器中定义了 N，那么现在就可以随意演练以下图操作了：

```
>>> b in N[a]  # Neighborhood membership
True
>>> len(N[f])  # Degree
3
```

提示：如果某些代码（例如清单 2-1 中的图定义）存在于某个源文件中，而我们又想跟之前一样，将其引入交互解释器中来研究的话，就得使用 Python 的-i 开关来运行它，像这样：

```
python -i listing_2_1.py
```

这样一来，源文件就会在运行之后继续驻留在交互解释器中，以便我们可以在自己的实验中继续使用其中任何可用的全局定义。

在某些情况下，或许另一种表示法的开销会更小一些，即用真正的邻接列表来代替上面的邻接集，具体见清单 2-2。在现在这种情况下，其可用操作依然相同，但成员检测却变成了 $\Theta(n)$ 级操作。当然，这也确实是一种明显的速度放缓，但这充其量也仅仅是您需要考虑的（如果真的必要要的话）一个问题而已。（但如果您的所有算法所做的都是其邻居节点的遍历，那使用 set 对象就不仅毫无意义，而且其开销也会成为实际上不利于我们实现的常数因子。）

清单 2-2　邻接列表
```
a, b, c, d, e, f, g, h = range(8)
N = [
    [b, c, d, e, f],    # a
    [c, e],             # b
    [d],                # c
    [e],                # d
    [f],                # e
    [c, g, h],          # f
    [f, h],             # g
    [f, g]              # h
]
```

这种表示法可能存在着一个争议，即它实际上是一组邻接数组的集合，而并非传统意义上的邻接列表。这是因为在 Python 中，list 类型的背后实际上是一个动态数组（请参考之前关于 list 的黑盒子专栏中的相关内容）。如果愿意的话，我们也可以实现一个链表类型，并用它来取代 Python 中的 list 类型。这类实现允许我们以较低的（渐近）成本对各列表中的任意一点执行插入操作，但这种操作或许并不是我们所需要的，因为新增的邻居节点往往只需简单添加在列表末端就行了。使用 list 实现的优势主要体现在它是一个已经被调试好了的、速度非常快的数据结构，相较于任何一个您可以用纯 Python 环境实现的列表结构而言。

当我们执行与图相关的工作时，需要反复遵从一个主题思想，即一个图的最佳表示方法应该取决于我们要用它来做什么。例如，邻接列表（或数组）可以让我们在维持低成本的情况下，对 $N(v)$ 中所有节点 v 进行有效遍历。然而，其在检查 u 和 v 是否互为邻居时的成本就是 $\Theta(N(v))$ 了，这时如果该图的结构很密集（如果它的边很多）的话，很可能就会带来一些问题。在这种情况下，邻接集或许是个更好的选择。

■ **提示：** 我们也注意到，要想删除一个位于 Python list 中间的对象，操作成本往往很高，而从 list 尾端删除就只需要常数时间。所以，如果不在乎邻居节点顺序的话，我们也可以用当前邻接列表中最后一项覆盖掉需要删除的邻居节点（只需要常数时间），然后调用 pop 方法。

除此之外，我们还可以对这种表示法做一些轻微的变动。我们可以用有序列表来表示这些邻居集。在列表本身不修改的情况下，我们可以让其成员保持有序状态，并用二分法来进行成员检测（相关内容请参考第 6 章中的黑盒子专栏之二分法）。这样做或许可以在某些方面（主要是内存使用和迭代时间）稍许降低一些成本，但这也导致了其成员检测成为一个复杂度为 $\Theta(\lg k)$ 的操作，k 在这里表示的是给定节点的邻居数量。（但这个复杂度还是算相当低的了，当然在实践中，使用内置的 set 类型还能免去我们不少额外的麻烦。）

除此之外，这种表达还有另一种微调方式，就是用 dict 类型来替代这里的 set 或 list。在 dict 类型中，每个邻居节点都会有一个键和一个额外的值，用于表示与其邻居节点（或出边）之间的关联性，如边的权重。其实现起来如清单 2-3 所示（为任意边附加权重值）。

清单 2-3　加权邻接字典

```
a, b, c, d, e, f, g, h = range(8)
N = [
    {b:2, c:1, d:3, e:9, f:4},    # a
    {c:4, e:3},                    # b
    {d:8},                         # c
    {e:7},                         # d
    {f:5},                         # e
    {c:2, g:2, h:2},               # f
    {f:1, h:6},                    # g
    {f:9, g:8}                     # h
]
```

邻接字典版本可以被用来实现一些其他方面的，类似于添加相关权值这样的功能：

```
>>> b in N[a] # Neighborhood membership
True
>>> len(N[f]) # Degree
3
>>> N[a][b]   # Edge weight for (a, b)
2
```

当然，只要您愿意，即便是在用不到加权边或类似功能的情况下，也是可以使用邻接字典的（相关值或许可以用 None 及其他占位符来替代）。这样做不仅能发挥出邻接集合的主要优势，而且（非常非常）适用于尚未提供 set 类型的旧版 Python 环境。[①]

到目前为止，我们用来容纳邻接结构（可能是 list、set 或 dict）的主容器其实都属于列表类型，它们都以节点编号为索引值。当然就灵活性而言，使用 dict 类型来充当主要结构[②]会是一种更好的选择（因为它允许我们使用任意可散列的对象来充当节点标签）。用 dict 容纳邻接集的具体情况如清单 2-4 所示。需要注意的是，这里是用字符来表示相关节点的。

清单 2-4　邻接集的字典表示法
```
N = {
    'a': set('bcdef'),
    'b': set('ce'),
    'c': set('d'),
    'd': set('e'),
    'e': set('f'),
    'f': set('cgh'),
    'g': set('fh'),
    'h': set('fg')
}
```

请注意：如果您在清单 2-4 中省略了 set 构造器，最终得到的将是一个邻接字符串，其工作方式相当于一个（不可变的）字符类的邻接列表（其成本会略低一些）。这种表达看上去似乎很无聊，但正如我之前所说，其作用取决于程序的其他部分。例如相关图的数据将从哪里获取？是否已经是以文本的形式？又将如何被使用？

2.3.2　邻接矩阵

图的另一种常见表示法就是邻接矩阵了。这种表示的主要不同之处在于，它不再列出每个节点的所有邻居节点，而是会将每个节点可能的邻居位置排成一行（也就是一个数组，用于对应图中每一个节点），然后用某种值（如 True 或 False）来表示相关节点是否为当前节点的邻居。与之前一样，其最简单的形式也可以用嵌套 list 来实现，具体如清单 2-5 所示。同样要提醒的是，节点编号依然是从 0 到 $V-1$。并且为了让矩阵具有更好的可读性，我们将会用 1 和 0 来充当所谓的真值（您也可以用 True 和 False）。

清单 2-5　用嵌套 list 实现的邻接矩阵
```
a, b, c, d, e, f, g, h = range(8)

#    a b c d e f g h

N = [[0,1,1,1,1,1,0,0], # a
```

---

① set 类型是在 Python 2.3 版中被引入的，隶属于 sets 模块，并且在 Python 2.4 版中被纳为内置类型。
② 对于这种用字典类型来实现的邻接列表，Guido van Rossum 在他写的文章 "Python Patterns— Implementing Graphs" 中曾经提到过，您可以在下面网址中找到它：http://www.python.org/doc/essays/graphs/。

```
        [0,0,1,0,1,0,0,0], # b
        [0,0,0,1,0,0,0,0], # c
        [0,0,0,0,1,0,0,0], # d
        [0,0,0,0,0,1,0,0], # e
        [0,0,1,0,0,0,1,1], # f
        [0,0,0,0,0,1,0,1], # g
        [0,0,0,0,0,1,1,0]] # h
```

其在使用方式上也与邻接列表或邻接集略有不同，这里要检查的不是 b 是否在 N[a]中，而是要检查矩阵单元 N[a][b]是否为真。同样，我们也不能再用 len(N[a])来获取相关节点的邻居数，因为在这里，所有行的长度是相等的，我们得改用 sum 函数：

```
>>> N[a][b]   # Neighborhood membership
1
>>> sum(N[f]) # Degree
3
```

在邻接矩阵中，有一些实用的特性是非常值得我们去加以了解的。首先，只要我们不允许出现自循环状态（我们在工作中不会遇到伪图结构），其对角线上的值应该全为假。而且，我们通常会通过向现有表示法中加入双向边元素的方式来实现一个无向图。这也就意味着无向图的邻接矩阵应该是一个对称矩阵。

将邻接矩阵扩展成允许对边进行加权处理，也非常简单：在原来的存储真值的地方直接存储相关的权值即可。例如，对于边（u,v）来说，我们只需要将 N[u][v]处的 True 替换成 $w(u,v)$即可。出于某些实践因素的考虑，我们通常会将一些实际不存在的边的权值设置为无穷大。（这可以确保它们不会被纳入考虑范围，也就是说，在考虑最短路径时，我们只能根据实际存在的那些边来寻找合适路径）虽然其在无穷大的具体表示方式上并没有明确规定，但我们手里确实有一些选项。

一种可能的选项就是使用一个非法的权值，如 None、-1（在已知所有权值都为非负数的情况下）。但或许在多数情况下，更实用的做法是设置一个非常大的值。通常对于整型加权值来说，我们用 sys.maxint 就可以了，尽管事实上谁也无法保证该值确实为这里可能的最大值（毕竟 long int 类型可能会更大一些）。然而在对浮点型的设计中，倒确实有一个可以代表无穷大的值：inf。虽然该值在 Python 中没有直接可用的名称，但我们可以通过 float('inf')表达式来获取它。[①]

在清单 2-6 中，我们示范了如何用嵌套 list 来实现一个加权矩阵。它的加权情况看起来与清单 2-3 中的情况基本相同，即 inf = float('inf')。此外要注意的是，该矩阵对角线上的值依旧应该全为 0，因为即使在没有自循环存在的情况下，相关权值也往往会被解释成某种距离形式。而从习惯上来说，任一节点到自身的距离都应该始终为 0。

清单 2-6　对不存在的边赋予无限大权值的加权矩阵
```
a, b, c, d, e, f, g, h = range(8)
inf = float('inf')
```

---

① 这种表示法是从 Python 2.6 版之后才获得保证的。在其早期版本中，这种特殊浮点数值是平台依赖的，虽然实际上那时 float('inf')或 float('Inf')已经可用于大多数平台了。

```
#      a   b   c   d   e   f   g   h

W = [[  0,  2,  1,  3,  9,  4, inf, inf], # a
     [inf,  0,  4, inf,  3, inf, inf, inf], # b
     [inf, inf,  0,  8, inf, inf, inf, inf], # c
     [inf, inf, inf,  0,  7, inf, inf, inf], # d
     [inf, inf, inf, inf,  0,  5, inf, inf], # e
     [inf, inf,  2, inf, inf,  0,  2,  2], # f
     [inf, inf, inf, inf, inf,  1,  0,  6], # g
     [inf, inf, inf, inf, inf,  9,  8,  0]] # h
```

当然，尽管加权矩阵可以使相关加权边的访问变得更容易，但目前如成员检测、查找某个特定节点的度（degree），或者乃至于在对邻居的遍历操作上都存在着一些不同之处。也就是说，我们需要对相关的无穷大值进行检测，例如：

```
>>> W[a][b] < inf    # Neighborhood membership
True
>>> W[c][e] < inf    # Neighborhood membership
False
>>> sum(1 for w in W[a] if w < inf) - 1  # Degree
5
```

请注意，在对度值求和时务必要记得从中减 1，因为我们不想把对角线也计算在内。尽管这个表达结构在度值计算上的操作复杂度是 $\Theta(n)$，但它很适合于相关成员与度值的查找操作，并且这些操作都能很轻易地在常数时间内完成。此外需要始终记住一点：我们应该根据图的具体用处来选择相关的表示法。

NumPy 库中的专用数组

NumPy 库中提供了大量与多维数组有关的功能。尽管我们并不是真的需要那么多图表示法，但就 NumPy 中的数组类型而言，其可用性（如实现邻接矩阵或加权矩阵）是非常不错的。

例如，当我们要一个基于 list 的、面向 n 个节点的空加权（或邻接）矩阵时，通常是这样做的：

```
>>> N = [[0]*10 for i in range(10)]
```

而在 NumPy 中，我们可以通过 zeros 函数来做：

```
>>> import numpy as np
>>> N = np.zeros([10,10])
```

其内部各元素可以通过一对由逗号分割的索引值来访问，例如 A[u,v]。而如果想访问某个给定节点的邻居列表的话，我们也可以用 A[u] 这样的单索引形式来完成。

如果您处理的是相对稀疏的图，矩阵中只有一小部分有值，您可以通过更为特殊的一种稀疏矩阵的形式来节省内存开销。您可以在 SciPy 发行版中的 scipy.sparse 模块找到。

关于 NumPy 语言包，读者可以自行从 http://numpy.scipy.org 中获取。另外，对于 SciPy，我们也可以到其官网 http://www.scipy.org 中去获取。

当然，需要注意的是，您应该选择与您的 Python 版本相匹配的 NumPy 版本。如果 NumPy 的最新版本与您所用的 Python 版本还并不是十分"吻合"的话，您也可以选择直接从其源码库中编译并安装它。

关于下载、编译与安装 NumPy 的具体信息，我们可以在其官方网站上找到相关的详细文档。

2.3.3　树的实现

在一般情况下，但凡可以用来表示图的方法通常都可以用来表示树，因为树本身就是图的一种特殊情况。然而，树本身也在算法学中扮演着非常重要的角色，并且有许多特定问题是推荐用树结构来解决的。其中大部分树算法（甚至包括第 6 章中将要讨论的搜索树）都可以被理解成一般图概念中的思路，但特定的树结构会使得它们更容易实现。

其中最容易表示的就是带根的树结构，这种树的每条边都从根出发，并向下方延伸。此类结构所代表的往往是某个数据集所拥有的层次结构，其根节点代表着全部对象（这些对象或许就被直接包含在叶节点内），而其内部各节点所代表的对象都是以该节点为根的树结构的叶节点。在这里，我们甚至可以直接利用类似直觉，将其各个子树组织成一个子树列表。下面，我们来看一个简单的树结构（见图 2-4）。

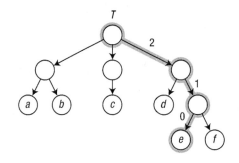

图 2-4　用于突显从根到叶子之间路径的树结构例子

我们可以将该树表示成一个二维列表（lists of lists），具体如下：

```
>>> T = [["a", "b"], ["c"], ["d", ["e", "f"]]]
>>> T[0][1]
'b'
>>> T[2][1][0]
'e'
```

在这种方法中，每个列表表示的都是相应内部（匿名）节点所拥有的一个包含其所有相邻节点（也叫"子节点"）的列表。在第二个示例中，我们所访问的依次是根节点的第三个子节点，然后是该子节点的第二个子节点，最后是这个节点的第一个子节点（见图中所突显的路径）。

在某些情况下，由于我们可以事先知道其内部节点下所能拥有的最大子节点数（例如，在二叉树中，各节点最多只能拥有两个子节点），所以可以选择其他表示法，如为各对象的各子节点设置相应的属性，具体如清单 2-7 所示。

清单 2-7　二叉树类

```
class Tree:
    def __init__(self, left, right):
        self.left = left
        self.right = right
```

这样一来，我们就可以像下面这样使用这个 Tree 类了：

```
>>> t = Tree(Tree("a", "b"), Tree("c", "d"))
>>> t.right.left
'c'
```

再如，我们还可以用 None 值来表示不存在的子节点（例如当某节点只有一个子节点时）。当然，您可以根据自己所要表述的核心内容来自由搭配这些技术（例如，在各节点实例中选择子节点列表或是子节点集合）。

而对于那些没有内置 list 类型的语言，我们还有另一种常见的树实现方式，即采取"先子节点，后兄弟节点"的表示法。在这种表示法里，每一个树节点都有两个用于引用其他节点的"指针"或属性，这似乎与二叉树的情况很类似。然而在这里，第一个引用指向的是当前节点的第一个子节点，而第二个引用所指向的则是其下一个兄弟节点（顾名思义）。换句话说，这里的各个节点所应用的是一个（其子节点的）兄弟节点链表，并且这些兄弟节点又各自引用了属于它们自己的那个兄弟节点链表（相关内容可以参考本章稍早前介绍 list 的黑盒子专栏）。因此，我们可以对清单 2-7 中的二叉树稍做修改，将其变成一个多路搜索树（multiway tree），具体如清单 2-8 所示。

清单 2-8　多路搜索树类

```
class Tree:
    def __init__(self, kids, next=None):
        self.kids = self.val = kids
        self.next = next
```

在这里，独立属性 val 只是为相关的值（例如 'c'）提供了一个更具描述性的名称。当然，我们也可以根据自己的意愿对其进行随意调整。下面我们来演示一下该结构的具体访问方式：

```
>>> t = Tree(Tree("a", Tree("b", Tree("c", Tree("d")))))
>>> t.kids.next.next.val
'c'
```

并看看该树的具体结构图：

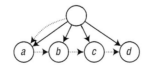

在该图中，kids 和 next 属性被绘制成了虚线部分，而这棵树（原本被隐藏）的边则被绘制成了实线。需要注意的是，我们在这里实际上是玩了一个障眼法，即这里的"a"、"b"等字符串节点彼此之间并不是独立的。我们将它们视为它们父亲节点的标签。或许在某个更为复杂的树结构中，我们可能会考虑在 kids 以外设置其他独立的属性，以免再出现一个属性两种用途的情况。

通常在对某个树结构进行遍历时，我们所采用的代码应该会比上例中相关路径的硬编码更复杂一些（包括会使用循环、递归等技术）。关于多路树以及树的平衡问题，我们将会分别在第 5、6 章中做更详细的介绍。

Bunch 模式

当树这样的数据结构被原型化（或者乃至于被定型）时，它往往会是一个非常有用而灵活的类型，允许我们在其构造器中设置任何属性。在这些情况下，我们会需要用到一种叫作"Bunch"的设计模式（该模式名出自 Alex Martelli 的《Python Cookbook》一书）。尽管该模式有许多种实现方式，但基本上它们都会具备以下要素：

```
class Bunch(dict):
    def __init__(self, *args, **kwds):
        super(Bunch, self).__init__(*args, **kwds)
        self.__dict__ = self
```

该模式主要有几个有用的方面。首先，它能让我们以命令行参数的形式创建相关对象，并设置任何属性：

```
>>> x = Bunch(name="Jayne Cobb", position="Public Relations")
>>> x.name
'Jayne Cobb'
```

其次，由于它继承自 dict 类，我们可以自然而然地获得大量相关的内容，如对于相关键值/属性值的遍历，或者简单查询一个属性是否存在。下面我们来演示一下：

```
>>> T = Bunch
>>> t = T(left=T(left="a", right="b"), right=T(left="c"))
>>> t.left
{'right': 'b', 'left': 'a'}
>>> t.left.right
'b'
>>> t['left']['right']
'b'
>>> "left" in t.right
True
>>> "right" in t.right
False
```

当然，该模式不仅可用于树结构的构建；当您希望有一个灵活的对象，其属性可以从构造器中被动态设置时，也同样可以利用该模式来实现。

2.3.4 多种表示法

尽管我们有大量的图表示法可用，但能被大多数学习算法的学生掌握的，也就是本章目前所介绍的这两类（包括其变化）而已。Jeremy P. Spinrad 曾在他的《Efficient Graph Representations》一书中谈到，作为一个专门研究图结构表示法的计算机研究员，他对大部分这方面的入门文章都"特别不满"。这些文章对那些最知名的表示法（邻接矩阵与邻接列表）所做的正式定义还算可以，但在那些较为普通的表示法上，它们的解释往往就不那么如人意了。基于若干文章中所出现的失实论述，他特别例举了下面这段对图表示法的草包见解[1]：

在计算机中，一个图结构可以由邻接矩阵、邻接列表这两种方法来表示。其中，邻接矩阵工作时速度会更快一些，但其耗费的空间要比邻接列表多一些，因此我们的选择取决于哪一种资源更重要。

在 Spinrad 看来，这段论述存在着以下几个问题：首先，值得关注的图表示法有很多，并不只有这里所列出的这两种。例如边列表（或边集）就是其中之一，这种表示法列出的是图中所有节点对之间的边线（甚至还包括一些特殊的边对象）；还有关联矩阵（incidence matrices），这种方法所表示的是相关边线与节点之间的出入关系（也可用于多重图结构）；除此之外，还有类似于树（如之前所述）以及区间图（interval graphs，对此这里不予讨论）这样的特殊图结构表示法。总之，只要翻一翻 Spinrad 的书，您会发现实际上相关的表示法远比我们真正会用到的还要多得多。其次，所谓权衡空间与时间的想法也是个误导。有些问题用邻接列表解决的速度要比邻接数组快一些；而对于随机性图结构来说，邻接列表实际上所用的空间要比邻接矩阵多一些。

相较于依靠这种简单而空泛的句子堆砌而成的草包论述，我们更应该针对具体问题提出自己的思考。这里的主要指标就是我们任务的渐近性能。例如在邻接矩阵中，查询边 (u, v) 需要的时间为 $\Theta(1)$，遍历 v 邻居的操作时间为 $\Theta(n)$；而到了邻接列表这种表示法中，两种操作所需的时间都为 $\Theta(d(v))$，也就是说，它们的数量级与相关节点的邻居数量是同阶的。但如果相关算法的渐近复杂度在所有的表示法中都是一致的，那么我们可能就需要进行一些实验测试。关于这方面的内容，本章在前面已经讨论过了。或者在许多情况下，我们也可以直接选择那一个能让相关代码显得更清晰，更易于维护的表示法。

到目前为止，我们还有一种重要的图结构实现没有讨论，因为它更多时候是一个隐式的图实现。多数问题都有一个内在的图结构——乃至某种树结构——并且我们可以在没有明确为其构建表示法的情况下应用相应的图（或树）算法。在某些情况下，发生这种事往往都是在我们要使用自己程序以外的某种表示法时。例如，当我们要解析 XML 文档或者遍历某文件系统目录结构时，就可以直接使用现成的树结构以及现成的 API。而在其他情况下，我们通常得自己来构建相关的图结构，但其过程可以是隐式的。例如，如果我们想为某个既定的魔方形态寻找一个最佳解决方案，就需要能定义出该魔方的状态，以及修改该状态的操作。即便我们不显式实例化并存储该魔方可能的所有形态，其可能状态仍隐式地形成一个图（或节点集），它以变化操作作为边线。接着，我们就可以对其使用诸如 A*或双向 Dijkstra（我们将在第 9 中详细讨论它们）这样的算法，查找能到达其解决状态的最短路径。在这种情况下，其邻居函数 $N(v)$ 会在运行期间计算出相应的

---

[1] 也就是说，这些评论并不确切，并且其中大部分解释都被证明存在一些问题。

邻居节点，并将其整合成一个集合或其他可迭代对象返回。

在本章中，我们最后要接触的一类图结构叫作子问题图（subproblem graph）。这是一个非常有深度的概念，将来我们讨论各种不同算法技术时还会多次涉及它。这个概念简单地说就是，绝大部分问题应该都可以被分成若干个子问题，这些子问题在结构上往往都非常相似。因此，这些结构可以被看作相关子问题图中的节点，而它们间的依赖关系（也就是这些子问题之间的依存关系）就成为该图的边。尽管我们很少有机会直接在子问题图上运用相关的图算法（毕竟它更多时候只是一种概念或思考工具而已），但它往往能提供一些非常重要的分析。例如，分治法（第 6 章）以及动态规划（第 8 章）等技术就出自这些分析。

图结构库

在本章，我们所描述的这些基本表示技术已经大致上可以满足我们大部分算法的编码作业，尤其是一些自定义算法的需要。但还是有些高级操作及处理机制实现起来会非常棘手，如临时隐藏或合并某些节点等。我们可以将这些事交由一些第三方库来负责，况且这些库本身有些甚至是用 C 扩展来实现的，没准还会带来一些额外的性能提升。同时，这些库也会给我们的工作带来极大的方便性，以及一些即时可用的图结构算法。虽然您可以通过快速网页搜索找到大部分支持图结构的程序库，但我们或许可以从以下这几个库开始：

- NetworkX: http://networkx.lanl.gov
- python-graph: http://code.google.com/p/python-graph
- Graphine: http://gitorious.org/projects/graphine/pages/Home
- Graph-tool: http://graph-tool.skewed.de

另外，我们还可以试试 Pygr——这是一个基于图结构的数据库（http://github.com/cjlee112/pygr）、Gato——这是一个基于图结构的动画工具箱（http://gato.sourceforge.net），以及 PADS——这是一个基于图结构的算法集（http://www.ics.uci.edu/~eppstein/PADS）。

2.4　请提防黑盒子

虽然算法工作本身通常都相当抽象，但我们在实现自己的算法时还是要留些心眼。因为在编程时，我们必须依赖一些组件，而这些组件通常都不是我们自己写的，所以依赖于这些"黑盒子"，而不知道其任何内容对我们来说多少是一种风险。在这本书中，您将会看到一系列被标识为"黑盒子"的侧边栏。在这些侧边栏中，我们将会简略讨论 Python 某些部分中的各种可用的算法。这里既有语言内置的，也有属于标准库的。我们会将它们都包括进来，因为这些算法是非常有意义的，它们能告诉我们 Python 的一些工作方式，并且让我们见识到一些更为基本的算法。

然而，我们会遇到的问题也并不只有黑盒子而已。事情没有那么简单。如果不够仔细的话，Python 与机器本身所用的很多机制都会成为我们的绊脚石。在一般情况下，我们的程序越重要，就越不应该相信黑盒子这样的东西，并且要试图找出其背后究竟隐藏了什么。在接下来的两节内容中，将揭示两个需要我们特别提防的陷阱。趁您的注意力还尚未离开本节，请先记住以下内容。

- 当性能成为重点问题时，要着重于实际分析而不是直觉。我们的确可能会有一些隐藏的性能瓶颈，但它们很可能并不在您所认为的地方。
- 当正确性至关重要时，最好的做法是用不同的实现体来对答案进行多次计算（并且最好交由不同的程序员来编写）。

后者是当今许多性能关键（performance-critical）系统中所使用的冗余原则，也是 Foreman S. Acton 在他的《Real Computing Made Real》一书中提出的关键建议之一，其有助于我们提防一些科学及工程软件当中的计算错误。当然，我们还需要根据每种具体情况来权衡其正确性和性能之间的成本值（例如，正如我们之前所说，如果程序已经够快了，就不必再去优化它了）。

在接下来的这两节内容中，我们要处理两个截然不同的话题。第一个话题与被隐藏的性能陷阱有关，即相关操作看起来似乎已经足够好了，但却可能会由一个线性级操作变成一个平方级操作。第二个话题在算法书中不常被讨论，但重要性非常值得注意，即存在于各种浮点运算当中的许多陷阱。

2.4.1 隐性平方级操作

首先来看看下面两种查询列表元素的方式：

```
>>> from random import randrange
>>> L = [randrange(10000) for i in range(1000)]
>>> 42 in L
False
>>> S = set(L)
>>> 42 in S
False
```

这两种方式都很快，而且似乎在 list 之上再构建一个 set 是件毫无意义的事——根本就是多余的工作，对吧？好吧，这得取决于具体情况。如果我们打算进行多次成员查询操作的话，这样做或许是值得的，因为成员查询在 list 中是线性级的，而在 set 中则是常数级的。再比如，如果您想依次往某个集合里添加新值，并在每一步中都检查该值是否已被添加的话，应该怎么做呢？这种情况我们在整本书中将会多次遇到。这件事用 list 来处理的话，运行时间是平方级的，而改用 set 就可以获得线性级时间。这是一个巨大的差距。这条经验显示了在工作中正确利用内置数据结构的重要性。

同样，这条经验也适用于我们之前所讨论的关于使用双向队列（deque）优于在某个 list 首端插入对象的那个例子。但也有一些不那么明显的例子，它们也会带来许多问题。例如，下面我们用一种"明显"的方式从数据源提供的片段逐步构建一个字符串：

```
>>> s = ""
>>> for chunk in string_producer():
...     s += chunk
```

如您所见，这段代码完全没有问题。而且事实上，由于 Python 自身采用了一些非常聪明的优化，它在扩展到某一规模之前一直都能工作得很好——但随后这些优化的作用就会消退，我们的运行时间也因此猛然呈现出平方级的增长。其问题在于，（在排除优化因素的情况下）我们需要在每次执行+=操作时新建一个字符串，并复制上一个字符串内容。至于排序问题为什么是平方级时间，我们会在下一章中详细讨论，但现在我们只需要明白这是一个有风险的业务逻辑就行了。并且，它有一个更好的解决方案：

```
>>> chunks = []
>>> for chunk in string_producer():
...     chunks.append(chunk)
...
>>> s = ''.join(chunks)
```

甚至您还可以再简化一下：

```
>>> s = ''.join(string_producer())
```

基于相同的理由，该版本也可以改善我们之前那个 append 例子的效率。append 操作允许我们将原有空间加上一定的百分比来进行"过度"分配，其可用空间的增长方式是指数式的，这时，append 操作的成本在交由所有操作平均承担（均摊）的情况下就成了常数级操作。

我们还可能遇到某种处理速度是平方级时间，但比上面的例子隐藏得更深的情况。我们来看看下面这个方案：

```
>>> s = sum(string_producer(), '')
Traceback (most recent call last):
    ...
TypeError: sum() can't sum strings [use ''.join(seq) instead]
```

Python 环境会报错，并要求我们改用''.join()（这是对的）。但如果我们改用 list 又会如何呢？

```
>>> lists = [[1, 2], [3, 4, 5], [6]]
>>> sum(lists, [])
[1, 2, 3, 4, 5, 6]
```

这段代码也没有问题，并且看起来还很优雅，但其实不然。显然在幕后，sum 函数对我们要叠加的东西一无所知，何况还要一次又一次地重复执行这样的加法操作。因此这种方法与之前的字符串+=那个例子一样，都是平方级的运行时间。下面是一个更好的选择：

```
>>> res = []
>>> for lst in lists:
...     res.extend(lst)
```

只要测试一下这两个版本的运行时间，就会发现当 list 的长度很短时，它们之间就没有多少差距，但一旦超出某个长度，前面的 sum 版本就会彻底完败。

2.4.2　浮点运算的麻烦

仅通过有限的长度，我们无法完全精确地表达绝大多数实数的值。浮点数这种重大发明似乎让它们的表示显得很精确，然而，即便它给我们带来巨大的计算能力，但同时也会使我们更容易摔跟斗。很大程度上，正如 Knuth 在《*The Art of Computer Programming*》第二卷中所说的，"浮点计算天然就是不精确的，并且程序员很容易滥用它们，以至于我们的计算结果最终基本上是由一堆'噪声'组成的。"[①]

Python 非常善于对您隐藏这些问题。如果我们希望寻求某种安慰感的话，这倒是一件好事，但同时它也就无法帮助我们了解实际所发生的事情。例如，在当前版本的 Python 中，我们会看到下面这种很合理的行为现象：

```
>>> 0.1
0.1
```

这看上去当然像是数字 0.1 的精确表示。除非您对此有更好的了解，否则一旦您了解到它不是这样的，这很可能会让您感到吃惊。下面我们来试试 Python 的早期版本（例如 2.6），这会让这里的黑盒子更透明一点：

```
>>> 0.1
0.10000000000000001
```

现在我们得到了一些进展，下面我们再更进一步（在这里，您可以自由选择是否使用最新版的 Python）：

```
>>> sum(0.1 for i in range(10)) == 1.0
False
```

嗨！如果没有之前的浮点数知识的话，我们肯定不会想到是这种结果吧？

事情是这样的，整数在任何进位制的系统中都可以有精确表示法，它可以是二进制的、十进制的或者其他某种形式。但到了实数这里就有些复杂了。Python 的官方教程用了专门一节内容对此做了非常好的说明[②]，并且 David Goldberg 也为此写了一篇非常优秀（且全面）的教学论文。其基本思想很简单，即如果我们将 1/3 这个数字表示成十进制数的话，那么想要做到精确显然是不可能的，对吗？但如果我们用的是一个三元数字系统的话（基数为 3），那么我们就能很容易地将其表示成 0.1。

我们的第一课就是"不要对浮点数进行等值比较"。因为通常情况下，这样做是毫无意义的。但尽管如此，我们还是会希望在许多应用（如几何运算）中进行这样的比较。其实我们可以换一种思路，我们可以检查它们是否接近于相等。例如，我们可以采用与 unittest 模块中的 assertAlmostEqual 方法类似的思路来做到这点：

```
>>> def almost_equal(x, y, places=7):
...     return round(abs(x-y), places) == 0
...
>>> almost_equal(sum(0.1 for i in range(10)), 1.0)
True
```

---

① 这类麻烦所导致的灾难可发生过不止一次了（如下面例子中的情况：http://www.ima.umn.edu/~arnold/455. f96/disasters.html）。

② http://docs.python.org/tutorial/floatingpoint.html

除此之外，如果我们需要某种精确的十进制浮点数表示法，还可以选择使用其他工具，如 decimal 模块：

```
>>> from decimal import *
>>> sum(Decimal("0.1") for i in range(10)) == Decimal("1.0")
True
```

如果我们需要对一定数位范围内的十进制数进行精确计算的话（例如处理某些财务数据），该模块就必不可少了。此外，在某些特定数学以及科学应用中，我们还可能会需要用到一些其他工具，如 Sage 模块：[①]

```
sage: 3/5 * 11/7 + sqrt(5239)
13*sqrt(31) + 33/35
```

正如您所见，Sage 使用的是数学上的语义符号，因此我们可以从中获取更精确的答案（尽管在需要时，我们也可以用它来获取相应的十进制近似值）。尽管如此，这类数学符号（或 decimal 模块）在真正使用中的运行效率也远远不如那些内置在硬件中的浮点运算功能。

如果我们发现在自己所做的浮点运算中，精度是关键问题的话（也就是说，我们要做的不只有排序这一类事情），那么稍早前提到的 Acton 的书是一个很好的参考源。下面我们简单回顾一下他所举的那个例子：如果我们将两个接近等值的子表达式相减，通常会丢失大量的有效数字。因此，想要达到更高的精度，我们就得重写相关的表达式。下面我们来看一个具体的表达式 sqrt(x+1)-sqrt(x)（我们假设这里的 x 是一个非常大的数），我们要做的是尽可能排除减法运算所带来的风险。通过将表达式 sqrt(x+1)+sqrt(x)与乘法及除法运算的搭配使用，我们最终得到了一个与原表达式等效的数学式：1.0/ sqrt(x+1)-sqrt(x)，但同时我们去掉了里面的减法运算。下面我们来对比一下这两个版本：

```
>>> from math import sqrt
>>> x = 8762348761.13
>>> sqrt(x + 1) - sqrt(x)
5.341455107554793e-06
>>> 1.0/(sqrt(x + 1) + sqrt(x))
5.3414570026237696e-06
```

如您所见，尽管这两个表达式在数学上是等效的，却各自给出了不同的答案（显然后者的精度更高一些）。

一份数学快速复习资料

如果您对表 2-1 中那些公式的作用不是很清楚，我们在这里可以再来对其含义做一个简捷说明：通常一个指数表达式 x^y（x 的 y 次方）的意思是让底数 x 自乘 y 次。或者说得更确切点，是 x 这个因子出现了 y 次。在这里，x 被称为底数（base），而 y 则被称为幂（exponent，有时候也叫作指数（power）），如 $3^2 = 9$。另外，当遇到嵌套指数运算

[①] Sage 是一种可以用于 Python 平台的数学计算工具库，可以从以下网站中获取：http://sagemath.org。

时，我们可以直接将其指数相乘，如$(3^2)^4 = 3^8$。在 Python 中，我们通常将指数运算写成 $x**y$。

而一个多项式则通常由若干个指数表达式组成，每个指数表达式往往都有自己的常数因子，如$9x^5 + 2x^2 + x + 3$。

此外，我们还可以将分数用作指数，以作为某种逆运算，如$(x^y)^{1/y} = x$。这些东西有时候也被叫作根（root），例如平方根就是平方运算的逆运算。在 Python 中，我们既可以用 math 模块中的 sqrt 函数，也可以直接用 $x**0.5$ 来计算平方根。

如果说根是一种用于"撤销"指数运算效果的逆运算，那么对数（Logarithm）就是其另一种逆运算了。通常情况下，每个对数都有一个固定的底数。而在算法学中，我们最常用的是以 2 为底的对数，我们往往将其写成 $\log_2$ 或 lg（以 10 为底的对数习惯上会被记为 log，而以 e 为底的自然对数则通常记为 ln）。对数运算可以让我们反推出相关（给定底数）的幂数，即如果 $n = 2^k$，那么 lg $n = k$。在 Python 中，我们可以调用 math 模块中的 log 函数来进行相关的对数运算。

再来就是阶乘运算或 $n!$，它的计算公式为 $n \times (n–1) \times (n–2) \cdots 1$。它的其中一种用途是可以被用来计算 n 个元素各自可能的排列编号。（第一个位置有 n 种可能，而第二个位置则剩下 $n–1$ 种可能，以此类推。）

如果您依然感觉这是一团浆糊，也不用太担心。因为我们在整本书中始终要与这些指数及对数运算打交道。我们可以根据后面所讨论的具体实例来逐步理解它们所代表的含义。

2.5 本章小结

在本章，我们从一些重要的基本概念入手，定义了一系列略显松散的算法理念、抽象计算机及一些相关的问题。紧接着，我们讨论了两个主要话题，即渐近表示法与图结构。渐近记法主要用于描述一个函数的增长态势。它能让我们忽略掉那些不相干的加法或乘法常数，并聚集于问题的主体部分。这样一来，我们就可以根据一些显著特征，在某个抽象层次上对相关算法进行运行时间评估，而不用去操心既定实现中的那些具体细节。我们用三个希腊字母 O、Ω 与 Θ 来分别表示算法的上界、下界以及整体渐近边界，它们各自可以用来描述一个算法在最好、最坏以及平均情况下的具体行为。另外，作为对这些理论分析的一个补充，我们还为相关的程序测试工作提供了一份简短的指南。

图结构是一种抽象的数学对象，可以用来表示各种网络结构。它主要由一组节点组成，彼此之间通过一些边线连接。这些边线可以带有加权值以及方向这样的属性。图论中有许多专业用语，我们将其大量汇总在附录 C 中。本章第二部分内容所讨论的是这些结构在实际 Python 程序中的表示方法，这里主要采用了邻接列表和邻接矩阵的各种变体，其实现主要由 list、dict 以及 set 这些类型各自组合而成。

最后，还有一节内容是关于黑盒子风险的。我们应时刻注意身边那些潜在的陷阱——也就是我们正在使用的但却还不太了解的那部分工作内容。例如，在使用某些相对简单的内置 Python

函数时，它的运行时间可能是平方级的，而不是线性级的。这时候，或许通过一定的程序分析，我们可以找出其中所隐藏的那些性能问题。此外，在精确性方面也存在着类似的陷阱。例如，如果您在浮点数的使用上太大意的话，问题的答案很可能就会出现一定偏差。因此，如果准确性很重要，那最好的方案就是分别用两种不同的实现来计算该问题，然后对比其结果。

2.6　如果您感兴趣

如果想了解有关图灵机以及计算领域方面更多基础知识的话，或许您会喜欢 Charles Petzold 写的那本《The Annotated Turing》。尽管该书在结构上依然只是 Turing 原始论文的一个注释版本，但其大部分内容实际上是 Petzold 本人对那些主要概念所做的诠释说明，里面含有大量的实例。总之，他对这个话题做了一个非常好的阐述。至于在计算领域的基础教科书方面，您可以看看 Lewis 与 Papadimitriou 合作的《Elements of the Theory of Computation》。而如果您想找一本可读性高、流行程度广的算法基础类书籍，我会推荐您看看 Juraj Hromkovi 的那本《Algorithmic Adventures: From Knowledge to Magic》。另外，对于涉及渐近分析更多细节的可用教程，我们在第 1 章中已经讨论过了，那都是一些不错的建议。Commen 等人的书被公认为这方面最好的工作参考资料。当然，您可以在互联网上找到大量良好的在线信息，如 Wikipedia[①]。但在您把这些信息当作重要依据之前，最好先检查一下。如果想了解一些相关的历史背景，您也可以读一下 Donald Knuth 在 1976 年写的论文《Big Omicron and big Omega and big Theta》。

在算法实验实践及其风险的某些细节上，我们可以为您推荐几篇非常不错的论文，它们分别是《Towards a discipline of experimental algorithmics》、《On comparing classifiers》、《Don't compare averages》、《How not to lie with statistics》、《Presenting data from experiments in algorithmics》、《Visual presentation of data by means of box plots》以及《Using finite experiments to study asymptotic performance》等（详情见"参考资料"一节）。另外，对于可视化数据方面的内容，您也可以去看看 Shai Vaingast 的《Beginning Python Visualization》。

与图论有关的教科书有很多——其中有些是有相当技术性的高阶内容（如 Bang-Jensen 与 Gutin, Bondy、Murty 或 Diestel 等人的著作），而有些则具有很好的可读性，甚至连数学新手也可以轻松阅读（如 West 的书）。此外，还有些专属领域的书，如谈图结构类型的（如 Brandstädt 等人 1999 年的著作）、谈图结构表示法的（如 Spinrad 2003 年的著作）。如果这些都是您感兴趣的话题，您应该不愁在书籍或互联网上找不到任何有关这方面的大量资料。另外，在浮点运算的最佳实践方面，您也可以看一看 Foreman S. Acton 的著作：《Real Computing Made Real: Preventing Errors in Scientific Engineering Calculations》。

2.7　练习题

2-1.　当我们用 Python 中的 list 构建一个多维数组时，通常需要使用循环来完成（或某种与 list

---

① http://wikipedia.org

推导式等效的技术），为什么不能用表达式[[0]*10]*10 来创建一个 10×10 的数组呢？这样做会有什么问题吗？

2-2. 让我们来做个假设（也许会有点不切实际）：如果我们允许在分配内存时出现未初始化的情况（也就是说，这块内存中还保有上一次被使用时留下的"垃圾数据"），并且分配内存也只需要常数时间。这时如果您想创建一个含有 n 个整数的数组，并且希望跟踪其每一项——看看它是处于非初始化状态，还是您已经在它里面保存过一个数字了。这种检查操作也是可以在常数时间内完成的。那么，我们究竟应该怎样做，才能保证它在常数时间内完成它的初始化操作呢？（以及应该如何在常数时间里完成一个空邻接数组的初始化操作，以避免其成为一个以平方级时间为最小运行时间的操作？）

2-3. 请证明 O 与 Ω 的性质正好相反，即如果 $f = O(g)$，那么 $g = \Omega(f)$，反之亦然。

2-4. 对数通常有各自不同的底数，但在算法学上，我们往往并不会太在意它。为了明白其中的原因，我们可以来考虑一下这个等式：$\log_b n = (\log_a n)/(\log_a b)$。首先，您知道这个等式为什么成立吗？其次，为什么它能告诉我们不需要去操心对数的底数问题？

2-5. 请证明任何指数级操作（$\Theta(k^n)$，其中 $k > 1$）的增长都要快于多项式级操作（$\Theta(n^j)$，其中 $j > 0$）。

2-6. 请证明任何多项式操作（$\Theta(n^k)$，其中 k 为任意常数且 $k > 0$）的渐近增长都要快于对数级操作（$\Theta(\lg n)$）。（值得注意的是，这里的多项式中包括根数在内，如平方根（$k = 0.5$）等）。

2-7. 请研究或推算一下 Python list 类型上各个操作的渐近复杂度，如索引、元素项赋值、顺序反转、元素的追加及插入（最后两项我们在 list 的黑盒子专栏中已经讨论过了）。如果我们改用链表类型来实现这些操作会有什么不同？请以 list.extend 为例加以说明。

2-8. 请证明表达式 $\Theta(f) + \Theta(g) = \Theta(f + g)$ and $\Theta(f) \cdot \Theta(g) = \Theta(f \cdot g)$ 成立。另外，您也可以试试是否能证明 $\max(\Theta(f), \Theta(g)) = \Theta(\max(f, g)) = \Theta(f + g)$ 成立。

2-9. 在附录 C 中，您会找到一组与树有关的、带编号的陈述句，请证明它们是等效的。

2-10. 假设 T 是一棵有根树，它至少应包含三个节点，并且每个内部节点下面又正好都有两个子节点。那么，如果 T 上有 n 个叶节点，树上到底应有多少个节点呢？

2-11. 请证明一个 DAG 可以由任何形式的（底层）结构组成。换言之，任何（无向）图结构都可以成为一个 DAG 的底层图结构。或者说，对于任何给定的图结构，我们都可以通过调整其边线方向，从中产生出一个有向图，而它正好是一个 DAG。

2-12. 请考虑下面这种图结构的表示法：我们使用字典类型，设置其每个键为两个节点的元组，然后将该元组的值设置为边的权值，如 W[u, v] = 42。请问：该表示法有什么优点和缺点？您有办法弥补这些缺点吗？

2.8 参考资料

- Acton, F. S. (2005). *Real Computing Made Real: Preventing Errors in Scientific and Engineering Calculations.* Dover Publications, Inc.
- Bang-Jensen, J. and Gutin, G. (2002). *Digraphs: Theory, Algorithms and Applications.* Springer.

- Bast, H. and Weber, I. (2005). Don't compare averages. In Nikoletseas, S. E., editor, WEA, volume 3503 of Lecture Notes in Computer Science, pages 67–76. Springer.
- Bondy, J. A. and Murty, U. S. R. (2008). *Graph Theory*. Springer.
- Brandstädt, A., Le, V. B., and Spinrad, J. P. (1999). Graph Classes: A Survey. SIAM Monographs on Discrete Mathematics and Applications. Society for Industrial and Applied Mathematics.
- Citron, D., Hurani, A., and Gnadrey, A. (2006). The harmonic or geometric mean: Does it really matter? ACM SIGARCH Computer Architecture News, 34(4):18–25.
- Diestel, R. (2005). *Graph Theory*, third edition. Springer.
- Fleming, P. J. and Wallace, J. J. (1986). How not to lie with statistics: The correct way to summarize benchmark results. Commun. ACM, 29(3):218–221.
- Goldberg, D. (1991). What every computer scientist should know about floating-point arithmetic. *ACM Computing Surveys* (CSUR), 23(1):5–48. http://docs.sun.com/source/806-3568/ncg_goldberg.html.
- Hromkovič, J. (2009). *Algorithmic Adventures: From Knowledge to Magic.* Springer.
- Knuth, D. E. (1976). Big Omicron and big Omega and big Theta. ACM SIGACT News, 8(2):18–24.
- Lewis, H. R. and Papadimitriou, C. H. (1998). *Elements of the Theory of Computation*, second edition. Prentice Hall, Inc.
- Martelli, A., Ravenscroft, A., and Ascher, D., editors (2005). *Python Cookbook*, second edition. O'Reilly & Associates, Inc.
- Massart, D. L., Smeyers-Verbeke, J., Capron, X., and Schlesier, K. (2005). Visual presentation of data by means of box plots. *LCGC Europe*, 18:215–218.
- McGeoch, C., Sanders, P., Fleischer, R., Cohen, P. R., and Precup, D. (2002). Using finite experiments to study asymptotic performance. *Lecture Notes in Computer Science*, 2547:94–126.
- Moret, B. M. E. (2002). Towards a discipline of experimental algorithmics. In Data Structures, Near Neighbor Searches, and Methodology: Fifth and Sixth DIMACS Implementation Challenges, volume 59 of DIMACS: Series in Discrete Mathematics and Theoretical Computer Science, pages 197–214. Americal American Mathematical Society.
- Petzold, C. (2008). *The Annotated Turing: A Guided Tour Through Alan Turing's Historic Paper on Computability and the Turing Machine.* Wiley Publishing, Inc.
- Salzberg, S. (1997). On comparing classifiers: Pitfalls to avoid and a recommended approach. *Data Mining and Knowledge Discovery*, 1(3):317–328.
- Sanders, P. (2002). Presenting data from experiments in algorithmics. *Lecture Notes in Computer Science*, 2547:181–196.
- Spinrad, J. P. (2003). *Efficient Graph Representations.* Fields Institute Monographs. American Mathematical Society.

- Turing, A. M. (1937). On computable numbers, with an application to the Entscheidungsproblem. *Proceedings of the London Mathematical Society*, s2-42(1):230–265.
- Vaingast, S. (2009). *Beginning Python Visualization: Crafting Visual Transformation Scripts*. Apress.
- West, D. B. (2001). *Introduction to Graph Theory*, second edition. Prentice Hall, Inc.

第 3 章

■■■

计数初步

> 人类最大的缺点就是不理解指数函数的意义。
>
> ——Albert A. Bartlett 博士，世界人口平衡委员会顾问

从前，当著名数学家 Carl Friedrich Gauss[①]还在上小学时，他的老师曾要求学生们进行一次从 1 到 100 的整数累加运算（至少故事最常见的版本是这样的）。毫无疑问，这位老师原本以为这足以打发学生一阵子时间了，但 Gauss 似乎立刻就算出了结果。看上去好像这需要拥有闪电般的心算速度才行，但实际上这类计算非常简单，关键在于我们能不能真正理解问题。

或许在经历了上一章的长篇累牍之后，您已经对这类问题有些厌烦了。您会说："显然答案又是 $\Theta(1)$！"好吧，的确如此……但我们现在所讨论的是从 1 到 n 的整数求和问题。而且在后续各节所涉及的一些重要问题中，这样的求和式还会一次又一次地出现在我们的算法分析中。尽管本章的内容会给我们带来一些挑战，但其所提出的观点较为关键，也值得我们去研究。因为它们可以让后面的章节变得更浅显易懂。首先，我们会对求和式的概念做一个简要说明，并介绍一些相关的基本操作方式。然后在接下来的两个主要小节中，我们将分别介绍两种基本的求和问题（或者，您也可以按照自己的习惯称其为组合问题）以及所谓的"递归式"。后者将主要用于分析一些递归类算法。另外，我们还会在这两节内容之间插入一个小节，谈论一下子集问题与排列组合问题。

■ **提示**：本章将会涉及相当多的数学内容。如果您当下对这些东西不感兴趣，也可以先暂时略过它们，继续读本书其余部分的内容，待需要时再回头来看这些内容。（尽管本章所提出的若干思维能让本书其余部分的内容变得更浅显易懂。）

3.1 求和式的含义

我们在第 2 章中曾经说过，在一个双层嵌套循环中，内层循环的复杂度在每轮外层迭代下各不相同时，这里开始形成的就是求和式。事实上，求和式在算法中是无处不在的，所以我们很有必要学会并习惯运用这种运算思维。下面就让我们先从一些基本记法开始吧。

---

① 译者注：约翰·卡尔·弗里德里希·高斯（1777 年 4 月 30 日—1855 年 2 月 23 日），德国著名数学家、物理学家、天文学家、大地测量学家。高斯被认为是历史上最重要的数学家之一，并有"数学王子"的美誉。

3.1.1 更多希腊字母

在 Python 中，求和式通常是这样写的：

```
x*sum(S) == sum(x*y for y in S)
```

而如果将其转换成数学记法的话，就得这样：

$$x \cdot \sum_{y \in S} y = \sum_{y \in S} xy$$

（您能明白为什么这个公式能成立吗？）如果以前没有用过的话，我们可能会觉得这个大写的 Σ 看起来有些吓人。但其实它并不比 Python 中的 sum 函数可怕多少，只是语法上稍有些不同而已。Σ 本身所代表的就是我们通常所谓的求和式。其上、下方以及右边都是一些与该求和式相关的各种信息。该符号右边（例子中 y 或 xy 所在之处）代表的是待求和的值，而 Σ 底部描述的则是在运算过程中将会被遍历到的各参与项。

与单纯的 set（或其他集合类型）对象遍历操作不同的是，求和式是可以直接指定运算边界的，类似于 range（区别是求和式包括双边界）。也就是说，通常我们要表达 "sum $f(i)$ for $i = m$ to n" 的话，就应该这样写：

$$\sum_{i=m}^{n} f(i)$$

而其在 Python 中的等效表示则为：

```
sum(f(i) for i in range(m, n+1))
```

或许，许多程序员更容易将这些求和式的数学形式写成循环，例如：

```
s = 0
for i in range(m, n+1):
    s += f(i)
```

很显然，数学记号更为紧凑，它的优势在于能帮助我们更直观地了解它所要做的事。

3.1.2 求和式的运用

在上一节中，我们曾列过一个等式，它的 x 因子被直接移到了求和式中。很明显，这里使用了一种 "乘法规则"，这意味着我们可以在求和式中使用这些规则。这其中最重要的规则主要有两条（就我们的目标而言）：

$$c \cdot \sum_{i=m}^{n} f(i) = \sum_{i=m}^{n} c \cdot f(i)$$

乘数因子可以被直接移入或移出求和式。这也就是我们在上一节中最早描述的那个例子。它与我们在进行简单求和运算时使用的分配律是一样的，例如：

$$c(f(m) + \cdots + f(n)) = cf(m) + \cdots + cf(n)$$

$$\sum_{i=m}^{n} f(i) + \sum_{i=m}^{n} g(i) = \sum_{i=m}^{n} \left(f(i) + g(i) \right)$$

除了将两个求和式相加，您也可以将两式的内容部分相加。这意味着我们在对一堆东西执行求和运算时，将不会受到具体细节的影响，也就是说：

sum(f(i) for i in S) + sum(g(i) for i in S)

与 sum(f(i) + g(i) for i in S)[①] 的结果是完全相同的。这只是该规则相关实例中的一种。当两个求和式相减时，我们也可以对其使用同一技巧。（如果愿意的话，您可以认为自己是将一个 -1 因子移到了第二个求和式中。）

3.2　两种赛制的故事

您可能已经发现了，我们在工作中总是会接触到大量的求和式，而有一份良好的数学基础也许能帮助我们找出应对这些求和式的最佳解决方案。其中有两种求和式，或者说两种组合问题将会涉及这本书半数以上的案例——或者换言之，它们是我们工作中最为基础的算法。

这些年来，我一直在许多不同的实例或场景中反复诠释这两种思想，但其中最令人印象深刻（我希望也是最能被理解的）的还是下面这两种竞赛形式。

请注意： 事实上，图论中也有一个叫作竞赛（tournament）的技术名词（这是一种完全图，其每一条边都被赋予了一个方向），但那并不是我们现在要谈的东西（尽管它们在概念上有些相关性）。

尽管竞赛的类型很多，但我们现在只考虑既常见又引人注意的那两种形式，它们分别是循环赛和淘汰赛。

在循环赛中（或者说得更确切一点，在单轮循环赛中），每一个选手都会被安排轮流与其他人比上一回。然后问题就产生了，例如在一个具有 n 个骑士的格斗游戏中，我们究竟需要安排多少配对或赛程呢？（只要您愿意，也可以将其换成任何一种您喜欢的竞技活动。）而在淘汰赛中，参赛者则通常是被安排成对比赛的，只有每对当中的赢者才能进入下一轮比赛。这里面能产生的问题就更多了。例如，对于 n 个骑士来说，我们究竟需要多少轮比赛？总共要进行多少场比赛？

3.2.1　握手问题

循环赛问题完全等价于另一个著名难题：如果在一个有 n 个算法专家参加的会议中，您需要他们之间所有人互相握手，那么总共会有多少次握手呢？或者该问题又等同于：一个含 n 个节点的完全图（见图 3-1）中究竟应该有多少条边？这里所涉及的都是对于任何一种"整体对整体"

---

① 只要函数没有任何副作用，就和数学函数一样。

的计数问题。例如，如果我们想在某地图上 n 个位置中找出彼此距离最短的两个点，最简单（暴力）的方法就是比较所有点之间的距离。想要找出该算法的运行时间，我们就必须解决循环赛问题（对于最近点问题（*closest pair*），我们在第 6 章中还会介绍一种更为有效的解决方案）。

您很可能已经在猜测，比赛次数可能会是平方级。毕竟"整体对整体"听上去有点像"整体乘整体"，也就是 n^2。尽管从结果来说，它也确实是平方级的，但要将这里的比赛次数精确到 n^2 的话，就未必完全正确了。您要想想看，只有想死的骑士才会跟他/她自己交手吧？而且，Galahad 爵士跟 Lancelot 爵士交锋之后，Lancelot 爵士就没有必要再回头来一次，因为他们确定已经彼此交过手了，所以我们所要安排的都是单场比赛。而简单的"n 乘 n"的解决方案会忽略掉这些因素，它设定每位骑士都会被单独安排跟这些骑士中的每一个人交手（包括跟自己）。修改方法很简单，就是让每位都得到一次跟其他所有人交锋的机会，也就是 $n(n-1)$。然后，由于他们每个人都被安排交锋了两次（因为一次只能为一位骑士安排），所以我们还要对其除以 2，于是其最终答案为 $n(n-1)/2$，它确实是 $\Theta(n^2)$。

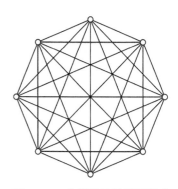

图 3-1　一个用于诠释循环赛或握手问题的完全图

现在，我们已经用一种相对简单易懂的方式合计出了比赛次数（或者说握手次数、地图上各点距离的比较数）——并且答案也似乎是显而易见的。尽管不能完全等同于火箭技术，但在所有的这一切当中，至少有一点是可以放心的，即对于我们现在所用来合计这些东西的不同方法来说，结果都必须是相同的。

这里所谓的其他合计方法是这样的：第一位骑士的对手数应该是 $n-1$，接下来，第二位骑士的对手数就是 $n-2$ 了。这样一直推下去，一直到与最后那位骑士（而他只剩下 0 场比赛和 0 个骑士对手了）的最后那场格斗比赛。这样，我们就可以得出它们的求和式：$n-1 + n-2 + \cdots + 1 + 0$，或者 sum(i for i in range(n))。我们之前是一次性合计了每一场比赛的次数，所以该求和式的结果必然与之前相同：

$$\sum_{i=0}^{n-1} i = \frac{n(n-1)}{2}$$

当然在这里，我们其实可以直接给出这样一个方程式，但我希望通过前面这种解释能帮助人们更好地理解其中的含义。我们也可以随时用其他方式来诠释该方程（或者其他贯穿本书的概念）。例如在本章开头的那个故事中，如果具有 Gauss 那样的洞察力，我们就会先将从 1 加到 100 这种求和运算的"字面形式"，转换成 1 加 100、2 加 99（以此类推）等这样值为 101 的对组，然后求这 50 个对组之和。如果我们继续将这种求和方式推广到 0 到 $n-1$ 的情况，将会得到一个与之前完全相同的公式①。（另外，您能看出这些东西与邻接矩阵左下半部分，也就是对角线以下

---

① 译者注：该公式在数学上叫作等差级数（arithmetic series），即一个等差数列的和等于其首项与末项的和乘以项数，再除以 2。相传该公式是由著名数学家 Gauss 小时候所发现的，但经历史学家考证，在更早的时候，古希腊甚至古埃及就已经有人在使用这种运算公式了。

部分之间的关联性吗？）

> **提示：** 等差级数（arithmetic series）本身也是一种求和式。在求和式中，任何两个相邻数字项之间的差距都是一个常数。假设该常数为正的话，这种求和式的复杂度将始终是平方级的。事实上，数列 i^k（$i=1,\cdots,n$，且 $k>0$）的求和复杂度应始终为 $\Theta(n^{k+1})$。握手问题的求和式只是其中的一个特例。

3.2.2　龟兔赛跑

假设我们的骑士数量为 100，并且对于去年所经历的循环赛制，选手和工作人员都觉得有点太累了。（这其实很好理解，毕竟那意味着 4 950 场比赛。）于是他们这次决定引入（更有效率的）淘汰赛制，并且重新计算出他们所需要进行的比赛场次。比赛场次的计算可能会有点困难……或者也可以说它非常显而易见，这取决于您对这个问题的具体考虑。下面我们先从较为困难的角度来考虑吧。在首轮比赛中，由于所有骑士都要参与配对，所以应该会有 $n/2$ 场比赛。而进入第二轮比赛的人数只有原来的一半，因而这一轮的比赛场次应该为 $n/4$。如果以此类推下去，一直到最后一轮比赛，比赛的总场次应该合计为 $n/2+n/4+n/8+\cdots+1$，或者也可以等效写成 $1+2+4+\cdots+n/2$。稍后我们会看到这种求和式的多种应用，但它的答案是什么呢？

现在我们来看看显而易见的那部分：由于每一场比赛都会有一名骑士被淘汰，所以最终除冠军以外的所有人都会被淘汰（并且他们都是一次性淘汰），所以我们需要 $n-1$ 场比赛来决定只留下哪一个男人（或女人）。（该比赛结构如图 3-2 所示，这是一棵带根的树结构，其每一片叶子都代表一场比赛）。换言之，也就是：

$$\sum_{i=0}^{h-1} 2^i = n-1$$

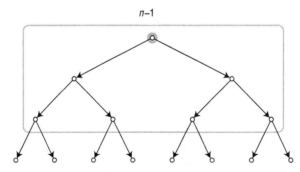

图 3-2　这是一个（完全平衡）带根节点的二叉树结构，有 n 个叶节点及 $n-1$ 个内部节点（根节点被突出显示）。虽然该树本身可以没有方向性，但如您所见，通常我们会（隐式地）认为其边线是向下延伸的

如您所见，该比赛轮次的上限应为 $h-1$（或者由于该二叉树的高度为 h，所以 $2^h=n$）。尽管基于这样的环境设定，结果看起来并没有那么诡异，但其实还是有些异样的。因为毕竟从某种程

度上来说，整件事的基础是一个有很多人是会死而复生的神话。但即便这个神话是错的，其实它也并没有那么离谱。毕竟人口增长大致上都是指数级的，而且每 50 年就会翻一倍。假设我们有一段固定的、人口成倍增长的历史时期（虽然未必真的有，但您在这儿就当是玩个游戏吧），或者再简化一点，我们可以设想成在人口数达到最多之前[①]，人口是每一代人增长一倍。如此一来，假如当代人口结构是由 n 个人组成的，之前各代人口（也就是我们已经看到的）的数量总和就只是 $n-1$（当然，这些人里面有一些还活着）。

二进制的工作原理

在我们刚刚所看到的求和式中，参与项都是 2 的指数，而其结果总是等于 2 的下一个幂减 1。例如 $1+2+4=8-1$，$1+2+4+8=16-1$，以此类推。这正好（从某种角度）说明了为什么我们可以用二进制形式来进行计数。通常一个二进制数就是一个由 0 和 1 组成的字符串，它的每一位都代表着求和式中给出的二次方数（从最右边的 $2^0=1$ 开始）。因此，像 11010 所代表的就是 $2+8+16=26$。因此，对 h 个二次方数进行求和，与一个像 1111（共有 h 位）这样的数字是等效的。虽然这是我们根据 h 个数位得出的结果，但很幸运，如果我们所求的是到 $n-1$ 的和值，那么它下一个加数的幂正好就是 n。例如，1111 等于 15，10000 就等于 16。（在练习题 3-3 中，我们将会要求您凸显该属性，用二进制的形式来表示任意正整数。）

上面是关于实现倍增式操作的第一课，其操作结构就像一棵拥有 $n-1$ 个内部节点且完全平衡的二叉树（这是一棵带根节点的树，其所有内部节点都有两个子节点，并且其所有叶子节点都具有相同的深度）。然而在这方面的问题上，我们还有更多的课要上。例如，我们到现在还没有涉及本节标题所暗示的内容：龟兔赛跑问题。

在这里，兔子和乌龟分别代表了树结构的高度和宽度。当然，由于这幅图像中存在着若干问题，所以我们不必把它看得太严肃，但其中的思路还是：这两个比较起来（事实上，可以把它们各自看作彼此的一个函数），其中一个增长得较慢一些，而另一个则快得多。我们之前已经将其状态关系表示为 $n=2^h$，但我们可能更容易用到其逆关系，该关系可以被定义为一个二进制对数 $h=\lg n$（见图 3-3）。

然而，想要彻底弄清楚这两者之间究竟有多大的差距，也是一件很麻烦的事。一种策略就是直接认为它们之间存在着巨大差距（要么就是超理想的对数级算法，要么就是完全不行的指数级算法），然后尽我们所能地拿出能反映这些差距的具体实例。下面我们就来举一些这方面的入门实例。首先来玩一个叫作"猜粒子"的游戏。具体就是我想好了已知宇宙范围内的某一种粒子，然后由您来猜它是哪一种，而我就只回答 yes 或者 no。怎么样？成交！

虽然看上去，玩这种游戏纯粹是有点神经错乱，但我向您保证，它跟可行性（如跟踪哪种粒子已经被排除过了）的关系要比它跟选择数量的关系大得多。当然，我们也可以将问题简化得更实际一些，将其简化成"猜数字"游戏。由于我们原本所谈论的是粒子，所以预计数量一定会很

---

① 如果这真的成立，那该人口数中可能还包含了 32 代前的那对男女……但正如我说的，就当它是个游戏吧。

多，但 10^{90}（也就是 1 后面跟 90 个 0）也应该是相当宽裕了吧。我们可以自己在 Python 环境中试试看：

```
>>> from random import randrange
>>> n = 10**90
>>> p = randrange(10**90)
```

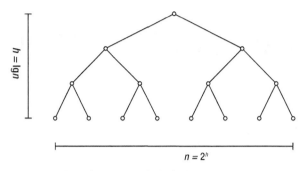

图 3-3　一棵完全平衡二叉树的高度与宽度（叶节点数）

现在，我们手里已经有了一种未知粒子（粒子编号为 p）。下面，您可以开始研究应该问怎样的 yes/no 问题了（不许偷看！）。例如您可能会问下面这种毫无建设性的问题：

```
>>> p == 52561927548332435090282755894003484804019842420331
False
```

之前玩过“二十个问题（twenty questions）”[①]这类游戏的人肯定明白，这样做的问题在于我们得不到足够多的“回报”。所以我们最好问一个能让数字可选范围减半的 yes/no 问题，例如：

```
>>> p < n/2
True
```

现在我们终于有了一些进展！事实上，如果您牌玩得不错（抱歉，比喻有点乱——或者说游戏玩得不错）的话，可以这样持续成倍地缩小其可选范围，大致在 300 个问题之内就能找到答案。您可以像下面这样自己算算看：

```
>>> from math import log
>>> log(n, 2) # base-two logarithm
298.97352853986263
```

如果觉得这有点平淡无奇，那就请您再仔细想一想。我们只凭着一些 yes/no 的问题，就能在五分钟以内猜出宇宙中任何一种可见粒子！这是所谓超理想对数算法的一个典型示例（现在，试着快速说“logarithmic algorithm”十遍）。

---

① 译者注：一种猜谜游戏，游戏允许玩家提问题，但被问者只回答 yes 或者 no，而玩家必须在二十个问题之内猜出答案。

▨ **请注意:** 这其实是二分法或二分搜索法的一个实例,也是最重要、最知名的一种对数级算法。我们将会在第 6 章介绍 bisect 模块的专栏中进一步讨论这个问题。

现在我们将注意力转向对数级算法的伪对立面,来探讨一下同样怪异的指数级算法。任何一种示例都可自动成为另一方面的示例——如果我们从单一粒子开始,并让其持续翻倍,很快您就会填满所有我们所能观测到的宇宙空间。(我们已经看到,这大约只需要进行 299 次的翻倍。)其实,这只是小麦与棋盘[①]这个老问题的一个更为极端的版本。如果您在棋盘的第一个方格放一颗小麦,第二个方格中放两颗,第三个方格中放四颗,以此类推下去,最后会有多少小麦呢?[②]棋盘上最后一个方格中的小麦数应该是 2^{63}(我们是从 $2^0 = 1$ 开始算的)。如果按图 3-2 所示的求和式来计算,这就意味着棋盘上应该一共有 $2^{64}-1 = 18\ 446\ 744\ 073\ 709\ 551\ 615$ 颗小麦,或者一共有 $5 \times 10^{14}\,\mathrm{kg}$ 的小麦。这可是一个很大的量——相当于世界粮食年产量总和的几百倍!现在再来设想一下,如果我们要处理的不是粮食而是时间。也就是对于一个规模为 n 的问题,我们程序需要的时间为 2^n 毫秒。那么当 n = 64 时,该程序将需要运行 584 542 046 年!也就是要让它今天完成的话,该程序不得不在很久之前就开始运行,恐怕我们写该代码的时候周围还没有任何脊椎动物吧。指数级增长是非常可怕的。

到了这一步,我希望您对指数级算法与对数级算法之间所谓的互逆关系已经有了一个初步的认识。但在本节结束之前,我还想谈谈另一对我们在处理龟兔赛跑问题时经常会遇到的对称关系:当然在这里,从 1 到 n 的翻倍数与从 n 到 1 的减半数是相同的。虽然事情非常明显,但当我们将来处理到一点递归式时,还是有必要回顾一下这一点,这对理清思路很有帮助。让我们再来看看图 3-4,该树结构显示了从 1(根节点)到 n(n 个叶节点)的整个倍增过程。但我还在这些节点下面添加了标签,表示从 n 减半到 1 的过程。当我们处理递归的时候,这些级数代表了问题实例的数量以及对于一系列递归调用来说处理的相关工作量。当我们试着找出全部工作量的时候,我们需要用到树的高度以及每一层所处理的工作量。我们看到这些值作为固定数量的标志在树中向下传递。当节点数翻倍的时候,每个节点的标识数将减半,每一层总共的标志总数保持为 n。(正如练习题 2-10 中所暗示的那样)。

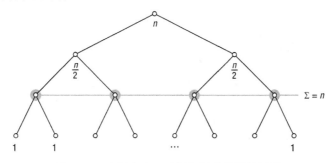

图 3-4　n 个标志在二叉树各层中传递的过程

---

① 译者注:这里是指国际象棋的棋盘。

② 据传闻,这本来是国际象棋的创建者所要求并被授予的奖励……但他被要求数清这里的每一粒粮食。我猜,他改主意了。

提示：任何一个几何级（或指数级）数列都是 k^i（其中 $i = 0, \cdots, n$，k 为常数）的一个求和式。如果 k 大于 1，该求和式复杂度始终为 $\Theta(k^{n+1})$。倍增式序列的求和式只是一个特例。

3.3　子集与排列组合

正如您在上一节中所读到的，k 长度的二进制数串计算起来是非常容易的。例如，我们可以将那些数串看成一棵完全平衡二叉树，从根节点到叶节点的遍历走向看成一个字符串。那么该字符串数串的长度 k 就应该等于树的高度，而所有其字符可能的数串的数量则应该等于其叶节点数 2^k。除此之外，我们还有一种更为直接的方法，就是考虑各步骤中所可能需要的字符数不同可能性的数量：第一个比特位可能是 0 或 1，其实对这两个中的每个值都是如此，第二个比特位也只有这两种可能性，如此类推的话，它就像一个 k 层嵌套的 for 循环，每层循环有两个迭代操作。操作总数依然是 2^k。

伪多项式（时间）算法[①]

这个词很棒，对吧？其实这是一组特定算法的名称。这些算法的运行时间都是指数级的，但往往"看上去像"一个多项式时间的算法，甚至其在具体实践中的行为也像多项式级算法。比如，当我们要检查或回答"某个数是不是质数"这类问题时，通常会认为其解决方案应该是多项式级的，但其实问题远没有那么想当然……而且事实上，这种想当然的方式所产生的将是一个非多项式级的解决方案。

下面我们来看一个相对直接的解决方案：

```
def is_prime(n):
    for i in range(2,n):
        if n % i == 0: return False
    return True
```

该算法其实就是从 2 开始，逐步遍历所有小于 n 的正整数，并检查它们是否能整除 n。只要它们有一个能整除，n 就不是质数，否则就是质数。看上去这的确像是一个多项式级算法，运行时间应该为 $\Theta(n)$。但关键是，这里的 n 根本不是该问题的准确规模值！

当然，将其运行时间描述成 n 的线性关系，甚至说成是 n 的……一个多项式也是有用的。但这并不等于说这就是一个……多项式级算法。一个问题的规模值包含 n，并不等于就是 n，而是我们用来编码 n 所需要的比特数。例如，如果 n 等于 2 的某次方，那么其需要的比特数大约等于 $\lg n + 1$。对于一个任意的正整数，实际则需要 floor(log(n,2))+1 个比特位。

---

① 译者注：在计算理论领域中，若一个数值算法的时间复杂度可以表示为输入数值 N 的多项式，则称其时间复杂度为伪多项式时间。由于 N 的值是 N 的位数的幂，故该算法的时间复杂度实际上应视为输入数值 N 的位数的幂。

假设我们将问题规模（比特数）设为 k，那么（大致上）$n = 2^{k-1}$。如此一来，我们的宝贝运行时间 $\Theta(n)$ 就在其实际问题规模函数重写下变成了 $\Theta(2^k)$，这显然是一个指数级算法。[1]像这样的其他算法还有不少，它们的运行时间可以被解释为某个输入数值的某个多项式函数。（第 8 章中将要讨论的背包问题解决方案就是其中一个例子。）它们统称为伪多项式级算法。

子集关系非常直接：如果每个比特所表示的是一个对象是否存在于某个 k 大小的集合中的话，那么每个比特串所代表的就是该集合的 2^k 个可能子集中的某一个。或许这里最重要的是说明了每一个需要检查其输入对象中每个子集的算法，时间复杂度都必然是指数级的。

虽然对于算法设计者来说，子集问题属于基础内容，但其排列组合问题或许显得多少有些微不足道。尽管如此（并且没有它的话，本节就不能叫"计数初步"了），您也依然有可能会碰上它们，所以我们觉得还是有必要对这些问题做一个简短介绍。

排列问题的本质就是顺序问题。例如，对于 n 个人排队买电影票的问题，我们可以拿出多少种可能的队伍呢？这里的每一种队伍都将是这些排队者的一种排列方式。正如我们在第 2 章中所说的那样，n 个项的排列数等于 n 的阶乘，即 $n!$（该表达式包括感叹号，读作 "n 的阶乘"）。我们可以通过 n（第一个位置可能的人数）乘以 $n-1$（第二个位置可能的人数），再乘以 $n-2$（第三个位置……），一直乘到 1 的方式，计算出 $n!$ 的值：

$$n! = n \cdot (n-1) \cdot (n-2) \ldots 2 \cdot 1$$

运行时间涉及 $n!$ 级复杂度的算法并不多（尽管我们在第 6 章讨论有限排序问题时还会再次涉及这一类累计运算）。其中倒是有一例名叫 bogosort 的无聊排序算法，其预计运行时间为 $\Theta(n \cdot n!)$。该算法的主要工作就是对随机输入的序列进行多次洗牌，然后检查其结果是否已经被排序。

而组合问题与排列问题和子集问题都有紧密的联系，它其实就是 n 的集合中 k 个元素的一种组合。我们有时将其写作 $C(n,k)$，有时候也会用以下数学括弧来表示：

$$\binom{n}{k}$$

我们通常称它为二项式系数（binomial coefficient，有时候也叫作选择函数，choose function），并读作 "n 选 k"。虽然认识其背后的阶乘公式相对简单一些，但在二项式系数计算方面就没有那么明显。[2]

请（再次）设想一下，如果眼下有 n 个人正要排队看电影，但电影院里却只有 k 个座位。那么这种 k 大小的子集究竟有多少种可能性呢？答案当然就是 $C(n,k)$ 种。而且在这里，这种比喻形式还可以帮助我们完成一些工作。显然，我们已经知道整个集合的可能顺序有 $n!$ 种。但如果只是对这些可能性进行计数，那先前那个 k 怎么办呢？所以针对这个问题而言，我们在其子集计数上花的次数太多了。毕竟，这里要计算的群组是由排在众多排队者前面的头 k 位朋友所组成的。那

---

[1] 您知道原本指数中的 -1 到哪儿去了吗？请记住，$2^{a+b} = 2^a * 2^b$……

[2] 另外，"二项式系数"这个名称来历也没有那么明显，您可能需要了解一下，它的定义很简洁。

么事实上，排在所有人前面的这些朋友存在的排列可能性应该有 $k!$ 种，而剩下的这些人在没有别人加入的情况下，其排列可能性也应该有 $(n-k)!$ 种。这样一来，我们就有了答案！

$$\binom{n}{k} = \frac{n!}{k!(n-k)!}$$

该公式就是拿全体排队的可能性总数（$n!$）去除我们累计出来的各种"获胜者子集"数。

请注意：我们在第 8 章讨论动态规划时，还会从另一个不同的角度来介绍二项式系数的计算。

值得一提的是，我们在这里所选取的都是大小为 k 的子集，这意味着该选取操作应该是不可替换的。如果我们只靠抽 k 次签来决定人选的话，就有可能会多次抽到一些相同的人（这会有效地"顶替"掉候选池中的其他人）。这样一来，其可能的结果就直接变成 n^k 了。实际上，$C(n,k)$ 所累计的是 k 规模子集的可能数，而 2^n 所累计的是总体排列的可能数。由此，我们得出了以下这个漂亮的等式：

$$\sum_{k=0}^{n} \binom{n}{k} = 2^n$$

对于这些组合性对象来说，差不多也是如此。是时候展开一些不可思议的展望了：用它们自己来解决其等式问题吧！

提示：对于大多数数学操作来说，交互式 Python 解释器都是一个非常方便的计算器。其 math 模块中包含了许多有用的数学函数。但它们对于我们在本章中所涉及的那些数学符号来说，帮助倒不是很大。不过，我们还有其他用 Python 表示特定数学符号的操作工具，如 Sage（可去 http://sagemath.org 处下载）。而如果您只是需要一个便捷工具来求解某个特别棘手的求和式或递归式（详见下节内容）的话，也许可以到 Wolfram Alpha（http://wolframalpha.com）上面去查查。您只需要输入相关的求和式（或一些其他数学问题），就会得到相应的答案。

3.4　递归与递归式

在这里，我们会假设您对递归问题已经有了一些起码的经验。虽然我们在本节中还是会对其做一个简短介绍，并且到了第 4 章还会有更为详细的讨论，但如果它对您来说是一个完全陌生的概念，或许去找一本基础性的编程参考书来看看也是一个不错的主意。

所谓递归，其实就是指某一函数——直接或间接——调用自己的操作。下面我们简单演示一下如何用递归方式来求解某一序列的求和式：

```
def S(seq, i=0):
    if i == len(seq): return 0
    return S(seq, i+1) + seq[i]
```

下面我们来了解一下该函数是如何工作的，并计算出这两个关联任务所需的运行时间。函数本身非常简单：该求和式从参数 i 开始，当其值超出目标序列的尾端时（这叫作基本情况，*base case*，主要用于防止无限递归），函数就直接返回 0；否则就将 i 的位置加 1，继续求剩下序列的和。在这种情况下，我们每次执行 rec_sum 的工作量是恒定的，这里不包括递归调用。并且由于其执行次数与序列中各项是一一对应的，所以很明显它的运行时间应该是线性级的。不过，我们还是来具体验证一下吧：

```
def T(seq, i=0):
    if i == len(seq): return 1
    return T(seq, i+1) + 1
```

这个新函数 T 的结构与 S 基本相同，但其操作值稍有不同，即它的返回操作与 S 相同，但其内容却从一个子问题的解决方案换成了该解决方案的开销。具体到眼下的情况，就是要对 if 语句的执行次数进行计数。（在那些更为数学化的设定中，我们也可以通过相关的操作符来完成计数操作，如用 $\Theta(1)$ 来代替 1。）下面，我们就来试试这两个函数吧：

```
>>> seq = range(1,101)
>>> s(seq)
5050
```

现在我们知道了，Gauss 是对的！下面我们来看看它的运行时间：

```
>>> T(seq)
101
```

一切正常。由于 *n* 本身大小为 100，所以这儿是 *n*+1。但似乎我们一般应该是这样做的：

```
>>> for n in range(100):
...     seq = range(n)
...     assert T(seq) == n+1
```

没有错误，所以上面的假设似乎有一定的可信度。

现在，我们要做的工作是找出 T 这种函数的非递归版本，以便我们来定义递归算法的运行时间复杂度。

3.4.1 手动推导

为了从数学角度来描述递归算法的运行时间，就要用到递推等式，我们通常称之为递归关系。如果我们的递归算法是像上一节中 S 那样的函数，那么其递归关系的定义就有点类似于后面的函数 T。由于我们的工作是要得到一个渐近式的答案，所以通常都不会在意其常数部分，并且默认 $T(k) = \Theta(1)$（其中 k 为常数）。这意味着我们可以在设置相关等式时忽略掉其基本情况（除非它不是一个常数级操作）。对于函数 S 而言，它的 T 可以定义如下：

$$T(n) = T(n-1) + 1$$

也就是说，计算 S(seq, i) 所需要的时间（$T(n)$）等于递归调用 S(seq, i+1) 所需的时间加上访问

seq[i]所需的时间（这是个常数或 $\Theta(1)$ 级操作。换句话说，我们可以先在常数时间内将目标问题缩减成其自身的较小版本（例如规模由 n 变成 $n-1$），再来解决这个较小的子问题。而这两个操作的时间之和就等于解决该问题所需的总时间。

请注意： 如您所见，我们在这里是用 1 而不是 $\Theta(1)$ 来表示递归以外的额外操作的，当然这里也可以用 Θ 来表示。只要我们描述的是一个渐近式的结果，这也确实没多大关系。但在这种情况下使用 $\Theta(1)$ 也存在着一点风险，因为我们要在这里构建一个求和式（$1+1+1\cdots$）。而如果我们在其中使用渐近符号的话（$\Theta(1)+\Theta(1)+\Theta(1)\cdots$），这个求和式反而容易被错误地简化为常数。

现在，我们应该如何解决这样的等式问题呢？线索就在我们将 T 实现成一个执行函数的过程中。由于其不需要在 Python 中运行，所以我们可以自行模拟递归调用的相关情况。对于这方面来说，下面这个等式是关键所在：

$$T(n)=\boxed{T(n-1)}+1$$
$$=\boxed{T(n-2)+1}+1$$
$$=T(n-2)+2$$

显然被我们用方框框起来的那两个子公式是相等的，这就是关键所在。我们声明这两个方框内容相同的基础正来自我们原有的递归式，即如果：

$$T(n)=T(n-1)+1$$

那么：

$$\boxed{T(n-1)}=\boxed{T(n-2)+1}$$

在这里，我们将原等式中的 n 直接替换成了 $n-1$（自然，$T((n-1)-1)=T(n-2)$），这证明了上面方框中的内容的确是相等的。然而，我们这里所定义的都是带有更小参数的 T，其本质上就是递归调用执行时将要发生的情况。所以，从 $T(n-1)$（第一个方框）扩展到 $T(n-2)+1$（第二个方框）本质上也只是模拟或"解开"了一层递归而已。我们仍然需要继续面对 $T(n-2)$ 的问题，但其处理方式是一样的！

$$T(n)=T(n-1)+1$$
$$=\boxed{T(n-2)}+2$$
$$=\boxed{T(n-3)+1}+2$$
$$=T(n-3)+3$$

显然，这里的 $T(n-2)=T(n-3)+1$（上面被框住的两个表达式）也是从原先的递归关系中推导出来的。从此我们得出了一个模式：其参数每减小一次，其展开的工作量（或时间）之和就会增加一次。如果 $T(n)$ 的递归展开次数为 i，那么我们就会得到以下关系：

$$T(n)=T(n-i)+i$$

这才是我们要找的表达式——一种能把递归展开的层数用一个变量 i 来描述的表达式。因为所有这些递归展开表达式都是相等的（我们已经推导了其每一步展开的等式），所以我们可以根据自己需要自由地给 i 设置任何值，只要不越过其基本情况（如 $T(1)$）即可，因为递归关系到了这里就该中止了。我们要做的就是使其持续地向基本情况演变，即试着将 $T(n-i)$ 逐步变成 $T(1)$。因为我们已经知道（或者默认）$T(1)$ 的时间复杂度为 $\Theta(1)$，这就意味着我们解决了整件事情。并且我们还可以通过设定 $i = n-1$，很轻易地得出以下关系：

$$T(n) = T(n-(n-1)) + (n-1)$$
$$= T(1) + n - 1$$
$$= \Theta(1) + n - 1$$
$$= \Theta(n)$$

或许，通过比预期更为复杂的分析，我们现在更有把握说 S 是一个线性级运行时间的操作了。在下一节中，我们将会通过一组不那么直观的递归式，为您具体演示这种方法的使用。

> **提醒**：这种被称为重复代入法（repeated substitutions，有时候也叫迭代法，iteration method）的方法非常有效，当然前提是您要小心仔细。否则，它很容易产生一两个不完全正确的假设，尤其在那些较为复杂的递归式中。这意味着我们得先自己提出一个假设性结果，然后用本章稍后在"猜测与检验"一节中所描述的那些技术来检验我们的答案。

3.4.2　几个重要例子

通常情况下，我们所遇到的都是递归式的一般形式：$T(n) = a \cdot T(g(n)) + f(n)$，其中 a 指的是递归调用的数量，$g(n)$ 则是递归过程中所要解决的子问题大小，而 $f(n)$ 则代表了函数中的额外操作，也就是递归调用以外的操作。

> **提示**：当然也存在着一些特殊的递归算法，例如，当其子问题大小不相同时，它可能就无法符合上述形式了。尽管这类情况不在本书的讨论范围，但在本章最后的"如果您感兴趣……"这一节中，我们还是针对某些关键点提供了进一步的信息。

在表 3-1 中，我们对一些重要的递归式（都是问题规模为 $n-1$ 或 $n/2$ 上的一到二次递归调用，其每次调用的额外操作时间都是常数级或线性级的）进行了汇总。其中递归式 1 的情况，我们在上一节中已经见过了。而在接下来的内容中，我们将会向您演示如何运用之前介绍的重复代入法来解决后四个递归式，而其余三个递归式（2 到 4）将会成为练习题 3-7 到 3-9 中的内容，留给您自己解决。

在我们开始运用后四种递归式进行操作之前（它们全都属于分治递归式，我们将会在本章后面的内容以及第 6 章对此做更详细的说明），我们可能需要用图 3-5 来重新整理一下记忆。该图汇总了我们到目前为止所有有关二叉树的讨论结果。其实这已经足够了，我们实际上已经向您提供全部所需的工具了。

表 3-1　　　　　　　　　　　　　　　　　一些基本递归式的解决方案及其应用实例

	递归式	解决方案	应用实例
1	$T(n) = T(n-1) + 1$	$\Theta(n)$	序列化处理问题，如归简操作
2	$T(n) = T(n-1) + n$	$\Theta(n^2)$	握手问题
3	$T(n) = 2T(n-1) + 1$	$\Theta(2^n)$	汉诺塔问题
4	$T(n) = 2T(n-1) + n$	$\Theta(2^n)$	
5	$T(n) = T(n/2) + 1$	$\Theta(\lg n)$	二分搜索问题（详见第 6 章中的 bisect 专栏）
6	$T(n) = T(n/2) + n$	$\Theta(n)$	随机选择问题、平均情况问题（详见第 6 章）
7	$T(n) = 2T(n/2) + 1$	$\Theta(n)$	树的遍历问题（详见第 5 章）
8	$T(n) = 2T(n/2) + n$	$\Theta(n \lg n)$	利用分治法进行排序问题　（详见第 6 章）

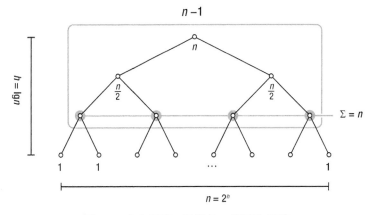

图 3-5　完全平衡二叉树的一些属性概要

> **请注意**：根据之前所做的假设，我们通常将基本情况视为一个常数级操作（$T(k) = t_0$，$k \leqslant n_0$，这里的 t_0 与 n_0 均为某些常数）。但在那些 T 的参数为 n/b（这里的 b 为某些常数）的递归式中，我们可能会意外遇上另一个技术问题：其参数必须是一个整数。当然该问题可以通过舍入法（向下取整或向上取整）来解决，但通常的做法会是直接忽略掉相关的细节信息（直接假定 n 等于 b 的某次方）。如果不想那么草率的话，我们就需要用到本章稍后在"猜测与检验"一节中所介绍的方法，并用它来检验我们的答案。

　　下面我们来看看递归式 5。该递归式在每一半问题上都只有一次递归调用，外加一个额外的常数级操作。如果我们将整个递归过程当作一棵树（递归树）的话，那么其额外操作（$f(n)$）应该就是树的各个节点上的操作，而其递归调用结构则用该树的各条边来表示。其总工作量（$T(n)$）就等于所有节点（或者说调用）上 $f(n)$ 的操作总和。在这种情况下，由于各节点上的工作量都是常数，所以我们只需计算节点数即可。另外，由于我们每次执行一次递归调用，所以其整体操作量应该就等于根节点到某个叶节点的路径，所以 $T(n)$ 明显应该是对数级的。但我们还是得看一看，如果我们逐步展开该递归式的话，情况究竟是怎样的：

$$T(n) = T(n/2) + 1$$
$$= \{T(n/4) + 1\} + 1$$
$$= \{T(n/8) + 1\} + 1 + 1$$

在这里，花括号部分与其上一行中的递归调用（$T(\cdots)$）是等价的。然而，这种逐步展开（或重复代入）操作也只是我们解决方法中的第一步。它一般分为以下几个步骤。

（1）逐步展开递归式，一直到我们发现其中的模式为止。

（2）将该模式表示出来（通常会涉及一个求和式），并用变量 i 来表示其行号。

（3）根据 i 层递归将会达到基本情况来选择 i 的值（并解决该求和式）。

现在第一步我们已经完成了。下面来看第二步：

$$T(n) = T(n/2^i) + \sum_{k=1}^{i} 1$$

我希望您能同意，这一通常情况捕获了上述展开过程中递归式内在的模式：我们每展开一层（或者说每向下推导一行），问题的规模就减少了一半（除以 2），并增加一个额外操作单元（加 1）。虽然您可能会觉得该递归式尾端的那个求和式有点傻，毕竟我们都清楚 i 个 1 之和等于 i，但为了表现递归式的通用模式，我们需要将其写成一个求和式。

要想到达递归式的基本情况，我们就必须想方设法将 $T(n/2^i)$ 演变成 $T(1)$。也就是说，我们要通过对半分的方式将 n 变成 1，这一过程相信我们应该都很熟悉：其递归高度就是一个对数，即 $i = \lg n$。如果我们将其插入到之前的模式中去的话，我们的 $T(n)$ 就可以直接用 $\Theta(\lg n)$ 来表示了。

递归式 6 的展开过程也基本如此，只不过其中的求和式会更有趣一些：

$$T(n) = T(n/2) + n$$
$$= \{T(n/4) + n/2\} + n$$
$$= \{T(n/8) + n/4\} + n/2 + n$$
$$\vdots$$
$$= T(n/2^i) + \sum_{k=0}^{i-1} (n/2^k)$$

如果您还是无法看明白我们到达其通用模式的过程，可以停下来再仔细思考几分钟。（基本上，我们在这里只是使用了 Σ 符号来表示求和式 $n + n/2 + \cdots + n/(2^{i-1})$，而后者早就出现在我们早先的展开步骤中了。）不过，在操心如何解决该求和式之前，我们需要再一次设置 $i = \lg n$。这样一来，假设 $T(1) = 1$ 的话，我们就会得出以下关系：

$$T(n) = 1 + \sum_{k=0}^{\lg n - 1} (n/2^k) = \sum_{k=0}^{\lg n} (n/2^k)$$

最后一步，因为正好 $n/2^{\lg n} = 1$，所以我们可以将其作为单独的 1 加入到求和式中。

现在，您是否觉得这个求和式有些眼熟？让我们再次回到图 3-5 上来：如果 k 代表了树的某一高度，那么 $n/2^k$ 就应该等于该高度上的节点数（从叶节点到根节点，我们所采用的都是减半策略）。这意味着该和值应该就等于其节点数 $\Theta(n)$。

但在递归式 7 和 8 中，我们又将迎来新的一个小问题：多重递归调用。递归式 7 的情况与递归式 5 非常类似，只不过之前是同一条路径（从根节点到叶节点）上的节点计数问题，而现在我们各节点的各条子节点边都要跟踪，所以其实就等同于节点计数问题，或者说 $\Theta(n)$ 级问题。（其实您看出了吗？递归式 6 与 7 实际上只是在用两种不同的方式来对同一堆节点进行计数。）下面我们来看对递归式 8 使用的解决方案，该过程与递归式 7 非常类似（但值得检验一下）：

$$
\begin{aligned}
T(n) &= 2T(n/2) + n \\
&= 2\{2T(n/4) + n/2\} + n \\
&= 2(2\{2T(n/8) + n/4\} + n/2) + n \\
&\quad\vdots \\
&= 2^{i}T(n/2^{i}) + n \cdot i
\end{aligned}
$$

如上式所见，推导式前端的 2 在不停地堆积，以至于最终产生了一个 2^{i} 因子。虽然括号部分看上去有点乱，但所幸这里的减半操作与倍增操作搭配得很完美：第一个括号由于有了 $n/2$，于是得乘以 2；而同样，$n/4$ 得乘以 4，以此类推，其通用形式就变成了 $n/2^{i}$ 乘 2^{i}。而这也意味着我们就剩下 i 个 n 的那部分了，也可简写成 $n \cdot i$。然后同样，为了令其趋于基本情况，我们需将 $i = \lg n$ 代入其中：

$$
T(n) = 2^{\lg n} T(n/2^{\lg n}) + n \cdot \lg n = n + n \lg n
$$

换句话说，其运行时间应该为 $\Theta(n \lg n)$。您能从图 3-5 中看出这一结果吗？敢赌吗？首先递归树根节点上的操作时间为 n，而在后面的两次递归调用（子节点）中，各自所执行的都是减半操作。也就是说，其各节点上的操作时间就等于图 3-5 中的标签值。我们知道其每一行的和都等于 n，并且一共有 $\lg n + 1$ 行节点。由此我们可以得出其总和为 $n \lg n + n$，也就是 $\Theta(n \lg n)$。

3.4.3　猜测与检验

对于递归与数学归纳法这两者之间的概念关系，我们将会在第 4 章中做深入讨论。而我们在这里要提出的一个主要论点是它们彼此都像是对方的镜像：有一种观点认为归纳能告诉我们为什么递归操作是正确的。在本节，我们将会局限于讨论如何证明一个递归式解决方案的正确性（而不会去讨论递归算法本身），但它应该依然带您一窥这些概念之间的彼此联接。

正如本章稍早前所提到的，在展开递归式并"发现"模式的过程中，我们通常会依赖于一些没有根据的假设性前提。例如，我们通常会假设 n 是 2 的一个整数次方，这样的话，正好递归深度为 $\lg n$ 的操作能得以顺利实现。当然，通常在大多数情况下，这些假设都是没有问题的，但为了确保一个解决方案的正确性，我们应该对它进行检验。能对解决方案进行检验的好处在于，这使得我们可以先根据自己的猜测或直觉提出解决方案，再来证明其正确性。

■ **请注意：**为了简单起见，我们将会在后续内容中坚持使用大 O 记法，以表示相关操作的上线。当然，您也可以用类似方法来显示相关操作的下限（用 Ω 或 Θ 记法）。

下面我们再来研究一下第 1 个递归式，即 $T(n) = T(n-1) + 1$。我们想要检验的是 $T(n)$ 等同于 $O(n)$ 的正确性。和（第 1 章中所讨论的）实验一样，我们其实是不能在这里使用渐近记法的；我们需要弄得更具体一些，往里插入一些常量。于是下面我们就来试图验证一下 $T(n) \leqslant cn$，其中 c 为任意常数且 $c \geqslant 1$。根据我们的标准假设，我们将设 $T(1) = 1$。这目前看来是一切正常，但当 n 取值越来越大时，情况又会如何呢？

这就是所谓的归纳法。这种方法的思路很简单：先从 $T(1)$ 开始入手，在这里我们的解决方案显然是正确的，然后我们再来证明其同样也适用于 $T(2)$、$T(3)$ 等。接着，我们要以通用的形式来证明，也就是提供一个所谓的归纳步骤（induction step）来证明如果我们的解决方案在 $T(n-1)$ 上是正确的，那么其在 $T(n)$ 上也应该是成立的（其中 $n > 1$）。该步骤允许我们从 $T(1)$ 推导出 $T(2)$，再由 $T(2)$ 推出 $T(3)$，一直类推下去，而这正是我们想要的。

证明该归纳步骤的关键在于，我们需要先假设（在这种情况下）其在 $T(n-1)$ 上是正确的，这是我们推导 $T(n)$ 的依据所在，我们称之为归纳前提（inductive hypothesis）。拿眼下这个例子来说，我们设置的归纳前提是 $T(n-1) \leqslant c(n-1)$（其中 c 为某些常数），而我们想要证明的是该假设也适用于 $T(n)$。

$$
\begin{aligned}
T(n) &= \boxed{T(n-1)} + 1 \\
&\leqslant \boxed{c(n-1)} + 1 \qquad &\text{我们假设 } T(n-1) \leqslant c(n-1) \\
&= cn - c + 1 \\
&\leqslant cn \qquad &\text{我们知道 } c \geqslant 1\text{，所以} -c + 1 \leqslant 0
\end{aligned}
$$

在这里，我们特地用方框标出归纳前提的使用之处，即用 $c(n-1)$ 替换掉了 $T(n-1)$，（根据归纳前提）我们知道这是一个更大（或一样大）的值。这样做可以使相关的替换操作更安全，只要我们将第一、二行之间的等号换成"小于等于"即可。在经历一些基本代数运算后，从 $T(n-1) \leqslant c(n-1)$ 的假设中推导出 $T(n) \leqslant cn$ 的全过程就呈现在我们眼前了，并且其还（因此）可以继续推导出 $T(n+1) \leqslant c(n+1)$ 等。现在，我们由基本情况 $T(1)$ 开始着手，证明了通用模式中的 $T(n)$ 就等于 $O(n)$。

基于分治法的递归式并不会更难。下面我们来看看（表 3-1 中的）递归式 8 的情况。这一次，我们要使用一种被称为强归纳（strong induction）的方法。在之前的例子中，我们所做的假设都是一些关于前一个值（如 $n-1$，这种方法叫作弱归纳，weak induction）的，现在我们的归纳前提将是所有比它更小的数字。更具体地说，我们假设 $T(k) \leqslant ck \lg k$（k 为正整数且 $k < n$），然后证明由该假设可以推导出 $T(n) \leqslant cn \lg n$。其基本思路依旧是相同的——我们的解决方案依然会经历从 $T(1)$ 到 $T(2)$ 这一路的"擦除式"推导过程——只是我们的工作量稍微多了一些。（尤其我们现在的前提假设将会是一些与 $T(n/2)$ 有关的内容，这就不会像 $T(n-1)$ 那么简单了。）下面让我们开始吧：

$$
\begin{aligned}
T(n) &= 2T(n/2) + n \\
&\leqslant c((n/2)\lg(n/2)) + n \qquad &\text{假设 } T(k) \leqslant c(k \lg k)\text{，其中 } k = n/2 < n \\
&= c((n/2)(\lg n - \lg 2)) + n \qquad &\lg(n/2) = \lg n - \lg 2 \\
&= c((n/2)\lg n - n/2) + n \qquad &\lg 2 = 1 \\
&= n \lg n \qquad &\text{只要令 } c = 2
\end{aligned}
$$

　　与之前一样，通过假设我们的结果对于较小的参数是成立的，我们就成功证明了 $T(n)$ 也适用于该假设。

■　**提醒**：请小心递归式中，尤其是其递归部分的渐近记法。我们可以来想一想下面这个（假）"论证"：如果 $T(n) = 2T(n/2) + n$ 的意思是 $T(n)$ 等同于 $O(n)$，那么我们就可以直接在我们的归纳前提中使用大 O 记法：

$$T(n) = 2 \cdot T(n/2) + n = 2 \cdot O(n/2) + n = O(n)$$

这里存在着许多错误，但其中最突出的问题是，归纳前提所需要的各种具体的参数值（如 $k = 1, 2 \ldots$），但渐近记法显然与整个函数有点格格不入。

跳进兔子洞① （或者说更改我们的变量）

　　先提醒一句，这篇专栏材料可能会带有一点挑战性。如果现在您的脑子里已经塞满了各种递归式概念，那么或许等晚些时候再来重新面对它是一个不错的想法。

　　在某些情况下（尽管可能并不多见），我们可能会遇到一些类似于这样的递归式：

$$T(n) = aT(n^{1/b}) + f(n)$$

　　换句话说，该问题的大小是原先规模的 b 次方根。那现在您要怎么做呢？事实上，我们可以穿越到"另一个世界"里去，在那里，递归式也许会变得非常简单。当然，那个世界必须是真实世界的某种映射。只有如此，当我们回归现实时才能真正得到处理原递归式的解决方案。

　　我们的"兔子洞"其实就是一种被称为更改变量法的东西。它实际上是一个协调变化过程，即我们用替换 T（比如换成 S）和 n（换成 m）的方式，让我们的递归式真正变回之前的样子——其实我们只是换了一种不同的书写方式而已。那么，到底我们从 $T(n^{1/b})$ 到 $S(m/b)$ 的过程中究竟要改变什么，才能使操作简化呢？下面我们就拿平方根举一个例子：

$$T(n) = 2T(n^{1/2}) + \lg n$$

　　那么如何才能让 $T(n^{1/2}) = S(m/2)$ 呢？直觉告诉我们，想要把乘方运算变成乘法运算，需要用到对数运算。具体技巧是先设置 $m = \lg n$，接着我们就可以将递归式中的 n 全都替换成 2^m：

$$T(2^m) = 2T((2^m)^{1/2}) + m = 2T(2^{m/2}) + m$$

　　然后设置 $S(m) = T(2^m)$，将相关指数都隐藏起来。瞧！我们这就进入仙境了：

$$S(m) = 2S(m/2) + m$$

---

① 译者注：这里引用了《爱丽丝漫游仙境》中的典故，该故事在西方几乎家喻户晓，其主人公爱丽丝就是因为掉进了兔子洞而来到了一个奇幻世界。

现在问题解决起来就简单了：$T(n) = S(m)$，它是 $\Theta(m \lg m) = \Theta(\lg n \cdot \lg \lg n)$。

在本专栏最先出现的那个递归式中，常数 a 和 b 当然还是可以有其他值的（而且 f 可能会更不协调），我们会得到 $S(m) = aS(m/b) + g(m)$（其中 $g(m) = f(2m)$）。我们既可以用重复代入法来对付它，也可以使用下一节将会介绍的一刀切式（cookie-cutter）的解决方案，因为这两者都非常适合用来解决这一类递归式。

3.4.4 主定理：一刀切式的解决方案

递归式与所谓的分治法（后者详见第 6 章）之间存在着许多对应关系，其一般形式如下（其中 $a \geqslant 1$ 且 $b > 1$）：

$$T(n) = aT(n/b) + f(n)$$

其主要想法是：假设我们有 a 重递归调用，每重调用处理掉一定比例的数据（数据集的 $1/b$）。除了这些递归调用外，算法中还有一个额外的 $f(n)$ 操作单元。我们可以用图 3-6 来诠释一下该算法。在之前的树结构中，数字 2 是唯一的重要常数，但现在我们的重要常量有两个：a 和 b。也就是对我们所能到达的各个树层来说，分配到其每一个节点上的问题规模都还必须除以 b。这就意味着我们如果想让（叶节点上的）问题规模为 1 的话，该树的高度就必须等于 $\log_b n$。记住，为了获得 n 的值，我们必须让 b 的指数提高到这个值。

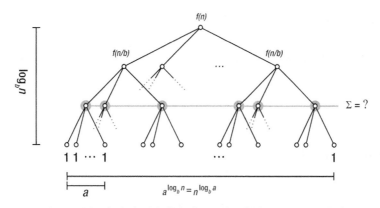

图 3-6　用一棵完全平衡的多路（a 路）树来诠释分治递归式

但该树每个内部节点下面都会有 a 个子节点，因此逐层增加之后，其节点数未必就（一定）能抵消掉它在问题规模上的递减。也就是说，其叶节点数未必就（一定）等于 n。相反，如果直接按各节点上的倍增因子 a 及树高 $\log_b n$ 来算，其树宽值应该等于 $a^{\log_b n}$。但由于对数运算规则允许 a 和 n 之间相互交换，所以我们可以得出其叶节点数为 $n^{\log_b a}$（在习题 3-10 中，我们会让您来证明其正确性）。

本节的最终目的是要建立三个一刀切式的解决方案，并统一成为所谓的主定理（*master*

theorem）①。这些解决方案分别对应了三种可能的情况：有可能其大部分操作都是运行在（也就是大部分运行时间消耗在）根节点上的；有可能是在叶节点上，或者也有可能均匀分布在该递归树的各行之间。下面我们逐个来分析这三种情况。

在第一种情况中，其大部分操作是在根节点上执行的。这里"大部分"的意思是说它在整体操作时间的渐近表示中是占主导地位的，其既定总运行时间为 $\Theta(f(n))$。但如何才能确定根节点占主导地位呢？如果树上的操作量是随某个常数因子而逐层递减的，并且根节点上的操作（渐近时间）始终多于叶节点的话，基本上就是属于这种情况了。更正式地说：

$$af(n/b) \leqslant cf(n)$$

其中常数 $c < 1$，且 n 得够大，并且

$$f(n) \in \Omega(n^{\log_b a + \varepsilon})$$

其中 ε 为常数。这就意味着 $f(n)$ 的增长趋势将严格快于叶节点数的增长（这也是为什么我们要在叶节点计数公式的指数值上加 ε）。下面我们来看一个具体示例：

$$T(n) = 2T(n/3) + n$$

在这里 $a = 2$，$b = 3$ 且 $f(n) = n$。因而如果想计算叶节点数的话，我们只要计算出 $\log_3 2$ 的值即可。过去在标准计算器中，我们常会用 log 2/log 3 这种表达式来计算，而在 Python 中只需调用 math 模块中的 log 函数就行了，并且您还会发现其实 log(2,3) 的值是略小于 0.631 的。换句话说，我们在这里想了解的是 $f(n) = n$ 是否属于 $\Omega(n^{0.631})$，这一点显然是确定的，由此我们就可以得出 $T(n) = \Theta(f(n)) = \Theta(n)$。对此，我们还有一种更快捷的方式：如果您看到 b 是大于 a 的，就立即可以确定 n 属于表达式的主导部分了。能明白这是为什么吗？

下面我们可以将上面的根—叶关系翻转一下：

$$f(n) \in O(n^{\log_b a - \varepsilon})$$

现在公式中的主导换成叶节点了。那么您认为其最终的总运行时间会是多少呢？正确答案是：

$$T(n) \in \Theta(n^{\log_b a})$$

下面我们再来看一个递归式示例：

$$T(n) = 2T(n/2) + \lg n$$

由于这里 $a = b$，所以 n 的值就是我们所得到的叶节点数。显然，它的渐近增长趋势是快于 $f(n) = \lg n$ 的，这意味着其最终渐近运行时间就是计算叶节点数的时间 $\Theta(n)$。

请注意： 为了确定根节点的主导地位，我们必须额外要求其满足 $af(n/b) \leqslant cf(n)$，且 $c < 1$。而确立叶节点的主导地位则没有类似的条件。

---

① 译者注：在算法分析中，主定理（master theorem）提供了用渐近符号表示许多由分治法得到的递推关系式的方法。此方法经由经典算法教科书《算法导论》而为人熟知。不过，并非所有递推关系式都可应用主定理。该定理的推广形式包括 Akra-Bazzi 定理。

最后一种情况是根节点与叶节点上的操作时间具有相同的渐近增长趋势：

$$f(n) \in \Theta(n^{\log_b a})$$

这样一来，事情就变成了求该树各层操作之和的求和式（因为从根节点到叶节点，操作量始终既没有增加也没有减少），这意味着我们可以通过乘以其高度的方式来计算其总和：

$$T(n) \in \Theta(n^{\log_b a} \lg n)$$

下面我们接着来看递归式示例：

$$T(n) = 2T(n/4) + \sqrt{n}$$

平方根运算看着似乎很吓人，但其实只是指数 $n^{0.5}$ 的另一种形式。由于我们这里设 $a = 2$，$b = 4$，因此可以得出 $\log_b a = \log_4 2 = 0.5$。这样一来，我们就知道——该树根节点、叶节点以及各层节点上的操作时间应该都等于 $\Theta(n^{0.5})$，于是其产生的总运行时间应该是：

$$T(n) \in \Theta(n^{\log_b a} \lg n) = \Theta(\sqrt{n} \lg n)$$

在表 3-2 中，我们对主定理中的三种情况做了汇总，将它们按照习惯顺序排列：情况 1 是叶节点占主导地位时的状况；情况 2 是各层操作量相同时的"死竞争"状况；情况 3 是根节点占主导时的状况。

表 3-2　　　　　　　　　　　主定理中的三种情况

情　况	前提条件	解决方案	相关示例
1	$f(n) \in O(n^{\log_b a - \varepsilon})$	$T(n) \in \Theta(n^{\log_b a})$	$T(n) = 2T(n/2) + \lg n$
2	$f(n) \in \Theta(n^{\log_b a})$	$T(n) \in \Theta(n^{\log_b a} \lg n)$	$T(n) = 2T(n/4) + \sqrt{n}$
3	$f(n) \in \Omega(n^{\log_b a + \varepsilon})$	$T(n) \in \Theta(f(n))$	$T(n) = 2T(n/3) + n$

3.5　这一切究竟是什么呢

数学内容我们说得已经不少了，但代码到目前为止还没见着多少。接下来，我们就要来看看上面这些公式究竟有什么用。首先，请花点时间思考一下清单 3-1 及 3-2 中的 Python 程序。[①]（您可以在清单 6-6 中找到 mergesort 函数的完整注释版）我们就假设这里都是一些新算法，所以也不必上网去搜索它们的名字了。您现在的任务是要判读出它们哪一个的运行时间复杂度比较好。

---

① 归并排序是一个经典算法，诞生于 1945 年，是由计算机科学界的传奇 John von Neumann 在 EDVAC（译者注：Electronic Discrete Variable Automatic Computer 的缩写，它被认为是世上第一批可编程电子计算机的代表）上首先实现出来的。您在第 6 章中还会看到更多类似的算法。而侏儒排序则是由 Hamid Sarbazi-Azad 在 2000 年提出的，也叫愚人排序法（stupid sort）。

清单 3-1　排序算法之：侏儒排序法

```python
def gnomesort(seq):
    i = 0
    while i < len(seq):
        if i == 0 or seq[i-1] <= seq[i]:
            i += 1
        else:
            seq[i], seq[i-1] = seq[i-1], seq[i]
            i -= 1
```

清单 3-2　排序算法之：归并排序法

```python
def mergesort(seq):
    mid = len(seq)//2
    lft, rgt = seq[:mid], seq[mid:]
    if len(lft) > 1: lft = mergesort(lft)
    if len(rgt) > 1: rgt = mergesort(rgt)
    res = []
    while lft and rgt:
        if lft[-1] >=rgt[-1]:
            res.append(lft.pop())
        else:
            res.append(rgt.pop())
    res.reverse()
    return (lft or rgt) + res
```

　　侏儒排序法（gnome sort）中只有一个简单的 while 循环和一个索引范围为 0 到 len(seq)-1 的索引变量。这就容易让人认为它是一个线性时间的算法，但这个结论被最后一行中 i -= 1 语句给否定了。要想弄清楚该算法究竟运行了多长时间，我们就必须搞懂它工作过程中的一些细节。起初，我们会从左边开始扫描（持续递增 i），直至找到一个 seq[i-1] 大于 seq[i] 的位置 i，这时两个值顺序就错了，于是 else 部分就开始生效。

　　然后 else 分支会持续交换 seq[i] 与 seq[i-1] 的值并递减 i，直到其再次恢复之前 seq[i-1] <= seq[i] 的顺序（或当前位置为 0）。换句话说，该算法会沿着目标序列交叉向上扫描来发现错了位（即是说它太小了）的元素，并将它们下移到合适位置（经反复交换）。那么其整体开销是多少呢？让我们先忽略掉其平均值，只关注最好的与最坏的情况。最好的情况当然是目标序列已经排好序了，这时 gnomesort 只需将整个序列扫描一遍即可，并不会发现任何错位，然后便停止了，其运行时间应为 $\Theta(n)$。

　　而最坏的情况就没那么简单了，但也没有多复杂。需要注意的是，通常每当我们发现一个元素错位时，这之前的所有元素都应该已经排好序了。所以当我们将新元素移动到合适位置时是不会发生冲突的。也就是说，我们每纠正一个错位元素，已排序元素的数量就会有所增加，并且下一个错位元素会出现在更右的位置上。所以可能的最坏情况就是查找并移动这些错位元素的开销与其位置形成了正比关系。因而最糟糕的运行时间就应该是 $1 + 2 + \cdots + n-1$，也就是 $\Theta(n^2)$。这目前只是一个假设——我们这里只是证明了不会有比这个更糟的情况，但事情真会如此糟糕吗？

恐怕确实是会的。我们可以考虑一下元素降序排列时的情况（让其顺序与我们所想的相反）。这时所有元素都错位了，我们得将每一个元素移动到起始位置，自然就需要平方级运行时间。所以通常来说，侏儒排序的运行时间应该用 $\Omega(n)$ 与 $O(n^2)$ 来表示，它们分别代表了最好与最坏的情况的严格边界。

现在，我们来看看归并排序（见清单 3-2）。它要比侏儒排序稍微复杂一些，所以我们会把一些与该排序事宜相关的解释留到第 6 章。幸运的是，即便在不了解该算法工作过程的情况下，我们也是可以对其运行时间进行分析的。只要您观察一下其整体结构：其输入（seq）规模为 n，有两重递归调用，每次子问题的规模为 $n/2$（尽可能让其接近整数规模）。除此之外，while 循环以及 res.reverse() 中也包含了某些操作。我们会在习题 3-11 中让您证明这是一个 $\Theta(n)$ 级操作。（在习题 3-12 中，我们还会让您说明如果将 pop() 替换成 pop(0) 时会发生什么。）这正好就是我们著名的第 8 个递归式 $T(n) = 2T(n/2) + \Theta(n)$，这就说明了归并排序的运行时间应该为 $\Theta(n \lg n)$（无论其输入情况如何）。这意味着如果面对的是几乎已经排好序的数据，我们或许会更喜欢用侏儒排序。但在一般情况下，我们通常都会倾向于用更强大的归并排序来解决问题。

■ **请注意**：Python 中的排序算法 timsort，其实是归并排序的一种自然适应版。它在保留最糟的、线性对数级时间的同时，兼具实现了最佳的、线性级的运行时间。我们将会在第 6 章的 timsort 专栏中更详细地讨论这一算法。

3.6 本章小结

n 个整数相加的求和式是平方级的，而 $\lg n$ 个 2 的指数相加的求和式则是线性级的。其中的第一个，我们可以用循环赛制来诠释，它的 n 个元素都会被两两配对；而第二个则与淘汰赛有些关联，它有 $\lg n$ 轮比赛，并且除赢者外所有人都会被淘汰。另外，n 个数的排列数等于 $n!$，而从 n 个数中取 k 个的组合数（其大小为 k 的子集数）通常被写作 $C(n,k)$，等于 $n!/(k! \cdot (n-k)!)$。这就是所谓的二项式系数。

通常，我们将一个函数的（直接或通过其他函数）自我调用操作称为递归。而递归关系则是一种用于反映函数自身关联的等式，表现为某种递归形式（例如 $T(n) = T(n/2) + 1$），这些等式常会被用来描述递归算法的运行时间。并且为了解决这些等式，我们必须要对递归的基本情况做一些假设。正常情况下，我们通常会假设 $T(k)$ 等于 $\Theta(1)$（其中 k 为常数）。本章所介绍的递归式解法主要有三种：（1）反复运用原始等式以展开 T 的递归部分，直至发现其中的模式；（2）对解决方案进行假设性猜测，然后用归纳法证明其正确性；（3）对符合某种主定理情况的分治递归式，直接采用相应的解决方案。

3.7 如果您感兴趣

本章所讨论的话题（以及前一章中的相关内容）通常应该被归类为离散数学（discrete

mathematics）的一部分①。写这一类话题的书非常多，而且其中大部分我都觉得很酷。如果您喜欢的话，可以随意到本地图书馆或线上书店去找找。我敢说这些书肯定会花去您不少时间。

有一本书，我在处理计数运算以及相关证明时经常会用到（但这并不是一般意义上的离散数学），书名叫《Proofs That Really Count》（由 Benjamin 和 Quinn 合著），这本书还是值得看看的。而如果您是想找一本关于求和式处理、组合问题、递归式问题以及其他实质内容的专门为计算机科学领域而编写的书，当然就要选择 Graham、Knuth 和 Patashnik 的那本经典《Concrete Mathematics》（Yeah，就是那个 Knuth，地球人都知道！）。如果您只需要一个用于查找求和式解决方案的地方，或许可以试试我们之前提到过的那个网站：Wolfram Alpha（http://wolframalpha.com），或者找一本全面的递归公式参考手册放在口袋里（可能您得再去一次书店）。

如果您想了解更多关于递归式方面的知识，可以任选一本我们在第 1 章中所列举的那些算法教科书，查看一下这方面的标准方法。或者您也可以自行研究出一些更先进的方法，以便我们处理更多的递归式类型，超越我们在这里所学到的内容。例如，《Concrete Mathematics》中就曾介绍过一种被称为生成函数（generating functions）②的东西及其用法。此外，如果您上网四处看看，也一定能找到一些用零化子（annihilators）或者 *Akra-Bazzi* 定理来解相关递归式的有趣资料。

在本章稍早前那个关于伪多项式（时间）算法的专栏中，我们曾举过一个质数检查的例子。许多（老式）教科书都宣称这是一个尚未解决的问题（也就是说，不知道它能不能用多项式算法来解决）。现在您知道——事情不再是这样了。2002 年，Agrawal、Kayal 和 Saxena 发表了他们那篇开创性的论文《PRIMES is in P》，里面描述了用多项式算法来解决质数检查问题的具体方法（奇怪的是，因数分解却依然是一个待解决的问题）。

3.8 练习题

3-1. 请证明"求和式的运用"一节中所描述的那些特性是正确的。

3-2. 请用第 2 章中的规则证明 $n(n-1)/2$ 属于 $\Theta(n^2)$。

3-3. 2 的最小的 k 个非负指数项相加的和等于 $2^{k+1} - 1$，请用该特性证明所有正整数都可以用二进制来表示。

3-4. 在"龟兔赛跑"一节中，我们介绍了两种查找数字的方法。现在请将这两种方法转换成猜数字算法，并用 Python 实现出来。

3-5. 请证明 $C(n,k) = C(n,n-k)$。

3-6. 在"递归与递归式"这一节中，我们早先曾在递归函数 S 中假设过，如果它没有使用位置参数 i，而是直接让函数返回 sec[0] + S(seq[1:]) 的话，该函数的渐近运行时间又会是什么？

3-7. 请用重复代入法求解表 3-1 中的递归式 2。

3-8. 请用重复代入法求解表 3-1 中的递归式 3。

3-9. 请用重复代入法求解表 3-1 中的递归式 4。

---

① 如果您不太分得清楚 *discrete* 和 *discreet* 这两个词，或许应该去查一下资料。

② 译者注：该书第 7 章。

3-10. 请证明无论对数的底是什么，都有 $x^{\log y} = y^{\log x}$。

3-11. 请证明在清单 3-2 的归并排序实现中，$f(n)$ 属于 $\Theta(n)$。

3-12. 在清单 3-2 那一版的归并排序中，对象是从序列每一半的尾端弹出（经由 pop()）的。或许选择从首端弹出（经由 pop(0)）会更直观一点，以免我们要对 res 进行反向处理（而且也更符合我们实际的生活习惯），但 pop(0)（跟 insert(0) 一样）是一个线性级操作，而 pop() 则是常数级的。那么切换这两种调用会对整体运行时间产生什么影响呢？

3.9　参考资料

- Agrawal, M., Kayal, N., and Saxena, N. (2004). *PRIMES is in P.* The Annals of Mathematics, 160(2):781–793.

- Akra, M. and Bazzi, L. (1998). *On the solution of linear recurrence equations.* Computational Optimization and Applications, 10(2):195–210.

- Benjamin, A. T. and Quinn, J. (2003). *Proofs that Really Count: The Art of Combinatorial Proof.* The Mathematical Association of America.

- Graham, R. L., Knuth, D. E., and Patashnik, O. (1994). *Concrete Mathematics: A Foundation for Computer Science*, second edition. Addison-Wesley Professional.

第 4 章

■■■

归纳、递归及归简

> 我们绝不能老想着整条街，明白吗？您应该只着眼于下一步，下一次呼吸，下一扫帚，然后再下一步，再下一步。一直这样下去。
>
> ——清道夫 Beppo，选自《毛毛》，Michael Ende 著

在本章，我们将专注于讨论算法设计的基础技能。教算法设计是有一定难度的，因为这件事没有明确的章法可循。尽管我们有一些基本原则，以及随之一个接一个冒出来的抽象原则，我敢说您已经十分熟悉其中的若干种抽象原则了——但最重要的是，程序（或者说函数）抽象和面向对象这两种方法都可以用于将我们的代码分割成各个部分，并使它们之间的相互作用最小化，以便我们能在某段时间内只专注于几个特定概念。

本章的主体思想——归纳（induction）、递归（recursion）及归简（reduction）——也属于这类抽象原则。它们通常都会忽略掉问题的大部分内容，并将讨论聚焦于其解决方案中的某个单一步骤。而最妙的事情在于，该步骤往往正好是我们所需要的全部，有了它，其余部分就迎刃而解了！通常情况下，这些原则是被分开来教学和使用的，但如果您理解得更深一点，就会发现它们之间有着非常密切的联系：就某种意义而言，归纳法与递归法之间是互为镜像的，而两者都可以被视为归简法的具体示例。下面就来快速预览一下这三个术语的实际含义。

- 归简法指的是将某一问题转化成另一个问题。我们通常都会倾向于将一个未知问题归简成一个已解决的问题。归简法可能会涉及输入（操作中可能会遇到的新问题）与输出（已经解决的原问题）之间的转化。
- 归纳法（或者说数学归纳法）则被用于证明某个语句对于某种大型对象类（通常是一些自然数类型）是否成立。我们首先要证明语句在某一基本情况下（例如当数字为 1 时）是成立的，然后证明它可以由一个对象"推广到"下一个对象（如果其对于 $n-1$ 成立，那么它对于 n 也成立）。
- 递归法则主要被用于函数自我调用时。在这里，我们需要确保函数在遇到基本情况时的操作是正确的，并能将各层递归调用的结果组合成一个有效的解决方案。

其中，归纳法与递归法都倾向于将问题归简（或分解）成一些更小的子问题，然后探讨出超然于这些问题之外的某一个步骤，并以此来解决整个问题。

值得一提的是，尽管本章的论述视角与某些现行教材相比存在着一些小小的差异，但这并不都是我们独创的。事实上，这里的很多材料都受到了 Udi Manber 1988 年的那篇精彩论文《Using induction to design algorithms》的启发，而他本人隔年也出版了那本著名的《Introduction to Algorithms: A Creative Approach》。

4.1 哦，这其实很简单

简单地说，将问题 A 归简成问题 B 往往要经历某种形式的转换，然后我们才能从 B 的解决方案中（直接或在经过某种处理之后）得出适用于 A 的解决方案。一旦我们学会大量的标准算法（您在这本书中将会看到很多），这就会成为我们遇到新问题时通常要做的事。那么，我们究竟能否通过某种途径改变问题条件，使其可以用某种我们已知的方法来解决呢？在许多地方，这一步已经成了所有解决问题过程中的核心部分。

下面来举个例子。假设我们现在想从某个数字列表中找出两个彼此最接近但不相等的数（两者间的绝对差是最小的）：

```
>>> from random import randrange
>>> seq = [randrange(10**10) for i in range(100)]
>>> dd = float("inf")
>>> for x in seq:
...     for y in seq:
...         if x == y: continue
...         d = abs(x-y)
...         if d < dd:
...             xx, yy, dd = x, y, d
...
>>> xx, yy
(15743, 15774)
```

这里有两层嵌套循环，它们各自都对 seq 进行了遍历，这显然是一个平方级的操作。这往往不会是一个令人满意的结果，所以我们应该在这里做一点算法上的功课。首先我们知道，处理一个已排序的序列相对来说会更容易一些。而排序通常是一个线性对数级或 $\Theta(n \lg n)$ 级操作。现在您看出些什么了吗？很显然，我们在这里得到的启发是，已排序的序列中最接近的两个数必然是相邻的：

```
>>> seq.sort()
>>> dd = float("inf")
>>> for i in range(len(seq)-1):
...     x, y = seq[i], seq[i+1]
...     if x == y: continue
...     d = abs(x-y)
...     if d < dd:
...         xx, yy, dd = x, y, d
...
>>> xx, yy
(15743, 15774)
```

这里的算法更快了，但解决方案照旧。（新的运行时间是线性对数级的，由排序操作主导。）这里我们的原问题是"找出某序列中最接近的两个数"，但通过对 seq 的排序，我们将其归简成

73

了"找出某已排序序列中最接近的两个数"。在这种情况下，我们的归简处理（排序）并不会影响问题的答案。但在更一般的情况下，我们可能还需要对答案进行某种转换，以便它能适用于原问题。

请注意：从某种程度来说，我们其实是将问题分割成了排序和扫描已排序的序列两部分。但您也可以说我们通过扫描序列的方式将原问题归简成了该序列的排序问题。这全凭我们看问题的角度。

总而言之，将 A 归简成 B 就有点类似于我们说"您想解决 A？哦，这其实很简单，只要您能解决 B 就行。"下面用图 4-1 来具体诠释一下归简法的操作流程。

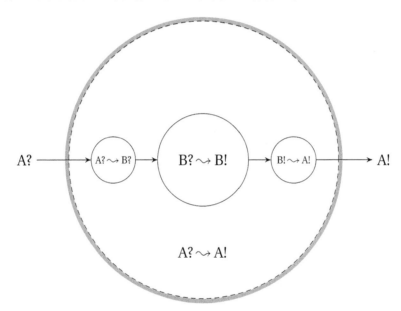

图 4-1　使用某种归简法将 A 转换成 B，使我们可以用 B 的算法来解决 A。其中，B 的算法（正中央那个内圆圈）能将其输入 B?转换成输出 B!，而归简法中则包含着两种转换操作（两边更小的圆圈），它们分别是从 A?到 B?，以及从 B!到 A!，它们共同组成了我们的主算法，即将输入 A?转换成输出 A!

4.2　一而再，再而三

虽然我们在第 3 章中已经用归纳法解决过一些问题，但在这里，我们还是打算再通过一组示例来回顾一下其工作原理。如果从抽象角度来描述，归纳法其实就是先提出一个命题或语句 $P(n)$，再来证明它对任何自然数 n 都成立。例如，我们下面想考察的是前 n 个数中的奇数之和，那么其 $P(n)$ 可能就会是以下这条语句：

$$1 + 3 + 5 + \cdots + (2n - 3) + (2n - 1) = n^2$$

这让人觉得很眼熟——它与我们在上一章中遇到的握手问题求和式几乎完全相同。因此只需对握手问题的公式稍加调整，我们就能轻松获得这个新问题的结果。但现在我们想改用归纳法来证明它。而归纳法的思路是要建立起一条涵盖所有自然数的"扫描式"证据链，该过程有点类似于一排多米诺骨牌倒下时的情况。我们得先从 $P(1)$ 开始，这在当前情况下是非常明显的，然后我们需要证明接下来的每块骨牌都是如此，即如果之前的倒下了，那么下一块也会随之倒下。换句话说，我们必须要证明如果语句 $P(n-1)$ 是成立的，那么 $P(n)$ 也必然随之成立。

如果我们能证明其中的隐含关系，即 $P(n-1) \Rightarrow P(n)$，该结果就能贯穿于 n 的所有值，即从 $P(1)$ 开始，用 $P(1) \Rightarrow P(2)$ 来证明 $P(2)$ 成立，然后继续转向 $P(3)$、$P(4)$ 等。换句话说，这里的关键就是这层隐含关系要成立，然后将该关系一步一步推导下去。我们通常将这些称为归纳步骤。对于眼下这个例子来说，就意味着我们将 $P(n-1)$ 假设为以下等式：

$$1 + 3 + 5 + \cdots + (2n-3) = (n-1)^2$$

下面就可以落实这个假设了，我们只需要将其拼接到原公式中去，看看其是否能被归简成 $P(n)$：

$$1 + 3 + 5 + \cdots + (2n-3) + (2n-1) = (n-1)^2 + (2n-1)$$
$$= (n^2 - 2n + 1) + (2n - 1)$$
$$= n^2$$

这样一来，归纳步骤就建立起来了，我们现在可以确定该公式适用于所有自然数 n 了。

在构建归纳步骤的过程中，最主要的一步是要先假设 $P(n-1)$ 已经成立。这意味着我们得从已知（或事先假设）的、与 $n-1$ 相关的信息开始，逐步构建出与 n 相关的情况。下面让我们看一个规律略微不是那么明显的例子：对一棵带根节点的二叉树来说，它内部的每个节点下面都应该有两个子节点（当然，由于它并不需要是完全平衡的，所以其叶节点可以有不同的深度）。如果现在该树有 n 个叶节点，那么其内部节点应该有多少呢？[①]

虽然我们现在面对的不再是一个简单的自然数序列了，但其归纳变量（n）的选择依然非常明显。该问题的答案（内部节点数）为 $n-1$，但我们现在需要证明该方案适用于所有 n。为了避免一些无聊的技术细节，我们这里从 $n = 3$ 开始，所以这时候我们有一个内部节点及两个叶节点（所以很清楚 $P(3)$ 是成立的）。现在假设当叶节点为 $n-1$ 时，其内部节点数为 $n-2$，那么下面我们该如何将这一关键的归纳步骤推导到 n 上呢？

这件事就更接近于构建算法了。而且这也不再仅仅是玩转数字和符号的问题了，我们得从结构上来思考如何逐步构建它们。在这种情况下，当我们往树上添加一个叶节点时会发生什么情况呢？首要问题是我们不能不顾树上的位置限制，没头没脑地添加叶节点。但我们可以将操作步骤反过来，即从 n 个叶节点反推到 $n-1$ 上去。如在某个含 n 个叶节点的树中，我们将其中一个叶节点连同其父节点（内部节点）一并移除，然后剩下的两个节点连接起来（以便将已断开的那个节点插到其父节点的位置上）。这就是一个含 $n-1$ 个叶节点以及（根据我们的归纳假设）$n-2$ 个内部节点的合法树结构了，而原来那棵树上正好多了一个叶节点和一个内部节点，也就是它有 n 个

---

① 这其实也是习题 2-10 的内容，但如果您愿意的话，我们还可以再做一次，请尝试不用归纳法来解决它。

叶节点和 $n–1$ 个内部节点，而这正是我们所要证明的。

下面我们来思考一个经典智力题：如图 4-2 所示，图中有一块角上缺了一个方格的国际象棋棋盘，现在我们想用 L 形砖拼出这样一块棋盘。您认为这能做到吗？应该从哪里着手呢？或许我们可以试试暴力破解方案，从第一块砖开始，把它每一种可能的位置（包括其可能的角度）都试一遍，并对各块砖如法炮制，接着试第二块砖的每一种可能性，一直试下去。这种做法显然没有效率可言，那么如何才能化简这个问题呢？我们应该将归简法用在哪儿呢？[1]

下面我们就单独来看其中一块砖吧。先假设其余问题，或者说这块砖以外的所有问题都已经解决，这是最后一个问题了——这里显然用了归简法。虽然我们成功地实现了问题转换，但美中不足的是我们的新问题依然无解，这样做似乎没有任何实际帮助。而想要用归纳法（或递归法）来解决问题的话，我们（通常）就必须将归简法用在不同规模的相同问题实例之间。而到目前为止，我们对问题的定义仅仅局限在图 4-2 中的那块棋盘上，虽说将其定义扩展到其他规模上并不难。但在经历了类似地泛化处理之后，我们就能找到任何有用的归简法了吗？

现在的问题是如何将原棋盘划分成若干个更小的相同正方体。由于这是个平方体，所以我们自然而然会从四个较小的正方体开始分。这时候，横在我们和完整解决方案之间的唯一障碍就变成了原棋盘的四分之一，其中仅有一部分棋盘和原来一样，角上缺失了一个方格。其余三部分都是完整的（四分之一大小的）棋盘。但这个问题很容易弥补，只要我们将单砖放进去，其中的一块必然会导致这三块子棋盘各自缺失一个角。然后就像魔术一样，我们现在又有了四个子问题，而且每一个问题也都等同于整个问题（只不过规模变小了）。

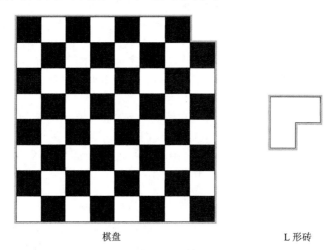

棋盘　　　　　　　　　　　　　　L 形砖

图 4-2　一块不完整的棋盘以及一块打算用于修复它的 L 形砖。后者可以旋转，但不能彼此重叠

要想将这里的归纳法彻底弄清楚，我们就得先假设您实际上未能很快地将这些单砖拼好。我们现在只关注其他三个开角处。根据之前的归纳前提，只要我们能用 L 形砖拼出那三块子棋盘（其基本情况是一块正方体棋盘），那么一旦拼接完成，缺失的那三个方格自然就应该已经被拼好

---

[1]　事实上，下面这个解决方案的思路可以用来处理棋盘上任何一个方格的缺失，建议您亲自验证一下。

了。① 然后，归纳步骤就是摆放这种砖了（这里隐含了对四个子解决方案的合并）。现在，由于我们使用的是归纳法，所以它解决的不仅仅是该问题在八乘八时的情况。该方案适用于任何类似棋盘，只要该棋盘的边长为（等于）2 的指数即可。

请注意： 我们在这里并没有针对任意大小和边长的棋盘使用归纳法。这里隐含了一个假设，即棋盘的边长必须为 2^k（k 为正整数）。归纳法针对 k 展开，这种情况下的结果是完全有效的。但至关重要的是，我们必须明白自己是在证明什么，例如，该解决方案并不适用于奇数边长的棋盘。

这段设计的证明过程实际上已经超过了实际算法。但是，尽管将其转化成算法并没有那么困难，我们还是得先考虑那四个正方形所构成的所有子问题，并确保它们的开角能正确对齐。然后，将这些合并到由 16 个方格构成的子问题中，并依然保持开角位置，使其能与 L 形砖相连接。尽管我们可以将该过程设置成一个迭代程序（使用循环），但我们在下一节将会看到，其实这里用递归法来做会更容易一些。

4.3 魔镜，魔镜②

Ze Frank 在他的网络视频秀中曾做过如下评论："'没有什么东西比恐怖本身更让人感到恐怖了'没错，这里说的就是递归，这东西将带来无限的恐怖，谢谢！"③

的确如他所说，递归法是一种很难以掌握的东西——尽管无限递归本身就是一种极不正常的情况④。从某种程度上来说，递归法也只能被认为是归纳法的一种镜像（见图 4-3）。在归纳法中，我们通常（概念上）会从基本情况着手，并进一步证明相关的归纳步骤，将其推进到目标问题的整体规模 n。对于弱归纳法⑤来说，我们会假设（归纳前提）相关解决方案对 $n-1$ 规模的问题是适用的，然后您要据此推断出它对于 n 规模的问题也同样适用。而递归法通常看起来更像是在拆分这个问题。我们往往会从整个（规模为 n）问题开始，将其规模为 $n-1$ 的子问题委托给某个递归调用，并等其返回结果，然后将得到的子解决方案扩展成为整体解决方案。我敢说，您在这里看到的其实就是一个角度问题。从某种程度上来说，归纳法证明了递归法的适用性，而递归法则是我们（直接）实现归纳法思维的一种简单方式。

就拿上一节中那个棋盘问题来说，制定其解决方案最简单的方式就是递归法（至少我是这样想的）。我们会将 L 形砖的放置问题转给四个等价的子问题，并让它们自行递归解决。根据归纳法原理，我们知道这样做一定会得到正确的解决方案。

---

① 该归纳前提有个重要组成部分，那就是我们假设无论棋盘上缺的是哪一个角，问题都能得到解决。
② 译者注：这里借用了白雪公主故事中的典故，用于比喻归纳法与递归法的关系。
③ 2007 年 2 月 22 日的 zefrank 秀。
④ 您可曾在 Google 中搜索过递归这个词？不妨试试看，注意看看您搜索到的建议。
⑤ 我们曾在第 3 章中提到过，弱归纳法的归纳前提通常是 $n-1$，而强归纳法则通常是小于 n 的所有 k。

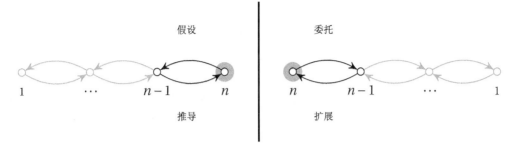

图 4-3 互为镜像的归纳法（左）与递归法（右）

棋盘拼接问题的实现

尽管从概念上来说，上面的棋盘拼接问题已经有了一个非常简单的递归性解决方案，但该方案真正实现起来恐怕还是要让我们费一点心的。当然，实现细节并非是这个例子想要说明的重点，所以如果您对此不感兴趣，也可以自行忽略掉本专栏。下面我们就来看该解决方案的一种实现方式：

```
def cover(board, lab=1, top=0, left=0, side=None):
    if side is None: side = len(board)

    # Side length of subboard:
    s = side // 2

    # Offsets for outer/inner squares of subboards:
    offsets = (0, -1), (side-1, 0)

    for dy_outer, dy_inner in offsets:
        for dx_outer, dx_inner in offsets:
            # If the outer corner is not set...
            if not board[top+dy_outer][left+dx_outer]:
                # ... label the inner corner:
                board[top+s+dy_inner][left+s+dx_inner] = lab

    # Next label:
    lab += 1
    if s > 1:
        for dy in [0, s]:
            for dx in [0, s]:
                # Recursive calls, if s is at least 2:
                lab = cover(board, lab, top+dy, left+dx, s)

    # Return the next available label:
    return lab
```

尽管递归算法本身很简单，但我们还是有一些功课要做。这里的每个调用都必须知道自己是在哪一块子棋盘上操作，以及当前 L 形砖的编号（或者标签）。该函数的主要工作是检查当前 L 形砖拼接的四块正方体中的哪一块。而我们只会拼接不缺（外）角的那三块。所以最终我们会有四次递归调用，将分别用于处理四个子问题。（下一个返回的可用标签将被用于下一次递归调用。）下面我们来具体运行一下这段代码：

```
>>> board = [[0]*8 for i in range(8)] # Eight by eight checkerboard
>>> board[7][7] = -1                   # Missing corner
>>> cover(board)
22
>>> for row in board:
...     print((" %2i"*8) % tuple(row))
  3  3  4  4  8  8  9  9
  3  2  2  4  8  7  7  9
  5  2  6  6 10 10  7 11
  5  5  6  1  1 10 11 11
 13 13 14  1 18 18 19 19
 13 12 14 14 18 17 17 19
 15 12 12 16 20 17 21 21
 15 15 16 16 20 20 21 -1
```

如您所见，上面所有的数字标签都排成了 L 形（−1 除外，那是缺角所在位置）。这段代码理解起来可能会有一点难度，但可以想象，我们在缺乏归纳法或递归法相关基础的情况下是不可能理解它的，当然就更别提设计它了。

归纳法与递归法也可以携手合作，这种情况通常可能会出现在某种递归型归纳思维的直接实现中。然而，出于若干特定原因，有时将它们实现成某种迭代操作可能会更好一些。因为迭代操作的开销通常要比递归少一些（因而速度也更快），而且大部分编程语言（包括 Python）的递归深度是有限的（取决于栈的最大深度）。我们可以来看看下面这个例子，这只是一个序列遍历操作：

```
>>> def trav(seq, i=0):
...     if i==len(seq): return
...     trav(seq, i+1)
...
>>> trav(range(100))
>>>
```

目前看来没什么问题，但如果试图让它在 range(1000)上运行的话，我们就会收到一个 RuntimeError 异常，表示其已超过了最大的递归深度。

请注意：许多所谓的函数式编程语言（functional programming languages）中都实现有一种被称为尾递归优化（tail recursion optimization）的机制。这种优化会修改前面的函数（该函数只有最后一句是递归调用），让它们不再受栈深度的限制。其一般做法是将这些递归调用重写成内部循环。

79

幸运的是,任何递归函数都可以被重写成相应的迭代操作(反之亦然)。在某些情况下,尽管递归法是一种很自然的选择,但我们依然需要在自己的栈结构中用循环程序来模拟这种操作(对此您可以参考第 5 章中用非递归方法实现的深度优先搜索)。

下面我们来看一组基本算法,这些算法的思路通常更易于用递归思维来理解,但却往往更适合用迭代操作来实现。[①] 以前我们在思考排序问题的时候(这是计算机课程上最爱干的事儿),经常会问一个问题:归简法应该用在哪儿?归简这类问题的方式有很多(在第 6 章中,我们将会花一半的篇幅来讨论这个问题),但我们现在要思考的是通过某一个元素来化简问题。或许我们可以先(归纳性地)假设前 $n-1$ 个元素已经完成排序了,现在要将第 n 个元素插入到正确的位置上。又或许我们可以先找到其中最大的元素,并将其放在 n 的位置上,然后继续递归排序剩下的元素。前一种方式称为插入排序法(insertion sort),后一种称为选择排序法(selection sort)。

先来看一下递归版的插入排序(见清单 4-1)。这段代码恰如其分地概括了该算法的思路:如果想要对目标序列中第 i 个元素进行排序,首先要对 $i-1$ 个元素进行递归性排序(确保归纳前提的正确性),并通过交换方式将 seq[i] 放到其已排序元素中的正确位置上(其基本情况是 $i = 0$,即排序到单元素序列时)。但正如之前所说,尽管这种实现形式可以让我们在递归调用中很好地概括其归纳前提,但它在具体实践中会受到限制(例如,它只能在一定的序列长度下正常工作)。

清单 4-1 递归版的插入排序

```
def ins_sort_rec(seq, i):
    if i==0: return                          # Base case -- do nothing
    ins_sort_rec(seq, i-1)                    # Sort 0..i-1
    j = i                                     # Start "walking" down
    while j > 0 and seq[j-1] > seq[j]:        # Look for OK spot
        seq[j-1], seq[j] = seq[j], seq[j-1]   # Keep moving seq[j] down
        j -= 1                                # Decrement j
```

而清单 4-2 中所展示的则是更为人们所熟知的迭代版插入排序。它将原先的后退式递归调用改成了从第一个元素开始的前进式迭代操作。但如果您仔细推敲一下,就会发现其实递归也是这样做的。尽管看起来它似乎是从序列尾端开始的,但在 while 循环被执行之前,这些递归调用得要先完全回退到第一个元素上。然后在该递归调用开始返回之后,while 循环才能开始处理第二个元素,并以此类推下去。所以,以上两个版本的行为其实是相同的。

清单 4-2 插入排序

```
def ins_sort(seq):
    for i in range(1,len(seq)):               # 0..i-1 sorted so far
        j = i                                 # Start "walking" down
        while j > 0 and seq[j-1] > seq[j]:    # Look for OK spot
            seq[j-1], seq[j] = seq[j], seq[j-1] # Keep moving seq[j] down
            j -= 1                            # Decrement j
```

---

① 虽然这些算法并不都是很实用,但在教学中却很常见,因为它们都是一些很好的例子。而且这些都是经典算法,任何一个研究算法的人都应该知道它们。

同样，在清单 4-3 及 4-4 中，我们也分别为您列出了递归版和迭代版的选择排序：

清单 4-3　递归版的选择排序

```
def sel_sort_rec(seq, i):
    if i==0: return                           # Base case -- do nothing
    max_j = i                                 # Idx. of largest value so far
    for j in range(i):                        # Look for a larger value
        if seq[j] > seq[max_j]: max_j = j     # Found one? Update max_j
    seq[i], seq[max_j] = seq[max_j], seq[i]   # Switch largest into place
    sel_sort_rec(seq, i-1)                    # Sort 0..i-1
```

清单 4-4　选择排序

```
def sel_sort(seq):
    for i in range(len(seq)-1,0,-1):          # n..i+1 sorted so far
        max_j = i                             # Idx. of largest value so far
        for j in range(i):                    # Look for a larger value
            if seq[j] > seq[max_j]: max_j = j # Found one? Update max_j
        seq[i], seq[max_j] = seq[max_j], seq[i] # Switch largest into place
```

这两段代码和上面一样，非常相似。递归版实现明确表示了其（递归调用的）归纳前提，而迭代版则明确说明了其反复执行的归纳步骤。两者都是先找出最大元素（针对 max_j 的那个 for 循环），并将其交换到当前所关注序列的尾端。另外要注意的是，我们可以像本节中四个排序算法一样从序列首端开始，但也可以选择从尾端开始（在插入排序中从右边开始排序所有对象，或者在选择排序中从查找最小元素开始）。

但归简法用在哪里了呢？

在解决算法问题的过程中，找到归简法的用武之地往往是其中的关键一步。因此当您觉得无从下手时，就问问自己：哪里可以用到归简法？

然而，本节中的思路恐怕不会像图 4-1 中的归简法那么清晰。根据当时的解释，归简法可以将问题 A 的实例转化成问题 B 的实例，然后 B 的输出就可以被转换成 A 的输出了。但在归纳法和递归法中，我们只是对问题的规模进行了归简。那么，归简法究竟用在了哪里？

哦，它的确存在——只不过我们是将 A 归简成了 A。这里确实进行了某种转换，这种转换能确保我们面对的是一个比原问题更小的问题实例（这正是归纳法要做的工作），并且在转换输出时，我们又可以重新扩大其规模。

以上两种都是归简法的主要变种：分别用于将问题归简成一个不同的问题或者同一个问题的缩小版。如果我们将各个子问题视为顶点，而将归简法视为边线的话，就会得到一个子问题图（这种结构在第 2 章中曾讨论过），这是一个我们将来会反复提及的概念（它在第 8 章中尤为重要）。

81

4.4　基于归纳法（与递归法）的设计

在这一节中，我们将会为您介绍三类问题的解决方案设计。其中，拓扑排序问题倒确实有几分可能会出现在实践运用中，即如果您的软件管理中存在着某种依赖关系的话，很可能有朝一日您需要亲自去实现它。而前两类问题或许没什么实际用处，但它们很有意思，至少对于归纳法（与递归法）来说是个不错的诠释。

4.4.1　寻找最大排列

假设现在有八位有特殊癖好的人士去买票看电影。其中有一部分人得到了自己喜欢的座位，但大多数人并不满意（况且在经历了第 3 章那种排队之后，他们现在都有点烦躁）。现在的问题是，如果这些人各自都有自己喜欢的座位，那么我们就希望想出某种交换座位的方式，以求尽可能地让更多的人满意（这里忽略其他观众，他们可懒得理会这种滑稽的行为）。但除非马上能换到自己喜欢的座位，否则这些人都是不愿意转移到其他座位上的（因为他们现在很烦躁）。

这其实只是匹配问题的一种形式。将来我们在第 10 章还会再遇到该问题的其他几种形式。在这里，我们可以将该问题（实例）模型化成某种图结构，例如就像图 4-4 那样。该图中的每一条边都从这几个人当前位置指向了他们各自想坐的位置。（该图结构的不寻常之处在于其节点标签都不具有唯一性，每个人和座位都重复了两次。）

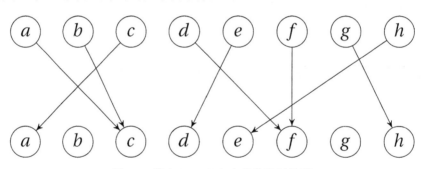

图 4-4　集合{a ⋯ h}与自身的映射关系

■　**请注意**：这也是二分图（bipartite graph）的一个具体示例，这意味着在该图中，节点被分成了两个集合，而所有的边线都只存在于这两个集合之间（它们不存在于两个集合内部）。换句话说，我们可以只用两种颜色来标识这些节点，这样一来，颜色相同的就不会是相邻节点了。

在我们尝试设计一个算法之前，往往需要先将相关问题具体化。要想解决问题，其中最关键的一步是要能真正地理解它。在当前情况下，我们想要做的是尽可能地让更多的人得到他们所"指向"的座位，而其他人则继续留在自己的座位上。当然，我们也可以认为自己是在寻找这些人（或者这些指向）当中所形成的那些一对一映射关系子集或排列。这意味着集合中没有一个人可以指向该集合以外的座位，（集合中的）每个座位都会被指向一次。这样一来，该排列中的每一个人都可以根据他们自己的意愿进行自由重组——或交换座位。当然，我们所要找的那组排列显然是

越大越好（这样才能减少被排除在外的人数，以避免一些人的希望落空）。

现在回过头来，我们第一步要问的就是：归纳法要用在哪儿？究竟如何才能化简这个问题的规模？我们可以把它（递归）委托给，或者说（归纳）假设成什么子问题呢？先来看看简单归纳法（弱归纳），看我们是否能将问题规模从 n 缩小至 $n-1$。在这里，n 就等于人数（或座位数），即 $n=8$，如图 4-4 所示。对此，我们一般会设定如下归纳前提：直接假设该问题在 $n-1$ 时的情况已经被解决了（也就是找到了相应的最大子集或那组排列）。这种创造性解决方法唯一需要说明的是，单独移除那个人能否让我们安全地构建针对剩下子问题的解决方案（也就是说，该解决方案是整体解决方案的一部分）。

如果各人指向的座位都不相同，那么整个集合本身就形成了一组排列，它显然就只能那么大——我们也不需要移除任何人，问题已经解决了。基本情况也微不足道，因为当 $n=1$ 时，他没有地方可以移动。所以我们得让 $n > 1$，也就是至少要有两个人指向同一个座位（这样才能破坏排列）。以图 4-4 中的 a 和 b 为例，这两人同时都指向了 c。这时我们可以很放心地认为，两人中有一位必然会被淘汰。但关键是应该要移除谁。如果我们选择移除 a（包括人和座位），然后您就会发现 c 是指向 a 的，这意味着 c 也肯定会被淘汰。最终由于 b 指向了 c，它也一样被淘汰了——这说明我们一开始就应该直接淘汰 b，而保留 a 和 c（他们只希望交换一下彼此的座位）。

如果我们仔细观察上面这些归纳步骤，往往就会针对某些事冒出一些好主意来。例如，有没有座位是没有人想坐的（图 4-4 下面一排中没有入边的节点）？在一个有效的解决方案（一组排列）中，一个人（元素）最多只能被安排（或映射）到一个既定座位（位置）上。这就意味着这里不应该存在空座位，因为这等于让两个人尝试去坐同一个座位。换句话说，移除空座位（包括对应的人）的做法不仅是对的，而且实际上也是必须的。例如在图 4-4 中，节点 b 不属于任何一组排列，自然也不可能属于最大的那一组。因而我们可以直接淘汰 b，然后剩下的就是该问题在较小规模上的实例（其中 $n = 7$）。并且通过归纳法带来的魔术，我们大功告成了！

还要继续？毕竟我们总是希望能弄清楚所有可能发生的事情。首先，我们是否能确保在需要时淘汰掉所有的空座位？确实可以做到。但如果没有空座位的话，那就意味着有 n 个人集体指向了 n 个座位，并且他们所指的都是不同的座位，这时候我们就已经得到了一组排列。

现在是时候将我们的归纳/递归算法转化为实际实现了。这种时候，往往要先决定问题实例中各个对象如何表示。就眼下这个例子而言，我们可能会从图结构方面或反映对象之间映射关系的某个函数开始思考。但本质上来说，这里映射关系只不过是各元素（$0, \cdots, n-1$）与其位置（$0, \cdots, n-1$）之间的关联性，我们用一个简单的列表就可以实现了。例如，对于图 4-4（如果 $a = 0$，$b = 1$，$\cdots$），我们可以表示如下：

```
>>> M = [2, 2, 0, 5, 3, 5, 7, 4]
>>> M[2] # c 被映射到了 a 上
0
```

> **提示**：如果可能的话，我们应该尽可能使用针对具体问题的表现形式。较为一般化的表现形式可能会给我们带来更多管理数据的功课和更复杂的代码。而且如果我们使用的表现形式中含有某些问题的特定约束的话，查找并实现相关的解决方案也会更容易一些。

现在如果我们愿意的话，就可以直接将这个递归算法的思路实现出来了。尽管其查找淘汰元素的方式有些粗暴，肯定不会多有效率，但有时候效率低下的实现也是一个良好的开始。下面我们就来看看这个相对简单直接的实现，如清单 4-5 所示。

清单 4-5　寻找最大排列问题的递归算法思路的朴素实现方案

```
def naive_max_perm(M, A=None):
    if A is None:                            # The elt. set not supplied?
        A = set(range(len(M)))               # A = {0, 1, ... , n-1}
    if len(A) == 1: return A                 # Base case -- single-elt. A
    B = set(M[i] for i in A)                 # The "pointed to" elements
    C = A - B                                # "Not pointed to" elements
    if C:                                    # Any useless elements?
        A.remove(C.pop())                    # Remove one of them
        return naive_max_perm(M, A)          # Solve remaining problem
    return A                                 # All useful -- return all
```

在这段代码中，函数 naive_max_perm 会收到一个代表剩余人员的集合（A），并创建一个代表被指向座位的集合（B）。然后该函数会找出并删除集合 A 中某个不属于集合 B 的元素，再继续递归解决剩余人员的问题。下面，我们以 M 为参数调用一下该实现：[1]

```
>>> naive_max_perm(M)
{0, 2, 5}
```

结果 a、c 和 f 得以留在了排列中，而其他人就不得不留在其不喜欢的座位上了。

其实上述实现也并非一无是处。set 类型的易用性可以方便我们对其进行某些高级操控动作，而不用亲自去实现这些功能。但这里也存在着一些问题，我们或许想要的是迭代式的解决方案，这修改起来也很容易——递归操作通常都可以直接替换成循环操作（就像我们之前对插入排序和选择排序做的那样）。但这里还有个更糟糕的问题，该算法是平方级的！（在习题 4-10 中，我们会让您来证明这一点。）

这里最浪费的操作无疑就是对集合 B 的重复创建。如果该操作纯粹只是为了跟踪那些没人要的座位的话，其实我们大可不必这样做。一种替代方案就是为各元素设置一个计数器。这样一来，每当有指向座位 x 的人被淘汰时，我们就只需要递减该座位的计数器，并在 x 的计数器为 0 时，将编号为 x 的人和座位一同出局即可。

■ **提示**：这种引用计数的思路通常都非常有用。例如，它是许多垃圾回收系统的基本组件（这是一种内存管理形式，主要用于自动回收那些不再会被用到的对象）。我们稍后讨论拓扑排序问题时还会再用到这项技术。

尽管在这里，我们任何时候都可以同时淘汰多个元素，但也只能将剩余元素放到一个新建的"待定"列表中，以待后续处理。如果我们想让元素按照其失去作用的顺序被淘汰，那么我们就需要用到先进先出（first-in, first-out）的队列类型（如 deque 类，相关讨论见第 5 章）[2]。对于眼

---

[1] 如果您用的是 Python 2.6 或更早的版本，那么输出结果应该为 set([0, 2, 5])。
[2] 还记得吗？在 list 首端插入或删除元素都属于线性级时间的操作，这通常不是一个好主意。

下这个例子来说，我们还不用关心这个问题，所以用 set 就够了。但如果您只需对一个 list 执行 append 和 pop 操作的话，这样做或许能减少许多程序开销（当然，在实验条件下就没这个必要了）。下面，我们就来看看该算法的迭代式实现吧（见清单 4-6），这回它是一个线性级时间的版本。

清单 4-6 寻找最大排列问题

```python
def max_perm(M):
    n = len(M)                          # How many elements?
    A = set(range(n))                   # A = {0, 1, ... , n-1}
    count = [0]*n                       # C[i] == 0 for i in A
    for i in M:                         # All that are "pointed to"
        count[i] += 1                   # Increment "point count"
    Q = [i for i in A if count[i] == 0] # Useless elements
    while Q:                            # While useless elts. left...
        i = Q.pop()                     # Get one
        A.remove(i)                     # Remove it
        j = M[i]                        # Who's it pointing to?
        count[j] -= 1                   # Not anymore...
        if count[j] == 0:               # Is j useless now?
            Q.append(j)                 # Then deal w/it next
    return A                            # Return useful elts.
```

提示：在 Python 的最新版本中，collections 模块中自带了 Counter 类，我们可以用 count(hashable) 对相关对象进行计数。有了它，我们就可以将清单 4-7 中的 for 循环直接替换成赋值语句 count = Counter(M)[1]。这或许会带来一些额外的开销，但其渐近运行时间应该是相同的。

通过一些简单的实验（可以参考第 2 章），我们可以确信即便是在规模相当小的问题实例上，max_perm 也要比 naive_max_perm 略快一些。当然，这两个函数都非常快，而且通常在解决某个规模适中的单实例问题时，我们只要选择两者中更直接的那一个就够了。归纳思想依然还是有助于我们找出能回答实际问题的解决方案的（当然，我们也可以穷举每一种可能性，但这只会产生一种毫无用处的算法）。但当我们要解决一些规模相当大的，或者数量相当多的问题实例时，我们可能就有必要额外思考去引入某种线性级算法了。

计数排序与类似算法

如果我们所操作的问题元素是可以被哈希的（当然像上面那个排列示例那样，能用整数直接索引就更好了），那么计数法就应该是您经常放在手边的一项工具。其中，计数排序（counting sort）就是使用计数器方面最著名的一个例子（真的非常典型）。正如将来我们在第 6 章中所说的，在只知道相关值之间大小关系的情况下，这是排序算法（在

---

[1] 译者注：原文写的是清单 4-7，但结合上下文来看，实际上应该是指清单 4-6。

最坏情况下）所能达到的最快速度了（线性对数级）。

在多数情况下，这也是我们必须接受的现实。例如，您所要排序的对象或许还有一些自定义的比较方法。而且线性对数级时间比我们到目前为止所遇到的所有平方级排序算法都要好得多。但如果可以对这些元素执行计数操作的话，我们就能写出更好的、线性级的排序算法来！而且更妙的是，计数排序算法本身还非常简单（记得我说过它非常经典吗？）：

```python
from collections import defaultdict

def counting_sort(A, key=lambda x: x):
    B, C = [], defaultdict(list)             # Output and "counts"
    for x in A:
        C[key(x)].append(x)                  # "Count" key(x)
    for k in range(min(C), max(C)+1):        # For every key in the range
        B.extend(C[k])                       # Add values in sorted order
    return B
```

在默认情况下，我们只能基于对象的值来进行排序。但通过提供一个键值函数，我们就可以按照自己喜欢的方式来进行排序了。需要注意的是，这里的键值整数必须被限制在一定范围内。如果其取值范围为 0 到 $k-1$，那么该算法的运行时间就应为 $\Theta(n + k)$。（此外还需要注意一点，尽管该算法的通用实现是先简单地对元素执行计数操作，然后再将它们放进集合 B 中，但在 Python 中，针对列表中各个元素构建相应的键值并合并在一起是非常容易的。）另外，如果其中有若干个值的键相等的话，那么它们之间最终将保持原有的顺序。有这样属性的排序算法被称为稳定（stable）的。

除此之外，计数排序还能通过对个别位上的数值（或者个别字符上的字符串以及固定位块上的位向量）排序操作，将可排序值扩展到更大的范围。如果我们的第一排序对象是最低位上的有效数字，那么出于排序稳定的原因，我们对次低位上有效数字的排序将不会破坏第一排序执行时的内部顺序。（这个过程有点类似于电子表格中的列排序）。这意味着如果有 d 个有效数字，我们排序 n 个数字的时间大约为 $\Theta(dn)$。这种算法称为基数排序（radix sort）（在习题 4-11 中，我们将会让您来实现它）。

另外还有一种类似的线性级排序算法，我们称之为分桶排序（bucket sort）。该算法会假设我们的值是平均（均匀）分布在某个区间内的。例如，对于[0,1)区间内的实数，它会将其分成 n 个桶，或者子区间，然后将相应的值直接放入这些桶中。从某种程度上来说，这里的每个值都能被哈希到合适的桶中，并且每个桶（预期）的平均大小都大约为 $\Theta(1)$。由于这些桶本身是按顺序排列的，所以我们可以通过它来进行排序，而且在平均情况下，其对随机数据的排序时间应为 $\Theta(n)$。（在习题 4-12 中，我们将会让您来实现分桶排序。）

4.4.2 明星问题

所谓明星问题，其实就是要在人群中找出一位明星人士。尽管听上去有点不太靠谱，但它可能被应用在社交网络的分析中，比如 Facebook 和 Twitter。问题的思路是这样的：该明星不认识人群中的其他人，但人人都认识这位明星[①]。对此，我们可以换个更接地气的说法，该问题其实就是要研究某组依赖关系，寻找一个入手点。例如，在某个多线程应用程序中，线程之间可能存在着某种环形依赖的等待关系（所谓的死锁），我们需要找出一个不需要等待任何线程，但其他所有线程都要依赖于它的线程。（其实对于这类依赖关系，我们还有一种更实际的处理方法——拓扑排序——这将会在下一节中具体讨论。）

无论我们用什么方式来包装这个问题，它的核心表现形式都是一个图结构。我们要寻找的是一个其他所有节点对它都有入边，但它自身却没有出边的节点。根据之前处理类似结构的经验，我们同样可以先实现一个暴力破解方案，看看它能否给我们理解问题带来一些帮助（见清单 4-7）：

清单 4-7　朴素版的明星问题方案

```
def naive_celeb(G):
    n = len(G)
    for u in range(n):                      # For every candidate...
        for v in range(n):                  # For everyone else...
            if u == v: continue             # Same person? Skip.
            if G[u][v]: break               # Candidate knows other
            if not G[v][u]: break           # Other doesn't know candidate
        else:
            return u                        # No breaks? Celebrity!
    return None                             # Couldn't find anyone
```

在这里，naive_celeb 函数将直面问题。它会对所有人进行遍历，检查他们是否是一位明星。这种检查会涉及候选者以外的所有人，以确保这些人都认识他，并且这位候选者则不认识他们中的任何一个。该版本显然是一个平方级算法，但它的运行时间还是有可能降到线性级的。

和之前一样，关键在于找到某种归简法——以便我们能将问题中的人数由 n 归简到 n–1。事实上，上面的 naive_celeb 函数本身就是在一步一步归简问题。在其外循环的 k 次迭代操作中，我们了解到 0 到 k–1 中没有人是明星，所以解决问题就要看剩下的那些人了，而这将由剩下的迭代操作来负责。对于该算法来说，这种归简法显然是正确的。但该解决方案面临的新问题是，如何改善归简步骤的效率。为了能让其成为一个线性级算法，我们需要让相应的归简操作在常数时间内完成。如果我们能做到这一点，问题就迎刃而解了。（如您所见，归纳式的思维方式确实有助于提高我们设计创造性解决方案的能力。）

一旦我们将注意力集中到自己所要做的事情上，问题或许就没有那么难了。为了将问题规模从 n 化简到 n–1，我们就必须先找到一位非明星人士，也就是说，要么这个人认识某个人，要么谁也不认识这个人。也就是如果我们检查 u、v 中任何一个节点的 G[u][v]，就可以排除其中一个节点：如果 G[u][v] 为 True，我们就排除 u，否则排除 v。接下来，如果我们能确保其中存在一位明星人士，那么这样做就够了。否则，我们就仍需要继续排除那位候选者以外的所有人，但我们需要通过检查他们是否是明星来完成这件事（就像之前在 naive_celeb 函数中所做的那样）。我们可以找到一种基于清单 4-8 的算法实现。（我们甚至可以直接用 set 来实现该算法，您知道该怎么

[①] 在一些谚语里，也许明星这个词会被一个小丑、一个傻瓜、一只猴子或者其他什么东西所代替。

做吗？）

清单 4-8　明星问题的解决方案

```
def celeb(G):
    n = len(G)
    u, v = 0, 1                          # The first two
    for c in range(2,n+1):               # Others to check
        if G[u][v]: u = c                # u knows v? Replace u
        else:       v = c                # Otherwise, replace v
    if u == n:    c = v                  # u was replaced last; use v
    else:         c = u                  # Otherwise, u is a candidate
    for v in range(n):                   # For everyone else...
        if c == v: continue              # Same person? Skip.
        if G[c][v]: break                # Candidate knows other
        if not G[v][c]: break            # Other doesn't know candidate
    else:
        return c                         # No breaks? Celebrity!
    return None                          # Couldn't find anyone
```

要想试用这些明星查找函数，我们就必须构建一个随机图①。下面我们以相同概率切换每一条边的开关状态：

```
>>> from random import randrange
>>> n = 100
>>> G = [[randrange(2) for i in range(n)] for i in range(n)]
```

现在，我们在确保其中存在一位明星之后就可以运行这两个函数了：

```
>>> c = randrange(n)
>>> for i in range(n):
...     G[i][c] = True
...     G[c][i] = False
...
>>> naive_celeb(G)
57
>>> celeb(G)
57
```

需要注意的是，尽管这里一个是平方级算法，一个是线性级算法，但图构建操作（无论是随机产生还是来自他处）的时间是平方级的。这种情况（这里特指平均边数少于 $\Theta(n)$ 的稀疏图）可以通过图的其他表示形式来避免（请参考我们在第 2 章中所提的建议）。

4.4.3　拓扑排序问题

几乎在所有的项目中，待完成的任务之间通常都会存在着某些依赖关系，这些关系会对它们

---

① 事实上，关于随机图的理论很丰富，您可以用 Web 搜索找到大量的相关资料。

的执行顺序形成部分约束。例如，除非您是一个非常前卫的人，否则您在穿鞋子之前肯定得先穿袜子，但至于是否要在穿短裤之前戴帽子就没有那么重要了。对于这种依赖关系，我们（正如第 2 章所说）通常很容易将其表示成一个有向非环路图（DAG），并将寻找其中依赖顺序的过程（寻找所有沿着特定顺序前进的边与点）称为拓扑排序（topological sorting）。

下面我们用图 4-5 来诠释一下这个概念。如您所见，该图中存在着一个独特而有效的顺序。但请思考一下，如果我们现在将 ab 这条边移走会发生什么事——这样的话，节点 a 就可以被放在该顺序中的任何一个地方，只要它在节点 f 之前就行。

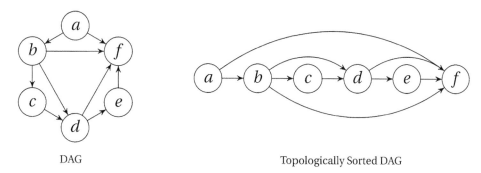

图 4-5　有向无环路图（DAG）及其拓扑排序后的节点顺序

在许多情况下，拓扑排序问题往往会出现在一些中等复杂程度的计算系统中。这些系统往往会有一堆事情要做，而这些事又依赖于另外一些事……所以从哪里开始是个问题。这方面最典型的例子莫过于软件安装了。大多数现代操作系统中都至少会有一个自动安装软件组件（包括应用程序和库）的系统[1]，这些系统会自动检测依赖关系中缺少的部分，并下载安装它们。对于这一类工作，相关组件就必须按照一定的拓扑顺序来安装。[2]

这其中也存在着一些基于 DAG 的算法（例如某种寻找 DAG 中的最短路径，以及大多数基于动态规划的算法）都是以先进行拓扑排序作为初始化步骤的。然而，虽然将标准排序算法封装到标准库中是很容易的，但要像这样将一些针对依赖关系的操作抽象成相关的图算法就有点困难了……所以如果将来某些地方需要您亲自去实现的话，也不算很倒霉。

■ **提示**：如果您正在使用某种 Unix 系统的话，那么也可以试试用 tsort 命令，对描述在纯文本中的图结构进行拓扑排序。

现在，我们的问题结构已经有了一种很好的表示方式（DAG）。下一步就是要找到一种行之有效的归简法。和之前一样，我们第一直觉可能就是先移除其中一个节点，然后解决其余 n–1 个节点的问题（或者假设它已经解决了）。对于这种相当明显的化简操作，我们可以用类似于插入

---

① 译者注：我们通常称之为包管理软件，例如 Ubuntu Linux 系统中的 apt-get、Mac OS X 系统中的 brew 等。
② 其实，这里所谓的"这些系统会自动检测依赖关系中缺少的部分，并下载安装它们"用的是另一种拓扑
　排序算法，我们将会在第 5 章中详细讨论它。

排序的方式来实现，如清单 4-9 所示：（假设这里使用的是邻接 set 或邻接 dict 之类的结构，具体如第 2 章所述）

清单 4-9 朴素版的拓扑排序法

```
def naive_topsort(G, S=None):
    if S is None: S = set(G)              # Default: All nodes
    if len(S) == 1: return list(S)        # Base case, single node
    v = S.pop()                           # Reduction: Remove a node
    seq = naive_topsort(G, S)             # Recursion (assumption), n-1
    min_i = 0
    for i, u in enumerate(seq):
        if v in G[u]: min_i = i+1         # After all dependencies
    seq.insert(min_i, v)
    return seq
```

尽管我希望能（通过归纳法）明确 naive_topsort 函数的正确性，同时它也显然是个平方级算法（根据表 3-1 中的递归式 2）。但问题在于，它在每一步中都是任意选择一个节点的，这意味着它还得检查其余节点是否适用于后续的递归调用（这是一个线性操作）。我们可以用类似于选择排序的方式扭转这种局面，即在递归调用开始之前先找到那个该被移除的节点。但这个新思路也会带来两个问题：第一，应该移除哪一个节点？第二，如何才能更有效率地找到该节点？[①]

由于我们正在处理的是一个序列（或者说是想要得出某一个序列），所以我们或许能从这里找到某种思路，即我们可以采用类似于选择排序的做法，先从中挑选出应被放在首端的元素（也可以是尾端，这无关紧要，具体请参考习题 4-19）。但在这里，我们不是要将该元素放在首端——而是要真正将它从图中移除，这样剩下那部分依然会是一个 DAG（一个等效的，但规模缩小了的问题）。而且幸运的是，我们可以在完全不改变该图结构表示形式的情况下做到这些，您稍后就会看到。

那么如何找到那个该被放在首端的节点呢？（可能有多个节点符合条件，但这不影响我们从中选择一个）我希望这种场景能让您回想起之前处理过的最大排列问题。和那次一样，我们要找的是一个没有入边的节点。只有一个没有入边的节点才能被安全地放在首端，因为它不依赖于其他任何节点。（从概念上来说）如果我们移除它所有的出边，剩下 $n-1$ 个节点所组成的图依然会是一个 DAG，我们可以对其采用相同的排序方式。

> **提示**：如果一个问题能让您回想起另一个已经熟悉的问题或算法，这就是一个好兆头。事实上，在自己脑中构建一个问题和算法的记忆档案是一件能提高算法技能的事情。如果您遇到一个问题，却找不到直接相关的解决方案，就不妨系统地考虑一下它与您已知技术之间可能存在的所有关系，看看是否能找到某种潜在的归简方法。

与最大排列问题一样，这里也可以用计数方式来查找没有入边的节点。通过这种步步为营的

[①] 除了进行有效选择，我们也别无他法。例如，我曾经对比过插入排序和选择排序这两种算法，尽管两者都是平方级算法，但在无序元素中选取最大或最小值要比在有序元素中进行插入操作要更简单一些。

计数方式，我们就不用每次都从头开始了，并且这样做可以将一个线性级步骤的开销化简成常数级的（从而使其整体成为一个线性级时间的算法，具体请参考表 3-1 中的递归式 1）。在清单 4-10 中，我们演示了这种基于计数方法的拓扑排序，该实现是迭代版（您能看出其迭代结构所体现的依然是递归思维吗？）。该算法对图表示形式的唯一假设是结构中的所有节点及其邻居都是可遍历的。

清单 4-10　有向无环路图的拓扑排序

```python
def topsort(G):
    count = dict((u, 0) for u in G)       # The in-degree for each node
    for u in G:
        for v in G[u]:
            count[v] += 1                 # Count every in-edge
    Q = [u for u in G if count[u] == 0]   # Valid initial nodes
    S = []                                 # The result
    while Q:                               # While we have start nodes...
        u = Q.pop()                        # Pick one
        S.append(u)                        # Use it as first of the rest
        for v in G[u]:
            count[v] -= 1                  # "Uncount" its out-edges
            if count[v] == 0:              # New valid start nodes?
                Q.append(v)                # Deal with them next
    return S
```

黑盒子专栏之：拓扑排序与 Python 的 MRO

在本节，我们所操作的这种结构顺序实际上是 Python 面向对象继承语义中的一个组成部分。对于单继承（每个类都只有单一的父类）来说，调用时选择正确的属性和方法是很容易的。只需要直接沿着"继承链"往上，先检查实例本身，然后是该实例的类，再然后是该类的父类，如此类推下去。这里的第一个类就是我们调用时所要找的。·

但如果您可以有不止一个父类的话，事情就会变得有点复杂了。下面请思考一下这个例子：

```python
>>> class X: pass
>>> class Y: pass
>>> class A(X,Y): pass
>>> class B(Y,X): pass
```

如果您这时再从 A 和 B 中派生出一个新类 C，那我们就无法判查相关方法是在 X 中还是在 Y 中了。

通常情况下，继承关系都会形成一个 DAG（继承显然不可能形成环路）。为了让人能找出相关方法的出处，大多数编程语言都会致力于创建一种线性化的类关系，其实这就是 DAG 的拓扑排序算法。Python 最新版本中所使用的方法解析顺序（method resolution order，MRO）叫作 C3（详见参考资料一节中列出的信息）。这样做除了线性化类关系外，更主要的意义可能还是在于防止上述例子中所提出的那种情况。

依赖关系. CPSC 357 在包管理器中的先决条件类依次是 CPSC 432、
CPSC 357 以及 glibc2.5 及其后续版本（http://xkcd.com/754）

4.5　更强的假设条件

默认情况下，我们在设计算法时所设定的归纳前提都是"我们能解决规模更小的问题实例"，但有时候，这种程度的设定在执行某些实际归纳步骤时是不够用的，或者至少其在执行效率上不够好。虽然选择子问题的顺序的确很重要（如在拓扑排序算法中），但有时候我们还是必须根据实际情况设置一些更强的假设条件，顺势在我们的归纳操作引入一些额外信息。尽管更强的假设好像会让相关证明变得更加困难[①]，但其实这让我们在进行从 $n-1$（或 n/2 以及其他规模值）到 n 的推导工作时有了更多的选择。

我们来考虑下平衡因子问题。它们会被用在某些类型的平衡树上（相关讨论见第 6 章），相关树及其子树结构的平衡（或不平衡）是一个重要衡量标准。为简单起见，我们会假设树上每个内部节点都有两个子节点（在实际实现中，某些叶节点是直接用 None 或类似值来表示的）。其中，平衡因子是定义在各内部节点上的，设置为左右子树高度之间的差值，这里的高度指的是当前节点（向下）到叶节点之间的最大距离值。例如在图 4-6 中，根节点的左子节点的平衡因子为−2，因为该节点的左子树是一个叶节点（高度为 0），而右子节点上是一个高度为 2 的子树。

尽管计算平衡因子在算法设计中不是一件非常具有挑战性的事情，但它确实从某一点上明确诠释了归简法。考虑一个明显的归简法（分治法 divide-and-conquer）。要想找出根节点的平衡因子，我们就必须递归解决其每个子树上的问题，然后将这些部分的解决方案扩展/组合成一个完整的解决方案。整个过程非常简单，然而它根本不能工作。因为在这里，我们将归纳前提设置成"我们能解决更小的子问题"是不会有任何帮助的。因为这些子问题上的解决方案（平衡因子）提供不了足够的、可用于组成相关归纳步骤的信息。平衡因子不是根据其子节点的平衡因子来定义的——而是根据其子树高度来定义的。对此，我们只需简单地强化自己所做的假设。我们假设一定能找到任意一棵满足节点数 k 小于 n 的树的平衡因子和高度。现在，我们就可以在归纳步骤中使用高度了，并在规模大小为 n 的归纳步骤中，算出节点两边之间的平衡因子（左子树高度减去右子树高度）及其高度（左右子树的最大高度值加 1）。如此问题就解决了（在习题 4-20 中，我们将会让您写出具体操作细节）。

[①] 当然，我们通常也得当心一些毫无根据的假设。用 Alec Mackenzie 的话（他也引用了 Brian Tracy 的话）说就是："胡乱假设是我们每次失败的根源。"或者就像大多数人可能会说的："假设是所有胡说八道的开始。"归纳法中的假设必须能被证明，由相关基本情况一步一步地推导出来。

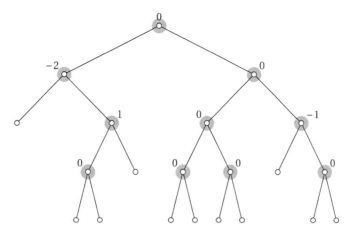

图 4-6　二叉树的平衡因子。尽管平衡因子的定义仅限于内部节点
（高亮显示部分），但可以将叶节点上的平衡因子视为 0

请注意：用于遍历树的递归算法往往与深度优先搜索（depth-first search）密切相关，相关讨论见第 5 章。

但如果想形式化地考虑如何强化归纳前提，有时可能会带来一些混乱。所以恰恰相反，我们应该根据自己在构建更大型解决方案时的需要，思考如何在归纳步骤中"顺势"引入一些额外信息。例如，之前在处理拓扑排序操作时，显然如果能顺势设定（并维持）某种遍历各部分子解决方案的入度（in-degrees），会让相关归纳步骤执行得更有效一些。

如果您还想了解更多关于强化归纳前提的例子，可以参考第 6 章中的最近点问题（closest point），以及习题 4-21 中的区间包含问题（interval containment）。

逆向归纳法与 2 的指数

对于某些操作来说，有些时候对问题规模加以限制（例如只有 2 的指数参与的操作）是很有帮助的。这种情况通常会发生在一些分治算法中（请分别参考第 3 章和第 6 章中的递归式及相关示例）。在许多情况下您都会发现，其实无论我们采用什么算法或者什么复杂操作来处理 n 个值都是可以的，但有时候，如对于本章稍早前所讨论的棋盘拼接问题来说，事情就不止如此了。为了能确保正确，我们就需要证明任意的 n 都是安全的。对于递归式，我们可以用第 3 章中的归纳方法来处理。对于正确性证明来说，我们可能就需要用到逆向归纳法（reverse induction）了。如果我们假设相关算法对于 n 是正确的，那么就等于隐性证明了其对于 $n-1$ 的正确性。这往往可以通过直接引入一个"虚拟"元素来完成，该元素不会对解决方案造成影响，但可以将问题规模增加到 n。如果您能确定该算法对于某种规模值的无限集合（如 2 的所有指数）都是正确的，那么您就可以用逆向归纳法证明其对于该问题的所有规模都成立。

4.6 不变式与正确性

本章的重点是算法设计，因此这里通常关注的是设计过程的正确性。但或许计算机科学在归纳法上还有一种更为常见的观点，我们称之为正确性证明（correctness proofs）。该观点内容与本章所讨论的基本相同，但在方法角度上略有不同。当一个完整算法摆在您面前时，往往就需要证明该算法是可以工作的。对于一个递归算法来说，我们已经证明了其思路的直接可用性。但对于一个循环来说，尽管我们也可以用递归思维来思考，但还有一种更适合直接用于迭代操作的归纳法证明的概念，即循环不变式（loop invariants）。所谓的循环不变式，实际上是指我们为确保某些事情对于循环中每次迭代操作都成立而设的一些前提条件（之所以叫作不变式，是因为它在相关操作中自始至终都是成立的）。

通常情况下，其最终解决方案就是最后一轮迭代操作后，该循环不变式所达到的那个特定情况，所以如果我们能让该不变式能始终维持下去（以算法的前置条件作为前提），并且证明该循环存在终止状态，那么我们就已经证明了这个算法的正确性。下面我们在插入排序（见清单 4-2）中试试这个方法吧。该循环的不变式是元素 0 到 i 之间是已排序状态（正如代码第一行注释中所提示的那样）。如果我们想用该不变式来证明其正确性，就必须完成以下步骤。

（1）用归纳法证明其在每次迭代操作之后都实际成立。

（2）证明我们将会在该算法终止时得到正确答案。

（3）证明该算法存在终止状态。

在步骤 1 中，归纳法要证明的内容涉及其基本情况（首轮迭代操作之前的情况）以及相关的归纳步骤（单轮循环中所存在的不变式）。而到了步骤 2 中，我们涉及的是不变式在循环终止点上的情况。步骤 3 则往往是最容易被证明的一步（或许您也可以来证明相关事物最终会被"耗尽"）。[①]

其中，步骤 2 和 3 在插入排序中应该是显而易见的。首先，该算法的 for 循环显然会在 n 轮迭代之后终止（且 $i = n–1$）。其次，该循环的不变式也明显是指元素 0 到 $n–1$ 之间始终保持的已排序状态。这意味着问题实际上已经解决了。因为其基本情况（$i = 0$）是显而易见的，所以这里就只剩下归纳步骤了——通过描述如何正确地将下一个元素插入到已排序部分中（不打乱已有排序）的过程来证明循环不变式的存在。

4.7 松弛法与逐步完善

松弛法（relaxation）是个数学术语，原本描述的是一些求解方法，这些方法会通过逐步接近的方式来获得相关问题的最佳解法。如今，算法学中也常常用这一术语来描述很多算法中的关键步骤，尤其是类似于最短路径算法这样的，基于动态规划的问题（详细讨论见第 8、9 章）。而逐步改善相关解决方案的思路对于查找最大流量这类算法也很关键（见第 10 章）。虽然我们目前还

---

① 虽然证明终止状态一般并不难，但其实这种问题通常并不是（算法）可解的，相关讨论见第 11 章的停机问题（halting problem）。

不打算深入探讨这些算法的工作细节，但我们可以通过一些简单的示例来了解一下什么是所谓的松弛法。

例如，我们可以从某个机场坐飞机到达若干个机场。然后从这些机场出发，我们又能坐火车前往若干个城镇。现在假设我们手里有个飞行时间表 A（类型为 list 或 dict），而 A[u] 所表示的是我们到达 u 机场所需的时间。类似地，我们用 B[u][v] 来表示坐火车从 u 机场到达 v 镇所需的时间（在这里 B 的类型是一个二维的 list 或 dict，具体见第 2 章）。下面我们从到达各镇的路径中随机选择一条，它所需要的时间为 C[v]：

```
>>> for v in range(n):
...     C[v] = float('inf')
>>> for i in range(N):
...     u, v = randrange(n), randrange(n)
...     C[v] = min(C[v], A[u] + B[u][v]) # Relax
```

这里的思路是反复观察我们是否能通过选择另一条路来改善我们对 C[v] 的估值。首先算出坐飞机前往 u 的时间，然后算坐火车前往 v 的时间。如果两者给出的时间好于我们的总时间，就用它来更新 C 的内容。只要规模值 N 足够大，我们就最终能得到针对这里每个镇的正确答案。

对那些想要确保解决方案的正确性的基于松弛法的算法来说，我们必须做得比这更好。这对于飞机+火车这类问题来说是很容易的（见习题 4-22）。但对更复杂的问题，我们可能就需要一些相当精巧的方法了。例如，我们可以来证明相关解决方案的值在每轮迭代中都会增长一个整数值；或者证明如果某算法只能在该（整数）值达到最优时终止，那么它就一定是正确的（该情况有点类似于最大流量算法）。又或者我们要演示的是相关问题实例元素（例如某图结构中的各个节点）正确估计值是如何分布的。如果您觉得这些问题在目前看来有些泛泛而谈，请别着急——等将来真正遇到使用这些技术的算法时，我们就会有更切身的体会了。

> **提示：** 用松弛法来进行算法设计就像在玩一种游戏，每运用一次松弛法就好像我们"移动"了一次，而我们要做的就是在尽可能少的移动次数内找到最佳解决方案。从理论上来说，我们可以在整个空间上运用相关的松弛法，但关键在于要找到一个正确的执行顺序。对于这种设计思路，我们将会在处理 DAG 的最短路径问题（第 8 章）、Bellman-Ford 算法以及 Dijkstra 算法（第 9 章）时进行更深入的探讨。

4.8 归简法+换位法=困难度证明

本节内容可以看作我们对第 11 章所做的一些预习。正如您所见，尽管归简法通常应该是用来解决问题的，但在大部分教科书中，我们却往往只是用它来讨论问题的复杂性，以便证明某个问题我们（可能）无法解决。这种思路确实非常简单，但我依然会看到不少学生（甚至是其中的绝大多数）在这方面栽了跟头。

困难度证明所基于的事实是我们只允许用容易的（快速的）归简法来简化问题[1]。假如我们

---

[1] 第 11 章中最重要的情况是"简单"通常指的是多项式级的算法。该逻辑也适用于其他情况。

可以将问题 A 归简成问题 B（适用于 B 的解决方案将同样适用于 A，如果您需要回顾一下其工作过程，可以参考图 4-1）。我们就知道如果 B 是简单的，A 就必然同样是简单的。这样因为如下事实：通过容易的归简法，我们可以用解决 B 的方式来解决 A。

例如，假设问题 A 是找出某 DAG 中某两个节点之间的最长路径，而问题 B 则是要找出这两点之间的最短路径。我们可以通过将所有边的权值看作负数的方式将 A 直接归简成 B。这样，如果我们学会了一些能在 DAG 中寻找最短路径的高效算法，然后只要它能够接受负的权值（具体算法见第 8 章），就等于自动拥有了一组可用于寻找最长路径的高效算法（当这些边的权值为正时）[①]。之所以会这样，是因为根据渐近记法（这里显然隐式使用了这种方法），我们可以认为"快+快=快"，换言之，就是"快速归简法+问题 B 的快速解决方案=问题 A 的快速解决方案"。

下面来谈谈我们的老朋友——换位法（contraposition）。上面，我们已经确定了"如果问题 B 是简单的，那么问题 A 也将是简单的"。我们将该逻辑对换过来就是"如果 A 是个难题，B 就也会是个难题"[②]。这应该依然很容易理解，也很直观。如果您知道问题 A 很难，那么无论我们使用什么方法，问题 B 都不会太简单——因为如果它很简单，它就能提供一个很简单的、关于问题 A 的解决方案，A 就一点都不难了（这形成了一对矛盾）。

我希望本节内容到目前为止还是成立的。下面就只剩下最后得出结论这一步了。也就是当我们遇到一个全新的未知问题 X 和一个已知难题 Y 时，应该怎样用归简法来证明 X 也是个难题呢？

这里基本上只有两种选择，所以做对做错的概率大概是 50 对 50。但说起来也奇怪，在此之前，我问过的人当中，几乎有超过一半的人都答错了。答案是将 Y 归简成 X（您答对了吗？）如果您能将已知难题 Y 归简成 X，那么 X 必然也是个难题，否则我们就能通过它很容易地将 Y 解决掉——这也形成了一对矛盾。

在反方向上应用，归简法其实并没有多少实际用处。例如，修复一台被砸烂的计算机确实很难，但如果我们想知道的是修复自己（未砸烂）计算机的难易程度，砸烂它显然不能证明什么问题。

综上所述，我们得出以下结论。
- 如果我们能（轻松地）将问题 A 归简成 B，那么 B 的困难度不会低于 A。
- 如果我们想通过已知难题 Y 证明 X 是个难题，那就应该将 Y 归简成 X。

该结论中之所以会造成很多人的混乱，其中一点原因是我们通常会认为"归简法"顾名思义就是要简化问题中的某些东西。但实际上，如果我们是通过将问题 A 归简成 B 来解决 A 的，那也只是看起来 B 更简单一点罢了，因为它是我们已经知道该如何解决的。归简之后，问题 A 也随之变简单了——因为我们可以通过 B 来解决它（通过引入某种额外的简单快速的归简操作）。换句话说，如果我们的归简操作中没有任何复杂操作的话，您是永远无法将相关问题归简到一个更简单的问题上去的，因为归简法操作的目的就是要自动把问题切分开来。所以 A 要能被归简成 B，B 就至少要和 A 是同等难度的问题。

---

① 这里只针对 DAG，对于一般图结构来说，最长路径问题还是一个尚待解决的问题，相关讨论见第 11 章。
② 您可能还记得，"如果 X 是，则 Y 也是"的逆命题是"如果 X 不是，则 Y 也不是"，而且这两句话是等价的。例如，"我思考，所以我存在"等价于"我不存在，所以我不思考"，但它不等价于"我存在，所以我思考。"

这方面我们就暂且先打住,细节方面就留到第 11 章再继续讨论。

4.9 一些解决问题的建议

接下来,我们要对本章的主要思路做个总结,以便能针对算法问题的解决和设计提出一些建议。

- **确保自己真正理解了相关问题**。这里包括输入什么、输出什么、两者之间是什么关系。然后试着用您所熟悉的数据结构(如某种序列或图结构)来表示该问题实例。此外,有时候先直接提出一个简单粗暴的解决方案也有助于您理清问题的实质内容。
- **找到一种归简方法**。这里包括:您是否能将相关输入转换成另一个已解决问题的输入?以及能让其输出结果为己所用?您能否将某个问题实例的规模由 n 归简至 k($k < n$),并在展开递归解决方案时将其反推回 n?

以上两条都是强有力的算法设计方法。在这里,我还打算再增加第三条类似的建议。但它并不是继前两个步骤操作之后我们所要记住的第三个步骤。

- **看看是否有额外的假设条件**可用。例如,在一定取值范围内的整数排序比任意值的排序操作更有效率,在某个 DAG 中寻找最短路径比在任意图结构中找要容易,以及处理非负加权边也通常比任意加权边要简单。

现在,我们应该可以开始在构建算法得到过程中使用前两条建议了。其中,第一条建议(理解并表示相关问题)可以说是显而易见的。但我要说明的是,对相关问题的结构有一个深入的理解能使我们更容易找到相应的解决方案。您可以考虑将相关情况特殊化或简单化,看看它是否给您带来某种思路。天马行空式的思考在这里是有用的,它可帮助我们暂时规避一些问题规范,这样我们就可以集中思考问题的某几个方面。(例如"如果我们忽略边的权值会如何?如果所有的数字不是 0 就是 1 会如何?如果所有字符串的长度都相等会如何?如果每个节点都有 k 个邻居节点会如何?"等)

对于第二条建议(找到一种归简方法),本章实际上已经花了大量的篇幅来讨论,尤其是在将问题化简成(或者说分解成)子问题方面。它也确实是我们自行设计新算法的关键所在,但通常来说,我们更多时候其实是在寻找一种最适用的算法。这需要我们找到一种认识问题的角度和模式,然后扫描我们记忆档案中与之相关的算法。与构建某个算法来解决问题不同,我们现在构建的算法是用来转化相关问题实例,并使之能用现存算法来解决的,您能做到吗?系统性地处理相关问题和算法显然要比我们等待某些灵感来得更有成效。

第三条建议更多的是某种一般性的观察。针对特定问题的算法往往要比相应的通用算法更有效率一些。即便我们掌握了某种通用算法,或许也可以根据特定问题中某些额外的约束条件做些调整来改善其效率。如果我们能出于理解问题的目的,构建一个简单粗暴的解决方案,或许也能利用这些相关问题的特征开发出一些更有效率的解决方案。例如,我们之所以会将插入排序法修改成分桶排序法[①],是因为我们了解了相关问题中的值分布情况。

---

① 相关讨论见之前的专栏"计数排序法与类似算法"。

4.10 本章小结

本章讨论的是基于归简法的算法设计，这主要就是通过把相关问题归简成某些已知的东西来达到解决问题的目的。如果是完全归简成了一个不同的问题，我们或许就可以用某个现存算法来解决它。如果是归简成了一个或多个子问题（其实是同一个问题的更小型的实例），我们可以用归纳法来解决，并据此设计出新算法。在本章，绝大多数示例都是基于弱归纳法，或者说是倾向于将问题转变成 $n–1$ 规模的子问题的。而在后面章节中（主要是第 6 章），我们将会介绍更多强归纳的用法，它可以将子问题转化成任何 $k < n$ 的规模。

而这种在问题规模上的归简与归纳方法或多或少都和递归有着密切的联系。归纳法通常会被用来证明递归操作的正确性，而递归则是绝大多数归纳性算法思路最直接的实现方法。但是，考虑到操作开销以及大多数（非函数式）编程语言对递归函数所做的限制等因素，我们通常会用迭代操作重写这些算法。即便某算法一开始就是用迭代实现的，我们也依然可以用递归性思维来思考它、只要将当前已解决的子问题看成已完成的递归调用即可。此外还有一种方法就是定义一个循环不变式，该不变式在每一轮迭代操作之后都必须成立，我们可以用归纳法对此加以证明。如果我们证明了相关算法存在终止状态，就一定能用不变式证明该算法的正确性。

在本章所列的这些示例中，拓扑排序可能是最重要的一个。该算法对某 DAG 中的节点进行了排序，使之能引导至图中所有的边（也就是说，这里所有的依赖关系都会被照顾到）。该算法对于找到某一组相互依赖的任务之间的执行顺序，或某个更复杂算法中的子问题之间的解决顺序都非常重要。这里介绍的算法主要是通过反复移除没有入边的节点，将它们追加到序列中，并维护所有节点的入度，以保证解决方案的高效性（在第 5 章中，我们会介绍该问题的另一种算法）。

在某些算法中，归纳性思路所联系的并不只有子问题的规模。它们也可以基于某种逐步改善的情况评估来展开，我们常称之为松弛法（relaxation）。这种方法常会被许多算法用来查找加权图中的最短路径。要想证明这些算法的正确性，我们可能就需要探究出一些模式，以便了解估计值的改善过程，或者估计值是如何正确地分布在评估问题实例中各元素上的。

虽然在本章，归简法基本上是用来说明一个问题的简单性的，其目的是找出该问题的解决方案，但我们也可以用归简法来证明某个问题的困难度至少等同于另一个问题。也就是说，如果您能将问题 A 归简成问题 B，归简法本身是简单的，而问题 B 难度至少等同于 A（否则我们就会面临一对矛盾）。有关这方面的细节，我们将会留到第 11 章中再做讨论。

4.11 如果您感兴趣

正如我们在引言中所说的，本章的灵感很大程度上来自 Udi Manber 的那篇论文《Using induction to design algorithms》。他的论文以及他后来所写的同一主题的书所提供的信息都被列为了本章的“参考资料”。我强烈建议读者至少应该读一读那篇论文（或许您可以在网上找到它）。毕竟，您在本书其余部分将会遇到若干使用这些设计原则的示例和应用。

如果您真的想了解如何才能用递归法解决几乎所有问题，或许应该试着去摆弄一下函数式编程语言，例如 Haskell（http://haskell.org）或 Clojure（http://clojure.org）。哪怕只是大致浏览一下函数式编程方面的基础教程，也将在很大程度上加深您对递归法的理解（同理，归纳法也是如此），特别是如果您对这种思维方式还感觉相当新鲜的话。您可以去看看 Rabhi 与 Lapalme 合著的书（Haskell 算法方面），以及 Okasaki 的书（函数式编程常用数据结构方面）。

尽管在这里，我们的焦点完全集中在递归法的归纳属性上，但递归操作过程也可以用其他方式来呈现。例如，递归法中存在着一种所谓的不动点定理（fixpoint theory），我们可以用它来确定递归函数实际所做的内容。但由于这是一个分量相当大的理论，我通常不推荐初学者涉足这一领域。但如果您确实想了解更多这方面的东西，可以去看看 Zohar Manna、Michael Soltys（他的书会更容易一些，但说明得不够彻底）等人的著作。

如果您想得到更多解决问题的建议，Pólya 的《How to Solve It》无疑是一本经典之作。它至今仍在不断地被重印，非常值得一读。此外，您可能还希望读一读 Steven Skiena 的《The Algorithm Design Manual》。这是一本非常全面的、有关基础性算法的参考书，其中涉及了许多设计原则的讨论。甚至他还列出了一份用于解决算法问题的速查清单，非常有用。

4.12 练习题

4-1. 您可以在某平面上画一张不含任何交叉边线的图（我们称之为平面图（planar））。该图周边所围成的区域与其外围（无穷大的）的范围形成了一组区域（regions）。如果我们现在分别用 V、E 和 F 来表示图中各节点、边与区域的数量，那么欧拉公式认为在平面图中，$V - E + F = 2$。您能用归纳法证明该公式的正确性吗？

4-2. 假设我们有一块巧克力，它由 n 个正方形排成一个矩形。现在我们想将其分解成一个个独立的正方形，而您一次只能将一块矩形分解成两块（只要您开始分解，就会越分越多）。那么其最有效率的做法是什么呢？

4-3. 假设我们要搞一场聚会，需要邀请一些人来。我们想邀请的朋友一共有 n 位，但他们都至少要认识聚会的其他 k 位朋友才能参加（这里假设只要 A 认识 B，B 就自动认识了 A）。要想解决这个问题，我们就必须设计一个算法，以从我们的朋友集合中找出一个最大的子集，而该子集中的每个人都至少认识其他 k 个人。当然前提确实存在这样的子集。

附加题：如果在这些朋友里，平均每个人都能认识另外 d 个人，且组里至少有一个人会认识另一个人。请证明在 $k \le d/2$ 的情况下，该问题始终是有（非空）解的。

4-4. 如果某个节点与同一图中别的所有节点之间的（非加权）最大距离与其他节点相比是最小的，该节点就称为中心节点。也就是说，如果我们按图中每个节点到其他所有节点的最大距离对它们进行排序，中心节点就一定处于首位。下面请试着解释一下为什么无根树中可能会出现一个或两个中心节点，并描述一下查找中心节点的算法。

4-5. 还记得第 3 章那个骑士游戏吗？循环赛的首轮对决之后，参与比赛的每一位骑士都与别人对决过一次了。这时候，工作人员想建立一个排行榜。尽管他们可能无法建立一个唯一的排行榜，甚至连合适的拓扑排序都不行（因为骑士之间的"胜过"边可能会连成一个环路），但他们可以基于以下解决方案来决定相关排名：对骑士序列 $K_1, K_2, \cdots, K_n$ 进行排序，其中 K_1 击败了 K_2，K_2 击败了 K_3，以此类推（K_{i-1} 击败了 K_i，其中 $i=2, \cdots, n$）。请证明我们始终可以设计出某种算法,以构建出这样一个序列。

4-6. George Pólya 是(《How to Solve It》一书的作者,见"参考资料"一节)曾提出过一个娱乐性(并且带有一些蓄意的荒谬性)的"论证"来证明所有的马只有一种毛色:首先,如果只有一匹马,那么显然它只有一种毛色(基本情况)。下面我们要证明 n 匹马也都是同一种毛色,其归纳前提设定任意 $n–1$ 匹马都为同一毛色。也就是说,对于 $\{1, 2, \cdots, n–1\}$、$\{2, 3, \cdots, n\}$ 这两个 set 来说,由于它们的大小都是 $n–1$,所以各个 set 中的马都是同一毛色的,而又由于两个 set 存在重叠部分,所以 $\{1, 2, \cdots, n\}$ 中的马也就确实只有一种毛色。请问:这个论证有哪些错误?

4-7. 之前在"一而再,再而三"那一节的例子中,我们曾向大家证明了一棵拥有 n 个叶节点的二叉树上应该有多少内部节点。与以往从 $n–1$ 到 n 逐步"构建出"证据不同,那次我们是从 n 个节点中删除一个叶节点和一个内部节点开始证明的。为什么我们能这样做?

4-8. 请用第 2 章中的标准规则及第 3 章中的递归式证明清单 4-1 到 4-4 中四种排序算法的运行时间都是平方级的。

4-9. 在最大排列问题的递归版实现中(见清单 4-5),我们如何才能保证最终的排列结果中至少会有一个人呢?理论上来说,难道不可能所有人都被排除了吗?

4-10. 请证明(清单 4-5 中)朴素版的最大排列问题实现是一个平方级算法。

4-11. 实现基数排序法。

4-12. 实现分桶排序法。

4-13. 对于固定位数(或字符数、元素数)的数字(或字符串、序列)d,基数排序法的运行时间为 $\Theta(dn)$。但如果假设待排序数字之间位数的变化范围很大,一个标准的基数排序算法通常会要求我们将 d 设置成最大位数,并用 0 填充多余的位数。但如果其中某一个数的位数比其他数字多出很多的话,算法的效率就会大打折扣。这时候我们应该修改算法,使其运行时间变为 $\Theta(\sum d_i)$,其中 d_i 为第 i 个数字的位数。您会怎么做呢?

4-14. 如何才能在 $\Theta(n)$ 时间内,对 $1, \cdots, n^2$ 区间内的 n 个数进行排序?

4-15. 当我们寻找解决最大排列问题的入度时,为什么可以直接将计数数组设置成[M.count(i) for i in range(n)]?

4-16. 请回顾"基于归纳法(与递归法)的设计"一节中所解决的三个问题,并在实验中对比这三个算法的朴素版和最终版。

4-17. 请解释 naive_topsort 函数的正确性,为什么直接将最后一个节点插入到其依赖关系表的后面是正确的?

4-18. 请写一个用于随机生成 DAG 的算法,然后写一个自动测试,以检查 topsort 算法对 DAG 的排序是否有效。相关的 DAG 由我们的生成算法来提供。

4-19. 请重新设计 topsort 算法,使其在每轮迭代操作中选择最后一个节点,而不是第一个节点。

4-20. 实现一个用于寻找二叉树平衡因子的算法。

4-21. 我们通常会用一对数字来表示某种区间,如(3.2, 4.9)。假设我们现在有一个类似的区间列表(列表中的每个区间都不相同),而我们想了解该列表中有哪些区间落到了另一些区间内。也就是当 $x \leqslant u$ 且 $v \leqslant y$ 时,区间 (u,v) 就落在了区间 (x,y) 中。您认为怎样做是最有效的?

4-22. 请回顾"松弛法与逐步改善"一节中飞机+火车问题,并尝试改善该基于松弛法的算法,使其能在多项式级时间内得出答案。

4-23.　假设我们手里有 *foo*、*bar*、*baz* 三个问题。其中 *bar* 很难，而 *baz* 很容易。您会怎么证明 *foo* 问题很难？而如果您想要证明该问题很容易的话，又会怎么做？

4.13　参考资料

- Manber, U. (1988). Using induction to design algorithms. *Communications of the ACM*, 31(11):1300-1313.
- Manber, U. (1989). *Introduction to Algorithms: A Creative Approach*. Addison-Wesley.
- Manna, Z. (1974). *Mathematical Theory of Computation*. McGraw-Hill Book Company.
- Okasaki, C. (1999). *Purely Functional Data Structures*. Cambridge University Press.
- Pólya, G. (2009). *How To Solve It: A New Aspect of Mathematical Method*. Ishi Press.
- Rabhi, F. A. and Lapalme, G. (1999). *Algorithms: A Functional Approach*. Addison-Wesley.
- Simionato, M. (2006). The Python 2.3 method resolution order. [http://python.org/download/releases/2.3/mro]
- Skiena, S. S. (2008). *The Algorithm Design Manual*. Springer, second edition.
- Soltys, M. (2010). *An Introduction to the Analysis of Algorithms*. World Scientific.

第 5 章

■■■

遍历：算法学中的万能钥匙

> 若您目前正处于一条狭长的走廊中，这条走廊有数米之长，尽头是一扇门。此外，走廊中间还有一座拱门，这里的台阶通往下方。这时候，您会选择向前走向那扇门（转向 5），还是沿着台阶往下爬呢（转向 344）？
>
> ——摘自《Citadel of Chaos》，Steve Jackson 著

在大多数时候，图结构都是一种非常强大的结构化思维（或数学）模型。如果您能用图的处理方式来规范化某个问题，那么即使该问题本身看上去并不像个图问题，也能使您离解决问题更进一步。在众多图算法中，我们时常会用到一种非常实用的思维模型——如果愿意的话，甚至可以将其视为一把万能钥匙[①]。这把万能钥匙就是遍历（traversal）：对图中所有节点的探索及访问操作。当然，这里要说的不单是对显式图结构的遍历。例如，我们可以思考一下，GIMP 或 Adobe Photoshop 这类绘图程序究竟是如何将某种单色填充到指定区域内（进行所谓的油漆桶操作）的，这就需要用到我们接下来要学习的东西（见习题 5-4）。再比如，当我们要序列化某个复杂的数据结构时，势必要对该结构中所有的组成对象进行检查。这本身也是遍历。当我们需要列出文件系统中的所有文件或某部分文件，或管理软件包之间的依赖关系时，显然会涉及更多的遍历。

但遍历还并不只有这些直接作用。它同时还是其他许多算法（例如第 9、10 两章中的算法）的关键组成部分和基本原理。例如在第 10 章中，我们会遇到一个为 n 个人分配 n 个工作的问题。由于该问题中的每个人拥有的技能只能匹配一部分工作，因此那个算法的原理是先暂时将工作分配给某个人，一旦发现某项工作更适合其他人，再重新分配。然后这次分配又可能引发下一次重新分配，最终形成一系列联动反应。并且如您所见，这种联动会在人与工作之间来回，形成一个锯齿状分布，从某个人的闲置状态开始，到其拥有合适的工作为止。这里用的是什么方法呢？猜对了，就是遍历。

接下来，我们将会分多个版本、从多个角度来阐述这一思路，以便尽可能地将其方方面面一并说清楚。这意味着我们将会介绍到两种著名的基本遍历策略：深度优先搜索（depth-first search）及广度优先搜索（breadth-first search），并通过构建一个稍微复杂一些的、以遍历技术为基础的算法，以找出相关图中的强连通分量。

[①] 本章标题"偷师"自 Dudley Ernest Littlewood 的著作：《The Skeleton Key of Mathematics》。

我们可以基于某种基本归纳法，用遍历技术来建构某种层次的抽象。下面，我们看一个在一个图中寻找其连通分量的问题（见图 5-1）。可能您还记得，在第 2 章中我们曾经说过，如果一个图中的任何一个节点都有一条路径可以到达其他各个节点，那么它就是连通的。而现在我们所谓的连通分量就是指的目标图中最大（且独立）的连通子图。找出这种连通分量的方法之一就是从图中的某个部分开始，逐步扩大其连通子图的确认范围，直至它再也无法向外连通为止。那么，究竟如何确认我们已经完整地重构了这一部分呢？

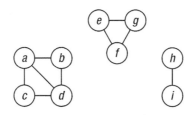

图 5-1　带有三个连通分量的无向图

对此，我们可以从下面这个问题入手：请您证明，对于任何一个连通图，总是能够找出节点的一个排序 $v_1, v_2, \cdots, v_n$，对于任何 $i = 1, \cdots, n$，其子图节点 $v_1, \cdots, v_i$ 也都是连通的。如果我们能证明这一点，并且找出其具体排序方式，我们就可以在其某个连通分量中访问到它所有的节点，并能了解到该访问操作会在什么时候完事。

那么应该怎么做呢？答案是归纳思想，我们需要从 $i-1$ 中推导出 i 的情况。而现在我们所知道的是，该图前 $i-1$ 个节点所组成的子图是连通的。那下一步呢？由于该图中任意一对节点之间都存在着路径，所以我们可以考虑先从前 $i-1$ 个节点中选出一个节点 u，再从剩余部分节点中选出一个节点 v。而在这条从 u 到 v 的路径中，我们可以找到在目前所构建的部分中的最后一个节点，以及第一个不在这个部分中的节点，分别将其称作 x 和 y。很显然，这两者之间也一定存在着一条边，所以将 y 加入到现有节点中，就会使得我们的连通分量持续扩张，由此证明了我们所要证明的东西。

在这里我们希望读者明白的是，其实际结果的产生过程有多么容易。它只是一个将连通节点添加到相关部分中，而且该节点应该是顺着一条边线而被发现的。这里很有趣的一点是，只要我们通过这种方式持续地往该连通分量添加新节点，最终会构建出一个树结构。这种树结构就是所谓的遍历树（traversal tree），而且是我们正在遍历的连通分量的生成树。（当然，对于有向图来说，它只能根据我们所能到达的节点来生成。）

而要想实现这个过程，我们就需要以某种方式持续跟踪那些通过一条边线就能到达的"边沿"或"前沿"节点。如果从某个单一节点开始的话，其前沿就只有它的邻居节点。而当您开始向外扩展时，新访问到的节点的邻居节点就会成为新的边沿节点，而我们目前所访问到的节点就落在连通分量里了。换句话说，我们需要以某种形式维护一个边沿节点的集合。我们反复地从该集合排除掉我们访问过的节点，并向其中添加它们的邻居节点（除非这些节点本身已经在该列表中，或已经被访问到了）。这就构成了一个我们想要访问但还未完成访问的节点列表。有了这个列表，我们可以默认为那些已经被访问过的节点，就一定被检查过了。

　　下面，我们拿曾经玩过的《龙与地下城》①这种老式的角色扮演类游戏（事实上也包括今天所流行的许多视频游戏）来举个例子。在图 5-2 中，我们可以很清晰地看到这类游戏的设计。这是一张典型的地牢地图②，我们可以把其中的房间（及走廊）当作节点，而将门之间的距离当作边线。当然，您会看到该图中存在着许多条边（门），但这些都不是真正的问题。此外，我们还在地图上标出了"您当前的位置"，以及一条用于指示目标的路线。

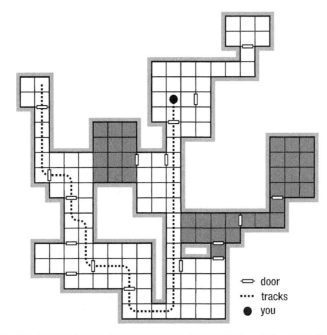

图 5-2　这是一张典型的角色扮演类游戏的地牢图的部分遍历结果，我们可以将其中的房间视为节点，而门之间的距离则视为边线。其遍历树将由您的运动轨迹来定义。其边沿节点集（遍历队列）则将由相邻的房间组成，除此之外的其他部分（阴影部分）的房间就都属于未探索区

　　请注意，这里有三种类型的房间：有一种房间是我们实际访问过的（您的运行轨迹会穿过它们）；还有一种房间属于是我们所知道的，因为我们看到过它们的门；最后一种房间是我们所不知道的（阴影部分）。其中，将未知房间与已访问房间区隔开来的前沿节点（当然）就是那些已知但尚未访问的房间。下面，我们来给出这种一般性遍历策略的简单实现，如清单 5-1 所示。③

---

① 译者注：《龙与地下城》（Dungeons & Dragons）是一款奇幻背景的角色扮演游戏，而且是世界上第一款被商业化的桌上型角色扮演游戏。

② 如果您不是一个游戏玩家，也可以把以下场景想象成办公楼、梦想中的家，或其他任何合您心意的地方。

③ 往后，我会将 dict 当作邻接集的默认表示类型。当然，许多算法用第 2 章中介绍的其他表示类型也一样可以工作得很好，将一个算法中的邻接集类型重写成其他不同的表示形式也不是一件太难的事。

清单 5-1 遍历一个表示为邻接集的图结构的连通分量

```
def walk(G, s, S=set()):              # Walk the graph from node s
    P, Q = dict(), set()              # Predecessors + "to do" queue
    P[s] = None                       # s has no predecessor
    Q.add(s)                          # We plan on starting with s
    while Q:                          # Still nodes to visit
        u = Q.pop()                   # Pick one, arbitrarily
        for v in G[u].difference(P, S):  # New nodes?
            Q.add(v)                  # We plan to visit them!
            P[v] = u                  # Remember where we came from
    return P                          # The traversal tree
```

> **提示**：set 类型的对象可以让我们在其他类型上执行某些集合操作。例如，在清单 5-1 中，我们可以在不同的方法中像使用 set（的 key）一样使用 dict 对象 P。而且，这种工作方式也可以被运用在其他迭代类型（如 list 或 deque）以及其他集合方法（如 update()等）中。

在上面这段新代码中，有一些东西的作用并不是那么显而易见。比如，参数 S 到底是什么？为什么我们要用字典类型（而不是集合类型）来跟踪自己所访问过的节点呢？目前看来，这个参数 S 似乎完全没有用处，但当我们试图要找出其强连通分量时就会需要用到它（相关内容将会在本章临近结束时介绍）。基本上，这个参数所代表的是一个"禁区"——一个我们在遍历过程中没有访问到，但又被告知需要回避的节点集合。至于说到字典对象 P，它的主要作用是表示已经访问过的前趋节点，每当我们往队列中添加新的节点时，都会同时设置其前趋节点。这样我们就能确保自己在必要时能知道应该去哪儿找它们。将这些前趋节点组合在一起，就形成了相应的遍历树。如果您并不关心这个树结构，当然也可以改用已访问节点的集合来做这件事（对此，我们将会在本章稍后的一些实现中介绍）。

> **请注意**：无论您是打算在节点被添加到这种"已访问"集合的同时就将其添加到相关队列中，还是以后再来添加，当我们将它们从队列中 pop 出来的时候，这通常是无关紧要的。但这里确实应该增加一个"如果已被访问过……"的检查。对此，我们将会在本章中看到若干个这样的版本。

然而，该 walk 函数所遍历的只是单个连通分量（既定目标是个无向图）。如果想要找出该图所有的连通分量，我们就要将其封装在一个涉及所有节点的循环中，具体如清单 5-2 所示。

清单 5-2 找出图的连通分量

```
def components(G):                    # The connected components
    comp = []
    seen = set()                      # Nodes we've already seen
    for u in G:                       # Try every starting point
        if u in seen: continue        # Seen? Ignore it
        C = walk(G, u)                # Traverse component
        seen.update(C)                # Add keys of C to seen
        comp.append(C)                # Collect the components
    return comp
```

在这里，walk 函数返回的是一个已被访问过的前趋节点的映射集（递归树），而我们将这些映射集收进了 comp 列表中（以代表连通分量）。另外，我们还用 seen 集合来确保自己不会遍历到之前连通分量中的节点。请注意，即便 seen.update(C)是一个有关 C 的规模的线性操作，我们调用 walk 的工作量也基本是相同的。所以从渐近法的角度来说，它并没有给我们带来更多开销。总而言之，找出图中连通分量应该是一个 $\Theta(E+V)$ 时间的操作，因为该图中的各条边和节点都是必须探索的。[①]

尽管 walk 函数也并没有真正做完所有的事情，但从很多方面来说，我们都可以将这段简单的代码视为本章的基础骨架内容，以及（标题）将来学习并理解许多其他算法的万能钥匙。它很值得我们深入研究一番。我们可以试着在自己所选的图结构（见图 5-1）上手动执行一下该算法，以便了解一下其探索图中所有连通分量的过程。这里有一点很重要，即尽管 Q.pop()返回节点的顺序并不重要，整个连通分量的探索过程并不需要这种区分，但该顺序是 walk 函数行为定义的关键元素。通过调整这种顺序，我们可以获得一系列即插即用的实用算法。

关于其他类型的图遍历，您也可以参考图 5-3 与图 5-4。（如果还想了解更多例子，还可以参考下面的专栏内容。）

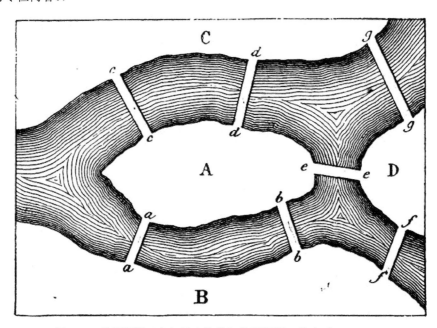

图 5-3　科尼斯堡（今加里宁格勒）的桥梁图。选自《Recreations Mathematiques》第 1 卷（Lucas 1891 年著，第 22 页）[②]

---

① 在本章，除了 IDDFS（偶尔例外），几乎所有遍历算法的运行时间都是如此。

② 译者注：该书在维基百科中文版中被译为《娱乐数学》，其中收录了不少数学名题，共 4 卷，原版应为法语书。译者在翻译本书时尚未发现有中译本。

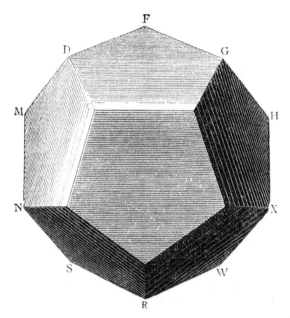

图 5-4 这是一个十二面体，目标是沿着图中的边线，我们可以访问到它的每一个顶点。该
图选自《Recreations Mathematiques》第 2 卷（Lucas 1896 年著，第 205 页）

加里宁格勒的跳岛

听说过科尼斯堡（如今的加里宁格勒）的那个七座桥问题吗？在 1736 年，瑞士数学家 Leonhard Euler[1]曾在这里遇到过一个难题，该城中的许多居民一直都希望能解决它。这个问题是这样的：人们希望无论从城中哪一点出发，都能一次性地将城中的七座桥全部走一遍，并回到原点（这七座桥的具体布局如图 5-3 所示）。为了解开这个难题，Euler 决定先对一些细节进行抽象化，然后……最终开创了图论这门学科。这是似乎是一个不错的开局，不是吗？

或许您已经注意到了。图 5-3 其实是一个银行与岛屿的多重图结构。例如 A、B 之间与 A、C 之间都有两条边。但它们并不会对问题本身产生影响。（我们可以轻松地在这些边中间制造出一些虚拟岛屿，以获得一个普通的图结构。）

Euler 最终想要证明的是，我们能在一个（多重）图结构中一次性访问到其所有的边，并返回原点，而当且仅当该图为连通图时，其各节点的度应为偶数。对于这种闭合式遍历路径（在该路径上，该图的节点是可以被多次访问的），我们称之为欧拉环路（Euler tour）或欧拉回路（Euler circuit），并称这样的图结构为欧拉图（Eulerian）[2]（相

---

[1] 译者注：莱昂哈德·欧拉（1707 年 4 月 15 日 — 1783 年 9 月 18 日）是一位瑞士数学家和物理学家，近代数学先驱之一，他一生大部分时间在俄国和普鲁士度过。

[2] 译者注：由于这些都是具有固定译名的图论术语，所以这里就直接使用 Euler 的中文译名了。

信我们已经可以轻松地看出，科尼斯堡七桥并不属于欧拉图问题，它所有节点的度都是奇数）。

从以上论述中不难看出，图的连通性以及其各节点的度为偶数是解决这个问题的必要条件（非连通性显然是个障碍，而如果其节点度为奇数的话，也必然会让我们的环路止步于某处）。而有些不太明显的是，它们同时也是解决问题的充分条件。关于这一点，我们可以用归纳法来证明它（这是一个大惊喜，不是吗？），但对于相关的归纳参数，我们得小心仔细一些。如果直接从移除图中的节点或边入手，我们化简出来的问题可能就不是欧拉图了，而且我们的归纳前提也会变得不可用。其实在这个问题中，我们不必担心图的连通性。如果化简后的图是不连通的，我们也可以将归纳前提运用到其各个连通分量中去。但偶数度方面又该如何保证呢？

通常情况下，我们都会被允许访问一些经常需要被访问的节点，所以我们所要移除（或者说会"用到"）的边应该属于这组点。而如果我们从自己访问的那些节点之间移除了偶数数量的边，就会超出归纳前提的适用范围。所以在这种情况下，我们选择的一种方式是移除一些封闭性遍历操作中所经过的边（当然，这里的节点未必都是您所访问过的）。接下来的问题是，欧拉图中是否总是存在这样的封闭性遍历操作？如果我们从某些节点 u 出发，所进入的每个节点的度都由偶数变成了奇数，就可以安心地离开它们。只要我们所走过的边没有被重复过，就最终一定会回到 u 节点。

现在我们将归纳前提设定为：在一个节点度为偶数，且边数少于 E 的连通图中，我们都能一次性地封闭式遍历其每一条边。我们从 E 中边开始，任意地移除掉该封闭式遍历路径中的某一条边。然后，我们就会得到一个或多个属于欧拉图的部分，这些部分可以继续适用于归纳前提。最后一步是合并我们在这些部分中获得的欧拉环路。由于我们的原始图结构是连通的，所以被移除的封闭式遍历路径也必然是连通的。因此，该问题的最终解决方案应该就是我们所合并的这些遍历路径。但这些部分的欧拉环路其实都是"弯路"。

换言之，判断某个图结构是否属于欧拉图，并找出其中的欧拉环路其实很简单。但欧拉环路引出了一个相对更为复杂的问题：哈密顿环路问题（Hamilton cycle）。

哈密顿环路问题由爱尔兰数学家 William Rowan Hamilton 爵士所命名（他还有一些别的头衔[①]）。该问题出自一个（名为 The Icosian Game 的）游戏，该游戏的目的是要一次性地访问到一个正十二面体（其由 12 个正多面体组成，也可简写为 12d）上的所有顶点，并返回原点（见图 5-4）。在更一般的情况下，一个哈密顿环路应该包含整个图结构中所有节点的子图（恰好形成一次性经过的环路）。我相信您肯定已经看出来了。科尼斯堡七桥就属于哈密顿问题（也就是说，它是一个哈密顿环路）。而要证明这个正十二面体是一个哈密顿问题是有点困难的。事实上，要在一般性图结构中找出哈密顿路径是非常困难的，人们至今也还没找到解决该问题的有效算法（详见第 11 章）。而且，这类问题的思考方式本身就有些怪异，您不觉得吗？

[①] 译者注：其实，哈密顿爵士的主要成就来自物理方面。他重新表述了牛顿力学，为后来的量子力学奠定了重要的基础。

5.1 公园漫步

1887 年深秋的一天，一位法国电信工程师散步时路过了一个保存完好的花园式迷宫，于是就进去转了转，顺便看看已经发黄的树叶。他走过迷宫中的一个个通道和路口，认出了一些植物，但同时他也发现自己一直在原地转圈。作为一个思考者，这位工程师开始思考应该如何避免这样的错误，并尽可能地找到走出去的最好方式。他记得小时候有人告诉过自己，只要在每一个路口都一直坚持向左走，就能最终找到出口。但我们很容易就能看出，这种简单的策略是行不通的。如果真的一直向左走下去，在找到出口之前就会回到起点。这会使他陷入一个无限循环。这不行，他得另想办法。而当这位工程师最终摸索着走出迷宫时，他获得了某种闪亮的洞察力。于是他急忙赶回家，在笔记本上记录下了他的解决方案。

好吧，我承认这位工程师的实际经历可能并不是这个样子。上面说的一切，甚至包括具体年份[1]都是我虚构的。但事实部分是在 19 世纪 80 年代末，一位名叫 Trémaux 的电信工程师发明了一种用来遍历迷宫的算法。我很快将会讨论这个算法。但现在，我们得先来探讨一下这个"一直向左走"的策略（通常也被称为左手规则），看看它的工作方式，以及它何时是不适用的。

5.1.1 不允许出现环路

下面我们以图 5-5 中的迷宫为例来思考一下这个问题。如您所见，左图的迷宫中没有环路，其基本结构是一棵树，具体如右图所示。在这种情况下，"保持单手扶墙走"的策略当然是切实可行的[2]。了解该策略工作原理的方式之一就是，您会观察到该迷宫其实始终只有一面内墙（也就是说，如果我们为其贴上墙纸，它将会是一条连续不断的长带）。从外围来看，只要在不允许出现环路的情况下，我们所画的任何隔断都只能将路导向一个确定的地方，可见这也并不是什么针对左手规则而创建的问题。顺着这种遍历策略，我们会探索到图中所有的节点，而且每条通道都会经过两次（两个方向各一次）。

左手规则本身实际上就是为了让一个人利用它在迷宫中散步，并只根据局部信息而设计的。为了真正掌握这方面的内容，我们可暂且先放弃当前的角度，并转而去制定一个同样的递归性策略[3]。只要我们熟悉递归思想，就很容易通过这种制定来证明相关算法的正确性，并且是最简单的那种递归算法。下面就是它的一个最基本实现（假设这棵树是用我们标准的图结构来描述的），具体如清单 5-3 所示。

清单 5-3　递归的树遍历算法

```
def tree_walk(T, r):              # Traverse T from root r
    for u in T[r]:                # For each child. . .
        tree_walk(T, u)           # ... traverse its subtree
```

---

[1] 嗨，牛顿在苹果树下的故事也是虚构的！

[2] 例如，如果您从 a 开始旅程，节点的顺序应该是 a,b,c,d,e,f,g,h,d,c,i,j,i,k,i,c,b,l,b,a。

[3] 当然，如果您针对的是一个真实世界中的迷宫，这个递归版本很难有实际用处。

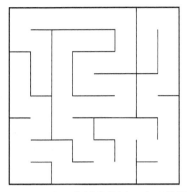 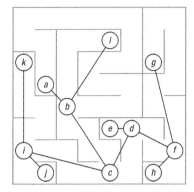

图 5-5　这一个树结构图，表示的是一个迷宫图以及覆盖其上的传统图结构

从迷宫比喻的角度来说，当我们正处于某个十字路口，既可以向左也可以向右时，先选择遍历迷宫的左半部分，然后下一次再来走右半部分。很显然（也许也需要用到一点归纳法），这种遍历策略最终会涵盖整个迷宫。值得注意的是，在每个路口径直往前走的动作是这里唯一被切实描述的行为。也就是当我们所要遍历的子树的根节点在 u 节点上时，我们会先走到 u 节点上，然后开始从这里经过所有新的道路再走出来。最终，我们还是得返回全树的根节点 r。对于这种回归的运行轨迹，我们称之为回溯（backtracking），该操作通常会被隐藏在递归操作中。每次当递归调用返回时，其实都会自动返回到调用发起的那个点上。（您怎么看这里的回溯操作与左手规则之间的关联呢？）

下面，我们假设有人在该迷宫的某面墙上开了个洞，使对应的图结构中出现了一个环路。例如，可能被打穿的是对死胡同 e 来说在北边的那面墙。那么，如果我们从 e 点出发去北面，只要愿意的话，我们还是可以一直向左走，但永远都不可能再遍历整个迷宫了——因为我们一直在转圈[1]。这在我们遍历一般性图结构时会成为一个问题[2]。清单 5-1 中的一般性思路为避免这个问题提供了一种选择，但在我分析这个算法之前，我们先来看看之前那位法国电信工程师是怎么想的。

5.1.2　停止循环遍历的方式

Edouard Lucas 在其 1891 年写的《Recreations Mathematiques》第一卷的引言中是这样描述 Trémaux 的迷宫遍历算法的：[3]

如果无论我们从哪一点出发，想要遍历整个迷宫，并且经过所有的通道两次，只要遵循 Trémaux 所定的遍历规则，每次进入或离开一个十字路口时留下一个标志就可以了。我们可以将这些规则汇总如下：在可能的情况下，尽量避免重复访问之前走过的十字路口，避免重复走同一条通道。这种态度不仅适用于眼下的情况，也适用于我们每天的生活，不是吗？

---

① 而且这样下去，一个洞穴探险家可能会变成穴居人。

② 其实即使在夜晚散步，人们也一样有可能会走出环路来。根据美国陆军的研究，人们通常会因为某种原因更喜欢往南走。当然，如何您执意要进行一次完全遍历，这种策略恐怕帮不上什么忙。

③ 当然，这只是我个人的翻译（译者注：该书原文为法语）。

当然，那本书后续还对该方法的细节进行了更多的描述，但方法本身其实是很简单的，重点在于上面这段话的主体思维。例如，我们也可以不用特别在每次进出一个路口时留下标记（比如用粉笔划一道），光凭我们的脏鞋子在地上留下的泥印，就足以追踪自己的足迹（见图 5-2）。然后 Trémaux 告诉我们，无论我们一开始朝哪个方向走，当我们走进某个死胡同，或者来到一个已经走过的路口时，就应该回溯回来（以避免陷入环路）。由于同一条通道不能被重复经过两次（一次前进一次回溯）以上，所以当我们回溯到某个路口时，就得选择一条没有走过的通道继续走。如果当下没有这样的通道，就要（顺着这些带有单向脚印的通道）一直回溯回去。[①]

这就是所谓的算法。其中还有一个很有趣的现象，即尽管我们向前遍历时有若干条通道可以选择，但回溯时就往往只有一条路可走。您能明白其中的缘由吗？想要有两种（或更多种）回溯路径的话，只有这种可能性：我们在某个路口走向了别的方向，并在不回溯的情况下又走到了它。但对于这种情况，根据之前的规则，我们根本就不该进入这个路口，直接就可以原路返回了。（这也是我们为什么不会在相同方向上经过一条通道两次的原因。）

在这里，我之所以会用到"带泥的鞋"这样的描述，是因为它能清晰地将回溯过程真正地呈现出来。它确实与递归树上的一种遍历非常类似（当然也与左手规则等效）。事实上，如果采用递归式制定的话，Trémaux 的算法所做的也就是一种会消耗一些额外内存的树遍历操作而已。因为在这个相应的树结构（我们称之为遍历树）中，我们得记录哪些节点已被访问过，并设置一道墙，以防止我们再次进入这些节点。

清单 5-4 中所显示的就是一个递归版的 Trémaux 算法。在这个算法定制中，我们所用的是通常被称为深度优先搜索的策略，这是最基本（同时也是最重要）的遍历策略之一。

请注意：与清单 5-1 中 walk 函数不同的是，我们在这里不能在 G[s] 上循环调用不同的方法了，因为 s 在递归调用中是会发生变化的，而且我们也能很容易地结束自己对某些节点的多次访问。

清单 5-4　递归版的深度优先搜索

```
def rec_dfs(G, s, S=None):
    if S is None: S = set()      # Initialize the history
    S.add(s)                     # We've visited s
    for u in G[s]:               # Explore neighbors
        if u in S: continue      # Already visited: Skip
        rec_dfs(G, u, S)         # New: Explore recursively
```

5.2　继续深入

这种深度优先搜索（DFS）策略从递归性结构中获得了一些最重要的属性。一旦我们在某个节点上启动了这一操作，我们就得确保自己能在相关操作继续下去之前遍历完其他所有我们所能到达的节点。但正如第 4 章中所说的那样，任何递归函数都是可以用迭代操作来重写的，一种做

① 即使您的鞋子很干净，只要有办法在各个入口和出口留下清晰的标志（例如用粉笔），我们一样可以完成这个流程。这里的重点是当我们进入旧路口时，以及要开始回退的时候要留下那两个标志。

法是用我们自己的栈来模拟调用栈。这种基于迭代操作的 DFS 是非常实用的，它既可以避免调用栈被塞满所带来的问题，也能因此改善算法的某些属性，使其显得更为清晰一些。幸运的是，为了模拟递归遍历，我们在这里只需使用的是一个栈结构，而不是清单 5-1 中 walk 函数中的集合结构。下面我们就来看看迭代版的 DFS，如清单 5-5 所示。

清单 5-5　迭代版深度优先搜索

```
def iter_dfs(G, s):
    S, Q = set(), []                    # Visited-set and queue
    Q.append(s)                         # We plan on visiting s
    while Q:                            # Planned nodes left?
        u = Q.pop()                     # Get one
        if u in S: continue             # Already visited? Skip it
        S.add(u)                        # We've visited it now
        Q.extend(G[u])                  # Schedule all neighbors
        yield u                         # Report u as visited
```

除了栈的运用外（这是一种后进先出（LIFO）队列，我们可用 list 的 append 和 pop 方法来实现它），我们还对上面这段代码进行了一些调整。例如，由于在原 walk 函数中，该队列是 set 类型的，我们无法对相同节点上的多次访问做出任何调度。但一旦我们采用了其他队列结构，那么这就是个问题了。因为在添加一个节点的邻居节点之前，我们已经通过对 S 成员中相关节点的检查操作（检查该节点是否已经被访问过）解决了这个问题。

为了让这段遍历显得更实用一些，我还在其中添加了一个 yield 语句，它能使我们按照 DFS 的顺序来遍历目标图结构中的节点。例如，如果我们在变量 G 中使用的是图 2-3 中的图结构，可能就会试出以下结果：

```
>>> list(iter_dfs(G, 0))
[0, 5, 7, 6, 2, 3, 4, 1]
```

值得一提的是，我们刚才是在一个有向图上执行 DFS 的，而之前讨论的都是该算法在无向图上的工作方式。实际上，无论是 DFS 还是其他遍历算法，都一样可以适用于有向图上。但当在有向图上执行 DFS 时，我们就不能指望它能探索到一个完整的连通分量了。例如，对于图 2-3 中的那个图结构来说，从 a 以外的任何一点出发都不能到达 a，因为该节点本身不存在入边。

> **提示：** 如果想要找出有向图中的连通分量，我们可以先将其简化成对应的无向图，或者直接为图中所有的边添加反向边。这就可以使其同样适用于其他算法。甚至有时候我们都不用构建无向图，只需在使用有向图时直接思考一下其每条边在两个方向上的情况，或许就足够了。

我们一样可以将这种思维作用于 Trémaux 的算法。我们依然按照老方法遍历每一条（有向）通道，但这回我们只被允许沿着这些边的方向向前走，回溯操作就必须沿其反方向了。

事实上，iter_dfs 函数的结构已经非常接近我们早先所暗示的通用性图遍历算法了——只需将其队列类型替换一下即可。下面我们就来看看更成熟的遍历算法（见清单 5-6）。

清单 5-6 通用性的图遍历函数

```
def traverse(G, s, qtype=set):
    S, Q = set(), qtype()
    Q.add(s)
    while Q:
        u = Q.pop()
        if u in S: continue
        S.add(u)
        for v in G[u]:
            Q.add(v)
        yield u
```

这里采用的默认队列类型是 set，这使它更接近于原先的（一般性）walk 函数。当然，我们很容易就能将其定义成 stack 类型（借助于一般队列协议中所定义的 pop 和 add 方法），例如像这样：

```
class stack(list):
    add = list.append
```

对于之前的深度优先测试，我们可以将其替换如下：

```
>>> list(traverse(G, 0, stack))
[0, 5, 7, 6, 2, 3, 4, 1]
```

当然，使用各种专用版本的遍历算法也很不错，但我们可以选择用某种大致相同的形式来表现它们。

深度优先的时间戳与拓扑排序（再次）

正如我们之前所提到的，记住并回避之前访问过的节点是我们会不会陷入环路，以及能不能在无环路遍历过程中自然形成一个树结构的关键。根据这些树各自不同的结构，它们分别有着不同的构造方法。在 DFS 中，它们顾名思义应该叫作深度优先树（或 DFS 树）。与其他所有的遍历树一样，DFS 树的结构也取决于其中节点被访问的顺序。其中，为 DFS 树所特有的一件事是，在此类树结构中，任意节点 u 下所有后代节点都将会在 u 开始被探索到完成回溯操作之间的这段时间被处理。

如果想要让这个属性发挥其作用，我们就需要去了解该算法的具体回溯时间，这对于迭代版本可能会有一点难度。尽管我们也可以选择扩展一下清单 5-5 中迭代版的 DFS，使其能持续跟踪自己的回溯操作（见习题 5-7），但在这里，我们要扩展的是递归版的 DFS（见清单 5-4）。在清单 5-6 这个版本中，我们为每个节点添加了时间戳，其中一种代表它被探索的时间（探索开始时，标识为 d），而另一种则代表我们回溯到该节点的时间（探索完成时，标识为 f）。

清单 5-7 带时间戳的深度优先搜索

```
def dfs(G, s, d, f, S=None, t=0):
    if S is None: S = set()          # Initialize the history
    d[s] = t; t += 1                 # Set discover time
    S.add(s)                         # We've visited s
```

```
    for u in G[s]:                          # Explore neighbors
        if u in S: continue                 # Already visited. Skip
        t = dfs(G, u, d, f, S, t)           # Recurse; update timestamp
    f[s] = t; t += 1                        # Set finish time
    return t                                # Return timestamp
```

在这里，参数 d 和 f 应该是映射型的（如字典类型）。根据 DFS 的属性，每个节点在 DFS 树中该节点的各个后代节点被探索之前被发现（1），以及它们完成处理之后被完成（2）。（这点我们既可以从算法的递归形式中推导出来，也可以自行用归纳法来证明其正确性。）

该属性所带来的一个直接结果是，我们可以用 DFS 来进行拓扑排序（我们在第 4 章中曾讨论过这种排序）。如果我们在 DAG 上执行了 DFS 算法，那么我们就可以简单地根据其递减的完成时间来对节点进行排序，这种排序就是拓扑排序。在 DFS 树中，每个节点 u 都会先于其后代节点被访问，因为其所有后代节点都要经由 u 来访问。也就是说，这些节点是依赖于 u 的。这个例子中，我们了解了一个算法的具体工作方式是有用的。我们并不是要先调用带时间戳的 DFS，然后再来进行排序，而是要在 DFS 的执行过程中直接进行拓扑排序，具体如清单 5-8 所示。[①]

清单 5-8　基于深度优先搜索的拓扑排序
```
def dfs_topsort(G):
    S, res = set(), []                      # History and result
    def recurse(u):                         # Traversal subroutine
        if u in S: return                   # Ignore visited nodes
        S.add(u)                            # Otherwise: Add to history
        for v in G[u]:
            recurse(v)                      # Recurse through neighbors
        res.append(u)                       # Finished with u: Append it
    for u in G:
        recurse(u)                          # Cover entire graph
    res.reverse()                           # It's all backward so far
    return res
```

对于这段新的拓扑排序算法，有以下几点值得注意。首先，我们明确在 for 循环中涉及了所有的节点，以确保整个图结构都能被遍历到。（在习题 5-8 中，我们会要求您证明这项工作的可行性。）这主要用于检查曾存在于历史集合（S）中的节点的逻辑现在是否已经被放入了 recurse 函数内。也正因为如此，我们也不必在两个函数的 for 循环中都将其放进去。其次，由于 recurse 是个内部函数，它可以访问其所在域的对象（这里就是 S 与 res）。其唯一的参数就是其所要遍历的那个起始节点。最后要记住的是，我们所进行的节点排序是逆序的，因为其根据的是其探索完成的时间。这也是 res 列表在被返回之前要进行反转的原因。

该 topsort 函数会在其执行回溯操作时对各个节点进行某些处理（并将它们追加到其结果列表中）。DFS 回溯节点的顺序被称为后序，而第一段中的访问顺序则被称为先序。基于这些时间顺序的处理操作则分别被称为先序处理或后序处理。（在习题 5-9 中，我们将会要求您为 DFS 中

---

① dfs_topsort 函数也可以按照遍历完成时间的递减顺序来对通用图结构中的节点进行排序，本章稍后讨论强连通分量时会用到这一功能。

的这类处理操作添加一些通用性钩子函数。）

节点着色与边线类型

在描述遍历的过程中，我们实际上是在区分三种类型的节点，它们分别是未知节点、队列中的节点以及已访问过的节点（还有目前存在于队列中的邻居节点）。对此，有些书中引入了一种叫作节点着色的形式（例如 Cormen 等人所著的《Introduction to Algorithms》的第 1 章就曾有所提及），这种描述形式在 DFS 中尤为重要。该方法具体如下：一开始我们会将每个节点都标识为白色；然后将其被发现到完成处理之间的状态标识为灰色；而后则标识为黑色。当然，我们在实现 DFS 时并不是非得要进行这种分类。但它对于理解这一算法是非常有用的（或者至少它有您阅读时所用的文本着色一样的作用）。

如果具体到 Trémaux 的算法中来说的话，灰色代表的就是我们已经知道，但却应该要回避的路口；而黑色代表的则是我们已经走过两次的那些路口（包括回溯）。

这些着色方法也可以用来对 DFS 树上的边线进行分类。当边 uv 处于被探索状态时，如果节点 v 为白色，那么这就是一条树边（tree edge）——也就是说它属于遍历树的一部分。而如果节点 v 为灰色，那么这条边就被称为后向边（back edge），这在 DFS 树中是一种用于回到某个先辈节点的边。最后，如果节点 v 为黑色的话，这条边就有可能是前向边（forward edge）或交叉边（cross edge），前向边在遍历树中是一种用于指向某个后代节点的边，而交叉边则是一种用于指向除此之外任意节点的边（也就是除树边、后向边、前向边以外的边）。

但请注意，我们在上面的边线分类过程中并没有实际使用任何显式的颜色标签。假设一个节点在其被探索到完成处理之间存在着一个时间间隔，那么后代节点一定会被包含在其先辈节点的时间间隔内，而没有血缘关系的节点之间就不会有这样的重叠区。所以，我们用时间戳就足以判断某一条边是前向边还是后向边了。如果我们的时间戳是单步递增的，那么其子时间区间（前向边）也将"只存在于"父时间区间内。即便这里使用了颜色标签，我们也还是需要用时间戳来区分出它是前向边还是交叉边。

其实，我们可能并不需要分出那么多类型，但它有一个非常重要的功能。就是如果我们在某个图中找到了一条后向边，那么该图结构中就包含了一条环路，反之就不会存在环路。（在习题 5-10 中，我们会要求您证明这一点。）换句话说，这说明我们可以用 DFS 来检查一个图结构是否属于 DAG（或者对于无向图来说，检查它是否是一棵树）。在习题 5-11 中，我们将会要求您去思考一下其他遍历算法是如何达成这一目标的。

5.3　无限迷宫与最短（不加权）路径问题

直到目前为止，DFS 过于积极的行为还没有带来过什么问题。我们可以将该算法放入一个迷宫（图结构）中。在执行回溯操作之前，我们可以任由它转向一些其所能转向的方向。但如果这个迷宫非常大的话，这样做就有可能会产生一些问题了。例如，可能我们所要查找的东西（比如某个出口）就在靠近起点的地方；如果 DFS 设置了一个不同的方向，它返回可能就需要很久；还有如果该迷宫是无穷大的话，即使某些其他遍历方法几分钟之内就能找到出口，它也永远不会返回了。当然，无限迷宫的事情可能是有些夸大其词，但它非常接近于一类重要的遍历问题——在一个既定状态空间内寻找解决方案。

但是，像 DFS 这种由于过于积极行为造成的迷失问题还不仅仅是巨型图结构。如果我们要找的是从起点到其他所有节点的最短路径（现在暂不考虑加权边的情况）的话，DFS 也极有可能会给出一个错误答案。下面，我们通过图 5-6 中的例子来看看 DFS 所发生的问题，它的积极行为在其到达 c 点之前会一直持续走着弯路。而如果我们想找的是到达其他所有节点的最短路径的话（见右图），我们就需要更加保守一些。为了避免走出弯路，并到达某一个节点，我们得"在后台"一次一步地推进自己的遍历"前沿"。先是一步能访问到的所有节点，再是两步能访问到的所有节点，如此类推下去。

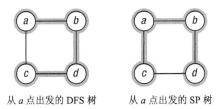

从 a 点出发的 DFS 树　　　从 a 点出发的 SP 树

图 5-6　一个四节点大小环路的两种遍历形式。其中，DFS 树（左边高亮部分）未必会与 SP 树（右边高亮部分）一样会包含最短路径

借着迷宫这个比喻，我们再来看看一个迷宫探索算法。该算法是 Øystein（又叫 Oystein）Ore 在 1959 年提出的。与 Trémaux 一样，Ore 也会要求我们标记通道的入口和出口。下面，假设我们是从 a 路口出发的。首先，我们会始终沿着一条通道访问迷宫中所有的路口，因而每次回溯都会直接回到起点。如果其中有任何一条通道走进了死胡同，我们都会在返回时留下一个关闭标志，并且任何会引导我们进入已走过路口的通道也会被标识为关闭状态（在其两端）。

在这里，我们想要探索两步（也可以说是通道）之遥的所有路口。我们会途经并标记出一条从 a 出发的开放通道，这样它应该会拥有两个标志。假设我们这次最后所在的路口是 b 点。那么现在就要遍历（和标记）从 b 点出来的所有开放通道，以确保当它们最终遇到死胡同或已被访问过的路口时能被关闭。这一切完成之后便可原路返回。一旦回到了 a 点，我们就可以继续其他开放通道的探索了，直到其所有通道都带有那两个标志。（这两个标记说明我们已经沿着通道对它完成了两步走的探索。）

下面我们将问题扩展到 n 步[①]。于是，我们已经访问了图中 $n–1$ 步远的所有路口，因此从 a 点出发的所有开放通道就会相应地拥有 $n–1$ 个标志。而与 a 点相邻的所有路口（例如我们之前访问过的 b 点）出发的开放通道则将拥有 $n–2$ 个标志。后续情况以此类推。为了访问从起点到距离为 n 的范围内的所有路口，我们可以直接先移动到 a 点的所有邻居节点（如 b 点）上，然后按我

———————————

① 换句话说，下面将用归纳法来思考。

们的方法为其加上标志，并且以同样的处理方式访问接下去 $n–1$ 距离内的所有路口（将其可行性设置为归纳前提）。

至此，我们会再次意识到单靠上面这样对局部信息做些记账式的处理会有点麻烦（而且相关的解释也会有点混乱）。然而，就像 Trémaux 算法与递归版 DFS 之间存在着很密切的关系一样，Ore 的方法也可以被定制成一种更适合于我们计算机科学思维的方法，其结果是一种被称为迭代深度的深度优先搜索的算法，简称 IDDFS[①]。它是一种运行深度受到限制的、有限深度递增的 DFS 算法。

清单 5-9 给出了一个相对简单的 IDDFS 实现。其中维持了一个名为 yielded 的全局性集合，该集合由第一时间已被探索过的以及因此而被递交（yield）的节点组成。其内部函数 recurse 则基本上是一个深度限制为 d 的递归版 DFS 算法。如果该限制值为 0，就不会有更多的边被递归探索了。反之，该递归调用 $d–1$ 的深度限制被执行。在 iddfs 函数中，主循环会经历从 0（这里只有访问和递交操作开始的出发点）到 len(G)–1（可能的最大深度）的每个深度限制。如果在其到达这一限制深度之前，所有节点就已经被探索完毕了的话，该循环就会提前被跳出。

> **请注意**：如果我们在探索无边界图结构（如某种无限状态空间）的过程中，要寻找某一特定节点（或某一类节点），就只需要持续尝试更大的深度限制，直至找到自己想要的结果即可。

清单 5-9　迭代深度的深度优先搜索

```
def iddfs(G, s):
    yielded = set()                          # Visited for the first time
    def recurse(G, s, d, S=None):            # Depth-limited DFS
        if s not in yielded:
            yield s
            yielded.add(s)
        if d == 0: return                    # Max depth zero: Backtrack
        if S is None: S = set()
        S.add(s)
        for u in G[s]:
            if u in S: continue
            for v in recurse(G, u, d-1, S):  # Recurse with depth-1
                yield v
    n = len(G)
    for d in range(n):                       # Try all depths 0..V-1
        if len(yielded) == n: break          # All nodes seen?
        for u in recurse(G, s, d):
            yield u
```

当然，我们对于 IDDFS 的运行时间是不太能确定的。与 DFS 不同，该算法通常会多次遍历许多边和节点，所以我们恐怕远远不能确保它是一个线性时间的算法。如果相关图结构本身就是一条路径，而我们又是从该路径的其中一个端点开始执行 IDDFS 的话，它的运行时间当然是平

[①] IDDFS 与 Ore 的方法并不是完全等效的，因为它不会用与其相同的方式来标志相关边线的关闭状态。它加入的是另一种标志，通常会被认为是一种修剪种形式，这方面我们稍后会详细讨论。

方级的。但这个例子本身就是不正常的；只要我们的遍历树稍微有一点分叉，其大部分节点就都会出现在该树的底层（就像第 3 章中的淘汰赛制那样），所以对于许多图结构来说，它的运行时间应该是线性级或接近于线性级的。

如果试着在一个简单的图结构上执行该 iddfs 函数的话，我们会发现其节点的生成顺序是从起点的最近处开始，一直延伸到最远处的。先返回所有距离为 k 的，然后是距离为 $k+1$ 的，以此类推下去。如果它要找的是某实际距离内的节点，我们可以很轻松地在 iddfs 函数中执行一些额外的记录操作，以便把节点和它的距离一块递交。除此之外，另一种方式就是在函数中维护一个距离表（这非常类似于在 DFS 算法中，我们在节点被探索以及完成处理时所做的操作）。事实上，我们也确实可以在遍历树中用一个字典记录距离，而另一个字典记录各节点的父节点。这样我们才能从这些距离中检索出最短路径。但如果我们目前只专注于路径问题的话，其实倒也不必为了纳入这些额外信息而去修改 iddfs 函数，我们可以直接构建出另一种遍历算法：广度优先搜索算法（breadth-first search，BFS）。

BFS 算法的遍历其实要比 IDDFS 容易得多，我们只需要在一般性遍历框架（见清单 5-10）中采用先进先出（first-in first-out）的队列类型即可。事实上，它与 DFS 算法唯一显著的区别就是将 LIFO 替换成了 FIFO。结果就是先被访问到的节点会率先完成探索，这使得我们能像在 IDDFS 算法中那样对图结构进行逐层探索。不过，好处是这次我们不再需要对任何边和节点进行多次访问了，进而也就能恢复对于该算法线性级性能的保证了。[①]

清单 5-10　广度优先搜索

```
def bfs(G, s):
    P, Q = {s: None}, deque([s])          # Parents and FIFO queue
    while Q:
        u = Q.popleft()                    # Constant-time for deque
        for v in G[u]:
            if v in P: continue            # Already has parent
            P[v] = u                       # Reached from u: u is parent
            Q.append(v)
    return P
```

正如您在清单 5-9 中所看到的那样，bfs 函数与清单 5-5 中的 iter_dfs 函数非常类似。我们只是将其中的 list 换成了 deque，而且，这次我们只需在遍历过程中持续跟踪途经节点的父节点（它们都在字典 P 中）即可，不需要再去记录那些已访问节点了（之前的集合 S）。现在，如果您想要获取从 a 到 u 的路径的话，只要直接在队列 P 中"往回倒"就行了。

```
>>> path = [u]
>>> while P[u] is not None:
...     path.append(P[u])
...     u = P[u]
...
>>> path.reverse()
```

---

① 从另一方面来说，这也意味着我们可能会以一种在真实迷宫中无法实现的方式在节点之间来回跳跃。

当然，我们可以自由选择在 DFS 中使用这种父节点字典，也可以在 BFS 中选择用 yield 来迭代遍历的节点集。在习题 5-13 中，我们将会让您通过修改这段代码来找出相关的距离（而不是路径）。

> **提示：**浏览网页是一种将 DFS 和 BFS 可视化的方式。当我们接连点过一些链接后，通过"后退（Back）"按钮回到某个自己曾到过的页面时，我们使用的就是 DFS。在这里，回溯操作就与"撤销"按钮的作用有些类似。而 BFS 则更像是我们用新窗口（或标签页）在后台打开每一个链接，然后在看完各页面后依次关闭其窗口。

只有在一种情景中，IDDFS 的情况是好于 BFS 的：当搜索目标是一个巨大的树结构（或某种"形态结构"类似于树的状态空间）时。由于该结构不存在环路问题，我们不用记录自己访问过的节点，这也就意味着 IDDFS 算法只需要存储从起点出发的单条路径即可。而在另一方面，BFS 则必须在内存（队列）中持有全体的前沿节点，并且只要该树上带有一些分叉，随着与根节点之间的距离的增大，前沿节点就指数式地成倍增长。换句话说，在上述这些情况下，IDDFS 的内存用量更为节省，同时又很少出现或者根本不出现渐近性的性能下降。

"黑盒子"专栏之：deque

我们之前曾几次简单提到过，Python 的 list 类型能胜任 stack 的角色（一种 LIFO 的 queue），但并不胜任（FIFO）queue 的角色。尽管它的 append 操作时间是常量级的（至少对于许多这种 append 操作的时间求平均值是如此），但其从前端 pop（或 insert）的操作时间则是线性级的。而在 BFS 这类算法中，我们要使用的是一种两端式队列（double-ended queue，或 deque）。所以，这种队列通常都是用链表（其前后端的追加及 pop 都属于常数级操作）或者所谓的环状缓存区来实现的——后者（circular buffers）是一种始终对其第一个（首端）和最后一个（尾端）元素保持跟踪的数组，如果该数组首尾两端有任何一个元素越过了其尾端，我们都会将其"导向"另一端，并用取模（%）运算符计算出其实际索引位置（故而我们说它是环状的）。如果该数组已经完全被填满了，那我们就需要为其重新分配一个更大的容量，就像我们在动态列表中所做的那样（详见第 2 章中相关的"黑盒子"专栏）。

幸运的是，Python 本身在其标准库的 collections 模块中就提供了 deque 类。该类除了在右端所执行的 append、extend、pop 这些方法外，在左端也相应提供了一组名为 appendleft、extendleft、popleft 的方法。在内部，deque 类的实现是一个块空间的双向链表，其中每个独立元素都是一个数组。尽管它与纯独立元素组成的链表近乎等效，但这样做能降低开销并且在实践中更为有效。例如，如果它是一个普通的列表，我们通过表达式 d[k] 就能访问到 d 队列中的第 k 个元素。同理，如果 deque 对象中的每个块空间中都有 b 个元素，那么我们就只需要遍历第 k//b 块空间就够了。

5.4 强连通分量

在 DFS、IDDFS、BFS 这些遍历算法在其各自领域发挥作用的同时，我们之前也提到过，在一些别的算法中，遍历扮演了其底层结构的角色。在未来的几章中，我们还会继续关注这些角色，但在本章结尾，我们要向您介绍一个经典问题——一个有相当难度的问题，但只要您对遍历有一些基本理解，应该就能很优雅地解决掉这个问题。

该问题就是要找出强连通分量（strongly connected components，SCCs），有时也直接简称为强分量（strong components）。SCCs 是一种有向化的连通分量，我们在本章开头部分已经介绍过后者的寻找方法。在忽略目标图的边方向（或其本身就是一个无向图）的情况下，一个图结构的连通分量应该就是能让它里面的所有节点彼此到达的最大子图。而要想找出强连通分量的话，我们就需要对这些边的方向进行跟踪了，所以 SCCs 应该是一个能让有向路径上所有节点彼此到达的最大子图。

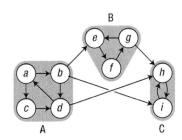

图 5-7　一张有向图中的三个 SCCs（高亮部分）：A、B、C

下面，我们来仔细思考一下图 5-7 中的这个图结构。它与本章开头的那张图（图 5-1）非常类似：尽管图中存在着一些额外的边，但构成这个新结构的 SCC 节点与原无向图中的连通分量是相同的。而且正如上图所示，在这些强分量（高亮部分）中，所有节点间都是可以彼此到达的，但如果我们试着再往其中加入任何一个节点，这一属性就不成立了。

现在，假设我们要在该图结构上执行 DFS 算法（为了确保能涵盖到整个图结构，该算法可能会选择几个不同的遍历起点），您会如何评估遍历完强分量 A 和 B 中所有节点所需的时间呢？如您所见，图中从 A 到 B 有一条边可走，但从 B 到 A 却没有路径可走。这当然会影响遍历的完成时间。至少我们可以肯定，A 将会晚于 B 完成遍历。也就是说，A 的最后完成时间一定比 B 的最后完成时间要晚一些。如果我们仔细观察一下图 5-7 中的情况，其中的缘由是显而易见的。如果遍历是从 B 中开始的，那么我们是不可能到达 A 的，所以 B 的遍历可能甚至在 A 的遍历开始（更不用说完成了）之前就已经完成了。但如果遍历从 A 开始的话，我们很清楚自己不会被局限在 A 内部（其中的任何节点都能彼此到达），所以在其完成遍历之前，我们还是会先移动到 B 以及其他需要遍历的区域（在这里就是 C），待这一切完成之后才会回溯到 A。

事实上，在一般情况下，只要任何一个强分量 X 中有一条边通往另一个强分量 Y，X 中最后完成遍历的时间就一定会晚于 Y 中最后完成的时间。其证明过程与我们之前那个例子是相同的（请参考习题 5-16）。根据这些事实，我们可以得出以下结论：我们无法采用从 B 到 A 的遍历方式——事实上，SCC 的工作方式原本就是如此，因为这些 SCC 合起来就构成了 DAG！因而，只要 X 中有一条边通往 Y，Y 中就不可能会有一条边能通往 X。

对于图 5-7 中的高亮部分，如果我们将它们视为单一"超级节点"的话（并保留这三部分之间原有的边线），最终会得到这样一个图结构（我们称其为 SCC 图）：

这显然也是个 DAG，但为什么这种 SCC 图中始终会没有环路呢？因为只要我们假设 SCC 图中存在环路，那么，这就意味着我们可以在两个 SCC 之间反复来回。您能看出其中存在的问题吗？是的，没错，这就等于第一个 SCC 中的每个节点都可以到达第二个 SCC 中的每个节点，反之亦然。这样的话，事实上，该环路上的所有 SCC 就可以被合并成一个单一的 SCC。这显然与我们最初的假设是矛盾的。

现在，让我们将该图中所有的边线都翻转一下。这样做并不会影响这些节点所属的 SCC（具体见习题 5-15），但会影响 SCC 图本身。具体到上面的例子来说，就是现在 A 中没有出路了。所以如果我们还是在遍历完 A 后，再在 B 中开始新一轮遍历的话，是不可能从中脱身的，这样就只剩下 C 了。而且，我们刚才似乎已经完成强分量的查找了，不是吗？如果纯粹从一般性思维运用来说，我们总得需要先从原图结构中没有任何入边的 SCC（也就是翻转后没有出边的 SCC）入手。基本上，我们正在查找的就是该 SCC 图的拓扑排序中的第一个 SCC（然后才是第二个，并依次找下去）。下面请大家回顾一下，根据我们最初对 DFS 的推理：起点的遍历处理将会在最后一刻完成。事实上，如果我们根据其最后完成时间的递减顺序来选择其最终遍历的起点的话，同时也就等于确保了一个 SCC 的完全探索，因为这些被翻转的边线已经阻断了我们移往下一个 SCC 的路径。

要完全跟上这个推理过程确实会有一点难度，但这并不等于其主要思维都很难。如果 A 中有一条边通往 B，那么 A 的遍历（最终的）完成时间将会晚于 B。如果我们是根据最终完成时间的递减顺序来选择（第二次的）遍历起点的话，这就意味着我们要先于 B 访问 A。而如果在此刻翻转图中所有边线的话，虽然我们依然可以遍历 A 中所有节点，但再也不能由此移动到 B 中了，这使得我们一次只能单独探索一个 SCC。

下面我们来对该算法做个概述。需要注意的是，这里将不再需要"手动式"运用 DFS 算法，并根据完成时间来对相关节点进行反向排序了。我会直接调用 dfs_topsort 函数，这才是我们该做的工作。[①]

（1）在目标图结构上执行 dfs_topsort 函数，并产生一个序列 seq。

（2）翻转图中所有的边线。

（3）从 seq 中（根据顺序）选择一个起点进行完全遍历。

其具体实现如清单 5-11 所示。

---

① 这有点像在作弊，因为我们是在一个非 DAG 上执行拓扑排序的。但是，这里的想法只是要获取各节点完成遍历时间的递减顺序，而这正是 dfs_topsort 函数在做的事，并且会在线性时间内完成。

清单 5-11　Kosaraju 的查找强连通分量算法

```
def tr(G):                                      # Transpose (rev. edges of) G
    GT = {}
    for u in G: GT[u] = set()                   # Get all the nodes in there
    for u in G:
        for v in G[u]:
            GT[v].add(u)                        # Add all reverse edges
    return GT

def scc(G):
    GT = tr(G)                                  # Get the transposed graph
    sccs, seen = [], set()
    for u in dfs_topsort(G):                     # DFS starting points
        if u in seen: continue                   # Ignore covered nodes
        C = walk(GT, u, seen)                    # Don't go "backward" (seen)
        seen.update(C)                           # We've now seen C
        sccs.append(C)                           # Another SCC found
    return sccs
```

如果我们尝试在图 5-7 上运行一下上面的 scc 函数，应该就会得到{*a, b, c, d*}、{*e, f, g*}和{*i, h*}这三个集合[①]。另外，在调用 walk 函数时还需要注意一件事，我们这次启用了该函数的 S 参数，使其能回避掉之前的 SCC。因为图中所有的边都是指向后方的，如果不加以禁止的话，它们都太容易成为遍历起点了。

■ **请注意：**调用 tr(G)时有一个念头似乎会很有吸引力，那就是我们选择不翻转图中所有边线，而改成在 dfs_topsort 函数返回时将其序列按逆序返回（也就是按照完成时间的递增原则，而不是递减原则来选择遍历起点），但这显然是不能工作的（在习题 5-17 中，我们会要求您证明这一结论）。

目标与修剪

本章所描述的遍历算法基本上都是用来访问它们所能到达的每个节点的。但有时候，我们其实只是需要查找某个特定节点（或某一类节点），并且最好能尽可能多地忽略掉图中的细节。对此类操作，我们称之为目标导向型（goal-directed）搜索；而对于这种搜索带来的，遍历子树过程中潜在的忽略行为，我们称之为修剪（pruning）。例如，如果已知自己要找的节点位于起点的 *k* 步以内的话，那我们只需要在执行遍历算法时将其深度限制设定为 *k* 即可，这就是一种修剪形式。同样，二分搜索或搜索树的搜索算法（我们将在第 6 章中具体讨论它们）也都属于修剪范畴。相较于整个搜索树的遍历来说，我们在这里只需要访问可能存在被查找值的那部分子树就可以了。而根据这些树的构造，我们往往每进一步都能丢弃掉其同级的大部分子树，并以此衍生出了高效算法。

---

① 事实上，walk 函数返回的是各个强分量的遍历树。

对自身目标的充分了解有助于我们选出最有前途的优先方向（这也就是所谓的最优先搜索）。第 9 章将会讨论的 A*算法就是其中一个例子。如果您此刻正在某个解决方案空间中搜索，其实您也可以先考虑一下如何评估出其中最有前途的方向（也就是看看跟着这条边走下去会不会得到最佳解决方案）。通过忽略一些对目前最佳方案改善没有帮助的边线，我们可以大大地提升相关算法的速度。这种方法叫作分支定界法（branch and bound），我们将会在第 11 章中对此加以具体讨论。

5.5　本章小结

在本章，我们首先向您展示了一些在图结构中移动的基本方法，其中既包括有向图也包括无向图。这种遍历思维（直接或从概念上）为本书后面章节中的许多算法，以及我们今后可能遇到的其他算法奠定了基础。接着，我们列举了几个迷宫遍历的算法实例，例如由 Trémaux 或 Ore 提出的算法。当然，这些算法大体是作为构建对机器友好的方法的出发点而提供的。通常情况下，一个图结构的遍历过程主要包括：维护一个用来存放待探索节点的 to-do 列表（一种队列），并从中去除我们已访问过的节点。最初，该列表中只有遍历的起点，在之后的每一步，我们都会访问（并去除）其中一个节点，并将其邻居节点加入到该列表中。而在该列表中，项目的（调度）顺序则很大程度上决定了我们所实现的遍历类型。例如，如果您采用了 LIFO 队列（stack 类型），那么执行的就是深度优先搜索（DFS），而要是我们采用的是 FIFO 队列，执行的就是广度优先搜索（BFS）了。其中，DFS 是一个相对直接的递归式遍历，假设我们找出了各个节点从被探索到完成遍历的时间，那么后代节点所用的时间就一定落在其先辈节点所用的时间之内。而 BFS 则具有被用来在一个节点到另一个节点之间寻找（未加权）最短路径的作用。另外，我们还介绍了一种 DFS 变体，称为迭代深度的 DFS。虽然它也具有 BFS 的作用，但其在大型树结构搜索中所起到的作用会更大一些，例如我们将会在第 11 章中讨论状态空间时用到这种算法。

如果相关图结构是由若干个连通分量组成的，我们可能需要针对各分量分别重启遍历程序。要做到这一点，我们可以对图中所有节点进行枚举，跳过那些已访问过的节点，并从别处启动一次遍历程序。而在有向图中，这种方式即使在图结构整体连通的情况下有可能仍是必要的，因为图中一些边的方向可能会成为我们到达某些节点的阻碍。为了找出一个有向图中的强连通分量（在这种分量中，图中的路径可以支持其中任何两个节点之间的彼此到达），我们可能需要经历一个相对复杂的过程。我们这里讨论的是 Kosaraju 算法，它会先找出各节点最后完成遍历的时间，然后根据其完成时间的递减顺序来选择遍历的起点，在目标图的翻转图（翻转图中所有边的方向）中进行遍历。

5.6　如果您感兴趣

如果您喜欢遍历，也不用担心，我们很快就要去做更多的遍历了。另外，您也可以通过 Cormen 等人的书来了解更多关于 DFS、BFS 以及 SCC 算法的细节问题（对此，我们可以参考第 1 章的

"参考资料"部分）。如果您对于查找强连通分量也有兴趣的话，也可以去参考一下本章"参考资料"部分所列出的 Tarjan 与 Gabow（或者更确切地说，是 Cheriyan-Mehlhorn/Gabow）各自提出的算法。

5.7 练习题

5-1. 在清单 5-2 的 components 函数中，seen 节点集合是一次性更新整个分量的。但这里的另一个选项是在 walk 函数中逐个将节点添加进去。您觉得这两种选项的区别在哪里？还是它们根本没有什么不同？

5-2. 在面对一个每个节点的度（degree）都是偶数的图结构时，您会用何种方式寻找其中的欧拉环路？

5-3. 如果在一个有向图中，每个节点的入度与出度是相同的，我们就会找到一条有向的欧拉环路。这其中的缘由是什么？您如何看待它与 Trémaux 算法之间的关联？

5-4. 在图像处理中，有一个被称为色彩填充（flood fill）的基本操作，它会在某一区域内填充一种单色。在一些绘图应用程序（例如 GIMP 或 Adobe Photoshop）中，它往往就是油漆桶这样的工具，您觉得这种填充操作应该如何实现呢？

5-5. 在希腊神话中，Ariadne 在帮助 Theseus 战胜了牛头人之后，给了他一个羊毛线球，以便让他能逃离迷宫。但如果 Theseus 在他来的路上，进迷宫之前忘记了桩住线头，而且只有在他彻底迷路时才想起这个球——那么，接下来他该如何使用这个线球呢？

5-6. 在递归版的 DFS 中，回溯操作会发生在我们从一个递归调用返回的时候。但迭代版的 DFS 中的回溯操作又是在何处发生的呢？

5-7. 请写一个非递归版的，且能确定"处理完成"时间的 DFS 算法。

5-8. 在（清单 5-7 的）dfs_topsort 函数中，每个节点上都会启动一次递归版的 DFS（尽管它会在遇到已访问节点时立刻被终止）。那么我们要如何确定这是一次有效的拓扑排序呢？它即使在任意选择排序起点的情况下也是有效的吗？

5-9. 写一个有钩子（hook，即可覆写函数）版本的 DFS 算法，使用户能实现自定义的前序处理和后序处理。

5-10. 请证明当（且仅当）DFS 没有找到后向边时，被遍历的图结构中是不存在环路的。

5-11. 如果您打算用其他遍历算法而不是 DFS 来查找一个有向图中的环路，您会面对什么挑战？为什么在无向图中不需要面对这些挑战？

5-12. 如果我们在无向图中执行 DFS 算法，我们将不会遇到任何前向边或交叉边。这是为什么？

5-13. 请写出一个版本的 BFS，该版本要找的是起点到各个节点的距离，而不是实际路径。

5-14. 正如我们在第 4 章中所提到的，如果我们能按照有没有邻居节点将目标图中的全体节点分成两组，而且没有任何一对邻居节点存在于同一组中，该图就被称为二分图。这个问题的另一种思考方式就是将目标图中的节点分别涂上黑色或白色，没有任何一对邻居节点的颜色是相同的。请展示对于任意的无向图，您是如何找到这种二分法（或者双色法）的。当然，前提是确实存在这样一种划分。

5-15. 如果我们翻转一个有向图中的所有边线，其中的强连通分量将保持原样。为什么？

5-16. 假设 X、Y 是同一个图结构 G 中的两个强连通分量，并且从 X 到 Y 至少存在着一条边。如果我们要在 G 上运行 DFS 算法（必要时可以重启调用，直至图中所有节点都被访问到为止），那么 X 中最终完成遍历的时间一定会晚于 Y 中的最终完成时间。这是为什么？

5-17. 在 Kosaraju 算法中，我们是按照（由 DFS 在初始阶段得出的）最后完成时间的递减顺序来选择最终遍历的起点的，并且我们是在翻转图（翻转所有的边）中执行遍历操作的。为什么我们不能在原图中用其完成时间的递增顺序来做这件事？

5.8 参考资料

- Cheriyan, J. and Mehlhorn, K. (1996). Algorithms for dense graphs and networks on the random access computer. *Algorithmica*, 15(6):521-549.
- Littlewood, D. E. (1949). *The Skeleton Key of Mathematics: A Simple Account of Complex Algebraic Theories*. Hutchinson & Company, Limited.
- Lucas, É. (1891). *Récréations Mathématiques*, volume 1. Gauthier-Villars et fils, Imprimeurs-Libraires, second edition. [Available online at http://archive.org]
- Lucas, É. (1896). *Récréations Mathématiques*, volume 2. Gauthier-Villars et fils, Imprimeurs-Libraires, second edition. [Available online at http://archive.org]
- Ore, O. (1959). An excursion into labyrinths. *Mathematics Teacher*, 52:367-370.
- Tarjan, R. (1972). Depth-first search and linear graph algorithms. *SIAM Journal on Computing*, 1(2): 146-160.

第 6 章

■ ■ ■

分解、合并、解决

分而治之，为至理名言；而合而御之，则更进一步。

——选自 Johann Wolfgang von Goethe[①]的诗集

在接下来的三章中，我们将会为您介绍一些著名的设计策略（design strategy）。本章介绍的是分治法（divide and conquer，D&C）。这种设计策略致力于通过某种分解问题的方式来改善程序性能：先将问题实例分解成若干个子问题，然后递归解决这些子问题，并将结果合并，以求最终获得原问题的答案——这也是本章标题中所描述的解题模式。[②]

6.1 树状问题，即平衡问题

之前，我们曾经提出过一种设计思路：以子问题为节点，并以它们之间的依赖（或归简）关系为边构建一个子问题图。而对于这种结构来说，树状结构无疑是最简单的一个例子了。因为在该结构中，每个子问题都可能依赖于一个或多个别的子问题，而这些问题本身又都可以被独立解决（到了第 8 章中，我们还会为您介绍去掉这种独立性之后，接踵而来的各种重叠、纠缠的关系）。这就意味着，只要我们能利用这种相对简单的结构找出某种合适的归简方案，就可以直接套用递归公式来解决问题了。

事实上，我们目前已经掌握了设计出分治类算法所需要的所有要件，它们分别是以下三个概念性思维：

- 第 3 章中讨论的分治递归式；
- 第 4 章中讨论的强归纳法；
- 第 5 章中讨论的递归遍历法。

其中，递归式关注的是算法的性能，归纳法则是我们用来理解算法具体工作方式的一种工具，

---

① 译者注：约翰·沃尔夫冈·冯·歌德（Johann Wolfgang von Goethe）：德国著名诗人、戏剧家、自然学家以及政治活动家。

② 请注意，有些作者会用解决这一术语来描述归纳法中的基本情况，因此产生了有所不同的顺序，变成了分解、解决、合并。

而递归遍历法（树上 DFS）则是构成这些算法的基本骨架。

现在对我们来说，实现各个归纳步骤的递归形式早已不是新问题了，因为我们早在第 4 章中就曾为了一些简单排序详细介绍过这类实现的具体过程。但除此之外，平衡（balance）也是我们在设计分治类算法时要考虑的一个关键问题，而这里我们需要用到强归纳法：因为在这里，我们不是要从 n−1 推导出 n，而是要从 n/2 推导出 n。[1] 而且，这里要解决的子问题规模也不再被假定为 n−1 了，我们现在要处理任何规模小于 n 的子问题。

但这与平衡问题有何关系？对于这个问题，还是让我们先来回顾一下弱归纳法的设计思路。在弱归纳法中，我们通常会将问题分解成两个部分：一部分的问题规模为 n−1，另一部分的规模则为 1。那么，如果假设其归纳步骤是个线性级操作的话（这种情况相当常见），我们得出的递归式就应该是 $T(n) = T(n-1) + T(1) + n$。显然，这两个递归调用是极其不平衡的，而且我们最终基本上会获得一个解决握手问题的递归式，结果是个平方级算法。接下来，如果我们想让这两个递归调用的分布更均衡一些的话，应该怎么做呢？也就是说，我们要怎样才能让这两个子问题具有同等规模呢？因为只有在这种情况下，相应递归式才会转变成 $T(n) = 2T(n/2) + n$。想必您对该递归式也非常熟悉，它就是典型的分治递归式，其运行时间为线性对数级（$\Theta(n \lg n)$）——这算得上是一次飞跃了。

在下面的图 6-1 与图 6-2 中，我们用递归树的形式诠释了这两种方法间的不同之处。您可以看到，它们在节点数量上是相同的——而主要的效应则来自这些节点上的工作分配情况。然后就像看魔术师的把戏一样，您能看出我们都把工作分配到哪儿了吗？在这过程中最重要的是要理解，对于相对简单，但会逐步失衡的那个方法来说（见图 6-1），我们会看到它的许多节点被赋予了高额的工作量。而对于能保持平衡的分治法来说（见图 6-2），它的大多数节点上的工作量都非常少。例如在不平衡的递归操作中，似乎总是有大约 n/4 的调用会至少要耗费整体 n/2 的开销，而在一个平衡的递归操作中，无论 n 的值是多少，同样开销的节点都只会有三个。这就是它们之间的一个显著区别。

下面，我们来看看这种划分模式的实际运用。天际线问题（skyline problem）[2]在这方面算是一个相对简单的问题。在该问题中，我们需要设置一个有序的三元组序列(L,H,R)。其中，L 代表了建筑物左侧的 x 坐标，H 代表的则是建筑物的高度，最后 R 代表的是建筑物右侧的 x 坐标。也就是说，该序列中的每个三元组都代表了一个建筑物相对于某个既定原点的（矩形）轮廓。而我们现在的任务就是要根据这些轮廓构造出这些建筑物的天际线。

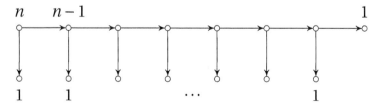

图 6-1　一次不平衡的分解处理，其分解/合并为线性级操作，整体运行时间为平方级

---

[1] 也就是说，我们要将问题规模为 n/2 的解决方案构建成一个问题规模为 n 的解决方案。

[2] 相关说明可参考 Udi Manber 的《Introduction to Algorithms》（见第 4 章的"参考资料"部分）一书。

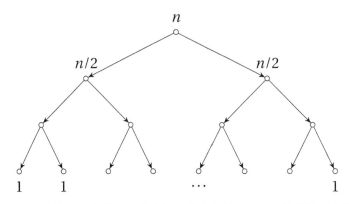

图 6-2　分治法：一次平衡的分解处理，其分解/合并为线性级操作，整体运行时间为线性对数级

　　我们可以用图 6-3 和图 6-4 来描述一下这个问题。如图 6-4 所示，我们在现有的天际线中增加了一栋新的建筑。在这种情况下，如果该天际线的存储形式是一个三元组的水平线序列的话，那么添加新建筑就应该是这样一个线性级操作：先（1）查看其左侧坐标在天际线序列中的位置，然后（2）提升所有低于该建筑的地方，最后（3）看其右侧坐标的情况。如果其左右坐标都位于某些水平线序列的中间，我们就会将这些水平线一分为二。

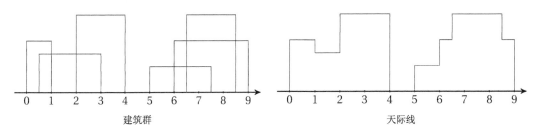

图 6-3　一组建筑的轮廓及其产生的天际线

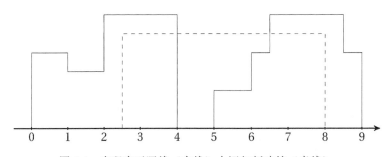

图 6-4　在现有天际线（实线）上添加新建筑（虚线）

　　但问题的重点并不完全在合并细节上，"在线性时间内将一个新建筑加入到现有天际线中"这件事本身也是个关键。我们不妨先试试用相对简单些的（弱）归纳法来构建算法：从单一建筑入手，然后持续添加新建筑，直至完成任务。很明显，这必然是一个平方级算法。想要改善这种情况的话，我们就得改用强归纳法——也就是分治法。由于我们注意到合并两个天际线并不会比

将一个建筑与一个天际线合并来得更困难，因此只要我们能"同步"遍历它们的两侧，并始终在一者比另一者更高的时候，总是使用那个最大值（这儿需要将其水平线做分割处理）。而且顺着这个思路，我们又迎来了第二轮的算法改进，即为了获取所有建筑的天际线，我们也可以先（递归地）将相关建筑对半分，然后分别计算它们各自的天际线，最后进行合并。这就得到了一个线性对数级算法（想必您也已经看出来了，在习题 6-1 中，我们将会让您来亲自实现一下该算法）。

6.2 经典分治算法

在上一节中，我们以计算天际线的递归算法为原型，诠释了分治类算法的工作过程。在该算法中，输入的是一个元素集合（或元素序列），这些元素将会被对半分成两个规模大致相同的集合（这里最多是线性级操作），然后该算法会在这两半元素持续递归下去，并最终合并出结果（这最多也是线性级操作）。当然，其标准形式是可以有一些修改变化的（我们在下一节中就会看到它的一个重要变体），但其中所包含的核心思路基本都是一致的。

在清单 6-1 中，我们给出了一个通用分治函数的基本架构。尽管我们可能需要根据自己的算法来实现相应的版本，而不是直接使用这样的通用函数。但这个函数能很好地诠释这类算法的工作过程。当然，在这里，我们的设定是函数在遇到基本情况时会直接返回 S，这具体得取决于 combine 函数的工作方式。[1]

清单 6-1　分治语义的一种通用性实现

```
def divide_and_conquer(S, divide, combine):
    if len(S) == 1: return S
    L, R = divide(S)
    A = divide_and_conquer(L, divide, combine)
    B = divide_and_conquer(R, divide, combine)
    return combine(A, B)
```

另外，我们也用图 6-5 对该模式做了诠释。该图的上半部分表示的是递归调用的过程，而下半部分表示的是其返回值被合并的过程。对于某些算法（例如本章稍后会提到的快速排序法）来说，其重点在于图的上半部分（分解部分）。但另一些算法则更着重于图的下半部分（合并部分），这其中最著名的一个例子可能就要数归并排序法了（本章后面也会介绍这一算法），那也是一个典型的分治类算法。

6.3 折半搜索

在研究如何解决一些符合这种通用模式的更多例子之前，让我们先来看一个与之相关的模式。该模式在每次调用中都会放弃一个递归分支。我们早前介绍的二分搜索法（二分法）就是这

---

[1] 例如在天际线问题中，我们很可能会将基本情况下的元素（L,H,R）分成两部分：（L,H）与（R,H），然后 combine 函数就可以构建一个由点元素组成的序列了。

样的算法。该算法会将问题对半分成两部分，然后只选一部分来继续递归调用。其核心原则依然是平衡。请想想，如果这是在一个完全不平衡的搜索操作中，情况会如何呢？想必您还记得第 3 章的那个"猜粒子"游戏吧？一个不平衡的解决方案就相当于您针对宇宙中的每一种粒子都问一遍："这是您要找的粒子吗？"这其中的区别显然仍如图 6-1 和 6-2 所示，只不过（对于该问题而言）每个节点上的工作量是常数。另一点区别是，我们只需要从根节点到某一个叶节点走一遍即可。

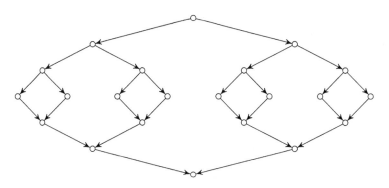

图 6-5　分治类算法中的分解、递归与合并

　　当然，二分搜索也有些看起来不是很有趣的地方。这种搜索确实很有效率，但它只能在一个有序序列上执行——这是否就显得它的应用范围很受限制呢？其实不是这样的。首先，该操作本身通常就是其他算法的一个非常重要的组成部分。其次同样重要的是，二分搜索还能被应用于一些更为通用领域的查找行为。例如在某些数值优化思路（例如牛顿方法）中，或在我们自身代码的调试过程中都存在着二分搜索。不仅"二分法调试"常常被用来提高某些手动式调试的效率（例如"看看相关代码执行到某个 print 语句前会不会崩溃"之类的），而且它在许多版本控制系统（revision control system，RCS）也有大量运用，如 Mercurial 和 Git。

　　其在 RCS 中的作用是这样的：我们会用 RCS 持续跟踪代码的变化，并将这些变化存储为多个不同的版本。我们可以"按时间遍历"它们，并将代码恢复到之前的任意时间点的版本。接下来，假设我们现在遇到了一个新 bug，想要把它找出来（能理解这种想法吧）。这时候 RCS 该如何发挥作用呢？首先，我们要先基于测试套件写一个测试——以便找出该 bug 所在的位置（这在调试中通常都是第一步动作）。此外，我们还得确保 RCS 能访问到该测试。然后，我们就可以要求 RCS 查找该 bug 在历史记录中出现的位置了。但这点又是如何做到的呢？二分搜索！惊喜吧？比如说，如果我们知道该 bug 位于版本号 349 到 574 之间的话，RCS 就会先将代码恢复到 461 版本（中间位置），然后运行测试代码，看看是否存在该 bug。如果存在，那么 bug 的出现就位于 349 到 461 之间，否则就位于 462 到 574 之间。然后选择一个分支，继续相同操作。

　　这个例子不仅简单地示范了二分法的运用，还对另外两点内容做了很好的诠释。首先，该例子说明了我们对一些已知算法的实现不能公式化，即使在算法真的不需要修改时也是如此。例如在上面的例子中，RCS 背后的实现者就很可能需要自己来实现二分搜索操作。其次，这个例子很好地演示了在什么情况下减少关键基本操作的执行次数是件非常重要的事——这比起有效率地实现这些操作来得更重要。毕竟，编译代码与执行测试套件往往都是一些较慢的操作，所以我们总会希望能尽可能地少做几次这样的事情。

二分搜索在许多环境中都有应用，但在 Python 标准库中，"在一个有序序列上搜索某个值"的语义被直接做成了 bisect 模块。其中就包含了 bisect 函数，它的作用完全符合我们的预期：

```
>>> from bisect import bisect
>>> a = [0, 2, 3, 5, 6, 8, 8, 9]
>>> bisect(a, 5)
4
```

好吧，也许不是那一种预期，因为它并没有返回现有的那个 5 的位置，而是返回了可以插入一个新的 5 的位置，并确保其位于（那个值相等的）现有项之后。而事实上，bisect 也只是 bisect_right 函数的一个别名，该模块中还有一个 bisect_left 函数：

```
>>> from bisect import bisect_left
>>> bisect_left(a, 5)
3
```

如今由于速度原因，bisect 模块是用 C 来实现的。但在早期版本中（Python 2.4 之前），它其实是一个纯 Python 模块，其 bisect_right 函数的代码如下（注释是我加的）：

```
def bisect_right(a, x, lo=0, hi=None):
    if hi is None:                            # Searching to the end
        hi = len(a)
    while lo < hi:                            # More than one possibility
        mid = (lo+hi)//2                      # Bisect (find midpoint)
        if x < a[mid]: hi = mid               # Value < middle? Go left
        else: lo = mid+1                      # Otherwise: go right
    return lo
```

如您所见，该实现采用的是迭代操作，但它与递归版实现完全等效。

此外，在该模块中还有一对非常实用的函数：insort（insort_right 函数的别名）与 insort_left。这两个函数也会像 bisect 函数一样找出相关元素的正确位置，并且会将其插入进去。虽然插入操作本身依然是线性级的，但至少其中的搜索操作是对数级的（其实，插入操作的实际实现也非常高效）。

但不幸的是，bisect 库中的各种函数都不支持 key 参数的操作，就像我们在 list.sort() 函数里所做的那样。我们可以将类似这样的功能称为"装饰→排序→去除装饰"（其实在这里，应该是"装饰→搜索→去除装饰"）模式，简称 DSU（Decorate→Sort→Undecorate）。像这样：

```
>>> seq = "I aim to misbehave".split()
>>> dec = sorted((len(x), x) for x in seq)
>>> keys = [k for (k, v) in dec]
>>> vals = [v for (k, v) in dec]
>>> vals[bisect_left(keys, 3)]
'aim'
```

或者，我们还可以再简化一下：

```
>>> seq = "I aim to misbehave".split()
>>> dec = sorted((len(x), x) for x in seq)
>>> dec[bisect_left(dec, (3, ""))][1]
'aim'
```

如您所见，这段代码涉及一个装饰列表的新建，这本身是一个线性操作。显然，如果我们在每一轮搜索之前都执行该操作，那么使用 bisect 模块就没有什么意义了。但是，如果我们在多次搜索过程中维持同一个装饰列表，上面提到的那种模式就会有用。而如果该序列本身一开始就没有被排序过，那么我们就会将 DSU 模式当作排序的一部分来处理，就像上面例子中所做的那样。

6.3.1 搜索树的遍历及其剪枝

二分搜索的确是一个非常优秀的算法。虽然它是这里最简单的算法之一，但依然能够独当一面。不过其中也存在着陷阱：该算法只能在一组有序的值中执行。现在，如果我们真的能够对这些值维护一个链表，那自然不会有什么问题。而且对于任何我们想要插入的对象来说，我们也只需用二分法找到相应的位置（对数级操作），然后将对象插入即可（常数级操作）。但问题是——这行不通。二分法需要在常数时间内检测序列的中间值，这在链表中是做不到的。而且，即使改用数组形式（例如 Python 中的 list）也无补于事。因为这种形式仅有助于执行二分法，对插入操作却毫无帮助。

如果我们想要得到一种有利于高效搜索的可修改结构，就需要进行某种折中处理。这里需要的是一种类似于链表（使得插入操作能在常数时间内完成）但又要有利于进行二分搜索的结构。根据本节的标题，相信您已经想到了问题的答案，但请耐心听我说完。首先，由于我们在搜索过程中要在常数时间内访问目标序列内的中间项，所以我们先设有一个指针指向它。而从这个节点开始，我们既可以向左也可以向右移动，但下一个指向的也必须是其左半部分或右半部分的中间项。因此，我们又得在首节点上设置并维护两个指针，一个指向左边，一个指向右边。

换言之，我们或许只需将二分搜索的操作结构表示成一个明确的树结构就可以了！这种树结构会易于修改，并且从其根节点到某一叶节点的遍历操作能在对数时间内完成。因此我们有时也会说，搜索其实就是我们的老朋友遍历操作——只不过其中还伴随着一些剪枝操作。在这里，我们不必遍历整个树结构（也就是我们所谓的线性扫描）。除非我们根据某个有序序列构建出一个树结构，否则我们说"左半部分的中间项"这种表述，对说明问题几乎没有什么帮助。作为替换，我们其实可以从实现剪枝操作的角度来思考一下我们所需要的东西。当查找操作从根节点上开始时，我们所要做的就是将其两个子树中的一个剪掉。（当然，如果我们在某个内部节点上找到了目标值，而树上又不存在重复值的话，该节点的两个子树就可以都被剪掉。）

我们需要的就是所谓的"搜索树属性"：对于某子树的根节点 r 来说，其左子树上所有的值都应该小于（或等于）r 的值，而右子树上的值则都要大于它。换言之，就是该根节点上的值将该子树一分为二了。例如，图 6-6 所显示的树结构就具有这样的属性，其中的节点标签代表的是我们所要搜索的值。这种树结构在 set 类型的实现中非常有用（我们可以用它来检测某个值是否存在）。但如果要实现映射表类型的话，我们就得为其每个节点都设置一个键/值对（其中，键用于搜索，而值则是我们所要找的目标）。

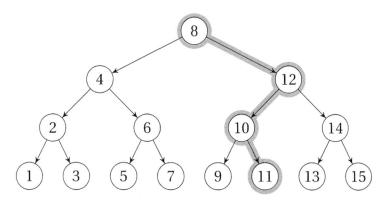

图 6-6　一个完全平衡的二分搜索树，其中高亮部分为节点 11 的搜索路径

通常来说，我们并不总是从头构建一棵完整的树（尽管有时会很有用）。我们使用树的动机主要还是来自它们的动态性，这使得我们可以一个一个往上添加节点。如果我们想添加一个节点，就只需找到属于它的位置，然后将其添加为新的叶节点即可。例如在图 6-6 中，那个树结构的构建过程中可能发生了这样的事：最初加入的节点是 8，然后依次是 12、14、4 和 6。而且，不同的添加顺序所构建出来的树也会不尽相同。

在清单 6-2 中，我们给出了一个简单的二分搜索树，它的封装方式使其看起来有点像 dict 类型。我们可以像下面这样使用它：

```
>>> tree = Tree()
>>> tree["a"] = 42
>>> tree["a"]
42
>>> "b" in tree
False
```

如您所见，我们将插入和搜索操作都实现成了独立的函数，而非方法。这使得它们能在非节点上操作。（当然，您完全不必这样做。）

清单 6-2　二分搜索树中的插入与搜索

```
class Node:
    lft = None
    rgt = None
    def __init__(self, key, val):
        self.key = key
        self.val = val

def insert(node, key, val):
    if node is None: return Node(key, val)    # Empty leaf: add node here
```

```
        if node.key == key: node.val = val        # Found key: replace val
        elif key < node.key:                       # Less than the key?
            node.lft = insert(node.lft, key, val)  # Go left
        else:                                      # Otherwise...
            node.rgt = insert(node.rgt, key, val)  # Go right
        return node
    def search(node, key):
        if node is None: raise KeyError            # Empty leaf: it's not here
        if node.key == key: return node.val        # Found key: return val
        elif key < node.key:                       # Less than the key?
            return search(node.lft, key)           # Go left
        else:                                      # Otherwise...
            return search(node.rgt, key)           # Go right

    class Tree:                                    # Simple wrapper
        root = None
        def __setitem__(self, key, val):
            self.root = insert(self.root, key, val)
        def __getitem__(self, key):
            return search(self.root, key)
        def __contains__(self, key):
            try: search(self.root, key)
            except KeyError: return False
            return True
```

请注意：清单 6-2 中的实现不允许树结构中出现重复的键。如果您插入的新值拥有一个现存的键，那么该键的原值就会被直接重写。要改变这一行为也很容易，因为树结构本身是能够接受重复的。

有序数组、树以及字典之间，到底选择哪一种？

　　虽然（有序数组上的）二分法、二分搜索树及字典（散列表）都实现了一项基本功能：高效率的搜索。但它们之间有着一些重要区别。其中，数组二分法速度很快，开销也较小，但依赖于相关数组（如 Python 中的 list）的排序情况。而且维护起来会很麻烦，因为在数组中添加元素是一个线性操作。而搜索树的开销会更大一些，但由于它的动态性，插入和移除元素很方便。不过在很多情况下，散列表（字典形式）会显得更有优势。因为它理论上的平均时间复杂度是常数级的（相比之下，数组的二分法和搜索树则都是对数级时间），而且在实践中也近乎如此，开销很小。

　　但散列表会要求我们计算出相关对象的哈希值。在实践中，我们几乎总能实现哈希值的计算，但在理论上，数组二分法与搜索树在这方面会更灵活一些——它们只需要比较相关对象的大小即可[①]。这种对于排序的关注也意味着搜索树将允许我们按照既定顺

[①] 事实上，这里说"更灵活"也未必完全确切，因为有许多对象（例如说复数对象）虽然可以被散列，但未必能比较大小。

序来访问——无论是整体访问还是某部分的访问。而且，树还可以被扩展成多维结构的操作（例如在某个超矩形网络区域中搜索某个点）或其他更奇特的搜索形式，而用散列表来处理这些情况就会非常麻烦。除此之外，我们可以举出更多不适合用散列表来处理的情况。例如，如果我们想找出目标序列中最接近被搜索键的那个元素，就基本上只能用搜索树来做。

6.3.2　选取算法

下面，我打算用一个算法来结束"折半搜索"这一节的内容。尽管该算法没有什么机会在实践中被大量使用，但它代表了一个有趣的二分法运用方向。除此之外，它也是另一个经典算法——快速排序法的基础算法（这是我们下一节要讨论的话题）。

该算法要解决的问题是：在线性时间内找出一个无序序列中第 k 大的数。或许，该问题最重要的用途是找出中间值——也就是该序列完成排序后位于中间（$(n+1)/2$）的那个元素值[1]。有意思的是，该算法还有一个附带作用：它也能找出所有比目标元素小的元素。这意味着，该算法也可以用于在 $\Theta(n)$ 时间内找出序列中 k 个值最小的元素（以及 $n-k$ 个值最大的元素）[2]，且时间复杂度与 k 的具体取值无关。

以上描述乍看可能会有些糊涂。我们对运行时间的规定似乎就已经将可能的排序算法排除在外了（除非我们能够做某种计数处理，使得我们可以用到第 4 章中所讨论的计数排序法）。而其他公认能用于查找 k 个最小值的算法都是通过某种数据结构对这些对象的持续跟踪来实现的。例如，我们可以用某种类似于插入排序的方式，在序列首端或另在一个序列中持续跟踪目前已插入的 k 个值最小的对象。

如果我们持续跟踪了其中值最大的对象，那么检测出主序列中各"大"对象的速度是很快的（只需一个常数级检测即可）。但如果我们想在已经跟踪了 k 个对象的情况下再添加一个对象，就会需要移除掉一个对象。当然，我们要移除的肯定是跟踪结构中值最大的元素，但接下来您得再找到剩下的元素中最大的那个才行。我们可以让其一直保持有序状态（该做法非常类似于插入排序法），但这样一来，该算法就无论如何都需要 $\Theta(nk)$ 级的运行时间。

对于该算法而言，（在渐近时间上的）可以进一步采取的一种改进是改用堆结构来处理，将其中的"部分插入排序法"替换成"部分堆排序法"，并确保相关堆中的元素数量始终不超过 k 个（关于堆的更多信息，请参考稍后的黑盒子专栏：二分堆、heapq 与 Heapsort）。在这种情况下，其运行时间就变成了 $\Theta(n \lg k)$，且在 k 值较小的情况下，基本非常接近于 $\Theta(n)$。除此之外，这种方式还能使我们在实现主序列遍历时避免内存跳转操作。因而在实践中，堆结构时常是个不错的选择。

---

[1] 在统计学中，中间值在长度为偶数的序列中也有明确定义：为两个中间元素的平均值。但这并不是我们在这里需要担心的问题。

[2] 译者注：此处原文为 k smallest elements，与前文中提到的 kth smallest element 极易混淆。根据上下文，译者窃以为前者指的应该是"序列中 k 个值最小的元素"，而后者是"序列中值第 k 小的元素"。

> **提示：** 在 Python 中，如果我们要在一个可迭代容器中查找 k 个值最小（或值最大）的对象，且当 k 相对于对象总数量来说取值很小时，可以用 heapq 模块中的 nsmallest（或 nlargest）函数来处理。而当 k 的取值较大时，我们可能就需要先将序列排序(这里既可以调用相关容器的 sort 方法，也可以调用独立的 sorted 函数)，再选取前 k 个元素了。我们可以根据具体的计时来选择最佳的工作方式。当然，您也可以简单地选择一个能让您的代码最清晰的实现版本。

那么下一步，我们该如何消除该算法在渐近时间上对于 k 的依赖性呢？看起来，在这种情况下想要确保其最坏情况为线性级时间会有些难度，所以我们还是先关注其平均情况吧。如果现在我说这里应该用分治法来处理，您会怎么做呢？我们的第一个线索是线性时间的目标，那么怎样的一个"对半分"递归过程有这种属性呢？很简单，我们之前在讨论淘汰赛制的时候已经得出了它的递归式，它只有一个递归调用：$T(n) = T(n/2) + n$。换句话说，我们需要运用某种线性操作将现有问题一分为二（或者更准确地说，是在平均情况下"平分"），就像我们之前在经典分治法中做的一样。但接下来，我们只处理其中的一半问题，使其更接近于二分搜索。也就是说，在该算法的设计中，我们需要找到一种方法，在线性时间内将问题数据分成两半，而所有要找的对象在某一半中。

和之前一样，到了这一步，我们得系统性地看一下自己手里究竟拥有哪些工具，这样才能尽可能清晰地分析问题，并且更易于提出问题的解决方案。总而言之，我们现在已经将目标序列分成了两半，其中一半的值偏小，而一半则偏大。我们也不必保证这两半的规模一样大——只要平均情况下是相等的即可。一种简单的分割方式就是找出这些值中所谓的分割点，以此来完成划分。例如所有小于（或等于）该分割值的，我们都放在左半部分，而所有大于分割值的都放在右半部分。在接下来的清单 6-3 中，我们为这种划分和选取的算法思路提供了一种可能的实现。需要注意的是，该版本是比较偏重于可读性的。在习题 6-11 中，我们会让您试着移除一些不必要的开销。现在，选取方式也已经写好了，它将返回序列中第 k 小的元素。但如果我们想返回的是序列中 k 个值最小的元素，就只需将返回变量 pi 改换成 lo 即可。

清单 6-3　对这种划分与选取算法的一种简单实现

```python
def partition(seq):
    pi, seq = seq[0], seq[1:]           # Pick and remove the pivot
    lo = [x for x in seq if x <= pi]    # All the small elements
    hi = [x for x in seq if x > pi]     # All the large ones
    return lo, pi, hi                   # pi is "in the right place"

def select(seq, k):
    lo, pi, hi = partition(seq)         # [<= pi], pi, [>pi]
    m = len(lo)
    if m == k: return pi                # We found the kth smallest
    elif m < k:                         # Too far to the left
        return select(hi, k-m-1)        # Remember to adjust k
    else:                               # Too far to the right
        return select(lo, k)            # Just use original k here
```

在线性时间内完成选取操作，我们打包票！

对于本节所实现的选取算法，业界通常称之为随机选取（尽管在真正的随机版本中，我们对分割点的选取还会比这里更随机一些，详细情况可参考习题 6-13）。虽然通过该算法，我们通常能预期在线性时间内完成某种选取操作（如找出中间项），但如果各步骤中所选的分割点不太合适，也有可能最终会导致一个握手循环（这是一种归简规模为 1 的线性操作），使其变成平方级操作。当然，这种极端的情况在实践中并不多见（对此，建议您再次参考一下习题 6-13），而且这种最糟糕的情况在实际操作中是完全可以避免的。

相关研究结果表明，只要该算法选择的分割点能按照一个小小的固定比例来分割目标序列（也就是说，只要分割点不位于序列的两端，或者与两端的距离是一个常数），它就一定是个线性级算法。一群算法学家在 1973 年首先提出了一个能做出这个保证的算法（这些人分别是 Blum、Floyd、Pratt、Rivest 和 Tarjan）。

尽管他们所实现的这一算法版本有些复杂，但其核心思路依然是很简单的：首先将目标序列分成五个一组（也可以是其他较小的常数）。然后用某种简单的排序法找出每一份的中间项。到目前为止，我们执行的都是线性操作，但接下来我们要递归调用这一线性选取算法，以找出这些中间项中的中间项（这是可行的，因为这些中间项的数量规模肯定要小于原序列——尽管会让人觉得有些费解）。其得到的结果就是我们要找的、保证能避免低效递归的分割点，我们将把它用在选取操作中。

换言之，该算法的递归调用将分两步走：第一步是先在其中间项序列中找出一个合适的分割点；第二步则是在原目标序列中使用该分割点。

当然，尽管该算法的理论地位非常重要（因为它证明了我们可以在线性时间内完成选取操作），但在实践中被用到的几率很小。

6.4　折半排序

最后，我们到达一个与分治策略最密切相关的领域：排序法。我们在这里并不打算太过深入地探讨这一话题。因为 Python 本身已经为我们提供了业界最好的排序算法（具体请参考稍后的黑盒子专栏：Timsort），其实现方式也很高效。而且事实上，list.sort() 的效率足够好，以至于大多数场合都可以充当我们的第一选择，甚至好过一些渐近时间比它好的算法（如对于选取操作而言）。但本节依然会对一些业界最著名的排序算法进行一些介绍，以便让人们深入理解它们的具体工作方式，毕竟它们也是运用分治法进行算法设计的典型实例。

下面，我们先来看一下由算法设计界的名家之一 C. A. R. Hoare 提出的快速排序法（quicksort）。该算法与上一节介绍的选取算法有着密切的联系。当然，后者也是由 Hoare 提出的（所以有时候也被称为快速选取法，即 quickselect）。这种扩展其实非常简单：如果说快速选取法所代表的是剪枝式的遍历操作——在递归树中找出一条通往第 k 小元素的路径——那么，快速排序法就是一个完全遍历操作。也就是说，它会针对每个 k 提出一个解决方案，找出序列最小的元素、第二小的元素，一直找下去，并将这些元素放到各自合适的位置上，这个序列就完成排序了。下面的清单 6-4 中，给出了快速排序法的一个版本：

清单 6-4 快速排序

```
def quicksort(seq):
    if len(seq) <= 1: return seq              # Base case
    lo, pi, hi = partition(seq)               # pi is in its place
    return quicksort(lo) + [pi] + quicksort(hi) # Sort lo and hi separately
```

如您所见，该算法非常简单，我们只要拥有 partition 函数即可（在习题 6-11 和习题 6-12 中，我们会要求您将 quicksort 和 partition 函数重写，使其成为一个就地排序算法）。首先我们用 pi 将目标序列明确分成左右两部分。然后（在归纳前提为真的情况下）对这两部分持续递归该排序算法。最后以中间项为分割点连接这两部分，以确保产生一个有序序列。而由于我们无法保证各个分区中递归属性的平衡，我们只能确定快速排序法在平均情况下是个线性对数级算法——而在最坏情况下则是个平方级算法[①]。

快速排序法是一个典型的分治类算法，其主要工作在递归调用开始之前，也就是在数据划分过程（在分区阶段）中就已经做完了。而合并部分的操作则相对没有那么重要。我们也可以采用其他方式来做：例如从中间位置将数据一分为二，使其成为一个平衡的递归调用（以获得一个不错的最坏运行时间），然后在合并阶段做些排序努力，或者直接归并出结果。这也正是归并排序的做法：就像在本章开头所介绍的天际线算法中，从插入单座建筑开始，到归并两条天际线为止的整个过程一样，归并排序也是先在一个有序序列中插入单个元素（插入排序），最后把两个有序序列归并起来。

虽然我们在第 3 章中已经见过归并排序的代码（见清单 3-2），但我们在此基础上加了一些注释，并把它重新贴在下面（见清单 6-5）。

清单 6-5 归并排序

```
def mergesort(seq):
    mid = len(seq)//2                         # Midpoint for division
    lft, rgt = seq[:mid], seq[mid:]
    if len(lft) > 1: lft = mergesort(lft)     # Sort by halves
    if len(rgt) > 1: rgt = mergesort(rgt)
    res = []
    while lft and rgt:                        # Neither half is empty
        if lft[-1] >=rgt[-1]:                 # lft has greatest last value
            res.append(lft.pop())             # Append it
        else:                                 # rgt has greatest last value
            res.append(rgt.pop())             # Append it
    res.reverse()                             # Result is backward
    return (lft or rgt) + res                 # Also add the remainder
```

---

① 从理论上而言，我们确实可以通过之前那个可以确保在线性时间内完成的选取算法来找出目标序列的中间项，并将其用作分割点。当然，这种做法在实践中出现的几率并不高。

现在，我们理解该算法的具体工作过程要比在第 3 章中容易一些了。请注意其归并部分所写的内容，看看它具体做了哪些事。另外，如果您在 Python 中需要实际使用归并排序（或者其他类似算法），或许也可以用 heapq.merge 来完成合并操作。

黑盒子专栏之：Timsort

在 Python 中，list.sort()后台采用的是由 Tim Peters 提出的算法，Tim 是 Python 社区中最为著名的人物之一[①]。该算法被命名为 Timsort，它取代了我们早期所用的一个非常复杂的算法。后者的实现非常烦琐，通常会针对特殊情况来处理一些诸如升序或降序分区之类的东西。而在 Timsort 中，这些特殊情况的处理被通用化、机制化，所以性能上依然会保持原样（甚至在某些情况下还会有所改善），但算法本身显得更清晰、更简单。当然，该算法也有一些需要详细说明的细节问题，我们会在这里为您做一个快速预览。如果想知道更多细节信息，您需要查看源代码[②]。

Timsort 与归并排序的关系非常密切。这是一个就地型算法，其归并分区、产生结果的过程都会在原数组中进行（尽管在具体归并过程中还是会用到一些辅助的内存空间）。它不是简单地将数组分成一半一半，分别排序后再加以归并；而是会在开始阶段查找一下该数组中有哪些已处于有序状态的分区（包括可能的反序情况），我们称这种分段为"*run*"。尽管这种分区在随机数组中并不多见，但其在真实数据中却往往大量存在——这样一来，与归并排序相比，Timsort 就有了显著的性能优势，即在最好的情况下，它可以拥有线性级运行时间（并且涵盖了许多比输入序列完全有序更为复杂的情况）。

Timsort 会在遍历目标序列的过程中将其中的各个 run 标识出来，并将它们的边界位置放进一个栈结构中，然后根据某种经验法则来决定何时合并这些 run。这种思路可以避免各种合并操作的不平衡而形成一个平方级运行时间，同时又充分利用数据原有结构（run）的特性。首先，所有短小的 run 都会被手动扩展并排序（利用稳定的插入排序法）。其次，我们针对栈上的三个顶层 run：A、B 和 C（其中 A 在最顶层）设置下面两个不变式：len(A) > len(B) + len(C)、len(B) > len(C)。当第一个不变式不成立时，A 和 C 中较小的那一个将会与 B 合并，并用结果替换掉堆栈中被合并的 run。如果这时第二个不变式也不成立，就继续合并，直至两个不变式都成立为止。

此外，该算法中也用了一些其他方面的技巧，以便尽可能多地提升速度。如果您感兴趣的话，我推荐您去找一些源代码来看看[③]。如果不想看 C 代码的话，在 PyPy 项目[④]的相关组件中，您也可以找一版用纯 Python 实现的 Timsort 算法。该版实现有详尽的注释，代码也非常清晰（关于 PyPy 项目，您也可以参考附录 A 中的相关讨论）。

---

① 事实上，Timsort 算法在 Java SE 7 的数组排序中也有运用。

② 例如，您可以参考源代码中的 listsort.txt 文件（或者访问 http://svn.python.org/projects/python/trunk/Objects/listsort.txt）。

③ 您可以从以下链接中获取想用的 C 代码：http://svn.python.org/projects/python/trunk/Objects/listobject.c。

④ 详见：http://codespeak.net/pypy/dist/pypy/rlib/listsort.py。

排序操作究竟可以有多快

对于排序来说，一个很重要的结论是归并排序这类分治算法已经属于最优状态了；一个对于任何值都可用的算法（当然，前提是这些值要能比较大小），最坏情况下至少需要消耗 $\Omega(n\lg n)$ 的时间。这之中最重要的情况是，该算法能支持我们对于任意实数的排序[①]。

> **请注意**：计数排序法及其相关算法（我们在第 4 章中讨论过）似乎不符合上面所说的结论。但值得注意的是，在该类算法中，我们无法对任意值进行排序——我们需要其能被计数。这意味着待排序的对象必须能被散列处理，并且需要在线性时间内完成整个值区间的遍历。

那么，我们是如何得出这一结论的呢？其实很简单。第一个理由是：由于我们针对的是任意值，而且这些值是可以比较出大小的，所以这里的每轮对象比较归根结底都是一个 yes/no 的问题。接下来是第二个理由：n 个数应该有 $n!$ 种排列，而（在最糟糕的情况下）我们要找的只是其中一种。但这个理由又能得出什么结果呢？这时我们又回到了之前那个"猜粒子"的问题上，或者结合当前情况来说，我们现在是要"猜出一种排列"。这意味着我们能做到的最好情况是在 $\Omega(\lg n!)$ 时间内根据这些 yes/no 的问题（比较操作）来获取正确的排列（对相关数字进行排序）。而碰巧的是，$\lg n!$ 在渐近意义上等效于 $n \lg n$ [②]。换句话说，其在最糟糕的情况下的运行时间应该是 $\Omega(\lg n!) = \Omega(n \lg n)$。

接下来我们又会问：这个等效性又是怎么来的呢？这里最简单的解释就是斯特林渐近式（Stirling's approximation）[③]，该公式认为 $n!$ 应该等效于 $\Theta(n^n)$。然后只要对双方取对数，该等式就显而易见了[④]。现在，我们得出了问题在最坏情况下的性能边界。而且，通过信息理论（这里就不深入阐述了）我们可以知道，这实际上也极有可能是该问题的平均性能水平。换言之，从非常现实的意义上来说，除非我们能确实了解相关数据的分布情况或者其取值范围，否则线性对数级就是我们所能达到的最佳性能。

6.5　三个额外实例

在本章结束之前，我打算再带大家来看三个例子。其中前两个用于处理几何计算（这类问

[①] 当然，实数通常也并没有那么任意——只要我们的数字不超过固定的位数，就能用（第 4 章中提到的）基数排序法对它们进行线性时间的排序。

[②] 我觉得这太酷了，以至于其实很想在句后面加个感叹号，但又担心这样做会让其跟阶乘号混淆起来，于是只好作罢。

[③] 译者注：斯特林渐近式（Stirling's approximation）是一条用来获取 $n!$ 的近似值的数学公式。在通常情况下，当 n 的值很大时，$n!$ 的计算量非常庞大，斯特林公式十分好用。而即使在 n 的值很小时，斯特林公式的取值也有很高的准确性。

[④] 实际上，该渐近式并不完全是自然渐近的。如果想知道该渐近式的更多细节问题，建议您参考一下相关的数学专著。

题非常适合用分治策略），而最后则是一个相对简单的数字序列问题（但也会让我们经历一些有趣的曲折）。当然，这里只会草拟这些问题的解决方案，因为阐述其中的设计原则才是我们的重点。

6.5.1 最近点对问题

问题是这样的：某平面中存在着一些点，而我们要在其中找出距离最接近的一对点。对此，人们首先会想到用暴力破解法：检查每一点到其他点的距离（或者至少要检查那些还没有被检查过的点对）。显然，（根据握手问题的求和式来看）这应该是个平方级算法。但通过分治法，我们可以将其运行时间降为线性对数级。

这是一个相当有吸引力的问题，所以如果您对解谜感兴趣的话，也可以在继续阅读我们相关解说之前先试试是否能自己解决它。尽管在这里我们已经给了您一个强烈的暗示，即我们应该用分治法（设计一个线性对数级算法），但这并不意味着解决方案就显而易见了。

从结构上来说，该算法与我们之前用分治法所设计的线性对数级算法（例如归并排序）相差无几：我们依然会将这些点分成两个子集，然后递归性地找出每个子集中距离最接近的那对点，并在线性时间内合并出最终结果。然而，尽管我们可以用归纳法/递归法（以及分治模式）将问题简化成一般性的归并操作，但在进一步发挥创意之前，我们可能还需要再剥离掉一些东西：在我们的合并结果中，最近点对必须要么（1）来自左侧，要么（2）存在于右侧，或是（3）同时来自两侧。也就是说，我们对最近点对的查找也应该"横跨"分割线两侧。尽管每当我们这样做的时候，通常会为这种距离设置一个上限（来自左右两侧的最近点对中的最小值）。

现在开始要深入问题的本质了，让我们来看看这里究竟有多少麻烦。先假设中间区域中（宽度为 $2d$ 的）所有的点都已经按 y 坐标排好了序。然后我们要按顺序逐步考察各点到其他点的距离，找出所有距离小于 d 的点对（以作为目前为止找到的最近点对）。但问题是，我们需要考察多少"相邻点"呢？

这正是该解决方案的关键所在：我们都知道，中间线两侧的所有点之间都至少有一个 d 距离。因为我们要找的是一对距离最远不超过 d 且横跨中间线的点，所以我们每次都只需要考虑一块高度为 d（且宽度为 $2d$）的垂直切片。那么究竟会有多少个点落在该区域内呢？

下面，我们用图 6-7 来做个说明。由于我们没有为左右之间的距离设置下界，所以在最坏的情况下，有可能会有两个点正好重合在中间线上（图中高亮部分）。但除此之外，我们可以轻而易举地证明在一个最短距离为 d 的 $d×d$ 正方形区域内最多只能容纳四个点，中间线两侧都是如此（详见习题 6-15）。也就是说，我们最多只需考虑切片中 8 个这样的点，这意味着每个点最多只能与其下面的 7 个相邻点进行比较（其实比较 5 个相邻点就够了，请参考习题 6-16）。

现在，该做的都差不多已经做完，剩下的就只有其 x、y 坐标的排序问题了。对此，我们要对 x 坐标进行排序，以便逐步将问题对半分；然后在合并时，则用 y 坐标的排序来完成线性遍历。期间，我们会分别用两个数组来进行：在面向 x 坐标的数组中，我们进行的是递归划分操作，这显然相当简单。而 y 坐标的处理虽然没有那么直截了当，但也依然很简单：我们在划分 x 数组数据的同时，也基于 x 坐标替 y 数组做了分区。所以当我们进行数据合并时，这两个数组也就自然被合并起来了。与归并排序一样，我们在维持顺序的同时，确保了算法的线性级运行时间。

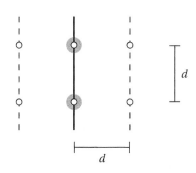

图 6-7　最坏的情况：在中间区域，某大小为 $d \times 2d$ 的垂直切片中存在着 8 个点，
其中（高亮部分的）两个中间点各表示一对重合点

请注意：对于该算法操作来说，我们会在各轮递归调用中返回针对每次递归调用来排序的全体子集。所以对离中间线过远的点的过滤工作就必须在其副本中完成。

另外，为了得出一个期望的运行时间，我们可以将该算法看作一种加强版的归纳前提法（相关讨论请参考第 4 章），只不过这里不止假设我们能在某个较小点集中找到最近点对，也假设自己得到的将是重新排序过的点集。

6.5.2　凸包问题

这是另一个几何学问题。试想一下，如果我们在一块板上钉了 n 个钉子，然后用一个橡皮圈将其围了起来。那么被橡皮圈围起来的这个形状就叫作这些点（钉子）的凸包（convex hull）。要计算的是能容纳这些点的最小凸形①区域，也就是说，这是一个由这些点的"最外层"所连成的凸多边形。其具体实例如图 6-8 所示。

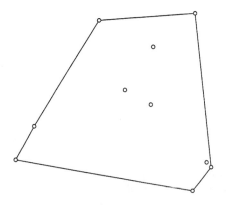

图 6-8　一组点元素将其组成的凸包

① 如果一个区域中的任意两点之间的直线都在该区域内，我们就说它是个凸形区域。

现在，我肯定您一定在怀疑我们是否还能采用之前那种解决方式：先将这些点平均分成两半，然后分别递归解决它们，最后用一个线性操作合并这两个解决方案。对此，图 6-9 给了我们相关的提示：关键是要找出这些点上下边界的共同切线。（既然是切线，那简单地说，就意味着其经过这些点之前和之后的角度都应该是向内曲折的。）

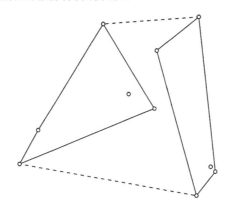

图 6-9　通过寻找相关点元素的上下共同切线（虚线部分）来合并两个小型凸包

下面我们来谈谈除具体实现细节以外的东西：假设我们可以检查某条线是否为其左右两部分的任意一部分的上切线的话（下切线的情况完全类似），那么我们就可以从左半部分最右边的点开始，画一条线到右半部分最左边的点。只要这条线不是左半部分的上切线，我们就可以沿着该子凸包逆时针移动到下一个点继续画线，然后对右半部分也进行一样的操作，这个过程可能需要重复很多次。一旦两个顶点被确定了，我们就可以用同样的方式找出其下切线。最后，我们只需要移除这两条切线包围着的所有线段，就大功告成了。

寻找凸包的速度究竟能有多快？

通常情况下，分治类算法都具有 $O(n \lg n)$ 级运行时间，尽管也有些极个别的凸包算法会略快一些，其时间复杂度可达到 $O(n \lg h)$ 级，h 指的是落在凸包边缘线上的点元素数目。当然，在最坏的情况下，所有的点元素都会落在其边缘线上，这时候算法的运行时间又会变回 $O(n \lg n)$。而且事实上，最坏的情况下，$O(n \lg n)$ 是所有可能的算法里面最好的了——但这个结论又是如何得出的呢？

对此，我们可以用第 4 章中的归简思维来证明它的"硬度"。如本章之前所述，实数排序在最坏情况下是个 $\Omega(n \lg n)$ 级操作。这不是我们所采用的算法能决定的，我们不可能做得比这更好了。

现在，我们观察到排序操作可以被化简为凸包问题。在对 n 个实数进行排序时，我们会直接以该数为 x 坐标，并为其添加相应的 y 坐标，以便将它们置于一个柔和曲线上。例如，设 $y = x^2$，而当我们在查找一些点元素的凸包时，这些值最终也需要按照一定的顺序排列。所以，我们可以通过遍历这些点之间的边来对其进行排序，这里，化简步骤的时间复杂度只是线性级而已。

现在，姑且先假设我们手里有一个时间复杂度好于线性对数级的凸包算法。那么通过上面的线性化简法，我们理应会立即得到一个时间复杂度好于线性对数级的排序算法。但这显然是不可能的！换句话说，因为如果真存在着一种简单的（线性级）方法，可以把排序问题化简成凸包查找问题，那就说明后者的问题难度至少与前者相同。所以，该问题的解决方案最多也只能做到线性对数级。

6.5.3　最大切片问题

下面是最后一个问题：这回我们需要在一个实数序列中截取一个切片（或者片段）A[i:j]，使 A[i:j]的和值是该序列所有片段中最大的。当然，我们不能直接选取整个序列，因为其中可能存在着一些负数[1]。该问题有时会以股票交易为背景来表达——用以表示股价的波动情况，这时我们通常会希望能找出使该股票收益最大化的时间段。（当然，这个类比是有点瑕疵的，因为这意味着我们要能提前预知股票的走势。）

对此，我们也可以采用类似下面这种显而易见的解决方案（其中 n=len(A)）：

```
result = max((A[i:j] for i in range(n) for j in range(i+1,n+1)), key=sum)
```

在上面这个生成器表达式中，我们分别对起点和终点这两个条件进行了直接遍历，然后以 A[i:j]（键值）的和值为准找出最大值。该解决方案体现的短小精悍或许让人觉得"聪明"，但其实并没有什么聪明之处。这不过是一个很简单的暴力破解方案而已，而且是个立方级算法（运行时间为 $\Theta(n^3)$）！换句话说，该方案实际上很糟糕。

尽管我们暂时无法找到一种明确的思路来避免上面那两个显式循环，但我们可以试着从求和式中那个隐性循环入手。关于这一点，我们可以选择在一次迭代操作中考虑所有 k 长度的区间，然后下一次迭代再考虑所有 k+1 长度的区间，以此类推下去。这样一来，尽管依然还是要面对平方数量的区间检查，但接下来我们就技巧性地确定了其线性级成本的扫描操作——在这种情况下，尽管第一个区间中的和值还是要照常计算，但随后该区间每次只向右移动了一个位置，所以我们只需要减去被移出去的元素，然后加上新增元素就可以了。

```
best = A[0]
for size in range(1,n+1):
    cur = sum(A[:size])
    for i in range(n-size):
        cur += A[i+size] - A[i]
        best = max(best, cur)
```

虽然这样做也没能使性能得到大量改善，但至少我们已经将运行时间降到了平方级。当然，这不是我们停止前进的理由。

下面，我们来看看能否对其运用一点分治法。基本上来说，当我们明确搜寻目标时，相关算法——或者说至少是其大致轮廓——就差不多已经自行完成了：将序列分成两半，分别（递归性

---

[1] 在这里，我会始终假设我们要找的是一个非空区间，但如果它被证明有一个负数和值，那么我们也可以将其替换成空区间。

地）找出各自的最大切片。然后看看是否存在横跨中间点的更大切片（这与最近点对问题相同）。换句话说，解决该问题唯一要做的创造性思维是找出横跨中间点的最大切片。对此，我们可以进一步将问题化简——该最大切片可以被分成从左边到中间点的部分与从中间点到右边的部分，我们可以通过直接线性遍历来计算出两侧到中间点的各个和值，以此来实现分别查找。

因此，我们可以自己设计线性对数级方案来解决问题。但在结束本节内容之前，我还不得不提一下，事实上该问题还有一个*线性级*解决方案（详见习题 6-18）。

真正的分工协作：多重处理

分治法的设计目标主要是为了在尽可能少的时间内平衡各层递归调用的工作量。通过将这些工作量分配给各个独立处理器（或核心），我们还能进一步增强这一效果。如果我们手里有着大量的处理器，理论上就可以做到很多具有吸引力的事情。例如，在对数时间内计算出某序列的和值或找出其中的最大值等。（您知道怎么做吗？）

当然，在更为现实的情况下是不太可能有那么多处理器可用的，但如果我们想要取得这些能力，multiprocessing（多重处理）模块会成为我们的好帮手。并行编程通常是利用并行的（操作系统）线程来实现的。尽管 Python 本身也提供了线程机制，但它并不支持真正意义上的并行执行。这种情况下，我们可以用并行进程来做这些事，并行进程在现代操作系统中的实现效率很高。multiprocessing 模块为我们提供了一整套与多线程比较相似的并行处理接口。

6.6 树的平衡与再平衡[①]

通常情况下，如果我们在一个二分搜索树中插入随机值，它大致都能维持一个平均意义上的平衡。但如果运气不好的话，我们也可能会得到一个非常不平衡的树结构，基本上就是一个像图 6-1 那样的链表。在现实世界中，我们所用的大多数搜索树结构都含有某种再平衡的形式。它们其实是一组用于重组树结构、确保其平衡状态的操作（当然，前提是不能破坏搜索树本身的属性）。

尽管各种树结构及其再平衡方法都不尽相同，但它们通常都由以下两类基本操作发展而来。

- 节点的分割（与合并）：节点可以拥有两个以上的子节点（和一个以上的键）。并且在某些特定情况下，一个节点也有可能会出现溢出现象（overfull），这时它就可以被分割成两个节点（这也有可能会使它们的父节点溢出）。
- 节点的翻转：该类操作则依旧作用于二叉树，只不过我们会对边进行切换。也就是如果 x 是 y 的父节点，我们现在就要让 y 成为 x 的父节点。另外，在这项操作中，x 还必须接管 y 的另一个子节点。

[①] 本节内容会有些难度，而且并不是理解本书其余内容的必要基础。所以读者可以随意浏览一遍，甚至可以完全跳过它。您在本节中也许想阅读黑盒子专栏："二分堆与 heapq、heapsort"中的内容。

尽管前面的描述让人有些困惑，但我们将深入地谈谈细节，然后您就明白这其中所有的原理了。我们先来看一个被称为 2-3 树的结构。在一个普通的二叉树结构中，每个节点通常都只有两个子节点，且各自都只能有一个键。而在 2-3 树中，我们允许一个节点拥有一到两个键，最多三个子节点。并且，该节点的左子树上的节点都要小于其最小键值，同时右子树上的节点都要大于其最大键值，而中间子树上的节点值则必须落在这两者之间。下面，我们来看看 2-3 树的这两种节点类型，如图 6-10 所示。

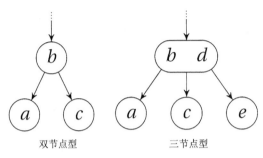

图 6-10　2-3 树的节点类型

> **请注意：** 2-3 树其实是 B 树的一种特殊情况。B 树是几乎所有数据库，以及基于磁盘的树形系统（如地理信息系统、图像检索系统等）的基石。B 树结构带来的一个重要扩展就是它可以拥有上千个键（和子树），其每个节点通常会在磁盘上被存储为一个连续的块。使用大块存储的目的主要是为了尽可能地减少我们访问磁盘的次数。

在 2-3 树中，节点的搜索相当简单——只需进行剪枝式的递归遍历即可，这与普通二分搜索树没有什么不同。但在插入方面，倒是有一些需要额外注意的地方。在往二分搜索树中插入新值时，我们通常先寻找适合插入该值的叶节点。在二分搜索树中，这些位置总是 None 引用（空子节点），相当于在现有节点上"追加"新的节点。而在 2-3 树中，我们则总是要往现有叶节点内添加新的值（当然，在往树上添加第一个值的时候必然要创建新节点，这在所有树结构中都一样）。也就是说，只要该节点还有空间（也就是说，它是双节点型的），我们就直接将值添加进去。如果没有空间了，我们则要考虑三个键的情况了（已有的两个，加上我们要新增的值）。

其解决方案就是分割节点，将三个值中的中间值向上移到父节点中（如果我们分割的是根节点，那就创建一个新的根节点）。如果其父节点也溢出了，那么就继续分割下去。最后，这种分割操作将产生一个重要结果，即该树上所有的叶节点最终都将位于同一层，这意味着它将处于完全平衡的状态。

到目前为止，虽然节点分割的思路相对比较容易理解，我们眼下可以将其贯彻到更简单的二叉树中去，但是，这里只不过应用了 2-3 树的思路，并没有真正把它实现成 2-3 树。我们可以只用二叉节点结构来模拟整个过程。这样做有两个优点：第一，该结构更为简单，也更为一致；第二，我们可以在不需要学习一个全新的平衡方案的情况下学习了解节点翻转操作（这也是一个很重要的通用技术）。

上述"模拟结构"就是我们接下去要讲的 AA 树，它是根据其创建者的名字 Arne Andersson

来命名的[①]。在众多基于翻转的平衡方案中，AA 树因其简单性而真正地占据了一席之地（尽管新手还是会觉得有些头痛）。然而 AA 树是一种二叉树，所以我们需要学习一下怎样用它来模拟三节点型的平衡法。我们可以从图 6-11 中看到它的工作方式：

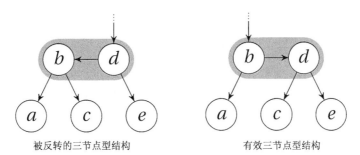

被反转的三节点型结构　　　　　　　有效三节点型结构

图 6-11　用 AA 树模拟的两种三节点型结构（高亮部分）。值得注意的是，左图是一个被反转的结构，必须进行修复

上图说明了以下几个要点：首先，我们有了一种模拟三节点型结构的方式，即将那两个节点连接起来模拟单一的伪节点（图中高亮部分）。其次，该图还诠释了一种分层思路，树上的每个节点都会被分配有一个层次（或者说一个数字），其中所有叶节点的层次都为 1。当我们让上面一层的两个节点参与伪装一个三节点型结构时，我们就直接赋予它们相同的层次，就像上图垂直方向上所展现的那样。再次，三节点型结构的“内部”边线（横向边）只能指向右边。这意味着上面的左子图中所诠释的是一个非法节点，它必须向右翻转一下，加以修正。也就是将 c 变成 d 的左子树，而 d 变成 b 的右子树。最后，将 d 原有的父节点变成 b 的父节点。瞬间，我们就得到了右子图中所示的结构（而这是一个有效结构）。换句话说，现在指向中间子树的边线和横向边线都做了水平翻转。我们称这种操作为偏斜（skew）。

此外，还有一种可能出现的非法情况，我们也得通过翻转操作来修复它。这种情况就是伪节点溢出（也就是四节点型结构），如图 6-12 所示。在该图中，我们有三个节点链在了同一层（c、e、f）。所以接下来，我们要模拟出节点的分割：和 2-3 树一样，将中间键（e）移动到父节点中（e）。在这种情况下，做法很简单，就是向左翻转 c 和 e。该操作正好与图 6-11 中的情况相反。换句话说，c 的子节点由 e 变成了它下面的 d，而 e 的子节点由 d 变成了它上面的 c。最后，a 的子节点也由 c 变成了 e。为了记录下 a 和 e 现在组成了一个新的三节点型结构这一事实，我们提升了 e 所处的层次（见图 6-12）。我们自然地把这一操作称为分割（split）。

我们在 AA 树中插入节点的情况与在标准不平衡二叉结构中基本相同，唯一的不同是我们后期还会进行一些清理（应用偏斜、分割这两种操作）。读者可以在清单 6-6 中找到这些操作的完整代码。您可以看到，其中的清理操作（一个调用的是 skew()，而另一个则是 split()）都是在递归性回溯部分中执行的——这样一来，相关节点就会在其回溯到根节点的路径上被修复。这个逻辑具体执行起来会是怎样的呢？

---

① 从某种程度上说，AA 树其实也可以被认为是 BB 树（binary B 树，二叉 B 树）的一个版本，后者是 Rudolph Bayer 在 1971 年提出的一种 2-3 树结构的二叉树表示法。

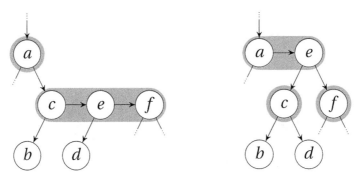

图 6-12　一个溢出的伪节点，及其经历左翻转修复（交换(*e,d*)、
(*c,e*)这两条边），*e* 变成 *a* 新的子节点后的情况

这些沿着路径进行下去的操作实际上只会给我们带来一个影响：有可能会把另一个节点放到"我们"当前的模拟节点中来。在叶节点层，每次添加节点时，这种情况都会发生，因为该层所有节点都在层次 1 中。而如果当前节点在树上的位置更高一些，在分割操作中有节点被上移的情况下，我们可以在当前（模拟）节点中获得这个节点。无论是哪一种情况，该突然出现在我们当前层的节点可能呈现为左/右子节点。如果它是一个左子节点，我们可采用偏斜操作（做右翻转）来修正这个问题。如果它是一个右子节点，那就没有任何问题。但如果它是个右孙节点，我们就有了一个溢出的节点，这就需要用分割操作（左翻转）来将我们的四节点型模拟结构的中间节点移动到其父节点层。

这些操作的文字表述实在有点复杂——只能希望下面这段代码能有助于我们理解这些内容。（尽管很可能会让您冥思苦想一段时间。）

清单 6-6　用 AA 树结构实现再平衡的二分搜索树

```python
class Node:
    lft = None
    rgt = None
    lvl = 1                                   # We've added a level...
    def __init__(self, key, val):
        self.key = key
        self.val = val

def skew(node):                               # Basically a right rotation
    if None in [node, node.lft]: return node  # No need for a skew
    if node.lft.lvl != node.lvl: return node  # Still no need
    lft = node.lft                            # The 3 steps of the rotation
    node.lft = lft.rgt
    lft.rgt = node
    return lft                                # Switch pointer from parent

def split(node):                              # Left rotation & level incr.
    if None in [node, node.rgt, node.rgt.rgt]: return node
    if node.rgt.rgt.lvl != node.lvl: return node
```

```
        rgt = node.rgt
        node.rgt = rgt.lft
        rgt.lft = node
        rgt.lvl += 1                            # This has moved up
        return rgt                              # This should be pointed to

def insert(node, key, val):
    if node is None: return Node(key, val)
    if node.key == key: node.val = val
    elif key < node.key:
        node.lft = insert(node.lft, key, val)
    else:
        node.rgt = insert(node.rgt, key, val)
    node = skew(node)                           # In case it's backward
    node = split(node)                          # In case it's overfull
    return node
```

那么，我们能否确定 AA 树将来一定会是平衡的呢？事实上是可以的，因为它忠实地模拟了 2-3 树的结构（以及代表了该结构中实际树层次的 "level" 属性）。而且实际上，由于在模拟的三节点型结构上的任何搜索路径最多只会访问两个节点，其渐近搜索时间将依然是对数级。

黑盒子专栏之：二分堆结构与 heapq、heapsort

优先级队列（priarity queue）是第 5 章中所讨论的 LIFO 队列及 FIFO 队列的一种推广。与只根据元素项添加的时刻来决定顺序不同，该队列的每个元素都会有一个优先级，我们总是会获取剩余元素中优先级最低的那一个（也可以是优先级最高的，但这两种用法通常不能同时出现在同一个结构中）。该结构提供的这种功能是几种算法的重要组成部分，例如 Prim 提出的最小生成树算法（见第 7 章）、Dijkstra 提出的最短路径搜索算法（见第 9 章）等。尽管优先级队列的实现可以有很多种方式，但其中最常用于这类目标的数据结构恐怕还是非二分堆（binary heap）莫属。（虽然堆结构不止这一种，但我们通常提到堆[heap]这个词时，往往指的就是二分堆。）

二分堆是一个完整的二叉树结构。这意味着它会始终保持平衡。该树除最底层可能不满以外，每一层都必须是满的，并且会从左边开始尽可能地填满最底层。对于这种结构来说，所谓的堆属性（heap property）无疑是个重点：该属性规定每个父节点的值都必须小于其所有的子节点（这针对的是最小值堆。对于最大值堆来说，当然是父节点要大于子节点）。据此推断，根节点自然就应该是堆中的最小值。该属性与搜索树非常类似，但也不完全相同。事实上，堆属性更易于在不破坏树结构的情况下维持平衡。我们从来不需要在堆中通过翻转、分割节点来修复树结构，而只需根据堆属性对父节点与子节点进行交换即可。例如，为了 "修复" 某子树的根节点（假设它的值太大了），我们只需要直接在当前子树中拿它与最小的子节点进行交换，并递归下去即可。

149

heapq 模块实现了一个非常有效率的堆结构。该结构用 list 来实现，并采用了一种很常见的"编码"形式：如果 a 是一个堆，那么 a[i] 的子节点就位于 a[2*i+1] 与 a[2*i+2] 这两个位置。同时，这也意味着其根节点（最小元素）将始终位于 a[0] 的位置。我们既可以用 heappush() 和 heappop() 这两个函数从头开始构建一个堆结构；也可以从一个拥有大量元素项的列表开始，使之成为一个堆结构。对于后一种情况，我们可以用 heapify() 函数来做[①]。简单地说，该函数会从最靠下边和右边的子树根节点开始，依次向左、向上对每个子树的根节点进行修复（事实上，由于它总是跳过叶节点层，它只需要对该数组的左半部分进行操作即可）。其运行时间应该为线性级（见习题 6-9）。另外，如果这是个有序列表的话，它就已经是一个有效堆了，无须再对其多做什么。

下面的这段代码演示了怎样一块一块地构建出堆结构：

```
>>> from heapq import heappush, heappop
>>> from random import randrange
>>> Q = []
>>> for i in range(10):
...         heappush(Q, randrange(100))
...
>>> Q
[15, 20, 56, 21, 62, 87, 67, 74, 50, 74]
>>> [heappop(Q) for i in range(10)]
[15, 20, 21, 50, 56, 62, 67, 74, 74, 87]
```

与 bisect 一样，虽然 heapq 也是一个用 C 语言实现的模块，但它过去曾是一个普通的 Python 模块。例如，在下面这段（来自 Python 2.3 的）函数代码中，我们将一个对象下移到了其小于所有子节点的位置（与之前一样，注释依然是我加的）。

```
def sift_up(heap, startpos, pos):
    newitem = heap[pos]                      # The item we're sifting up
    while pos > startpos:                    # Don't go beyond the root
        parentpos = (pos - 1) >>1            # The same as (pos - 1) // 2
        parent = heap[parentpos]             # Who's your daddy?
        if parent <= newitem: break          # Valid parent found
        heap[pos] = parent                   # Otherwise: copy parent down
        pos = parentpos                      # Next candidate position
    heap[pos] = newitem                      # Place the item in its spot
```

值得注意的是，这个函数的原名是 _siftdown，因为它整理值的方向是（沿着元素的下标）向下的（下标越来越小）。不过，我更愿意将其看作对堆的隐性树结构的一种向上整理。另外，请注意这里的实现方式与 bisect_right() 一样，使用的是循环，而不是递归。

除 heappop() 外，还有 heapreplace 函数，它可以在弹出堆中最小元素的同时插入一

---

① 这个操作常被称作构建堆（build-heap），同时保留 heapify（堆化）这个动词来表示修复单个节点的操作。这种情况下，构建堆结构操作会在叶节点以外的所有节点上运行 heapify。

个新元素（而且比在调用 heappop()之后接着调用 heappush()更有效率一些）。heappop
操作会返回根节点（首元素）。在这过程中，为了维持堆的形状，我们会先将当前最后
一个元素移到根节点的位置，再让它与下面的元素进行持续交换（每一步都与其最小的
子节点交换），直至其小于其所有子节点为止。而 heappush 操作则与之正好相反，每当
一个新元素被追加到列表尾端时，该元素就会与其父节点进行持续交换，直至它的值大
于它的父节点为止。两者都属于对数级操作（即使在最坏情况下也是如此，因为堆结构
始终能维持平衡）。

最后要说的是，该模块（自 Python 2.6 以来）含有 merge()、nlargest()及 nsmallest()
这些工具函数，它们分别被用于：归并多组已排序的输入、寻找可迭代序列中的前 n 大
和 n 小的元素项。其中（与模块中其他函数不同的是）后两个函数都接受一个 key 参数，
它与 list.sort()的 key 参数含义相同。（当然，正如 bisect 那篇专栏中提到的那样，我们也
可以对其余函数应用 DSU 模式来模拟这些操作。）

尽管我们也许不会在 Python 中直接用到这些堆操作，但它们也能构成一种简单、
高效且渐近时间达到最优化的排序算法，我们称之为堆排序（heapsort）。该算法往往会
先实现一个最大值堆（max-heap）结构，先对相关序列执行 heapify 操作，然后反复（用
heappop()）弹出该结构的根节点，最终将其放入最后的空槽（empty slot）。随着堆结构
的慢慢收缩，原数组就会从右边开始被逐渐填入，先是最大的元素，接着是第二大的，
以此类推。换句话说，堆排序法是一种基于选择排序的算法，其中堆结构被用来充当选
取器。由于该算法的初始化操作是线性级的，而 n 个数的选取操作中的每一个都是对数
级的，所以其整体是线性对数级的（也就是最优的）。

6.7 本章小结

对于分治法来说，其算法设计策略主要分为三个步骤：首先我们要将一个大问题分解成一系
列规模大小基本相同的子问题；然后解决这些子问题（这里通常会用到一些递归法）；最后将其
结果合并。这种策略可用的主要基础来自其工作量的平衡性。典型情况下，它能帮助我们将一个
平方级复杂度的问题降为线性级问题。我们所介绍的归并排序、快速排序及点的集合中的最近点
对问题或凸包问题，都是这方面的重要例子。在某些情况下（例如在某有序序列中搜索，或选取
中间项时），我们还可以剪枝掉相关子问题以外的分支问题，以获取从根节点到相关叶节点之间
的子问题路径，从而产生一些更为有效的算法。

另外，这些子问题的结构也是可以用二分搜索树来明确表示的。该树上的每个节点都大于其
左子树上的所有节点，而小于其右子树上的所有节点。这意味着二分搜索树可以通过从根节点的
遍历来实现。另外，如果我们直接向其中插入一些随机值，搜索树本身在通常情况下是依然能维
持平衡的（其搜索时间仍然为对数级），但也可能通过某种节点划分或转换操作来对该树结构进
行再平衡，以确保在最糟糕的情况下仍只需对数级运行时间。

6.8 如果您感兴趣

如果您对二分法有兴趣的话，还可以去看看一些与插值搜索法（interpolation search）有关的资料，这个算法针对数据均匀分布的数组的平均运行时间为 $O(\lg \lg n)$。而对于有序列表、搜索树以及散列表以外的集合实现（有效的成员搜索操作），我们建议您看一些与布隆筛选器（Bloom filters）相关的资料。另外，如果您对搜索树及其相关结构有兴趣的话，那可就有大量的资料可看了。您可以找到许多不同的平衡机制（如红黑树、AVL 树、伸展树[splay tree]等），其中还包含着一些随机性的（例如树堆[treap]结构）和一些抽象的树形式（例如跳表[skip list]之类的）。此外，还有一些专门用于提供多维坐标索引（用于空间访问的方法）和距离（用于度量访问的方法）的树结构，以及区间树[interval tree]、四分树[quadtree]、八分树[octtree]等其他结构。

6.9 练习题

6-1. 请用 Python 实现一个天际线问题的解决方案。

6-2. 二分搜索树在每个递归步骤中都会将目标序列分割成两个规模相近的部分。而三分搜索树则会将该序列分成三部分。那么请问：后者的渐近复杂度会是多少？二分搜索与三分搜索各自需要的比较次数又是多少？

6-3. 多路搜索树与二分搜索树有哪些不同点？

6-4. 我们应该如何在线性时间内按顺序获取一棵二分搜索树中所有的键值？

6-5. 我们应该如何删除二分搜索树中的节点？

6-6. 假设我们在一个初始状态为空的二分搜索树中插入了 n 个随机值，那么请问：最左边那个节点（最小值）的平均深度应该是多少？

6-7. 在一个最小堆中，每当我们要向下移动一个大节点时，始终要先选择最小的子节点，为什么这一点如此重要？

6-8. 在堆结构中，我们的编码工作是如何进行的？为什么能这样做？

6-9. 为什么说堆结构的构建是一个线性级操作？

6-10. 为什么我们不会简单地用平衡二分搜索树来代替堆结构？

6-11. 请写一个能就地分割序列（让相关元素只在原始序列中移动）的分割算法。您能让它运行得比清单 6-3 中的版本快吗？

6-12. 请用习题 6-11 中完成的就地型分割算法重写快速排序法，令其实现元素的就地排序。

6-13. 假设我们用 random.choice 这样的函数重写了对于分割点选择的实现，会带来怎样的不同？（请注意：这种策略也可以用来建立随机化的快速排序法。）

6-14. 请实现一个接受 key 函数的快速排序算法，使其功能接近于 list.sort。

6-15. 请证明，在任意两点间距离都至少为 d 的前提下，一个边长为 d 的正方形最多只能包含四个顶点。

6-16. 在利用分治法解决最近点对问题的过程中，我们在按 y 坐标排序的点序列中最多只需检测 7 个点。请证明我们其实很容易地就能将该点数降为 5。

6-17. 元素唯一性问题主要用于判断目标序列中所有元素的唯一性。该问题在最坏情况下处理实数的性能下界是线性对数级的。请据此证明最近点对问题在最坏情况下的性能下界也是线性对数级的。

6-18. 如何在线性时间内解决最大切片问题？

6.10 参考资料

- Andersson, A. (1993). Balanced search trees made simple. In *Proceedings of the Workshop on Algorithms and Data Structures* (WADS), pages 60-71.
- Bayer, R. (1971). Binary B-trees for virtual memory. *In Proceedings of the ACM SIGFIDET Workshop on Data Description*, Access and Control, pages 219-235.
- Blum, M., Floyd, R. W., Pratt, V., Rivest, R. L., and Tarjan, R. E. (1973). Time bounds for selection. *Journal of Computer and System Sciences*, 7(4):448-461.
- de Berg, M., Cheong, O., van Kreveld, M., and Overmars, M. (2008). *Computational Geometry: Algorithms and Applications*. Springer, third edition.

第7章

■■■

贪心有理吗？请证明

这不是够不够的问题，伙计！

——Gordon Gekko，选自《Wall Street》[1]

贪心算法（greedy algorithms）是一种短视的算法。它所做的每个选择都是独立的，并且是在当时环境下所能采取的最佳决策。从许多方面来说，将其命名为饥渴（eager）算法或急躁（impatient）算法或许会更为确切一些。因为在通常情况下，虽然其他算法也会尽其可能地去试着找出最好的答案，但恐怕只有贪心类算法才会只考虑当下这一刻所能采取的措施，而完全不顾这之后的情况。通常来说，设计并实现一个贪心算法很简单，而且只要它们是正确有效的，通常效率也会相当不错。但主要问题是，我们得证明它们可以工作（如果事实如此的话）。这也正是我们将"证明"一词写入本章标题的原因。

本章将详细介绍贪心算法，看看它是如何找出正确（最佳）答案的。另外在第 11 章中，我们还会再次提到这一设计策略。届时我们会放宽一些条件，将其改为"几乎正确的（最佳）答案"。

7.1 步步为营，万无一失

按照通常的设定，贪心算法会由一系列选择组成（这就像我们之后会看到的动态规划）。贪心的概念会体现在其每一个基于当时信息所做的选择中。在不考虑整体或将来的情况下，做出看似最有前途的选择，并且一旦做出选择就不能再回头。所以，如果想要用这种策略产生出解决方案的话，我们就必须确保其每个选择的安全——也就是说，它们不能对将来的情况构成威胁。接下来，我们将会用多个实例来说明应该如何确保这种安全性（或者，如何证明我们所设计的算法是安全的），但我们还是要"步步为营"，从头做起。

用贪心算法来构建的问题解决方案往往都是逐步形成的。我们可以先分别取得一组"方案片段"，然后将其合并成最终的解决方案。当然，这些判断要能通过某种复杂的方式被组合起来，它们可能会有多种合并方式，但也有些片段可能在我们使用某些其他方式之后就不再适用了。我们可以把这想象成一个有很多种玩法的拼图游戏（见图 7-1）。这些拼图是空白的，而且它们各自

---

① 译者注：电影《华尔街：金钱永不眠》（Wall Street）中的经典台词。

都有一定的规格，所以它们可以用在多个不同的位置，以形成多种组合。

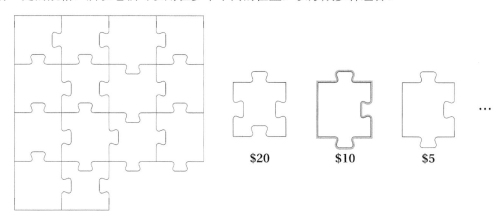

图 7-1　一种分段式解决方案，由一些贪心指令的段落组成（顺序
是从左向右），其下一个贪心决策在图中会被高亮显示

　　下面，我们为每块拼图设置一个附加值，以便当我们找到这些拼图的某种完整组合方案时能被授予一份对应额度的奖金。而我们的目标就是要找到奖金值最高的那一种拼图方式——也就是说，这是一个最优化问题。一般来说，想要找出一种最佳的组合方案可根本不是一个简单任务。我们也许需要考虑其每块拼图的每一种可能的拼法，这可是一个指数级（甚至是阶乘级）的操作。

　　由于我们假设上述拼图是从顶部开始一行一行拼下来的，所以下一块拼图所在的位置我们始终是了解的。这种设置中所能采取的贪心方法很容易想到，至少在拼图选择上是如此。只需要将这些拼图按降序排列，然后一个一个地看其是否适合目标位置，如果不适合就丢弃它，如果适合就直接用，不必考虑以后的情况。

　　即使在不考虑其正确性（或优化程度）的情况下，该算法要想能完全运行，也得明确满足下列要素。

- 要有一组带附加值的候选元素或片段对象。
- 要有一个用于检查分段式解决方案是否有效或可行的方式。

　　所以，我们的局部解决方案是由一组方案片段共同构建而成的。我们会以此检查每一个片段，从附加值最大的那一个开始，找到并加入这样一个片段：它能让解决方案在加入它之后依然有效。当然，在加入的过程中，我们也可以添加一些微妙元素（例如，其总值也有可能并不等于所有元素之和，而且我们也许想知道任务何时完成，同时又不用光集合中的元素），但这里的介绍可以作为一种原型描述。

　　针对这类问题的演变，我们可以来看一个很简单的例子——该例子要求用尽可能少的硬币和纸币加出一个指定的金额总数。例如，如果某人欠了我们 43.68 美元，结果他还给我们的是一张 100 美元的纸币，这时您会怎么做呢？之所以说这是一个很好的例子，主要是因为这个问题让我们可以完全跟着本能走[1]：首先，我们会尽量从币值最大的地方开始，依次往下处理。这里的每

---

[1] 当然，这里指的不是翘课，然后跑去买漫画。

一种币值的纸币或硬币都可以被视作一块拼图，而我们则是要用它们凑足 56.32 美元。另外，各组纸币及硬币也可以被分别看成某种堆栈，因为各种币值都有不少数量。然后我们可以将这些币值按降序排列，并从币值最大的那一组开始处理，具体代码如下（为了避免浮点运算的误差，这里选择以美分为单位）：

```
>>> denom = [10000, 5000, 2000, 1000, 500, 200, 100, 50, 25, 10, 5, 1]
>>> owed = 5632
>>> payed = []
>>> for d in denom:
...     while owed >=d:
...         owed -= d
...         payed.append(d)
...
>>> sum(payed)
5632
>>> payed
[5000, 500, 100, 25, 5, 1, 1]
```

对于上面的操作，也许大多数人都不会有什么怀疑，因为这似乎是显而易见的事情。当然，它的确可以工作，但这种解决方案从某些方面来说很脆弱。甚至只要轻微改变一下其可用币值列表的内容，就会遭到破坏（详见习题 7-1）。要想搞清楚哪些货币体制适合贪心算法，并不是一件简单的事（尽管的确存在这样的算法）。它与下一节中的背包问题（knapsack problem）有着密切的联系，因此我们稍后再做讨论。

下面，我们再来看一种不同的问题，该问题与第 4 章中的配对问题有一些联系。也就是说，某组织在看完电影后（当然，也有许多人会觉得电视更好看一些），通常会打算让其成员跳几轮探戈舞，这时他们就会面临配对的问题。每对舞伴都至少要有一定的合拍度，我们可以将其表示成一个数字。人们都希望在场各对舞伴的合拍度加起来的值越高越好。而且，由于同性舞伴在探戈中并不少见，所以我们也不必将条件限制在两性之间——这样一来，我们最终要处理的就是最大权重的配对问题。在这种情况下（其实只考虑两性配对也差不多），贪心策略往往毫无用武之地。但这回，在一些奇特巧合之下，我们会发现所有的合拍度数字竟都成了 2 的各个不同指数。这会导致什么情况呢？[①]

要想回答这个问题，我们就得先来看看贪心算法在这里会是什么样子，然后讨论为什么它能产生出最佳结果。总之，我们将会一段一段地构建出解决方案——也就是说，我们会将各个配对集看作片段，将每一个配对集看作一个局部解决方案。这样一来，就只有当同一个人只存在于至多一个配对集中时，其对应的局部解决方案才是有效的。所以，该算法大体上包含以下步骤。

（1）先列出可能的配对方案，并将其合拍度按降序排列。

（2）从该列表中选出第一个没有被使用过的配对方案。

（3）检查该配对方案中的人是否已经被占用了，是的话就放弃，否则就予以采纳。

（4）检查列表中是否还有更多的配对方案，如果是，就跳转到（2）继续执行。

我们以后会看到，上述算法与 Kruskal 的最小生成树算法很相似（尽管后者不存在加权边问

---

① 该问题这个版本的思路来自于 Michael Soltys（见第 4 章参考资料部分）。

题），也是一种非常典型的贪心算法。当然，它的正确性就另当别论了。毕竟，使用 2 的不同指数实际上等同于某种欺诈，因为它几乎可以让任何贪心算法可以工作。也就是说，只要我们获得了一个有效的解决方案，同时就一定能得到最佳的结果。但即便这是欺诈（请参考习题 7-3），它也很好地诠释了我们的核心设计思路：确保每一次贪心选择的安全。毕竟，始终选择合拍度最高的配对方案至少要比选择其他任何方案都强。①

在接下来的几节中，我们将会带您来看一些用贪心算法来解决的著名问题。我们会详细说明其中每一个算法的工作方式，以及其贪心策略的正确性。另外，在本章结尾处，我们还将总结出一些用来证明其正确性的通用方法，以便用来解决其他问题。

求婚者与稳定婚姻

事实上，有一种典型的配对问题（在某种程度上）是可以用贪心策略来解决的，那就是稳定婚姻问题。该问题的内容是，在某个组织中，每个人都可以根据自己的喜好跟他或她结婚，我们希望组织里的每一个人都能结婚，而且每个人的婚姻都是稳定的。也就是说，每个人都不会再喜欢结婚对象以外的男人或女人了，他们彼此都是自己最喜欢的对象。（为简单起见，这里将不考虑同性婚姻或一夫多妻制的情况。）

对于这类问题，David Gale 与 Lloyd Shapley 设计出了一个简单的算法。该方案在性别上非常保守，但如果我们将其中的性别互换一下角色，该算法当然也能工作。算法会运行数个回合，直到组织中的每个人都完成婚配为止。每个回合都将由以下两个步骤组成。

（1）每个未婚男士都必须向他喜欢的但尚未求过婚的女士求婚。

（2）每位女士都会（暂时）与自己喜欢的追求者订婚，并拒绝其他求婚。

由于这里每一步都只选择当下最喜欢的人（男女都是如此），所以我们可以说这是一种贪心策略。您或许觉得只有在不订婚就直接结婚的情况下才能称得上贪心。而在这里，我们允许女士们在遇到更好的追求者时撕毁之前的婚约。但即便如此，但凡某位男士被拒绝了一次之后，他就会一直被拒绝。这样我们就有了一个能持续进行的演进过程，以及其平方级的最坏运行时间。

要想证明这是一个最佳的正确算法，我们就得确定每个人都完成了婚配，并且婚姻稳定。女士们一旦订了婚，她就必须维持订婚状态（尽管她可以更换未婚夫）。这样我们就不会被卡在某种无法婚配的问题上，因为在某些时候，女士们总是可以先（暂时）答应男士们的求婚。

那么，该如何确定婚姻的稳定性呢？例如，Scarlett 与 Stuart 各自都跟另一个人结了婚。他们还有可能喜欢对方胜过目前的配偶吗？这是不可能的，因为如果这样的话，Stuart 一定曾向她求过婚。如果后者答应了求婚，那么她后来就一定遇到了更喜欢的人。而如果她拒绝了，那就说明她已经遇到了最好的伴侣。

---

① 为安全起见，我特意再强调一次，该贪心解决方案不具有针对任意权值集合的通用性。2 的不同指数才是这里的关键所在。

尽管这个问题看起来有些琐碎和愚蠢，但其实并非如此。例如，它可用于部分高校的录取及医院的实习分配中。事实上，这个问题及其演变还被写成了多本专著（例如 Donald Knuth 的书，Dan Gusfield 与 Robert W. Irwing 合写的书等）。

所有的女孩：您知道我决不会离开您，只要她不跟别人走就行。（http://xkcd.com/770）

7.2 背包问题

从某种程度上来说，该问题可以被视为找零钱问题的泛化版。在那个问题中，我们会根据硬币面额来确定部分及整体解决方案是否有效（是否能做到"不给过多金额"及"准确凑出既定的金额"），并且根据所用硬币的数量来判断最终解决方案的质量。但背包问题则用另外一套术语来定义。在该问题中，我们会有一组想要带在身边的物品，每个物品都有各自的质量和价值。但问题是我们的背包有一个最大容量（也就是有个质量上限），如何才能使其中所带物品的总价值达到最高呢？

背包问题涵盖了许多应用领域。只要我们有一组相当有价值的对象（例如内存区块、文本段落、项目、人员等），这些对象又都有各自的独立价值（比如可能关联到钱、概率、新旧程度、能力大小、相关性大小及用户喜欢程度等），而我们又得在某种资源限制（比如时间、内存、屏幕面积、质量、体积及其他可能的限制）下对其进行选择，这基本上就是一个版本的背包问题。另外，它还有一些特定情况和相关联的问题（例如第 11 章将会讨论的子集求和问题，以及之前讨论过的找零钱问题）。但这种广泛的适用性也会带来一个缺点，即这会使其成为一个非常难解的问题。这是一个规律，一个问题的表现力越强，它就越难以解决。幸运的是，我们针对一些特殊情况还是有各种特定的解决方案的。在接下来的几节中，我们将会一一为您介绍。

7.2.1 分数背包问题

这应该是背包问题中最简单的一种了。在这里，我们无须将整体对象考虑在内，或排除在外。例如，我们可以在自己的背包里放豆腐、威士忌和金沙（嗯，准备来一次有些怪异的野餐旅行）。当然，我们也不能让相关分数被设置得太过随意。例如，我们的确可以用克或盎司来表示这三个物品的单位（甚至还可以更灵活一些，详见习题 7-6），但接下来，我们该如何处理问题呢？

这其中的重点是要找到权重比。例如，大多数人都会同意，每克金沙的价值在这里是最大的

（尽管其实还要取决于我们打算拿它干什么）。然后我们假设威士忌的价值介于其他两者之间（虽然我肯定有人会不同意）。在这种情况下，为了充分利用背包，我们会先在里面放满金沙——或者至少要先放进我们所拥有的那些金沙。等金沙放完了，我们才会开始往里面增加威士忌。如果威士忌放完之后仍有剩余空间，我们再用豆腐将它们盖起来（并且开始担心以后要怎么收拾这个背包）。

　　这个例子显然是一个典型的贪心算法。我们总是会优先选择更好的（或者至少是更昂贵的）东西。但如果我们能用一种独立量来衡量质量的话，事情或许会显得更清晰一些（而不需要去担心其中的权重比了）。例如，我们只需将每一克的金沙、威士忌和豆腐各自的价值排个序，然后按照这个（概念）顺序一个一个装包就可以了。

7.2.2　整数背包问题

　　下面假设我们要放弃分数背包法，转而考虑全体对象——这种情况在现实中更常见（无论是编程还是装包）。这样一来，我们要解决问题就困难了许多。例如，假设我们现在依然要对多个类别的对象进行处理，就要每个类别都增加一个总数值（对象数量）。并且，每个类别的对象都有一个固定质量，以及一个其特有的价值。例如，所有金条都有一致的质量和价值，瓶装威士忌与盒装豆腐也一样（假设它们都是单一品牌）。那么，接下来该怎么做呢？

　　整数背包问题主要可以分为无边界和有边界两种重要情况。其中，有边界的情况会假设每个类别中的对象数量是固定的[①]；而在无边界情况下，对象是我们想要多少就用多少。不幸的是，贪心策略在这两种情况下都不可行。事实上，它们都属于尚未解决的问题，在已知范围内，我们找不到任何复杂度在多项式级以内的算法可以用来解决它们。但希望还是有的，在下一章中，我们将会为您介绍如何用动态规划策略（dynamic programming）设计出伪多项式级时间的解决方案。在许多重要场合下，这已经足够快了。另外，对于无边界情况来说，贪心策略其实再糟糕也差不到一半。或者说，该策略至少能取得一半的价值，这意味着我们用该策略能得到的应该不会低于半个最佳值。而且在经过一定程度的微调之后，我们或许还能针对有边界情况得出一个有效的解决方案。有关贪心策略在这方面的更多细节，我们将会在第 11 章中继续讨论。

> ■ **请注意**：这里的介绍只是对背包问题"尝尝鲜"。在第 8 章中，我们将会用更彻底的方案来解决整数背包问题。

7.3　哈夫曼算法

　　这也是一个典型的贪心算法。在这里，我们假设您在急救中心担任接听求救电话的工作。您要根据一系列 yes/no 问题来诊断求救者的紧急医疗问题，并采取适当的措施。这时候，您手里应该有一份"必须涵盖条件"的列表，以及诊断问题、严重程度和发生频率的信息。对此，我们首先应该会想到构建一个平衡二叉树结构，每个节点代表了一个问题，并且它会将可能的条件列表（或子列表）对半划分。然而，这貌似过于简单化了；由于这份名单很长，而且包含了许多非关

---

① 如果我们独立区分每个对象，那这就成为了一个 0-1 背包问题，我们取的是每个对象的 0 个或 1 个。

键条件。出于这种原因，我们需要将疾病的严重程度和发生频率考虑在内。

通常在这种情况下，简化相关问题是个不错的思路，所以接下来我们先将重点放在发生频率上。这时候我们就会意识到，平衡二叉树结构是在发生概率均匀分布的前提下构建的——在该结构中，其中一半项目并不会比另一半项目更有可能发生。例如，如果病人失去意识的情况几乎是均等出现的，那么我们就应该问这个问题——即使是"病人是否得的是皮疹"这种问题也可能把列表等分。换句话说，我们需要的是一种加权平衡。我们想尽量减少期望会遇到的问题的数量，就得（通过剪枝法）尽可能地减少从根节点到叶节点的预期深度。

接下来，我们会发现这一思路同样适用于严重程度。我们会希望优先处理最危险的情况，所以必须做到快速识别（如"病人是否有呼吸"），代价是让那些病情不太严重的病人花时间回答较多的问题。对此，我们需要在一些专业保健人士的帮助下，给每种情况分配一个成本或权重，这样就结合了其（发生）概率和健康风险来完成这件事。相关树结构的目标依然是相同的，即如何在深度（u）× 权值（u）之和最小的情况下，遍历完每个叶节点 u。

当然，该问题还有其他应用领域。事实上，其最原始（也是最常见）的应用来自于压缩领域——该领域的应用致力于用某种可变长度的编码来表示文本，使其在形式上显得更为紧凑。在表示形式中，文本中的每个字符都会有自己的出现概率，而我们将根据这些概率信息为其分配不同长度的字符编码，从而实现文本长度的最小化。相应地，对于每一个字符，我们也想要把它们的预期长度最小化。

您看出上述两个问题的相似性了吗？相较于之前根据急救情况出现的既定概率而制作的那版解决方案而言，这回要最小化的不再是用来确定急救病患的 yes/no 问题数量了，现在我们希望用最少的比特位来表示一个字符。但无论是上述哪一种情况，我们都可以用二叉树结构的叶节点路径来表示（例如 "0 = *no* = 左边" 或者 "1 = *yes* = 右边"）[①]。例如，对于 a 到 f 之间的字符而言，图 7-2 就是一种可能的编码方式（这里暂时先忽略节点中的数字）。例如，该图中 g 的编码应为 101（图中被高亮显示的路径）。而且，由于这里所有的字符都落在了叶节点上，所以我们解码相关文本时不会遇到任何歧义问题（参见习题 7-7）。另外，对于"结构中任意有效代码不可能是其他代码的前缀"这种属性，我们在术语中称之为前缀码。

7.3.1 具体算法

在进行正确性证明之前（当然，这一步很关键），我们先得用贪心策略为这个问题设计一个相应的算法。就目前来说，或许我们所能采取的、最明显的贪心策略就是从出现概率最大的字符开始，一个一个地添加字符（叶节点）了。但我们要将它们添加到哪儿呢？而另一种方式是（我们又将会在 Kruskal 算法中看到一些类似做法），先形成分段式解决方案，以形成若干个树结构分段，然后将这些分段反复合并起来。每当我们将两个树结构合并时，就添加一个新的共享根节点，并赋予它与所有子节点（之前的根节点）之和相等的加权值。而这正是图 7-2 中各节点上数字所代表的含义。

---

① 其实，0 代表的是左还是右，或者子树在左边还是右边都不重要，它们的洗牌方式不会对解决方案的最佳性产生影响。

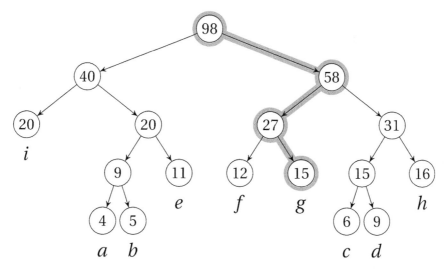

图 7-2 字符 *a* 到 *i* 的哈夫曼树表示法，这些字符出现的概率/加权值分别为 4、5、6、9、

11、12、15、16、20。其中高亮部分的路径编码为 101（右→左→右）

在清单 7-1 中，我们给出了哈夫曼算法的一种实现方式。在这个版本中，我们维护着一个局部解决方案，形成了一个森林结构，其中的每个树结构都是一个多层内嵌列表。只要森林结构中还存在着两个以上彼此独立的树结构，我们就会从中选出两个分量最轻的树（根节点权值最低的），合并后再放回到原处，并赋予其根节点新的加权值。

清单 7-1 哈夫曼算法

```
from heapq import heapify, heappush, heappop
from itertools import count

def huffman(seq, frq):
    num = count()
    trees = list(zip(frq, num, seq))              # num ensures valid ordering
    heapify(trees)                                # A min-heap based on frq
    while len(trees) > 1:                         # Until all are combined
        fa, _, a = heappop(trees)                 # Get the two smallest trees
        fb, _, b = heappop(trees)
        n = next(num)
        heappush(trees, (fa+fb, n, [a, b]))       # Combine and re-add them
    return trees[0][-1]
```

下面是上述算法的一个演示：

```
>>> seq = "abcdefghi"
>>> frq = [4, 5, 6, 9, 11, 12, 15, 16, 20]
>>> huffman(seq, frq)
[['i', [['a', 'b'], 'e']], [['f', 'g'], [['c', 'd'], 'h']]]
```

在上述实现中，有几个细节值得注意。其中一个主要特性是它使用了堆结构（用的是 heapq 模块）。很显然，上述那种反复选取、合并两个最小无序列表项原本是一个平方级操作（线性级选取操作，乘以线性级迭代操作），但我们通过堆结构将其化简成一个线性对数级操作（对数级的选取和重新添加操作）。当然，这些树不能被直接添加到堆结构中。我们需要将其按发生概率排序。对此，我们可以直接添加元组"概率、树"，在概率（也就是权值）各不相同的情况下，就能进行操作。但当森林结构中有两棵树的发生概率相同时，该堆结构就必须找出较小的那棵树——此时我们就遇到了不确定的比较操作。

请注意： 在 Python 3 中，像["a", ["b", "c"]]与"d"之间这种不兼容对象之间的比较操作是不被允许的，这会引发一个 TypeError 错误。而在其之前的版本中，我们虽然可以这样做，但通常没有什么意义，毕竟我们无论选择哪一种，让键的形式更具可预测性总是好事。

这个问题的一种解决方案是在两者之间再增加一个字段，用该字段来区别所有对象。在这里，我们增加的是一个计数器。这样一来（由于有了概率、编号、树［frq, num, tree］结构的三重制约），概率相同的情况下，我们所赋予的编号一定不同，从而回避了（可能不兼容的）树结构之间的直接比较操作。[1]

如您所见，这里产生的树结构与图 7-2 所示的完全相同。

当然，想要将这项技术运用到文本的压缩与解压缩中去的话，我们还需要进行一些预处理与后期加工。首先，我们需要对各字符出现的概率进行计数（例如运用 collections 模块中的 Counter 类）。然后，一旦我们构建出了自己的哈夫曼树，就必须能在其中找到所有字符的编码。我们可以用下面这段简单的遍历完成这个任务（见清单 7-2）：

清单 7-2　从哈夫曼树中提取出哈夫曼编码

```
def codes(tree, prefix=""):
    if len(tree) == 1:
        yield (tree, prefix)                   # A leaf with its code
        return
    for bit, child in zip("01", tree):         # Left (0) and right (1)
        for pair in codes(child, prefix + bit): # Get codes recursively
            yield pair
```

在该例中，codes 函数会产生一系列适用于构造字典的配对结构（字符、编码）。如果我们想用这种字典来压缩编码的话，就只需要对文本进行遍历，并查出每个字符。而如果是解压缩文本的话，我们也可以直接用哈夫曼树来处理，按照其遍历方向（决定向左还是向右遍历）输入每一个比特位。关于这里的具体细节，读者可以自己去做个练习。

7.3.2　首次贪心选择

现在，我们确定了哈夫曼编码可以如实地对文本进行编码和解码——但它是如何做到最优化

---

[1] 当然，如果 heapq 库未来的某个版本像 list.sort()那样支持键值函数，我们就可以不用元组来进行这些封装了。

的呢（这里只考虑在我们所计算的这类代码范围内的最优化）？换句话说，为什么使用这种简单的贪心策略就可以将该结构到达任何一个叶节点的预期深度实现为最小呢？

和平常一样，是时候轮到归纳法了：我们需要证明这些操作自始至终都是安全的——贪心的选择策略并不会带来麻烦。该证明过程通常可以分成两个部分，我们分别称之为（i）贪心选择性（greedy choice property）与（ii）最优子结构（optimal substructure）（相关内容可以参考第 1 章"参考资料"部分提到的 Cormen 等人的著作）。其中，贪心选择性指的是，我们每次都通过贪心选择得到了一个最优解决方案的一部分。而最优子结构（这部分与第 8 章中要介绍的内容有着非常密切的联系）则是，我们做出选择之后剩下的问题（子问题）和原有的问题有着同样的解决方案——如果我们能找到子问题的最佳解决方案，就可以用贪心选择将其合并成整个问题的解决方案。也就是说，一个问题的最佳解决方案将由其子问题的最佳解决方案构建而成。

对于哈夫曼算法中的贪心选择性，我们可以用置换辩论来证明（相关内容可参考第 1 章"参考资料"部分提到的 Kleinberg 与 Tardos 合著的那本书）。这是一种用于证明一种解决方案至少与最佳方案一样好（因而它是最佳的）的通用技术——或者说，在当前问题中，存在着一种与它一样好的贪心选择解决方案。在"至少一样好"这一部分的证明中，我们先假设了一种（完全未知的）最佳方案，然后看看能否将其逐步演变到我们的解决方案上（在当前问题中是指包含我们感兴趣的比特位的解决方案），并且不出现更糟糕的情况。

对于哈夫曼算法而言，贪心选择的主要内容是选出两个权值最轻的元素作为树结构最底层中的兄弟节点（请注意，我们在这里只考虑首次的贪心选择部分，而最优子结构部分将构成归纳法中剩余的推导）。我们要证明该选择操作的安全性——也就是说，确实存在着这样一个最佳方案，我们选出的两个权重最轻的元素确实为该方案的底层兄弟叶节点。而从置换辩论着手，假设另一个最佳方案中的这两个元素并不是最底层的兄弟节点。例如，a 和 b 是出现概率最低的元素，而在这个前提下，该最优树结构在最大深度上还存在着 c 和 d 两个兄弟叶节点。下面，如果我们假设 a 的权重比 b 轻（前者的权值或概率更低），且 c 的权重比 d 轻[①]，那么在这种情况下，我们立即就该知道 a 的权重比 c 轻，b 的权重比 d 轻。另外，为方便起见，我们假设 a 和 d 有不同的出现概率，否则，相关证明就过于简单了（见习题 7-8）。

那么，如果接下来我们将 a 和 c、b 和 d 交换一下，情况会怎样呢？尽管一方面来说，现在 a 和 b 真的如我们所愿成为了底层的兄弟节点，但其叶节点深度发生什么变化了吗？对此，我们可以通过充分表达式摆弄出各种权值的求和式，但简单一点说就是，我们上移了树结构中一些权重更重的节点，并且下移了一些较轻的节点。这意味着有一些较短的路径获得了在求和式中较高的权重，而另有一些较长的路径则被赋予了较低的权重。但在这所有的变化中，我们的总开销不可能增加（事实上，如果深度与权重都与之前不同的话，树结构会变得更好，我们也会因这一条件得到了一个反证，因为这样就等于我们所假设的另一个最佳方案并不存在——那么贪心策略就成为最佳的选择了）。

7.3.3 走完剩余部分

现在，我们的证明已经完成了一半。也就是说，我们现在确定了首次贪心选择（贪心选择性

[①] 当然，它们的权值/概率也可以相等，这不会对辩论产生影响。

部分）没有问题。接下来，我们要证明的是这种贪心选择是可持续运用的（最优子结构部分）。不过，我们首先要找到处理其余子问题的着手点。对此，最理想的情况是这些子问题的结果与原问题完全相同，这样的话，使用归纳机制就可以顺利解决问题了。换句话说，我们只需要将上述事务化简到一个规模更小的新元素集中去，以此构建出一棵最优树，并证明它可以被构建即可。

该思路是，将我们先前合并的两个叶节点当成一个新元素，而忽略这是一个树结构的事实。我们所关心的只有它们的根节点。这样一来，子问题就变成了为该新元素集寻找最优树的问题——用归纳法证明我们所设的前提适用于所有地方。然后，现在剩下的唯一问题就是，一旦我们把该节点的子叶节点也包括进来，将其扩展成一个三节点子树时，该树是否还是一棵最优树。这是我们归纳步骤当中的关键部分。

假设我们又一次选定了 a 和 b 这两个叶节点，它们的概率分别为 $f(a)$ 和 $f(b)$。那么这两个节点被合并成单一节点时的概率应该就等于 $f(a)+f(b)$，并由此产生了相应的最优树。下面，我们继续假设该合并节点最终得到的深度为 D，那么它在整棵树中所占成本应该等于 $D \times (f(a) + f(b))$。如果我们再继续扩展到其两个子节点，其父节点所占的成本不会计算在内，但这些叶节点所占的总成本（因其深度变成了 $D+1$ 而）变成了 $(D + 1) \times (f(a) + f(b))$。也就是说，整体解决方案的成本会比其子问题最佳方案多 $f(a) + f(b)$。我们能证明这的确是最佳方案吗？

答案是肯定的，我们可以用反证法来证明。如果我们假设这不是最佳方案，那么就一定能想出另一种更好的树结构——并且假设它也存在着 a 和 b 两个底层兄弟节点（经由上一节中讨论的辩论法，我们假设存在这样的最优树）。同样，我们可以将 a、b 两个节点折叠起来，并最终将我们的解决方案推广到子问题中，这样应该可以得出一个更好的解决方案……但事实是我们所假设的最佳方案并不存在！换句话说，我们无法找到一个比之前更好的、能包含最佳子方案的解决方案。

7.3.4　最优化归并

尽管哈夫曼算法通常用于构建最优前缀码，但哈夫曼树的属性也有一些别的运用方式。根据前面最初的解释来看，它其实可以被看作一种寻求遍历深度最小化的决策树。当然，我们也可以利用其内部节点的权值，以便能将其应用于一些更不同的领域。

另外，我们也可以将哈夫曼树看作一种经过微调的分治树，这是我们在第 6 章中未曾涉及的非等高的平衡结构。在这种平衡结构的设计中，我们可以将叶节点的权重概念纳入其中。然后，我们可以用叶节点的权重来诠释相应子问题的规模大小，并且如果我们合并（归并）子问题是个线性级操作的话（这种情况往往会出现在分治法的运用中），其操作的总成本就是其所有内部节点的权重之和。

例如，归并已排序的文件就是这类应用的一个实例。归并两个大小分别为 n 和 m 的文件，它们所需要的时间应该在线性时间 $n+m$ 内（与此类似的还有关系型数据库中的连接问题，以及 timsort 这类算法中的序列归并问题）。换句话说，如果我们将图 7-2 中的叶节点想象成一些文件，而这些节点的权重就等于这些文件的大小，那么其内部节点就代表了归并这些文件的总成本。如果我们能最小化其内部节点之和（或者所有节点之和也一样），那就等于找到了最优化的归并调度方案（在习题 7-9 中，我们会让您来证明其重要性）。

下面，我们要证明哈夫曼树确实可以实现节点权重的最小化。幸运的是，我们在上述讨论中已经附带着对此做了证明。我们已经知道在哈夫曼树中，最小化权重值就等于其遍历所有叶节点的深度乘以权重值的和。现在我们要思考的是，各个叶节点究竟在所有节点的求和式中起到了什么作用。由于叶节点的权值都贡献为其上方各祖先节点的权值的一部分，也就是说，上述两种求和式的意义是相同的！也就是节点集中的所有节点权值之和与各叶节点深度乘以权值之和的结果完全相同。换句话说，哈夫曼算法确实是我们所需要的最优化归并操作。

> **提示：** Python 标准库中用于压缩处理的模块有好几个，包括 zlib、gzip、bz2、zipfile 及 tar。其中，zipfile 模块处理的是 zip 文件，它所用的压缩技术就是基于哈夫曼编码的，当然也会用到其他一些技术。[①]

7.4　最小生成树问题

下面，我们来看看最小生成树问题，这也许是贪心策略领域中最著名的一个问题了。这是个老问题了——至少在 20 世纪初就已经问世。它的解决方案是由捷克数学家 Otakar Borůvka 于 1926 年在为 Moravia[②] 建构一个廉价电力网络的过程中首先提出来的。从那以后，他的算法被重新发现了好几次，并且至今依然是这一领域中部分已知的最快算法的共同基础。虽然我在这一节中讨论的算法（Prim 算法与 Kruskal 算法）在某种程度上会相对简单一些，但它们的运行时间复杂度的渐近式是相同的（$O(m \lg n)$，其中 n 为节点数，m 为边数）[③]。如果您对该问题包括相关经典算法被反复重新发现的历史感兴趣，可以去看看 Graham 与 Hell 所写的论文《On the History of the Minimum Spanning Tree Problem》。（例如，我们会看到 Prim 与 Kruskal 并不是唯一要求用自己名字来命名算法的人。）

基本上，我们的目的是要找到一种能用于连接某图中所有节点的、最便宜的方式，并且要假定我们只能基于某个该图的边线子集来完成这项工作[④]。这种方式经常被用于架设电网、构建公路或铁路网的核心部分、铺设电路，甚至是架构某种形式的计算集群（这些任务都需要我们连接其中的每一个节点）。另外，最小生成树也是解决第 1 章中提到的那个旅行商问题的基础（请参考第 11 章中的相关讨论）。

下面假设我们有一棵连通无向图 G 的生成树 T，它的节点集与 G 相同，但边集则是后者的子集。如果我们将 G 与边的某种权重函数关联起来，即边 e 的权重等于 $w(e)$ 的话，那么其生成树的权重 $w(T)$ 就等于 T 中每一条边 e 的权重 $w(e)$ 之和。而在最小生成树问题中，我们希望找出的就是一种权重最小的，但能覆盖整个 G 的生成树（需要注意的是，这样的树可能不止一种）。另

[①] 对了，您知道哈夫曼的 ZIP code 是 77336 吗（在德克萨斯州）？（译者注：ZIP code 还有邮编的意思，作者在这里开了个双关语玩笑。）

[②] 译者注：今捷克与斯洛伐克中部的一个地区。

[③] 事实上，我们还可以将 Borůvka 算法与 Prim 算法相结合，成为一个更快的算法。

[④] 您知道为什么只要我们设定边的权重为正值，结果中就不会出现环路吗？

外要注意的是，如果 G 是一个非连通图，那它是不存在生成树结构的，所以在接下来的内容中，我们会默认自己所操作的都是连通图。

在第 5 章中，我们曾经介绍过如何通过遍历技术来构建生成树，而最小生成树也可以用类似的递增步骤来构建，而且这也是使用贪心策略的所在，即我们可以通过一次增加一条边线的方式来逐步构建该树结构。在每一个步骤中，我们都会选择当前构建过程中所能允许加入的、值最低的（权重最轻的）那条边。该选择必须是当下部分最优的选择（贪心策略），并且得是不可撤销的。对于这个问题或其他使用贪心策略的问题来说，它们的主要任务都是证明当下部分的最优选择最终将成为全局的最优解决方案。

7.4.1　最短边问题

下面，我们来看看图 7-3。在该图中，我们将边的权重设置成了节点之间的欧几里德距离（Euclidean distances，也就是这些边的长度）。如果我们想要为该图构建一棵生成树的话，应该从何处着手呢？首先，要看我们能否确定哪些边是属于不可或缺的部分，或者至少确定包括哪些边是安全的。很明显，(e,i)这条边看起来应该不会有问题，它好短哦！事实上，这条边也是所有边当中最短的一条。但这理由够充分吗？

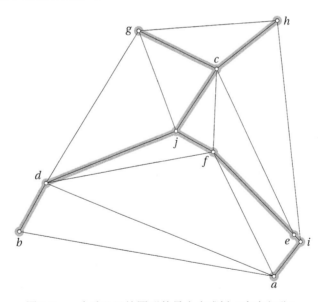

图 7-3　一个欧几里德图形的最小生成树（高亮部分）

事实的确如此，下面我们来看看是否存在不包含(e,i)的生成树。首先（根据定义），该生成树中必须包含 e、i 这两个节点，所以它也必然包含着一条 e、i 之间的路径。如果这时候我们将(e,i)加入到该组合中，就会出现环路。为了使该生成树回归正常，我们就要在该环路中移除掉一条边——无论哪一条都可以。由于(e,i)是最短的边，所以移除其他任何一条边所产生的生成树都会小于我们原先的结构，对吧？也就是说，任何不包含最短边的树结构都还可以被做得更小，因此最小生成树中一定会包含最短边。（稍后我们会看到，这也是 Kruskal 算法背后的基本思想。）

接下来，让我们从单一节点出发，来观察一下其所有边的具体情况——看看我们能从这个角度得出一些什么结论。下面我们以节点 b 为例展开讨论。首先根据生成树的定义，我们必须用某种方式连通 b 节点与其他节点，这就意味着我们要在(b,d)与(b,a)之间选择其一。与之前一样，看起来选择最短边会更好些。对此，我们得再一次证明贪心选择是非常明智的策略。还是与之前一样，我们要用反证法来证明另一种选择更糟糕，即假设我们认为(b,a)是更好的选择，并将其纳入了我们的最小生成树。然后，也许纯粹是为了好玩，我们将(b,d)也加入到该结构中，因此在其中形成了一个环路。然后我们就会发现，如果移除掉(b,a)这条边，所得的另一棵生成树会因为我们选择了更短的边而变得更小了。也就是说，我们在这里遇到了矛盾，我们一开始所设定的那棵不包含(b,d)的生成树不可能是最小生成树。这也是 Prim 算法背后的基本思想，我们将会在 Kruskal 算法之后看到它。

事实上，上面两种思想都是属于一般的"剪切"情况中的特殊情况。一种"剪切"将图中节点划分成两个集合。这种情况下，我们关注的是连通两个节点集之间的边。我们说这些边会跨越该剪切。以图 7-3 中 d 和 g 之间画一条垂直线为例，这是被五条边跨越的一种剪切。相信我们现在应该能掌握关键了：关键就是我们确信能安全地把跨越该剪切的最短边包括进来，在这里就是(d,j)这条边。对此，我们的再次论证也完全相同，我们可以为该图构建不同的树结构。这样一来（为了确保整体的连通），该结构中至少必须包含跨越剪切的另一条边。然后，如果我们将(d,j)也加入到其中，至少跨越剪切的另一条较长的边会与(d,j)处于同一环路中，这意味着我们可以安全地移除它，以产生一棵更小的生成树。

要想明白以上前两种思想为什么是"跨越剪切的最短边"的特殊情况，可以这样理解：在图中选择最短边是安全的，因为该边在其每次参与的剪切中都是最短的。而从任意节点出来选择最短边也是安全的，因为该边也必然在该节点与图中其他任意节点之间画出的剪切中是最短边。在接下来的内容中，我们会通过两种完整的寻找最小生成树的贪心算法来详细阐述一下这两种思想。其中，第一个算法（Kruskal 算法）非常接近于原型的贪心算法，而第二个算法（Prim 算法）则在遍历的基础上运用了贪心选择的技术。

7.4.2 其余部分的相关情况

当然，单靠证明首次贪心选择的正确性还是不够的。我们还要证明其余部分的问题只是同一问题的较小实例——这样才能用归纳法安全地归简问题。也就是说，我们实际上要构建的是一个最佳子结构。虽然这本身也不难（见习题 7-12），但这个问题还有一种或许更为简单的解决方法，即我们可以证明一个不变式——我们的解决方案是其最小生成树的一部分（一个子图）。在这种情况下，只要该解决方案不是一棵生成树（只要这些边不形成环路，还能走出来即可），我们就可以持续往里增加边线。这样一来，只要该不变式成立，该算法在终止时就一定能得到一棵完整的最小生成树。

那么，该不变式是成立的吗？最初，我们的局部解决方案是个空集，这当然可以被视为最小生成树的一部分。接下来，我们用归纳法假设自己在某些局部构建起了一棵最小生成树 T，并且往里添加安全边线（不会形成环路，并且在穿越某剪切的边线中为最短边）。很显然，新生成的结构依然会是一个森林（因为我们精心避免了环路的出现）。这样一来，上一节中的推理在这里就依然适用了：在包含 T 的生成树中，包含安全边的树一定会小于不包含这些边的结构。因为（根据假设），包含 T 的那些树中至少有一棵是最小生成树，因此包含 T 和安全边的那些树中也至少有一棵是最小生成树。

7.4.3　Kruskal 算法

该算法的设计过程非常接近于本章开头所介绍的一般性贪心策略：先对图中的边进行排序，然后着手进行选取。由于这回要寻找的是短边，所以我会按照长度（权重）递增顺序来进行排序。这里唯一的小问题就是如何检查出会导致解决方案无效的边。会有这种情况的唯一可能就是其中被加入了环路，但如何才能检查出这个问题呢？一种相对简单的解决方案是运用遍历技术。也就是说，对于每一条边(u,v)，我们都会通过遍历来确定其对应的树结构上是否存在着从 u 到 v 的路径。如果存在，我们就将它丢弃，虽然这看起来似乎会有些浪费。在最坏的情况下，这种遍历检查按我们局部解决方案的规模来算是一个线性级操作。

接下来，我们还能做什么呢？我们可以为当前树结构上的节点维护一个对应的节点集。这样就便于我们将来检查边(u,v)是否已经存在于当前的解决方案中。这样一来，边线的排序操作就在算法中占据了主导地位，而且这里每条边的检查是一个常数级操作。但这个计划存在着一个关键性缺陷：它根本就不能执行。当然，如果我们能确保其局部解决方案在每一个步骤时的连通性（这也是我们在 Prim 算法中要做的事），它是可以执行的。但我们不能。所以，即使该边的两个节点存在于当前的解决方案中，它们也可以存在于不同的树结构中，并且将它们连接起来也是完全有效的。此时，我们需要确定它们并不在同一树结构中。

下面我们来试试另一种解决方式。这回，我们希望通过标记解决方案中的每个节点来了解它们各自所属的部分（树结构）。我们可以从每个部分的节点中选择一个来充当代表（representative），让该部分中的所有节点都指向它。这样，剩下的问题就变成了各部分之间的合并操作。如果在各部分的归并过程中，所有节点要变成指向同一个代表，那么该合并（或并集）过程就会是一个线性级操作。还有更好的做法吗？下面我们就来试试看，例如让每一个节点都指向某个别的节点，并顺着其方向一路链接下去，直至到达我们之前所设定的那个代表节点（它会指向其本身）。这样，合并过程不过就是一个代表节点指向另一个代表节点的问题了（这是个常数级操作）。我们无法简单地确定引用链究竟会有多长，但至少我们迈出了万里长征的第一步。

以上就是我们在清单 7-3 中所做的事。在这里，我们会用映射变量 C 来完成上面所说的"指向"动作。正如您所见，每个节点最初都可以是其所在部分的代表，然后我们会按照从小到大的顺序反复地用新的边将各部分连接起来。请注意这里的实现方式，我们期望在该无向图中，每一条边都只被表示一次（也就是说，我们可以任意选择它的方向，但只能选一次）[①]。与往常一样，我们会为图中的每个节点设置一个键，其所关联的值则有可能是个空映射（当 u 节点上不存在出边时，G[u] = {}）。

[①] 这里所采用的表示法和具有双向边线的表示法之间的思路转换，其实并不困难。我们将这些细节当作一种练习，留给读者自己去解决。

清单 7-3　Kruskal 算法实现的朴素版

```
def naive_find(C, u):                              # Find component rep.
    while C[u] != u:                               # Rep. would point to itself
        u = C[u]
    return u

def naive_union(C, u, v):
    u = naive_find(C, u)                           # Find both reps
    v = naive_find(C, v)
    C[u] = v                                       # Make one refer to the other

def naive_kruskal(G):
    E = [(G[u][v],u,v) for u in G for v in G[u]]
    T = set()                                      # Empty partial solution
    C = {u:u for u in G}                           # Component reps
    for _, u, v in sorted(E):                      # Edges, sorted by weight
        if naive_find(C, u) != naive_find(C, v):
            T.add((u, v))                          # Different reps? Use it!
            naive_union(C, u, v)                   # Combine components
    return T
```

　　这版朴素的 Kruskal 算法的确可以工作，但远没有做到尽善尽美（什么？它不配叫这个名字？）。在最坏的情况下，我们用来跟踪引用链的 naive_find() 可能会是线性级函数。想起来一个相当明显的思路，即在两个部分之间，我们让 naive_union() 总是把较小的那个指向较大的那个，以此来寻求平衡。或者我们甚至可以将其直接视为一组平衡树，并为其各个节点赋予某种等级，或高度。如果我们总是从等级最低代表节点指向最高级的代表的话，调用 naive_find() 与 naive_union() 的整体操作时间应为 $O(m \lg n)$（详见习题 7-16）。

　　其实现在已经优化得足够好了，因为无论如何，排序原本就是 $\Theta(m \lg n)$ 级的操作[①]。另外，该算法中通常还会用到另一种常用的技巧，我们称其为路径压缩（path compression）。它能在我们进行查找时"顺着指针的方向拉起"一条链，以确保我们探索路径上的所有节点都能直接指向代表节点，这样在以后的查找中事情会进行得更快一点，不是吗？但可悲的是，要想具体论证这种帮助背后的原因太棘手了（当然，如果您对这些感兴趣的话，我推荐您去读一读《Introduction to Algorithms》（由 Cormen 等人所著）中 21.4 节的相关内容）。不过从最终的结果来看，union 与 find 操作在最坏情况下的总体运行时间应为 $O(m\alpha(n))$，其中 $\alpha(n)$ 几乎是一个常数。事实上，就是对于远超正常范围的值 n，我们都可以假设 $\alpha(n) \leq 4$。关于我们对 union 与 find 操作的相关改进实现，请参考清单 7-4。

清单 7-4　Kruskal 算法

```
def find(C, u):
    if C[u] != u:
```

---

① 尽管现在是在对 m 条边进行排序，但我们也知道 m 本身是 $O(n^2)$ 级的，并且（由于图结构本身是连通的）是 $\Omega(n)$ 级的。所以我们可以根据 $\Theta(\lg n^2) = \Theta(2 \cdot \lg n) = \Theta(\lg n)$ 得出这一结果。

```
            C[u] = find(C, C[u])                      # Path compression
        return C[u]

    def union(C, R, u, v):a
        u, v = find(C, u), find(C, v)
        if R[u] > R[v]:                               # Union by rank
            C[v] = u
        else:
            C[u] = v
        if R[u] == R[v]:                              # A tie: Move v up a level
            R[v] += 1

    def kruskal(G):
        E = [(G[u][v],u,v) for u in G for v in G[u]]
        T = set()
        C, R = {u:u for u in G}, {u:0 for u in G}     # Comp. reps and ranks
        for _, u, v in sorted(E):
            if find(C, u) != find(C, v):
                T.add((u, v))
                union(C, R, u, v)
        return T
```

总而言之, Kruskal 算法的运行时间为 $\Theta(m \lg n)$ 级, 主要来自于它的排序操作。

另外需要注意的是, 我们也许希望用别的方式来表示一棵生成树 (不表示为一个边集)。该算法在这方面修改起来应该是很简单的——或者, 我们只需要从边集 T 构建出自己所期望的结构即可。

请注意: Kruskal 算法所用的子问题结构是一个拟阵实例[①]。其中可行的部分解决方案就是集合——在这个算法中, 是无环的边线集合。贪心算法对于拟阵来说是可以工作的。它的规则是: 任意可行集合的所有子集都必须是可行的, 而较大的集合必须包含能拓展较小集合的元素。

7.4.4 Prim 算法

Kruskal 算法在概念层次上其实很简单——不过就是贪心策略在生成树问题上的具体翻版。当然, 正如您刚才所见, 该策略在有效性检查方面还是存在着一些复杂性的。Prim 算法在这方面则要相对简单一些[②]。Prim 算法的主要思路是从某个起始节点开始对目标图结构进行遍历, 并始终将最短的连接边加入到相对应的树结构中。这样做是安全的, 因为对于将我们的局部方案和

[①] 译者序: 拟阵 (Matroid) 是一种数学结构, 是对 (线性) 独立集的一种概括与归纳, 常被用于排列组合和图论等方面。

[②] 事实上, 这里所谓的区别也有一定的欺骗性。Prim 算法是建立在遍历技术和堆结构上的技术, 这些概念我们之前已经讨论过了, 而 Kruskal 算法使用的是一个新的无交集机制。换句话说, 这里说的相对简单主要指的是抽象概念和切入角度方面的情况。

图的其余部分划分开来的剪切来说，这样的边是所有穿越它的边线中最短的。我们之前已经对此做过介绍。

也就是说，Prim 算法不过只是另一种遍历型算法而已。如果您读过第 5 章的话，您应该会对这个概念感到熟悉。正如我们当时所讨论的那样，遍历型算法之间的主要区别在于"待定"列表中的顺序——在那些已被发现但尚未被访问的节点中，究竟哪一个是我们接下来要加入到遍历树中的节点？在广度优先的搜索中，我们采用的是一个简单队列（deque 对象）。在 Prim 算法中，我们将会采用堆结构来实现一个优先级队列，以此来代替之前的 deque。为此，我们将会用到 heapq 库（相关内容请参考第 6 章中的黑盒子专栏）。

但这里存在着一个很重要的问题：我们极有可能会发现一条新的边指向的是已被放到队列中的节点。在这种情况下，如果这条新的边比之前发现的边更短的话，我们就得基于这条新边来调整优先级。但这可能会是一个非常麻烦的过程，我们得先从堆结构中找出这个节点，更改其优先级，最后还得再重建堆结构本身，以保持其正确性。为此，我们得对每个节点在堆结构中的位置进行映射，但这样一来，我们就必须在执行堆操作时更新映射，并且也将无法使用 heapq 库来实现。

虽然如此，但我们还有另一种做法。这里有一个真正漂亮的解决方案，就连其他基于优先级的遍历算法（如将会在第 9 章中出现的 Dijkstra 算法和 A*算法）都可以用到它：通过直接多次添加同一节点来完成任务。也就是每当我们通过一条边找到一个节点时，就直接根据它的权值将其添加到相应的堆结构（或其他优先队列）中去。不用去管该节点是否已经存在于该结构中。为什么我们可以这样做呢？

- 由于我们使用的是优先队列，所以当一个节点被多次添加时，该队列后来移除其中一个时，应该是（当前）权值最低的那一个，而这正是我们所要的。
- 我们要确保同一个节点在遍历树中不被重复添加，这可以通过一个常数时间的成员检查来完成。因此，除首次往树中添加该节点的那个队列项以外，任何其他关于该节点的队列项都会被最终丢弃。
- 多次添加操作并不会对算法的渐近运行时间产生影响（见习题 7-17）。

当然，这样做对该算法的实际运行时间也还是有着重要影响的。毕竟更为简单的代码不仅有利于理解和维护，也能减少大量的程序开销。而且，由于这里使用的是速度超快的 heapq 库，它极有可能会为我们带来性能上的较大提升。（当然，如果您在这里想尝试一下许多算法书中所提到的前述那个更为复杂的版本，也是完全可以的。）

请注意： 如果重复添加的是一个权值更低的节点，我们就相当于执行了一次松弛操作（relaxation）。该操作在第 4 章中已经详细讨论过了。后面我们会在算法里看到，我们也往队列中添加一个父辈节点，从而不必显式调用任何松弛操作。而在第 9 章讨论 Dijkstra 算法实现时，我们却要单独去调用一个松弛函数。这两种方式是可以相互替代的。（因此，我们既可以使用带松弛功能的 Prim 算法，也可以使用不带松弛功能的 Dijkstra 算法。）

接下来，我们将自己来具体实现一个 Prim 算法（见清单 7-5）：首先，由于 heapq（目前）还不支持像 list.sort() 及其伙伴函数那样的排序用的键值函数，所以我们将会在堆结构中采用"权值、

节点"对的形式来实现,在节点被弹出时,相应的权值被立即丢弃。除了使用的是堆结构以外,这里的实现与清单 5-10 中的广度优先搜索算法非常类似。这说明两者之间有许多东西在理解上是相通的。

清单 7-5 Prim 算法

```
from heapq import heappop, heappush

def prim(G, s):
    P, Q = {}, [(0, None, s)]
    while Q:
        _, p, u = heappop(Q)
        if u in P: continue
        P[u] = p
        for v, w in G[u].items():
            heappush(Q, (w, u, v))
    return P
```

请注意,与清单 7-4 中 Kruskal 算法不同的是,清单 7-5 中的 prim 函数将假设图 G 是一个双向都可走的无向图,这使得我们可以从两个方向上更轻松地进行遍历。[①]

与 Kruskal 算法一样,我们可能也会想根据自己所处的不同情况,用不同的方式来表示生成树,相信这部分的重写应该很容易。

■ **请注意**:Prim 算法中使用的子问题结构就是广义拟阵(*greedoid*)的一个实例,它是拟阵的一种简化及泛化体;相对于拟阵来说,它不要求可行集的所有子集都是可行的。不幸的是,广义拟阵并不保证贪心算法的正确性——尽管它的方向是对的。

换个略有些不同的角度

在 Ronald L. Graham 与 Pavol Hell 对最小生成树算法所做的历史回顾中,他们认为有三个算法在该问题的历史发展中扮演了非常重要的角色。其中前两个通常被认为是由 Kruskal 和 Prim 所提出来(尽管后者实际上是由 Vojtěch Jarník 在 1930 年最先提出的)的算法。而第三个则是一个最初由 Borůvka 首先论述出来的算法。Graham 与 Hell 对这些算法做出了以下简短说明:局部解决方案起先是一个"生成森林"结构,然后从片段集(包括组件集、树集)的角度出发,最初将每一个片段视为一个节点,然后在每一轮迭代中逐渐将边添加进去,将这些片段连接起来,直至其成为一棵完整的生成树。

算法 1:通过添加一条最短边将两个不同的片段连接起来。

算法 2:通过添加一条最短边,将包括根节点的那个片段与其他片段连接起来。

算法 3:对于每一个片段,我们都始终添加能将它和其他片段连接起来的最短边。

---

① 就像我们之前在 Kruskal 算法中所说的那样,添加和删除多余的反向边很容易,如果有必要那样做的话。

对于算法 2 来说，其开始阶段的根节点是任意选择的。而对于算法 3 来说，它会假设其所有边的权值都是不同的，以确保结构中不会出现环路。如您所见，这三个算法都基于同一个事实——把跨越剪切的最短边加入进来总是安全的。另外，为了把这些算法实现得高效，我们也必须先能完成诸如找出最短边，检查两个节点是否属于同一片段等若干基础操作（见我们上面对算法 1 和 2 所做的描述）。至少，这些描述有助于我们记住这些算法，并且为我们提供了一个鸟瞰全局的视角。

7.5　贪心不是问题，问题是何时贪心

尽管在一般情况下，贪心算法的正确性是通过归纳法来证明的，但这个问题也可以使用一些额外的"技巧"来做。事实上，我们在本章已经运用过这些技巧了，但接下来，我将会试着从一些涉及时间区间的简单问题出发，来对它们做一个概述。显然，这类问题其实也可以用贪心算法来解决。当然，这里的论述不会包含具体的代码，因为这些实现本身是非常简单的（尽管具体实现它们也算得上是一个非常有用的练习）。

7.5.1　坚持做到最好

这一思路在 Kleinberg 与 Tardos 的著作（《Algorithm Design》）中被称为保持领先（staying ahead）策略。其主要思想是，证明我们在一步一个脚印地构建出属于自己的解决方案时，贪心算法始终会越来越逼近某个假想的最优解决方案。因此当我们抵达终点的那一刻，它就自然而然被证明是最优的算法了。下面我们就来看运用该技巧的一个典型例证：资源调度问题。

这个问题主要涉及的其实是一组兼容区间（compatible intervals）的选取策略。在一般情况下，这里的区间通常指的是时间上的区间（见图 7-4）。而其兼容性则是指这些区间之间没有任何重叠，因为只有这样我们才能用它来对资源请求问题进行建模，如一个演讲厅如何处理某一指定时间段的活动请求，或者"您"本身作为一种"资源"将如何安排某个时间区间里参与什么活动之类的问题。无论该类问题是哪一种形式，我们所要优化的策略都应该尽可能地保证其区间的兼容性（不重叠）。为简单起见，我们可以假设整个过程没有起点，或者拥有相同的终点。毕竟如果是处理相同值的话，相对来说就没有那么麻烦。

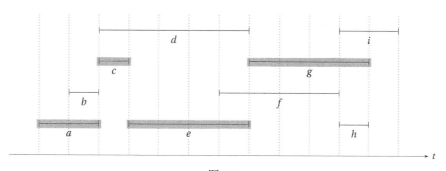

图 7-4

在这里，我们有两个贪心选择策略可供考虑：如果想要沿着时间线从左向右推进的话，我们一开始就得决定是选择最早启动的区间，还是选择最早完成的区间，然后排除任何与它重叠的区间。当然，我希望明确指出的是，前一种选取策略其实是不可行的（见习题 7-18）。为此，我们得证明另一种选择的正确性。

综上所述，我们应该（大致上）可以得出如下算法。

(1) 把最早完成的区间纳入当前解决方案。

(2) 排除其他所有与第一步结果重叠的区间。

(3) 如果还有剩余的区间，重新执行第一步。

在图 7-4 的区间集上运行该算法，得到的就是高亮显示的区间集（a、c、e 和 g）。所得出的最终方案无疑是有效的，即其中不会存在任何重叠的区间。现在，我们只需要证明它同时也是最佳方案（我们得到了尽可能多的区间）即可。为此，我们将要用到"保持领先"的思路。

也就是说，如果该算法所纳入的区间依次为 $i_1, \cdots, i_k$，而某个假想的最佳方案中的区间为 $j_1, \cdots, j_m$ 的话，我们现在需要证明的就是 $k = m$。我们还要假设最佳方案中的这些区间已按完成（或启动）时间排过序[①]。而想要证明我们采用的是最佳算法，就得先证明对于任何 $r \leqslant k$，i_r 区间的完成时间至少不会晚于 j_r 区间的完成时间。对此，我们可以用归纳法来做。

当 $r = 1$ 时，上述假设无疑是成立的，即贪心算法会选择 i_1 来作为最小完成时间的元素。下面我们让 $r > 1$，并让该假设对于 $r - 1$ 成立。这样一来，我们的问题实际上就变成了：该贪心算法有没有可能会在这一步骤中"落后"？也就是说，i_r 的完成时间是否有可能会大于 j_r 的呢？答案显然是否定的，因为贪心算法本身决定了它也会选择 j_r（而且它与 j_{r-1} 之间的兼容性也会使其与 i_{r-1} 兼容，它的完成时间不会晚于前者）。

由此可见，贪心算法自始至终都会坚持做到最好。但这里所谓的"坚持"只针对区间的完成时间，并不针对区间的数量。也就是说，我们需要证明该算法最终总能得到最佳的解决方案，这可以用反证法来做：如果我们假设该贪心算法产生的不是最佳方案，那就说明 $m > k$。而根据我们已知的情况，对于每一个 r，特别是 $r = k$ 的情况，i_r 都至少不会晚于 j_r 完成。现在由于 $m > k$，我们这里必然没有选取 j_{r+1} 区间，因为它必然会晚于 j_r，同时也会晚于 i_r。但这又意味着我们可以纳入这个区间——也必然已经纳入了这个区间。换句话说，这里构成了一个反证。

7.5.2　尽量做到完美

对于这项技术思路，我们其实在之前展示哈夫曼算法的贪心选择属性时就已经用过了。它主要涉及的是考虑如何将一个假想的最佳解决方案无伤效率地转换成一种贪心算法。Kleinberg 与 Tardos 称之为置换辩论（exchange argument）策略。下面，让我们来考虑一个前述区间问题的变化形式。与之前有着固定的起始与完成时间不同，这回我们要面对的是持续时间和截止期限；您可以按自己的想法任意调度其中的区间——我们称之为任务——只要它们之间不出现重叠即可。我们也有总的启动时间的限制。

然而，对于任何超时的任务，我们都会给予一次值等于其延迟长度的惩罚，而我们的目的就

[①]　由于这些区间之间彼此不重叠，所以其按开始时间和结束时间的排序结果是相同的。

是要最小化这些延迟的最大值。尽管从表面来看，这似乎是一个相当复杂的调度问题（事实上，也确实存在着许多难以解决的调度问题），但令人惊讶的是，我们在这里只需要用一个非常简单的贪心策略，就可以轻松得出最佳的调度方案：始终坚持执行当前最紧迫的任务。当然，与往常的情况一样，证明该贪心算法的正确性总是要比算法本身难一些。

另外，该贪心解决方案中不存在任何空隙。也就是说，我们执行完一个任务后必须紧接着执行下一个任务。最终会形成一个没有空隙的最佳解决方案——如果另一个最佳解决方案中存在空隙的话，后面的任务总是可以向前靠拢，以提早它们的结束时间。除此之外，使用贪心策略的解决方案中也不存在任何顺序反转（inversion，即一个任务的调度在另一个截止期限更早的任务之前）。我们可以证明所有不带空隙及顺序反转的解决方案所能拥有的最大延迟是相同的。这样的两种解决方案对于多个截止期限相同的任务，只会在顺序上存在着不同，但它们都必须在调度上保持其连续性。在这种截止期限相同的连续任务的执行过程中，最大延迟只取决于最后的那个任务，且不依赖于任务的顺序。

接下来，我们只需要证明上述这种无空隙或无倒序操作的最佳方案确实存在即可。因为它本质上与贪心策略是等效的，所以我们需要证明以下三点。

- 如果最佳方案中存在某种顺序反转的话，就说明其中会有两个连续的任务，前一个的期限晚于后一个。
- 对换这两个任务就能消除这个顺序反转。
- 移除掉该顺序反转并不会增加整体的最大延迟。

第一点的证明当然是显而易见的：在两个被倒序执行的任务之间的各个任务，依执行顺序来看的话，其截止期限必然会在某些点递减，然后就能找到两个连续的、倒序执行的任务。接着是第二点的证明，我们将这两个任务对换后，便能确保在消除该顺序反转的情况下不会产生新的顺序反转。最后就是证明第三点，这里确实我们需要费点心思。我们要证明：在对换任务 i 和 j（让 j 先执行）之后，有可能只是增加了 i 的延时，其他任务都不会受到影响。而我们能看见，在这个新的调度方案中，i 的完成时间将是之前 j 的完成时间。因为（根据我们的设定）i 的期限晚于 j，所以其整体的延时值不会增加。所以第三点也是成立的。

通过以上三点，我们很清晰地展示了如何用贪心策略最小化调度任务的最大延迟。

7.5.3　做好安全措施

确保贪心算法的正确性是我们一切工作的起点，即我们一定要确保自己这一路在每一步所采取的贪心策略都是安全的。对此，我们的一种选择就是从以下两个方面着手：（1）证明贪心策略的选择属性，也就是证明贪心选择就是最优选择；（2）证明最优化子结构，也就是证明其剩余的子问题是其本身的一个更小的实例，适用于同样的最佳方案。例如，贪心策略的选择属性可以用"置换辩论"策略来证明（就像前面的哈夫曼算法那样）。

另一种可能的选择是将安全性视为一个不变式，或者按照 Michael Soltys 的说法（见第 4 章"参考资料"表），我们需要证明如果当下有一个"有前途（promising）"的局部解决方案，这就可以用贪心选择策略从中产生出一个新方案，而这个更大的方案也应该有前途。在这里，如果我们说某个方案有前途，就是认为该方案可以被扩展成最佳方案。有关这个方面，本章在之前的"其余部分的相关情况"一节中已经详细讨论过了。也就是如果一个解决方案是有前途的，那么它就应该被包含在该问题的最小生成树中（也因而可被扩展成该结构）。总而言之，我们可以在不断的贪心选择中证明"当前解决方案是值得期待的"是贪心算法中的不变式，它就是我们所需要的全部了。

下面让我们回到时间区间这个最终的问题上来。这个问题及其算法本身都很简单，但要证明其正确性却是一个相当复杂的过程。因此用它来演示一个简单贪心算法的证明过程，真是再合适不过了。

这次，我们同样会有一个包含多个带截止期限的任务与一个起始时间的集合（与之前一样）。只不过，这回是硬性期限——如果有任务没有如期完成，我们就再也没有机会完成它了。此外，每个任务还都被赋予了一个相关的收益值。与之前一样，我们一次只能执行一个任务（并且也不允许分块执行），因此这实际上就是找出我们真正能完成的工作集，并且最大化自己的整体收益。为简单起见，我们会假定所有任务所用的时间量是相同的——为一个"时间步骤"（time step）。如果最后一个截止期限为 d，也就是其从起点算起所用的时间步骤数，我们可以将位于起点处的空白调度方案看作一个长度为 d 的空槽，然后按所执行的任务来填充该槽。

从某种角度来说，这个问题的解决方案采用的是一个双重贪心算法。首先，我们会按照收益递减的顺序来考虑任务的执行（我们会从那些收益最高的任务着手），这是第一个使用贪心算法的部分。下面来看第二部分，我们将根据任务的期限，将任务放入到尽可能较晚的空闲槽中。如果当前没有空闲、有效的槽，任务就会被抛弃。而如果我们在完成时依然没有填满所有的槽，我们当然可以提前执行槽里已有的任务，以消除空隙——这不会影响收益，也不会允许我们执行更多的任务。如果想要具体感受一下这个解决方案，读者可以亲自去实现一下（见习题 7-20）。

这个解决方案乍听很有吸引力：我们可以按照任务的收益赋予其优先级，然后尽可能地将这些任务推向其截止时间，以确保它们尽可能少占用宝贵的"较早时间段"。但如之前所说，做事不能仅凭直觉。在接下来的内容里，我们将会用一点归纳法，以便说明在这种贪心算法添加任务的方式下，为何这样的调度方案总是有前途的。

■ **提醒**：尽管接下来的证明并不涉及什么深刻的数学或高深的科学知识，但还是有一些难度的，可能会让您觉得有些头痛。如果对这部分内容不感兴趣，可以直接跳过，继续后面的本章小结。

从不变式出发，最初的空方案自然是有前途的。而在越过基本情况的部分中，最重要的是要记住，真正有前途的调度方案一定能通过添加其剩余任务而被扩展成一个最佳调度方案（这其实也是我们唯一被允许的扩展方式）。现在，假设我们目前有一个有前途的局部调度方案 P，它的一些槽已经被占用，但也有一些闲置。P 有前途就意味着它可被扩展成一个最佳调度方案——我们称该方案为 S。另外，对于下一个待定任务，我们将其表示为 T。

下面，我们分四种情况来讨论。

- T 不能被添加到 P，原因是截止期限之前已经没有空间可安排了。在这种情况下，T 不会对整体造成任何影响，所以 T 被抛弃后，P 也一样会有前途。
- T 能被添加到 P，而且它在 P 中的终点位置与 S 中相同。在这种情况下，我们事实上就是在把它扩展为 S 的过程中，因此 P 仍然是可持续的。
- T 能被添加到 P，但它的终点在不同的地方，这种情况似乎会给我们带来一些麻烦。
- T 能被添加到 P，但并不被包含在 S 中。这或许是更让人担心的一种情况。

显然，我们需要解决的是后两种情况，因为看上去它们所构建的解决方案似乎与最佳调度方案 S 渐行渐远了。在这种情况下，最佳调度方案就很可能不止一个了——而我们只需要证明 T 加入之后，我们仍可以到达其中的一个方案即可。

首先，我们考虑贪心地将 T 添加在不同的位置上，且同时它也存在于 S 中的情况。然后，我们构建一个非常接近于 S 的调度方案，但把其中的 T 与另一个任务 T'互换了位置。我们称这个方案为 S'。我们的构造方式中，T 在 S'中被放置的时间会尽可能得晚，这意味着在 S 中，它的放置时间一定更早。相反地，T'在 S 中的放置时间则一定更晚，因而在 S'中则更早。这意味着我们构建 S'的动作并没有逾越 T'的截止期限，所以它是一个有效的解决方案。此外，由于 S 与 S'由同一组任务构成，因此它们的收益是相同的。

现在就只剩下 T 没有被最佳调度方案 S 调度的情况需要考虑了。下面，我们再次构建一个非常接近于 S 的方案 S'。这回唯一不同的是，我们将用自己的算法来调度 T，令其有效地"覆盖"掉 S 中的另一个任务 T'。结果我们并没有逾越任何截止期限，所以 S'也是有效的。而我们已经知道 S'来自于 P（其步骤与 S 的推导过程几乎相同，只不过其中的 T 被替换成了 T'）。

这样一来，最后的问题就变成了：方案 S 与 S'的收益是否相同？答案是肯定的，因为 T'的收益不会大于 T，对此我们可以用基于贪心策略的反证法来证明：我们知道在 T'的截止期限之前，至少存在着一个空槽。如果 T'的收益更大的话，那么它应该已经完成调度了。它的调度安排应该会在 T 之前，并且一定会出现在别处。但是，我们之前假设 S 由 P 扩展而来，如果这个任务在 P 中，只是位置不同的话，就会与假设形成反证。

请注意：在该例中，我们使用了一种被称为穷举法的证明技术，即在一些附加条件的情况下，确保我们想要证明的对象对于满足这些条件的所有情况都成立。

7.6 本章小结

贪心算法是一个关乎如何做决策的算法。具体来说就是，在我们逐步构建某解决方案的过程中，坚持每一步都选择添加当下最适合的元素，而完全不去管这之前或之后会发生什么情况。这类算法往往设计和实现起来很简单，但要证明其适用性（为最佳算法）却常常很具有挑战性。通常情况下，我们需要证明贪心算法的安全性——该解决方案必须是"有前途的"。也就是说，我们得确定它可以被扩展成为一个最佳方案。然后，贪心选择完成后的解决方案也应该是有前途的。总体上而言，这类算法的一般性原则通常都是通过归纳法来建立的。但我们还拥有一些特定、实用的证明思路。例如，如果我们可以证明某个假设的最佳方案可以被无损地修改成一个采用贪心策略的解决方案的话，那么该贪心方案就是最佳方案。再如，如果我们可以证明在解决方案构建的进程中，其局部贪心方案可以始终位于我们所假设的最佳方案序列中，直至最终方案的形成，我们也可以用此来证明它是最佳方案。

本章还对一些重要的贪心问题和算法进行了讨论，其中有背包问题（选取一些元素组成一个带权值的有限子集，使其权值最大化），其分数版本用的就是用贪心算法。还有哈夫曼树问题，它可用于构建最优前缀码，以及在局部方案中通过归并最小树结构来构建一个适用于整体的贪心算法。最后还有最小生成树问题，该结构可以用 Kruskal 算法（该算法会始终试图往树结构中添加最短边）或 Prim 算法（该算法会始终试图连接树结构与其最近点）来构建。

7.7　如果您感兴趣

关于贪心算法，其实还有一套深层次的理论，我们在本章并没有真正涉及它，因为处理这类难题需要用到拟阵（matroid）、广义拟阵（greedoid）以及所谓的嵌入式拟阵（matroid embeddings）。尽管广义拟阵的内容有些难度，嵌入式拟阵甚至会很快带来一些思维混乱，但拟阵本身并不是很复杂，并且为贪心算法问题提供了一些非常优雅的视角。（而广义拟阵较为通用，嵌入式拟阵则是三者之中最为通用的，事实上涵盖了所有的贪心算法问题。）对于拟阵相关的资料，读者可以去读一读 Cormen 等人写的那本书（见第 1 章"参考资料"部分）。

如果您想了解一下找零钱问题为什么在泛化情况下会变成一个非常难解的问题，可以看一看第 11 章中的相关资料。当然，正如之前所说，对于大多数货币系统来说，用贪心算法还都是可胜任的。对此，David Pearson 还曾设计了一个专门用于检测这类情况的算法（针对的是任意给定的货币）。读者有兴趣的话，可以去读一读他的论文（见本章"参考资料"部分）。

如果您发现自己需要从某个既定的起点开始，构建一棵最小有向生成树，此时我们是无法对其应用 Prim 算法的。有一种被称为最低成本树（min-cost arborescences）的算法可以适用于这种情况，相关内容可以参考 Kleinberg 与 Tardos 合著的那本书（见第 1 章"参考资料"部分）。

7.8　练习题

7-1.　请举例说明为找零钱问题设计的贪心算法会因某个币值组合而被破坏。

7-2.　如果您手里有一些币值为整数 k（$k > 1$）的幂次的硬币，为什么就可以确定这种情况可以用贪心算法来解决找零钱问题？

7-3.　如果某些选取问题中的权值每个都是独一无二的 2 的指数值，那么其最大权值和就一定可以用贪心算法获得。为什么？

7-4.　在稳定婚姻问题中，我们说两个人的婚姻，比方说 Jack 与 Jill，有一个稳定的配对关系，他们俩结婚就是合适的。请您证明 Gale-Shapley 可以帮每个男人找到合适的情况下排名最高的妻子。

7-5.　现在，Jill 是 Jack 合适且排名最高的妻子，请证明 Jack 是 Jill 合适但排名最低的丈夫。

7-6.　假设我们想要装到背包中的各种东西是可以被分段的，也就是说，我们可以按照某些分割点把它们分成几块（如将一根糖棒分成数个固定大小的块）。并且不同种类的东西被分割时，各有自己的固定大小。请问：这种情况适用于贪心算法吗？

7-7.　请证明从哈夫曼编码中获得的编码是简单明了的。也就是说，当我们解码一段哈夫曼编码的文本时，应该总是可以知道相关的符号边界以及该符号在什么地方。

7-8.　在哈夫曼树的贪心选取属性的证明过程中，我们为 a 和 d 设定了不同的出现概率。但是如果没有这个设定的话，又会发生什么呢？

7-9. 请证明一个不好的归并调度相较于一个真正依赖于概率的好调度方案来说，更可能会带来一个糟糕的渐近运行时间。

7-10. 请问：一个（连通）图结构在什么情况下能产生多种不同的最小生成树？

7-11. 请问：您会如何构建一个最大生成树（让这棵树所有边的权值之和达到最大）？

7-12. 请证明最小生成树中存在着一个最优子结构。

7-13. 如果面对的是一个非连通图，Kruskal 算法将会发现什么？怎样修改 Prim 算法能达到同样的目的？

7-14. 如果在一个有向图中运行 Prim 算法，会发生什么情况？

7-15. 对于平面中的 n 个点（构成的平面几何图，权重为边的长度），其寻找最小生成树的算法在最坏情况下的运行时间不可能快过线性对数级时间。这是为什么？

7-16. 请证明如果我们调用带等级的 union 的话，m 次调用 union 和 find 的运行时间为 $O(m \lg n)$。

7-17. 请证明如果我们在遍历过程中使用二分堆来充当优先队列的话，每次遇到要添加节点的情况就不用担心会影响整体的渐近运行时间了。

7-18. 在从左向右选取一组区间中的最大兼容子集的过程中，为什么我们不能基于起始时间来运用贪心算法？

7-19. 我们用来找出兼容区间的最大集合的算法的运行时间情况是怎样的？

7-20. 请实现一个针对调度问题的贪心算法，其中的每个任务都有一个开销和一个硬性期限，并且所有任务的执行时间都相同。

7.9 参考资料

- Gale, D. and Shapley, L. S. (1962). College admissions and the stability of marriage. *The American Mathematical Monthly*, 69(1):9-15.
- Graham, R. L. and Hell, P. (1985). On the history of the minimum spanning tree problem. *IEEE Annals on the History of Computing*, 7(1).
- Gusfield, D. and Irving, R. W. (1989). *The Stable Marriage Problem: Structure and Algorithms*. The MIT Press.
- Helman, P., Moret, B. M. E., and Shapiro, H. D. (1993). An exact characterization of greedy structures. *SIAM Journal on Discrete Mathematics*, 6(2):274-283.
- Knuth, D. E. (1996). *Stable Marriage and Its Relation to Other Combinatorial Problems: An Introduction to the Mathematical Analysis of Algorithms*. American Mathematical Society.
- Korte, B. H., Lovász, L., and Schrader, R. (1991). *Greedoids*. Springer-Verlag.
- Nešetřil, J., Milková, E., and Nešetřilová, H. (2001). Otakar Borůvka on minimum spanning tree problem: Translation of both the 1926 papers, comments, history. Discrete Mathematics, 233(1-3):3-36.
- Pearson, D. (2005). A polynomial-time algorithm for the change-making problem. *Operations Research Letters*, 33(3):231-234.

第 8 章

■■■

复杂依赖及其记忆体化

Twice：副词，表经常、频繁之意。

——选择 Ambrose Bierce 的《The Devil's Dictionary》

如今，许多人将 1957 年视为编程语言诞生之年[①]。但对于算法学来说，这一年发生的事情可能更具有划时代的意义，Richard Bellman 就是在这一年发表了他的开创性著作《Dynamic Programming》。尽管 Bellman 的这本书大体上被认为其实是一本数学书，并不是真正面向程序员的（这在当时那个年代，或许是可以理解的），但其在技术上的核心思想为之后一系列强大的算法奠定了坚实的基础，以至于最终形成了一种算法设计人员必须了解的基本设计方法。

动态规划（dynamic programming，DP）这个术语可能会让新手产生一些概念上的混乱。这两个单词在这里所呈现的意义与以往大不相同。首先，规划（Programming）在这里指的是完成一组选择（"线性规划"），因此它与该术语其他常见场合，如电视上说的写计算机程序不是一个概念。再来是动态（Dynamic）这个词，它的意思简而言之就是事情会随着时间演变——在这种情况下，其所做的每一个选择都必须依赖于其前一个选择。换言之，这个"动态"就是要我们写一个程序，对某一类问题做出一个说明。用 Bellman 自己的话来说："我认为动态规划是一个很好的名词，甚至一个国会议员也无法反对它，我可以用它来描述自己的任何活动"[②]。

具体到算法设计的运用中，DP 技术的核心其实就是一种高速缓存（caching）。我们在问题的分解上依然使用的是之前递归/归纳那一套——但这回我们将允许子问题之间存在重叠。这意味着任何一个普通的递归方案都可以轻易在指数时间内达到其设定的基本情况，但是通过缓存这些结果，这些指数级的方案通常会被废弃，剩下的结果将会有利于设计出令人印象深刻的高效算法，并且有助于我们更深入地理解问题。

通常情况下，DP 算法都是通过反转相应的递归函数，使其对某些数据结构进行逐步迭代和填充（如某种多维数组）。当然，我们还有另一种选择——或许这种选择更适用于 Python 这样的高级编程语言——在实现相关递归函数时直接从缓存中返回值。如果我们可以用同一个参数执行多次调用，其返回结果就会直接来自于缓存。我们称这种方式为记忆体化（memoization）。

[①] 这是 John Backus 研究小组发布第一个 FORTRAN 编译器的年份。许多人认为这是历史上第一个完整的编译器。尽管 Grace Hopper 早在 1942 年就写出了历史上的第一个编译器。

[②] 详见本章"参考资料"部分，Richard Bellman 写的《Birth of Dynamic Programming》一文。

> **请注意：**虽然我认为记忆体技术可以使 DP 的基本原则显得更为清晰，但我们在本章会坚持将记忆体版的算法重写成迭代版本。尽管使用记忆体是很好的第一步，它能给我们带来类似于原型方案的洞察力，但在某些情况下，由于某种特定的因素（如堆栈深度的限制和函数调用成本等），选择迭代方案可能会更好一些。

DP 的基本思路虽然很简单，但用起来还是要花点心思的。按照该领域的另一个权威 Eric V. Denardo 的话说，"大多数初学者都会觉得这是一种奇怪而又陌生的思路。"总而言之，我将会尽我所能地使内容更贴近于核心思想，不使其流于形式。另外，本章的内容将会主要侧重于递归分解和记忆体，而不是迭代型的 DP。我希望本书到目前为止所介绍的内容都是相互连通，且条理清晰的。

在深入本章的讨论之前，我们先来看一个小小的难题：找出一组数字的最长递增（或者非递减）子序列——如果存在多个这样的序列的话，就只需找出其中一个。并且，该序列中的元素在子集中也得保有其原有顺序。例如，对于[3, 1, 0, 2, 4]这个序列来说，[1, 2, 4]就是它的一个解。在稍后的清单 8-1 中，您将会看到一个非常紧凑的解决方案，我们在其中使用了一些高效的内置函数，例如 itertools 模块中的 combinations 函数，以及排序用的 sorted 函数。这有助于我们极大地降低代码的开销。但该算法终究只是一个简单粗暴的解决方案：只是生成每一个可能的序列，再检查它们各自是否被排序而已。在最坏的情况下，其运行时间显然是指数级的。

写一个简单粗暴的解决方案有助于我们加深对问题的理解，甚至有时还能从中得到某些启发，以获得更好的算法思路。所以，我毫不怀疑您能找到若干种改善 naïve_lis()函数的方法。但如果要想得到实质性的改善，还是很具有一些挑战性的。例如，您能将其改成一个平方级算法吗（这会有点难）？改成线性级又如何（这难度相当高）？稍后我们将会为您一一道来。

清单 8-1　朴素版的最长递增子序列算法
```
from itertools import combinations

def naive_lis(seq):
    for length in range(len(seq), 0, -1):     # n, n-1, ... , 1
        for sub in combinations(seq, length): # Subsequences of given length
            if list(sub) == sorted(sub):      # An increasing subsequence?
                return sub                    # Return it!
```

8.1　不要重复自己

想必您应该早已听说过"不要重复自己（Don't repeat yourself，DRY）"这一设计原则了。它主要针对的是我们的代码，即我们应该避免多次写出相同（或者几乎相同）的代码段，转而去利用各种形式的抽象机制，甚至用复制—粘贴的方式来达到同样的事。这并不是我自说自话，它事实上已经成为了编程工作中最基本、最重要的原则之一。而具体到本章来说，我们的基本思路就是要避免算法的重复运用。这个原则很简单，甚至实现起来也很容易（至少对 Python 是如此），但其中蕴藏着很深的魔力。接下来，我们会按部就班地为您一一说明。

但我们还是先从斐波那契（Fibonacci）数列、帕斯卡（Pascal）三角形这两个经典问题开始吧。在一头扎进这些问题之前，我们需要首先知道，"人们"研究它们是因为它们真的有用，而不是这些问题难到令人恐惧——另外，我们将给出的是一组 Python 式的解决方案，希望这能给大多数人带来一丝新鲜感。

按照斐波那契数列的递归定义，我们应该从两个 1 开始，每次增加的元素为其前两个元素之和，这用 Python 函数实现起来非常简单[①]：

```
>>> def fib(i):
...     if i < 2: return 1
...     return fib(i-1) + fib(i-2)
```

下面来试一下这个函数：

```
>>> fib(10)
89
```

似乎没什么问题，再试一个更大的数字：

```
>>> fib(100)
```

啊！程序似乎挂掉了，显然是某些地方出错了。下面我们再来看一个解决方案（见清单 8-2 中的 memo 函数）。虽然对于眼下这个问题来说，这个方案绝对是有些小题大做了，但其实我们在本章将遇到的所有问题都会用到它。该实现用嵌套域封装了一个临时函数——如果您喜欢的话，也可以用带缓存功能及 func 属性的类来实现同样的功能。

■ **请注意**：事实上，Python 的标准库中已经有了一个与之等价的装饰器函数，即 functools 模块中的 lru_cache 函数（目前版本是 Python 3.2，而在 Python 2.7 中，它属于 functools32 包[②]）。如果您将其 maxsize 参数设置为 None，它就是一个完全运用记忆体的装饰器函数。此外，它还提供了一个 cache_clear 方法，以便于实现其与我们自身算法之间的调用。

清单 8-2　记忆体化的装饰器函数

```
from functools import wraps

def memo(func):
    cache = {}                          # Stored subproblem solutions
    @wraps(func)                        # Make wrap look like func
    def wrap(*args):                    # The memoized wrapper
        if args not in cache:           # Not already computed?
            cache[args] = func(*args)   # Compute & cache the solution
        return cache[args]              # Return the cached solution
    return wrap                         # Return the wrapper
```

[①] 也有些定义是从 0 和 1 开始的。如果您想采用这一定义，只需要将代码中的 return 1 改成 return i 即可。它们唯一的不同只不过是将序列的索引前移了一位。

[②] https://pypi.python.org/pypi/functools32/3.2.3

在具体讨论这个 memo 函数的细节之前，我们不妨先来试用一下：

```
>>> fib = memo(fib)
>>> fib(100)
573147844013817084101
```

嗯，看来没有问题，但这是为什么呢？

该内存化函数[1]的思路就是缓存其自身的返回值。当然，如果我们将其视为同一参数的二次调用的话，它就是直接返回了缓存中的值。我们可以将其看作内嵌在我们函数中的一种缓存逻辑，但 memo 函数是一个可重用性更好的解决方案。它是被当作一种装饰器（decorator）[2]来设计的：

```
>>> @memo
... def fib(i):
...     if i < 2: return 1
...     return fib(i-1) + fib(i-2)
...
>>> fib(100)
573147844013817084101
```

如您所见，fib()函数被直接标志成了@memo，这样就能有效地大幅降低一些运行时间。当然，我到现在依然还没有对其过程和原因做出说明。

事情是这样的：斐波那契数列的递归公式中主要有两个子问题，这使得它看起来似乎是一个分治问题。这里主要的不同在于其子问题之间存在着一些复杂依赖（tangled dependencies）。或者换句话说，我们面对的是一组相互重叠的子问题。这种现象可能在斐波那契数列的近似问题：求2 的指数的递归式中会显得更为清晰一些：

```
>>> def two_pow(i):
...     if i == 0: return 1
...     return two_pow(i-1) + two_pow(i-1)
...
>>> two_pow(10)
1024
>>> two_pow(100)
```

果然还是挂掉了。下面引入@memo 试试，这样我们就会立即得到答案，或者，我们对其做出如下修改，效果是相同的：

```
>>> def two_pow(i):
...     if i == 0: return 1
...     return 2*two_pow(i-1)
...
```

---

① 这里指的是内存化（memo-ized），而不是记忆体化（memorized）。

② 使用 functools 模块中的封装装饰器并不会对整体功能产生影响，它只是会将原装饰器函数（如 fib）的属性（如它们的名称）保留下来。相关详细内容，请读者查阅 Python 的官方文档。

```
>>> print(two_pow(10))
1024
>>> print(two_pow(100))
1267650600228229401496703205376
```

这样一来，我们就将递归调用的数量从 2 降到了 1，从而将其指数级的运行时间降为了线性级（两者分别对应于表 3-1 中的递归式 3 和 1）。其中神奇的部分是这与记忆体版本所做的效果是相同的。第一个递归调用是按正常方式执行的，一路执行到底（i==0）。但后者则是都将结果直接放入缓存中，这是唯一额外的常数时间的操作。下面，我们用图 8-1 来诠释一下两者之间的差异。如您所见，当各级子问题之间存在重叠时（其节点上的数字相同），其带来的冗余计算就会变成指数级操作。

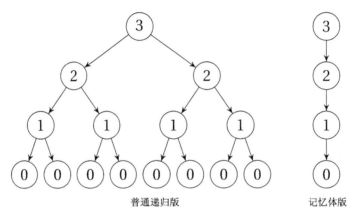

普通递归版　　　　　　　　　　　　　　　　　记忆体版

图 8-1　用递归树来说明记忆体所能带来的影响，其中节点的标签代表了传给子问题的参数

接下来，我们再来看一个更实用一点的问题[①]：二项式系数的计算（详见第 2 章）。也就是组合函数 $C(n,k)$ 表示的是我们要从含 n 个数的集合中找出 k 个数大小的子集数。大多数情况下，我们的第一步通常是要寻找某种归简或者递归分解的方式。在这种情况下，其实我们可以有一种思路，从而使自己看到很多运用动态规划解决问题的机会[②]。也就是用判断元素是否被包含在内来分解问题。也就是说，递归调用只有在相关元素被包含其中时才会被调用。（您能详细解释 two_pow() 的执行过程吗？见习题 8-2。）

对于这项操作，我们通常会按照元素的顺序来进行，这样在对 $C(n,k)$ 的每个单项评估中，我们就只需要操心眼下的元素是否存在于这 n 个数中就可以了。如果它在其中，我们就将其计数在剩余 $n-1$ 个元素的 $k-1$ 大小的子集中（简写为 $C(n-1,k-1)$）。如果该元素并不在其中，那我们去检查其 k 大小的子集（$C(n-1,k)$）。换言之，也就是：

$$\binom{n}{k} = \binom{n-1}{k-1} + \binom{n-1}{k}$$

---

① 这依然是一个用于说明基本设计原则的例子。

② 例如，本章后面还会用这种"在与不在"的方法来解决背包问题。

　　另外，我们还设定了以下基本情况：对于单个空子集，$C(n,0) = 1$；而对于空集的非空子集，$C(0,k) = 0$，$k > 0$。

　　该递归公式所对应的就是所谓的帕斯卡三角形（取自用它的后一个发现者 Blaise Pascal），尽管其最先是由伟大的中国数学家朱世杰[①]提出的，他在第二个公元千年的早期就已经发现了这一关系。下面我们就通过图 8-2 来看一下，二项式系数在三角形模式下是如何分布的。如您所见，其中的每一个数字都是其上方两个数字之和。也就是说，其中的行（从 0 开始计数）对应的是公式中的 n，而列（单元格数，从 0 开始由左向右计数）则对应了 k。例如，$C(4,2)$对应的数字为 6，其计算方式是 $C(3,1) + C(3,2) = 3 + 3 = 6$。

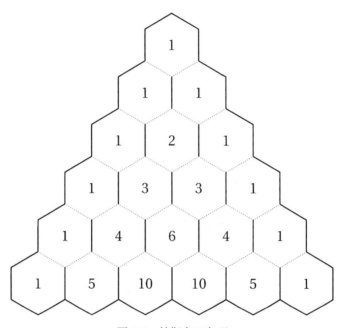

图 8-2　帕斯卡三角形

　　除此之外，（正如图中所暗示的那样）这个模式还有另一种解释方式，叫作路径计数（path counting）。如果去除虚线部分，图中从顶部单元格向下到每一个单元格究竟有多少条路径呢？我们将得到的是同一个递归式——我们既可以从上侧单元格向左走，也可以向右走。因此，其路径数应该为 2 的和值。也就是说，路径数是与我们对于每个单元格从左或从右向下的概率成正比的。这些就像日本游戏 Pachinko 或是《The Price Is Right》节目上的 Plinko 游戏中所发生的内容[②]。在

---

① 译者注：朱世杰（1249－1314），字汉卿，号松庭，汉族，燕山（今北京）人氏，元代数学家、教育家，有"中世纪世界最伟大的数学家"之誉。朱世杰在当时天元术的基础上发展出"四元术"，也就是列出四元高次多项式方程，以及消元求解的方法。此外，他还创造出"垛积法"，即高阶等差数列的求和方法，以及"招差术"，即高次内插法。主要著作有《算学启蒙》与《四元玉鉴》。

② 译者注：都属于弹珠概率类游戏。

这些游戏中，弹珠会从顶部落下来，最终落到某种常规的网格中（例如图 8-2 中的六边形网格的交界处）。在下一节中，我们将会对这些路径进行计数——这其实要比现在说的内容重要得多。下面我们来看看 $C(n,k)$ 的代码：

```
>>> @memo
>>> def C(n,k):
...     if k == 0: return 1
...     if n == 0: return 0
...     return C(n-1,k-1) + C(n-1,k)
>>> C(4,2)
6
>>> C(10,7)
120
>>> C(100,50)
100891344545564193334812497256
```

当然，其实我们应该将有没有@memo 的情况都试一下，以便亲身体会一下两个版本之间的巨大差距。通常情况下，我们会将缓存与某种常数加速因子关联起来，但这里完全是另一种情况。对于我们所考虑的大多数问题而言，这种记忆体处理所代表的就是指数级运算与多项式级运算之间的差别。

请注意： 在本章，也有一些记忆体算法（特别是本节曾提到过的那个背包问题）是属于伪多项式级的，因为我们所得到的运行时间取决于输入数字选取的函数，而不是输入本身的规模。而这些数字的取值范围又是其编码的大小指数值（该编码所能用到的比特数）。

在大多数关于动态规划的陈述中，记忆体化函数实际上都并不是拿来用的。虽然其中的递归分解的确是算法设计中的一个重要步骤，但它通常只是一个数学工具，主要用于其实际实现版本的"反转"——迭代版。就如您之前所见，像@memo 装饰器那样的简单辅助函数，记忆体版的解决方案确实非常方便，我不认为您需要去回避它们。这些方法可以在您没有更好、更优雅的方法时，帮助您躲开指数级操作可能带来的麻烦。

然而，正如我们之前所讨论的（第 4 章中），我们可能有时候会希望将自己的代码重写成迭代版。这样不仅可以使其运行得更快，还可以避免因递归深度过大而导致堆栈空间耗尽。另外还有一个原因：迭代版本的实现通常都会有一个专属构造的缓存，而不是我们在@memo 中看到的那种通用的"由参数元组组成的键值字典"。这意味着我们有时候可能会用到一些更为有效的结构。例如 NumPy 中的多维数组，它既可以与 Cython 相结合（见附录 A），也可以单纯充当某种嵌套列表。这种自定义缓存的设计可以使 DP 运用于更多的低级编程语言，而像我们@memo 装饰器中这种抽象结构通常都是不可用的。值得注意的是，这两项技术往往是成双成对出现的，我们肯定可以自由地将其运用于带一般缓存结构的迭代解决方案，或者带面向其子问题解决方案的、特定结构的递归方案。

下面我们就来反转一下自己的算法，直接对帕斯卡三角形进行填充。为简单起见，我们这里使用 defaultdict 来充当缓存，您也可以随意使用其他嵌套列表（见习题 8-4）：

```
>>> from collections import defaultdict
>>> n, k = 10, 7
>>> C = defaultdict(int)
>>> for row in range(n+1):
...     C[row,0] = 1
...     for col in range(1,k+1):
...         C[row,col] = C[row-1,col-1] + C[row-1,col]
...
>>> C[n,k]
120
```

这里所做的事与之前基本相同，主要的不同在于，这回我们需要找出缓存中已被填充的单元格，并找到一种安全的顺序来执行这些操作，以便我们在计算单元格 C[row,col]的值时，单元格 C[row-1,col-1]与 C[row-1,col]的值已经计算好了。而在记忆体版函数中，我们完全不用担心这些，它自身会根据需要进行递归。

提示： 对于一个带两个子问题参数（例如这里的 *n* 和 *k*）的算法，将其动态规划的过程可视化成一个（真实的或是假设当作的）电子表格是个不错的做法。例如，我们可以试着将二项式系数的计算过程填写到一张电子表格中，第一列全填写1，并将第一行的其余列都填写为0，然后将公式 A1+B1 设置为 B2 的值，并将其拷贝到其余的单元格中。

8.2 有向无环图中的最短路径问题

动态规划的核心其实就是一个决策顺序的问题。我们所做的每一个选择都会导致一个新的局面，所以我们需要根据自己所期望的局面来找出最好的选择顺序。这看起来似乎有点像是贪心算法所做的事情——但后者只是基于当下做出最好的选择，并没有考虑全局。在这里，我们必须少一些短视行为，其对未来的影响也需要予以考虑。

寻找一个有向无环图中某一点到另一点的路径就是一个典型的决策顺序问题。在该问题中，我们将决策过程中的每一个可能的决策状态都视为一个独立的节点，而其中的出边则代表了我们在各种状态下所可能做出的选择。这些边都被赋予了相关的权值，我们要找的最佳决策集就是该图的最短路径。例如，在图 8-3 所示的 DAG 中，高亮部分就是节点 *a* 到节点 *f* 的最短路径。我们是如何找出这条路径的呢？

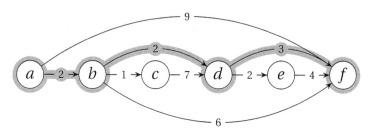

图 8-3 一张带权值和标注的 DAG 拓扑图，其高亮部分为 *a* 到 *f* 的最短路径

显而易见，这是一个连续的决策过程。我们将会从 a 点出发。然后您要在到 b 和到 f 这两条边之间做一个选择。一方面来说，到 b 的这条边很值得期待，因为它的开销相对低廉得多；但到 f 那条边也很吸引人，因为它是直达目标的。但我们的决策不能如此草率。例如，在我们已经构建的这张图中，沿着最短路径，我们会访问到图中每一个节点，这是一条最长的路径。

与之前章节的内容一样，我们需要用归纳法来思考。我们会假设移动到所有节点的情况都是已知的。比方说，我们设节点 v 到终点的距离为 $d(v)$，而边（u,v）的权值为 $w(u,v)$。接下来，如果我们位于节点 u 中，我们就已经（通过归纳假设）知道了其邻接节点 v 的 $d(v)$，其最小表达式为 $w(u,v) + d(v)$。换句话说，我们最小化了第一步骤与其最短路径的和值。

当然，我们其实不可能真的知道所有邻接节点的 $d(v)$ 值。但对于任何归纳法设计来说，它们都是可以通过递归魔法来自圆其说的。现在就剩下其子问题的重叠部分了。例如在图 8-3 中，想要找出 b 到 f 的距离，要先找到 d 到 f 的最短路径。但找到 c 到 f 的最短路径也可以完成同样的事。也就是说，我们在这里所面对的局面其实与斐波那契数列、two_pow 以及帕斯卡三角形没什么不同。也就是如果我们直接用递归来实现解决方案，某些子问题就会成为指数级操作。而正好这些问题可以被记忆体化，借助这种魔法去除掉其中冗余的部分，最终使其变成一个线性级算法（对于 n 个节点和 m 条边的图，其运行时间为 $\Theta(n+m)$）。

在清单 8-3 中，您会看到其直接的实现方式（这里用字典类型 dict 来表示相关边线的权值函数）。如果我们拿掉了代码中的@memo，这就会成为一个指数级算法（它应付一些具有少量边线的小图函数还是没有问题的）。

清单 8-3 运用递归、记忆体化的方式来解决 DAG 的最短路径问题

```
def rec_dag_sp(W, s, t):                    # Shortest path from s to t
    @memo                                   # Memoize f
    def d(u):                               # Distance from u to t
        if u == t: return 0                 # We're there!
        return min(W[u][v]+d(v) for v in W[u]) # Best of every first step
    return d(s)                             # Apply f to actual start node
```

在我看来，清单 8-3 中的这个实现相当优雅。它直观地体现了算法中的归纳思维，尽管也包含了记忆体化的抽象过程。然而，这终究不是算法典型的表现途径。对于许多 DP 算法来说，我们更习惯于将其"反转"成迭代形式。

迭代版的 DAG 最短路径算法采用了第 4 章中所介绍的松弛法，即通过逐步扩展局部方案来解决问题[①]。因为这本来就是我们图的表示方式（我们往往是通过出边，而不是入边来访问节点的）。它可以被用来反转归纳法的设计：这回关注的不再是我们打算往哪儿走，而是我们之前是从哪儿来。然后，我们还要确保自己一定能到达节点 v。为此，我们得扩展来自 v 之前所有节点的答案。也就是说，我们得将其入边松弛化。但这也带出了一个问题——我们如何才能确保这些呢？

---

① 这种方法与 Prim 算法、Dijkstra 算法以及后面的 Bellman-Ford 算法也有着密切的联系（见第 7、9 章）。

方法就是您在图 8-3 中所看到的那种节点拓扑排序。简单来说，就是我们在递归版本（清单 8-3）中并没有单独进行一次必要的拓扑排序。而且，实质上它是隐式地执行了一次 DFS 遍历，并按其遍历顺序来自动化地执行所有的更新。而对于迭代式的解决方案来说，我们需要的是一次独立的拓扑排序。如果我们想完全摆脱之前的递归方式，就需要用到清单 4-10 中的 topsort() 函数。甚至如果您不介意的话，我们也可以用清单 5-7 中的 dfs_topsort() 函数（尽管这会让我们更接近于采用递归、记忆体化的那个方案）。接下来，我们来看看清单 8-4 中的 dag_sp() 函数，这是一种更常见的迭代式方案。

清单 8-4　DAG 的最短路径问题

```
def dag_sp(W, s, t):                            # Shortest path from s to t
    d = {u:float('inf') for u in W}             # Distance estimates
    d[s] = 0                                    # Start node: Zero distance
    for u in topsort(W):                        # In top-sorted order...
        if u == t: break                        # Have we arrived?
        for v in W[u]:                          # For each out-edge ...
            d[v] = min(d[v], d[u] + W[u][v])    # Relax the edge
    return d[t]                                 # Distance to t (from s)
```

该迭代算法的思路是尽量松弛化出自我们之前所有可能节点（在拓扑排序中靠前）的边。为此，我们就必须对当前节点的入边进行松弛化。通过这种方法，我们就用归纳法证明了当我们的循环结束时，图中各个节点都会得到一个正确的距离评估。这意味着，只要能到达目标节点，我们就一定能得到到达该节点的正确距离。

找出与该距离相对应的实际路径并不是问题的全部难点（见习题 8-5）。为此，我们甚至可以构建一个起点到所有节点的最短路径树，就像是第 5 章中的遍历树（只不过，我们要拿掉代码中的 break 语句，以便让它能一直持续到终点）。另外，我们还得注意一些节点，包括那些在拓扑排序中靠前的节点。它们有可能是无法到达的，或者距离是无穷远的。

请注意：在本章大部分内容中，我都会专注于寻找解决方案的最佳值，该方案应该不需要为配备额外的记事簿而重建能生成该值的解决方案。该方法虽然可以简化整个过程，但可能不会是您在实践当中愿意看到的。有一些练习题会要求您对算法进行扩展，以找出其实际解决方案。您可以在本章末尾部分关于背包问题的论述中找到相应的例子。

DAG 最短路径问题的变体

尽管基本算法是一样的，但在 DAG 中寻找最短路径的具体方式还是有很多的。并且通过扩展这些方式，我们可以用它们来解决大部分 DP 问题。这些方法既可以是记忆体化的递归方式，也可以是带松弛法的迭代方式。对于递归方式来说，我们得从起点开始，尝试着进行各种"下一步"操作，然后对其余部分进行递归处理；或者如果相关的图结构允许的话，我们也可以试着从最后那一点开始往前执行其"前一步"操作，然后对其最初部分进行递归处理。相对来说，前者在过程上会显得更自然一些，而后者则更适合处理迭代版本中会发生的情况。

　　如果我们目前采用的是迭代版本，也依然可以有两种选择：既可以（按照拓扑排序的顺序）对各个节点的出边进行松弛化，也可以松弛化每个节点的入边。虽然在这两者之间，显然是后者更易于产生正确的结果，但这也意味着我们必须沿着相关的边线反向访问每一个节点。这种情况并不牵强，因为其可能是您在某个非图结构问题中的隐式DAG 操作（例如，在本章稍后要讨论的最长递增子序列问题中，您会看到所有反向的“边”都可以是一个有用的切入点）。

　　出向松弛法（也叫达成法）就是我们在对所有边进行松弛化的方法。正如之前所说，一旦我们抵达了某个节点，所有进入该节点的边就会被松弛化。然而对于达成法来说，我们还可以用它来做一些在递归版本（或入向边松弛化操作）中比较难以处理的事情，即修剪操作。例如，如果我们只想把彼此距离在 r 以内的所有节点找出来，就可以跳过所有距离大于 r 的节点。这样的话，虽然还是免不了要访问到每一个节点，但在进行松弛化的阶段，我们就可以因此忽略掉很多边。当然，这对算法的渐近运行时间没有什么影响（见习题 8-6）。

　　需要注意的是，DAG 的最短路径问题还有一些与之惊人相似的问题，如寻找其最长路径问题，或某 DAG 中两个节点之间的路径数量问题等。其中，后一个问题正好是我们之前所介绍的帕斯卡三角形问题。相同的方法也适用于其他任何 DAG。只不过，这些事不会像在一般图结构中那么简单就是了。因为虽然在一般图结构中，最短路径问题会有点难度（我们会在第 9 章中专门讨论这个问题），但其最长路径问题则还是一个未解之谜（详细内容请见第 11 章）。

8.3　最长递增子序列问题

　　尽管寻找 DAG 中的最短路径是一个典型 DP 问题，但在许多，或者说是大多数 DP 问题中，我们可能会没有一个（明确的）关系图。在这种情况下，我们就必须自行发掘出响应的 DAG 或决策序列进程。或者对于该问题来说，也许忽略掉整体的 DAG 结构，从递归分解的角度来看变得更容易一些。在本节内容中，我将会用本章开头所介绍的那两种方法来解答最长递增子序列问题（该问题虽然被叫作“最长递增子序列”，但我们将允许其中存在相同的值）。

　　我们直接从归纳法开始，稍后再来看更多与图论有关的想法。为了能执行归纳法（或递归分解法），我们就得先对子问题进行定义——这也是许多 DP 问题的一个主要挑战。在许多与序列相关的问题中，这通常被用来当作一种预置术语——我们要了解的所有需要知道的预置行为以及归纳步骤，这是弄清楚其他元素的前提条件。在这种情况下，这或许就意味着我们得找到每一种预置条件下的最长递增子序列，但这显然是信息不足的。为此，我们需要强化我们所设定的归纳前提，使我们能真正地实现出相应的归纳步骤。下面，就让我们试着以各个指定的位置为终点，来找找某序列的最长递增子序列。

　　如果我们已经知道了找出前 k 位子序列的方法，会不知道如何找出 $k+1$ 位的子序列吗？一旦问题进行到这一步，答案其实就已经显而易见了。所以我们只需要看看当前元素之前的元素是否都小于当前元素即可。而在这过程中，我们要为该最长子序列选择一个终点。用直接递归来实现会带来指数级运行的时间,因此我们需要再一次用到记忆体,去掉其指数级的冗余部分,代码如清单8-5所示。另外需要再次说明的是,我们在这里只专注于找出相关解的长度,而将这段代码扩展成能找出实际子序列的方案并不是一件难事(见习题8-10)。

清单8-5 用记忆体、递归方式解决最长递增子序列问题

```
def rec_lis(seq):                                  # Longest increasing subseq.
    @memo
    def L(cur):                                    # Longest ending at seq[cur]
        res = 1                                     # Length is at least 1
        for pre in range(cur):                      # Potential predecessors
            if seq[pre] <= seq[cur]:                # A valid (smaller) predec.
                res = max(res, 1 + L(pre))          # Can we improve the solution?
        return res
    return max(L(i) for i in range(len(seq)))       # The longest of them all
```

下面,我们来写相应的迭代版本。其实对于眼下这种情况来说,这两种实现方式几乎没有什么差别,就像图4-3中所描述的那样,互为镜像而已。因为在递归版的实现中,rec_lis()是按照(0,1,2…)的顺序来解决问题的。因而在迭代版中,我们就只需要将原来的递归调用切换成一个查找过程,然后将整件事封装成一个循环即可。其具体实现如清单8-6所示。

清单8-6 用基本迭代方式解决最长递增子序列问题

```
def basic_lis(seq):
    L = [1] * len(seq)
    for cur, val in enumerate(seq):
        for pre in range(cur):
            if seq[pre] <= val:
                L[cur] = max(L[cur], 1 + L[pre])
    return max(L)
```

相信您一定能看出上述代码与其递归版本的相似度。其实对于这种情况来说,迭代版或许只是看上去比递归版更易于理解罢了。

现在我们再来看看DAG的思路。在这种思路中,序列中的每个元素都被视为图中一个节点,并且每个节点到比它大的节点之间都会存在着一条隐藏的边——对于所有符合条件的候选节点,都会存在着一个递增子序列(见图8-4)。瞧!我们现在要解决的就是一个DAG的最长路径问题。这实际上在 basic_lis()函数中已经反映得非常清楚了。当然,由于我们并没有将边显式地表示出来,所以看起来就像是我们在逐个判断每个前面的元素是否是一个有效的前辈节点。如果是,它就会直接被当作入边来进行松弛化处理(这条线会被当作目前的最大值)。接下来,我们能继续基于当前位置,运用这种决策进程中的"前置步骤"(当前节点的入边或有效前辈节点)来改善解决方案吗?[①]

---

① 实际上,所谓的最长递增子序列问题,就是要我们在所有路径中找出最长的,或者是在两个给定的点之间找出最长的路径。

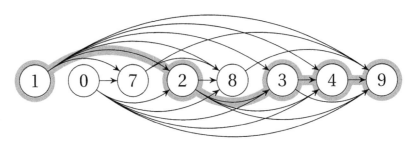

图 8-4　一个数字序列及其所隐藏的各递增序列的 DAG，其中高亮部分为该序列最长递增子序列

如您所见，大多数 DP 问题都并不只有一种呈现方式。我们有时候会偏向于用递归分解和归纳法，有时候也会更倾向于用 DAG 结构来构建问题。还有些时候，我们可能需要根据我们当下所面对的情况来判断该做什么。在这种情况下，只要还是这个序列，它就依然是一个平方级算法。而且您可能也已经注意到了，既然我们的算法函数叫作 basic_lis()，就说明我们还有别的招。

该算法的时间片主要集中在查找操作上，即从当前位置之前的元素找出最符合条件的前辈节点集。但在某些 DP 问题中，我们会发现算法的内循环本身执行的是一个线性搜索。如果遇到的是这种情况，我们就得试着将其替换成一个二分搜索。在这种情况下，事情可能会变得没有那么明显，只是知道它在找什么——我们正在努力的事情——这有时也会有帮助的。我们会试着实现一种记录形式，以便我们在查找最佳前辈节点时能用得上二分法。

下面我们来看其中一种重要的思路：如果我们有一个长度为 m 的子序列，其终点有不止一个前辈节点，那么无论我们采用其中的哪一个，都是可以得出最佳答案的。但如果我们只想保留这其中的某一个节点，您会选择保留哪一个呢？唯一安全的选择就是保留其中最小的那一个，因为以它为基础构建起来的方案不会错误地排除掉后面的元素。归纳起来说，就是我们将某一点设置为其终点序列的终点 end[idx]，它是我们所得到的长度为 idx+1 的递增子序列中最小的（该索引值从 0 开始）。由于我们要对该序列进行遍历，所以这些在当前元素之前的值 val 都会出现。接下来，我们就只需要将该归纳步骤扩展到重点，即找出将 val 累加目标值的方法就可以了。如果我们做到了这一点，该算法最后得出的 len(end) 就是我们的最终答案——最长递增子序列的长度。

其中，该终点序列则必须按降序排列（见习题 8-8）。我们希望找出一个最大的 idx 值，满足 end[idx-1] <= val。这有助于我们找出止于 val 这点的最长子序列，因此在将 end[idx] 累加到 val 的过程中，要么当前的结果被持续改善（如果我们可以延长它的话），要么当前的终点将继续后移一位。并且在该累加过程完成之后，该终点序列依然会保有之前的属性，由此我们可以认为整个归纳过程是安全的。而且好消息是我们在查找 idx 时用的是（速度超快的）bisect 函数！[1]其最终代码如清单 8-7 所示。当然，如果您愿意的话，也可以试试不用 bisect 会怎么样（见习题 8-9）。另外，如果您还想处理更实际点的序列，而不仅仅针对序列的长度，那么我们就还得在此基础上再增加一些额外的记录形式（见习题 8-10）。

---

① 这个非常精致的小算法最早是由 Michael L. Fredman 在 1975 年首先提出的。

清单 8-7 最长递增子序列问题

```
from bisect import bisect

def lis(seq):                              # Longest increasing subseq.
    end = []                               # End-values for all lengths
    for val in seq:                        # Try every value, in order
        idx = bisect(end, val)             # Can we build on an end val?
        if idx == len(end): end.append(val) # Longest seq. extended
        else: end[idx] = val               # Prev. endpoint reduced
    return len(end)                        # The longest we found
```

这就是所谓的最长递增子序列问题。在我们继续深入研究 DP 问题的某些著名案例之前,先来对目前所看到的东西做一个总结。当我们采用 DP 方式来解决问题时,递归分解与归纳思想依然是有用的。我们仍然需要证明一个问题整体的最佳方案或正确方案取决于其子问题的最佳方案或正确方案(其最佳子结构或最优化设计)。DP 与分治法的主要区别在于前者允许子问题之间彼此重叠。事实上,这种重叠就是 DP 这种方式存在的理由。我们甚至可以说,我们就是在寻找带有重叠的分解操作,因为只要(通过记忆体化)消除掉其重叠部分,我们就能得到一个有效的解决方案。除这种"带重叠的递归分解"分析方法之外,我们还为您介绍了一些 DP 问题,如决策序列问题、查找 DAG 特定(最长或最短)路径问题。虽然这些问题的分析方法从本质上来说都是一样的,但它们可以适应各种不同的问题。

8.4 序列比对问题

比对序列相似性是多分子生物学与生物信息学中的一个关键性问题,这其中涉及的序列一般包括 DNA、RNA 以及蛋白质序列等。在其他领域中,它也会被用来构建某种树形演化系统(进化树)——用于查看这些物种都是谁的后裔。另外,它也可用于寻找特定人群所拥有的共同基因,如患有某种既定疾病或能接受某种特定药物的人。而且,即使在不同类型的序列或字符串之间也可能存在着多种相关的可检索信息。例如,我们可以对"着色空间"进行检索,并期望找出特定的"着色空间"——为了做到这一点,我们的搜索算法就必须能了解这两种序列在什么地方是非常相似的。

虽然序列比对可以有多种不同的方式,但其中的许多方式之间都比我们想象的要相似得多。例如,我们来看两个序列之间的最长公用子序列(LCS)与其编辑距离这两个问题。LCS 问题与最长递增子序列问题非常相似——只不过这里找的不再是递增序列,而是同样存在于第二个序列中的子序列(如 Starwalker①与 Starbuck 中的 Stark 就是它们的 LCS)。而编辑距离(也叫 Levenshtein 距离)则指的是将一个序列更改成另一个序列所需的编辑操作(插入、删除以及替换)数(如 enterprise 与 deuteroprism 之间的编辑距离应为 4)。如果我们不允许替换操作的话,这两个问题其实是等价的。因为它们的最长公用子序列就是我们在进行序列转换编辑时尽可能保持不

---

① 如果这里改成 Skywalker 的话,是得不出 Sar 这个有趣的 LCS 的。

变的那部分，而除此之外的每个字符在另一个序列中都必须被替换或删除。因此，如果长度分别为 m、n 的两个序列之间的最长公用子序列的长度为 k，那么在不允许替换操作的情况下，它们之间的编辑距离应为 $m+n-2k$。

下面，我们将重点讨论 LCS，编辑距离问题则留给读者自己做练习（见习题 8-11）。另外，与之前一样，我们将会对相关方案的成本（LCS 的长度）加以限制。您可以自行在该标准模式的基础结构上增加额外的记录形式（见习题 8-12）。对于其他相关的序列比对问题，您也可以参考本章最后"如果您感兴趣……"那一节中的相关内容。

如果您没有接触过本书中任何技巧的话，确实会很难幻想最长公用子序列的查找可以用一个多项式级的算法来解决。但即便如此，本章将要讨论的工具还是会让该问题简单得出乎意料。与所有的 DP 问题一样，我们的关键是要设计出一个能反映彼此关联的子问题集合（这是一种带有复杂依赖的递归分解）。而将这些子问题设计成索引之类的参数通常会很有帮助。这些将会成为我们的归纳变量[①]。在这种情况下，我们可以对目标序列进行预置化（就像我们在最长递增子序列问题中对单序列所做的预置化那样）。其产生的任何预置对（用它们的长度来标识）都代表了一个子问题，我们希望它们之间能构成一个子问题关系图（一个反映依赖关系的 DAG）。

下面，假设我们的序列分别为 a 和 b。和在一般的归纳法中一样，我们得从任意的前置对开始，将这两个序列的程度分别标识为 i 和 j。我们现在需要做的就是将该问题的解与其他问题联系起来，而其中最后的前置操作就是较小的那一个。直观地说，就是要从两个序列的尾端处临时砍掉一些元素，使其能用归纳条件解决掉剩下的这个问题，然后回头处理这些元素。如果我们处理相关序列时用的是弱归纳（一次性归简），那么可能会遇到三种情况：被砍掉的那个最后的元素可能是 a 后面的，或者是 b 后面的，也可能是两边都有。如果我们只从一个序列中移除元素，该元素就一定被排除在 LCS 之外了。如果两个序列后面都有一个元素被删除，其具体情况还得取决于被删除的这两个元素是否相等。如果相等，我们可以将其作为一个元素添加到 LCS 后面（如果不相等，那么它对我们就没什么用处了）。

事实上，这已经是一个完整的算法了（除了一些具体的细节）。下面，我们可以将 a 和 b 的 LCS 长度表示成一个关于 i 和 j 的函数：

$$L(i,j)=\begin{cases} 0 & \text{if } i=0 \text{ or } j=0 \\ 1+L(i-1,j-1) & \text{if } a_i=b_j \\ \max\{L(i-1,j),L(i,j-1)\} & \text{otherwise} \end{cases}$$

也就是说，只要有一个前置值为空，LCS 就为空。如果它们的最后一个元素相等，那么该元素同时也是 LCS 的最后一个元素，并且我们可以由此递归找出其余部分（该元素之前的部分）的长度。而如果其最后一个元素不相等，我们就只有两个选择：选择从 a 或者 b 中砍掉一个元素。在此，您可以自行选择两者中最合适的元素。下面，我们用递归、记忆体化方式来实现一个简单的解决方案，代码如清单 8-8 所示。

[①] 当然，通常来说，归纳方法只能构建在整型变量上（例如问题的规模）。虽然这种技术很容易扩展成多个变量，但其归纳前提往往只适用于其中最小的那个变量。

清单 8-8 用递归、记忆体化方式解决 LCS 问题

```
def rec_lcs(a,b):                                # Longest common subsequence
    @memo                                        # L is memoized
    def L(i,j):                                  # Prefixes a[:i] and b[:j]
        if min(i,j) < 0: return 0                # One prefix is empty
        if a[i] == b[j]: return 1 + L(i-1,j-1)   # Match! Move diagonally
        return max(L(i-1,j), L(i,j-1))           # Chop off either a[i] or b[j]
    return L(len(a)-1,len(b)-1)                  # Run L on entire sequences
```

对于上述递归分解操作，我们可以简单地将其视为一个动态决策过程（要砍掉第一个序列中的元素，还是第二个序列中的，还是两边都砍），它可以被表示成一个 DAG（见图 8-5）。我们一开始就用节点对整个序列进行了标识，并且用两个节点代表了空前置状态。我们要做的就是试着找到这两个节点之间的最长路径。当然，重点是我们已经清楚了"最长路径"在这里的具体含义——相关边的权重。我们唯一能对 LCS 进行扩展（这是我们的目标所在）的时机是在对两边的相同元素进行剪除时，当该节点落在某个网格中时，我们会用一条对角的 DAG 边来表示它们（见图 8-5）。这些边的权值为 1，而其他边的权值则为 0。

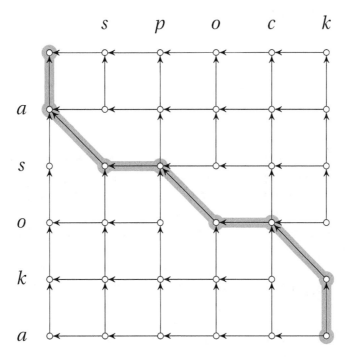

图 8-5 LCS 问题的基本 DAG，其水平方向和垂直方向上的边都是 0 开销的，角对角
之间为其最长路径（也就是对角线），图中高亮对角线部分即为该问题的 LCS

与往常一样，我们可能还想将目前这个解决方案反转成迭代版本。在清单 8-9 中，我们给出了一个只保留该 DP 矩阵当前行及前一行的版本，以节省内存消耗（当然，其实我们还可以更节

省一点，见习题 8-13）。需要注意的是，这里的 *cur*[*i*-1]对应的是递归版中的 *L*(*i*-1,*j*)，而 *pre*[*i*]与 *pre*[*i*-1]则分别对应着 *L*(*i*,*j*-1)与 *L*(*i*-1,*j*-1)。

清单 8-9　用迭代方式解决 LCS 问题

```
def lcs(a,b):
    n, m = len(a), len(b)
    pre, cur = [0]*(n+1), [0]*(n+1)         # Previous/current row
    for j in range(1,m+1):                  # Iterate over b
        pre, cur = cur, pre                 # Keep prev., overwrite cur.
        for i in range(1,n+1):              # Iterate over a
            if a[i-1] == b[j-1]:            # Last elts. of pref. equal?
                cur[i] = pre[i-1] + 1       # L(i,j) = L(i-1,j-1) + 1
            else:                           # Otherwise...
                cur[i] = max(pre[i], cur[i-1])  # max(L(i,j-1),L(i-1,j))
    return cur[n]                           # L(n,m)
```

8.5　背包问题的反击

在第 7 章中，我们曾经承诺过要提供一个整数背包问题的解决方案，包含有限制和无限制两种版本。现在是时候履行承诺了。

我们先来回顾一下背包问题所涉及的一组对象，它们都有各自的质量和价值。背包本身还有一定的容量。我们想要放入背包的东西应该（1）总质量小于或等于背包容量；（2）总价值能达到最大。下面，我们设对象 *i* 的质量为 *w*[*i*]，价值为 *v*[*i*]，先来看看无限制的情况——这相对简单一些。也就是说，我们可以根据自己的需要多次使用同一个对象。

我希望您从一开始就不要局限于本章的例子来思考问题，而要将其视为一个模式。该问题是很适合被当作一个模式来看待的：我们需要以某种形式来定义问题的子问题，递归这些子问题之间的关系，然后确保每个子问题都只被计算一次（通过隐式的或显式的记忆体化处理）。而问题中的"无限制"指的只是我们所能使用的对象有些难以控制，用的是"进/出"对象的常见思维（尽管我们在有限制的版本中也会用到它）。但这次不同，我们现在可以利用背包容量（归纳推导）来参数化我们的子问题了。

如果我们设某背包（剩余）容量 *r* 所能达到的最大价值为 *m*(*r*)，*r* 中的每一个值都代表了一个子问题。那么我们的递归分解过程将围绕这背包容量中最后一个单元是否有用来进行。如果该单元没有用，我们就有 *m*(*r*) = *m*(*r*-1)。而如果它有用，我们就会在其中选择合适的对象来用。如果我们选择了对象 *i*（它适合放在剩余的背包容量中），那么 *m*(*r*) = *v*[*i*] + *m*(*r*-*w*[*i*])，因为我们加入 *i* 的价值，但同时也用掉了剩余容量中某一位置的质量。

我们可以（再次）将其看作一个决策过程，即我们可以自行选择是否要采用背包容量中的最后一个单元，如果要用，我们就得选择一个对象添加进去。因为我们按自己的意愿选择任何一种方式，所以可以直奔所有可能性当中的最大值。记忆体化处理可以帮助我们消除掉其中指数级的递归冗余，具体如清单 8-10 所示。

清单 8-10　用递归、记忆体化方式解决无限制的整数背包问题

```
def rec_unbounded_knapsack(w, v, c):       # Weights, values and capacity
    @memo                                  # m is memoized
    def m(r):                              # Max val. w/remaining cap. r
        if r == 0: return 0                # No capacity? No value
        val = m(r-1)                       # Ignore the last cap. unit?
        for i, wi in enumerate(w):         # Try every object
            if wi > r: continue            # Too heavy? Ignore it
            val = max(val, v[i] + m(r-wi)) # Add value, remove weight
        return val                         # Max over all last objects
    return m(c)                            # Full capacity available
```

这段代码的运行时间取决于背包容量与其中的对象数。其中，每个被记忆体化的 $m(r)$ 都只能被调用一次，这意味着对于某个背包容量 c，我们都将有 $\Theta(c)$ 次调用。并且每次调用都会对所有的 n 个对象进行遍历，所以其最终的运行时间应为 $\Theta(cn)$（关于这点，也许接下来在看等价的迭代版本中会更容易明白一些。另外，在习题 8-14 中，我们还会让您找出改进该运行时间中常数因子的方法）。需要注意的是，这并不是一个多项式运行时间，因为其中的 c 是会随着实际问题的规模（比特数）呈指数级式增长的。正如我们之前所说的，这种运行时间被称为伪多项式级。在合理的规模范围内，这也是非常行之有效的一种解决方案。

在清单 8-11 中，您将看到的是该算法的迭代版本。如您所见，这两种实现其实非常相似。只不过在这里，我们用循环替代了递归调用，并且用了一个 list 来充当缓存[1]：

清单 8-11　用迭代方式解决无限制的整数背包问题

```
def unbounded_knapsack(w, v, c):
    m = [0]
    for r in range(1,c+1):
        val = m[r-1]
        for i, wi in enumerate(w):
            if wi > r: continue
            val = max(val, v[i] + m[r-wi])
        m.append(val)
    return m[c]
```

下面，我们来看一个也许知名度更大一点的背包版本——0-1 背包问题。在这里，每个对象最多只能用一次（要想将其扩展成超过一次也很简单，您既可以对算法本身进行微调，也可以在问题实例中引入多个相同的对象）。正如在第 7 章中，这是一个在实际情况中常常会遇到的问题。如果玩过某种带存储功能的游戏的话，就一定会知道可以怎么做。例如您刚刚杀了一些怪物，得到了一些战利品，正试着将它们捡起来的时候突然发现背包过载了。这时候您会怎么做？应该保留哪些东西？丢弃哪些东西呢？

这一问题版本与无限制的情况非常类似。其主要的不同在于，我们现在在子问题中添加了另一个参数。除了背包容量的限制外，我们还引入了"进/出"对象的思维，以此来限制可用对象

---

① 如果您愿意的话，也可以通过[0]*(c+1)预分配一个列表，然后用 $m[r] = val$ 来代替 append 调用。

的数量。或者，我们也可以（按顺序）指定"目前正在考虑"的对象，并用强归纳法假设在所有子问题中，我们既会选择先考虑较靠前的对象，还是较低的容量，也会两者一并予以考虑，这些可以都用递归方式来解决。

现在，我们需要将这些子问题相互关联起来，并在其子解决方案的基础上构建出一个解决方案。下面，我们设前 k 个对象的最大价值为 $m(k,r)$，其中 r 为剩余背包容量。然后，显然如果 $k = 0$ 或 $r = 0$，就一定有 $m(k,r) = 0$。对于其他情况，我们可以再次将其视为某种决策。就这个问题而言，其决策过程与在无限制版本中的情况很类似，我们只需要考虑是否要纳入最后一个对象 $i = k-1$。如果我们选择否，那么 $m(k,r) = m(k-1,r)$。这事实上就是我们"继承"了还没有考虑对象 i 时的最佳情况。需要注意的是，如果这里的 $w[i] > r$，我们就只能删除这个对象，别无选择。

如果对象足够小，我们就可以将其纳入背包中，也就是 $m(k,r) = v[i] + m(k-1,r-w[i])$。这与无限制的情况非常类似，只不过这里多了一个额外的参数（k）[1]。由于我们可以自行选择是否要将对象纳入背包，所以我们可以将两种情况都尝试一下，然后选用结果值最大的那一个。同样，其中指数级递归部分可以用记忆体化的方式处理掉，其最终代码如清单 8-12 所示。

清单 8-12　用递归、记忆体化方式解决 0-1 背包问题

```
def rec_knapsack(w, v, c):          # Weights, values and capacity
    @memo                           # m is memoized
    def m(k, r):                    # Max val., k objs and cap r
        if k == 0 or r == 0: return 0   # No objects/no capacity
        i = k-1                     # Object under consideration
        drop = m(k-1, r)            # What if we drop the object?
        if w[i] > r: return drop    # Too heavy: Must drop it
        return max(drop, v[i] + m(k-1, r-w[i])) # Include it? Max of in/out
    return m(len(w), c)            # All objects, all capacity
```

在 LCS 这类问题中，直接找出解决方案的值是一个非常有用的方法。对于 LCS 来说，最长公有子序列的长度就是我们用来说明两个序列相似度的一种思路。当然，在许多情况下，我们想要找的是性价比最优的解决方案。在清单 8-13 中，我们在迭代版背包问题方案中构造了一张额外的表。之所以称其为 P，是因为它的工作方式有点类似于遍历算法（见第 5 章）或最短路径算法（见第 9 章）中的前辈节点表。另外，这两版 0-1 背包问题算法在运行时间上与其无边界现在的情况是相同的（都属于伪多项式级），即 $\Theta(cn)$。

清单 8-13　用迭代方式解决 0-1 背包问题

```
def knapsack(w, v, c):              # Returns solution matrices
    n = len(w)                      # Number of available items
    m = [[0]*(c+1) for i in range(n+1)]    # Empty max-value matrix
    P = [[False]*(c+1) for i in range(n+1)]  # Empty keep/drop matrix
    for k in range(1,n+1):          # We can use k first objects
        i = k-1                     # Object under consideration
        for r in range(1,c+1):      # Every positive capacity
```

---

[1] 如果对象的索引写成 $i = k-1$ 只是为了方便，我们也可以将其直接写成 $m(k,r) = v[k-1] + m(k-1, r-w[k-1])$。

```
                m[k][r] = drop = m[k-1][r]          # By default: drop the object
                if w[i] > r: continue               # Too heavy? Ignore it
                keep = v[i] + m[k-1][r-w[i]]         # Value of keeping it
                m[k][r] = max(drop, keep)           # Best of dropping and keeping
                P[k][r] = keep > drop               # Did we keep it?
        return m, P                                 # Return full results
```

这回 knapsack 函数返回了更多的信息，我们可以从中获取需要放入最佳方案中的那组对象。例如，您可以这样做：

```
>>> m, P = knapsack(w, v, c)
>>> k, r, items = len(w), c, set()
>>> while k > 0 and r > 0:
...     i = k-1
...     if P[k][r]:
...         items.add(i)
...         r -= w[i]
...     k -= 1
```

也就是说，通过保留一些带选择模式的信息（具体到当前情况来说，就是选择保留还是删除我们所要考虑的元素），我们可以从问题的最终状态逐步回溯到其初始条件上。具体到当下的情况，就是我们可以从最后一个对象开始着手，检查 $P[k][r]$ 是否已经被包含在了背包中。如果是，我们就从 r 中减去该对象的质量。如果不是，r 就维持原样（我们仍可以使用其中的全部容量）。但无论是哪种情况，k 都会一直递减，因为我们之前查看的是最后一个元素，接下来要查看的是接下来的最后一个元素（更新后的背包容量）。您可能已经感觉到了，这应该是一个线性级操作。

这一基本思路在本章所有的例子中都有运用。除其核心算法功能（计算最佳值）外，我们还可以用这一思路来跟踪自己每一步所做的选择，并从中回溯出一条最佳路线。

8.6 序列的二元分割

在总结本章之前，让我们再来看一种常见的 DP 问题——用某种方式来递归分割某些序列。您可以把整个过程想象成自己是在用括号分割某个序列。例如，对于 ABCDE，我们可以将其分割成((AB)((CD)E))。下面让我们来看几种具体的应用。

- 矩阵连乘：将一个矩阵序列连乘成一个单一的结果矩阵。在这里，虽然我们不能随意交换这些矩阵的先后顺序（矩阵乘法不满足交换律），但可以按自己意愿往里添加一些括号，以此来影响其整体所需的操作数。这样做的目的是找出能让操作数达到最小的括号添加方式。
- 解析与上下文无关的语言[①]：任何上下文无关的语言在语法上都是可以用 Chomsky 范式来进行重写的，其每一条生成规则都有可能会产生终结符、空字符串，或者由非终结符 A

---

① 如果您对解析操作完全不熟悉，也可以自行跳过这一项内容，或者花一点时间去深入了解一下解析操作。

和 B 组成的 AB 对值。在这里，解析一个字符串与之前我们在矩阵乘法中用括号改变计算顺序的效果基本相同，每一个括号所对应的组都代表了一种非终结符。

- 最优搜索树：这是一个更为严格的哈夫曼问题的特例，但它们的目标是完全一致的——尽可能减少预期的遍历深度——不过由于这是一棵搜索树，我们无法改变叶节点的顺序，因此贪心算法并不适用于这种情况。对于树形结构，还是得用括号来解决问题。[①]

虽然以上这三种应用看上去似乎有着很大的差异，但问题的本质是基本相同的。我们需要按层次将序列分成区块，使其中的每一区块都包含另外两个区块，并同时找到能实现产生最佳性能或最佳值的划分方式（就解析操作而言，结果值无非就是"有效"或"无效"而已）。其递归分解的方法和分治类算法非常相似（详细诠释请见图 8-6）。我们会在每一个区间内选择一个分割点，将该区间分成两个子区间，如此往复。如果想要创建一棵按序排列的平衡二叉搜索树，我们需要做这些事情：选择中间值（当区间宽度为偶数时，选择两个中间值中的一个）作为分割点（也就是根节点），然后递归创建左平衡子树和右平衡子树。

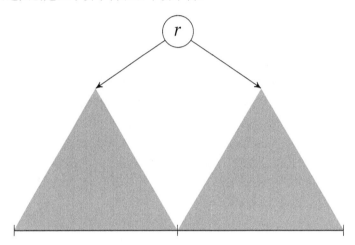

图 8-6　序列的递归分割所形成的最优搜索树。其每个节点都对应
着以自身为根节点执行最佳分割后的左右区间

现在，我们打算强化一下这个游戏，但由于我们在这里并没有像之前那个平衡分治法那样指定一个分割点，这回我们要尝试从多个分割点中选择一个最合理的分割点。其实在通常情况下，我们需要试遍每一个可能的分割点。这显然是一个典型的 DP 问题——在有向无环图（DAG）中找到最短路径。最短路径问题可以概括为 DP 中的序列选择；序列分解问题则可归类于"包含重叠部分的递归分解"。

而且，其子问题中还包含着各种区间，除非我们能将所有递归操作记忆体化，否则其消耗的时间将是指数级的。另外还要留意一件事，即我们所得到的是最优子结构，如果它最初找到的就

[①] 读者可以在 Cormen 等人的那本《Introduction to Algorithms》的第 15.5 节中，以及 Donald E .Knuth 的那本《The Art of Computer Programming》第三卷的"排序与搜索"的第 6.2.2 章节（见第 1 章的"参考资料"部分）中找到与最优搜索树相关的更详细的信息。

是最佳（或正确）分割点，那么分割后的两个新区块就必须分别再进行一次最佳分割，以便确保我们获得的是最佳的（正确的）解决方案。[1]

下面，我们来看一个使用最优搜索树的具体实例[2]：就像我们在第 7 章中构建哈夫曼树时每个元素都要有一个频度，或最小化二分搜索树的遍历深度（或搜索时间）时的情况一样。所有输入都是有序的，我们不能改变其先后顺序。为了简单起见，假设所有被检索的元素都存在于树中（参阅习题 8-19）。我们就只需要找到对的根节点，两棵子树（包括更小的模块）会自己解决其余问题（参照图 8-6）。我们还可以将问题再度简化，只需要计算出最优开销。如果想要获取真实的树，就得记住哪些子树的根节点对应的开销是最优的（如将它存储在 root[i,j] 中）。

假设我们已经知道了子树所需的开销，应该如何计算其某个给定根节点上的开销呢？这需要我们去找出其中所存在的递归关系。单个节点所贡献的开销与其在哈夫曼树中的情况非常类似，如果我们只处理叶节点，那么开销就是它所在的预期深度。对于最优搜索树而言，我们可能结束于任何一个节点。为了让根节点的开销不为零，我们可以预估一下自己访问过的节点数（预期深度+1）。这样一来，节点 v 所贡献的开销就应等于 $p(v) \times (d(v) + 1)$，其中，$p(v)$ 为其相对频度，$d(v)$ 为其深度，将所有节点贡献的开销累加后就能得到最终开销(其实就等于 $1 + $ sum of $p(v) \times d(v)$，因为所有节点的 $p(v)$ 之和为 1)。

下面，我们设 e(i,j) 要预估开销的区间为[i:j]。如果选择 r 作为根节点，那么我们可以将其开销分解为 e(i,j) = e(i,r) + e(r+1,j) +剩余值。这里的两个 e 函数都是递归的，代表着继续在每棵子树中搜索的预期开销。那剩余值又是什么呢？我们得加入 p[r]，因为也有可能要查找的正是根节点，这正是它的预期开销。还有一个问题，我们不能忽略因此而带来的指向两棵子树的边。这些边增加了子树中每个节点的深度，这也就意味着除了根节点之外，每个节点 v 对应的 p[v] 都需要增加到最终的计算结果中。正如讨论过的那样，我们还得加上 p[r]！也就是说，我们得加上所有节点的可能性。对于给定的根节点 r，最终的表达式比较直观，它包含了递归：

    e(i,j) = e(i,r) + e(r+1,j) + sum(p[v] for v in range(i, j))

当然，在其最终解决方案中，我们还得遍历(i, j)中所有的节点 r 来找出最大值。因此还有提升空间：表达式中二重循环求和的部分中有重复计算（每个可能的 i 和 j 都有一个），每一次求和所需的时间都是线性的。根据 DP 精神，我们得找出那些重复的部分：引入存储函数 s(i,j)，代表求和的值，如清单 8-14 所示。假设递归调用已经被缓存了起来（每一个 s(i,j)的计算时间都是固定的），那么整个 s 的计算时间就是固定的。其余代码则完全符合先前的讨论。

清单 8-14　用于实现最优搜索树的记忆体化递归函数
```
def rec_opt_tree(p):
    @memo
    def s(i,j):
        if i == j: return 0
```

[1] 读者当然也可以自行设计一些不同的开销函数。不过鉴于我们不能再使用动态编程（事实上就是递归分解），归纳法也就无效了。
[2] 如果有兴趣的话，读者也可以自行试一下矩阵链（习题 8-18），甚至是解析。

```
        return s(i,j-1) + p[j-1]
    @memo
    def e(i,j):
        if i == j: return 0
        sub = min(e(i,r) + e(r+1,j) for r in range(i,j))
        return sub + s(i,j)
    return e(0,len(p))
```

总而言之，这个算法的运行时间是立方级的，渐近上限也是一目了然的：子函数的数量是二阶的，我们在其中进行线性扫描以找出最佳的根节点。事实上，下限也是三阶的（证明方法比较复杂），因此时间复杂度为 $\Theta(n^3)$。

与之前的 DP 算法一样，其迭代版本的代码（见清单 8-15）与其记忆体化递归函数非常类似。为了确保它能以安全的方式进行排序（拓扑排序），对于每个给定的长度 k，它都优先解决在该长度之内的模块，然后处理更大的模块。为了简单起见，在这里使用的是 dict（更进一步，也可能是 defaultdict，它会自动将所有的值都设置成 0）。当然，也可以换成别的实现方式——比如说一组数列（请注意：这里只需要一个三角矩阵（triangular half-matrix），而不是一个完整的 $n \times n$ 矩阵）。

清单 8-15　用迭代方式解决最优搜索树问题

```
from collections import defaultdict

def opt_tree(p):
    n = len(p)
    s, e = defaultdict(int), defaultdict(int)
    for k in range(1,n+1):
        for i in range(n-k+1):
            j = i + k
            s[i,j] = s[i,j-1] + p[j-1]
            e[i,j] = min(e[i,r] + e[r+1,j] for r in range(i,j))
            e[i,j] += s[i,j]
    return e[0,n]
```

8.7　本章小结

本章主要涉及的是一种被称为动态规划，简称 DP 的技术。这种技术主要用来处理一些有复杂依赖关系的子问题（这些子问题之间会出现彼此重叠的情况）。这些问题如果直接用分治法来处理，可能会带来指数级的运行时间。动态规划这一术语最初主要用于描述决策序列类问题，但如今主要指的是一种带缓存形式的解决方案。在这种解决方案中，每个子问题都只需要进行一次计算。它的一种实现方式是在反映其递归分解过程（归纳步骤）的递归函数中直接加入缓存技术，这种算法设计被称为记忆体化。不过，记忆体化的递归实现通常会被转换成相应的迭代版本。在本章，用 DP 来解决的问题包括二项式系数计算、DAG 的最短路径问题、给定序列的最长递增子序列问题，两个给定序列的最长公有子序列问题、对于不可分割项有无限制的情况、背包的充分利用问题，以及在最小预估查询时间内构建二分搜索树的问题。

8.8 如果您感兴趣

什么？您对动态规划很有兴趣？那您就真走运了——与 DP 相关的资料简直浩如烟海。例如，在一次 Web 搜索中，我们应该就会遇到负载冷却任务，这其中就包含了竞争类问题。另外，如果您想要进行语音处理，或者处理隐式的 Markov 通用模型（这是一种基于多种 DP 策略的心理学模型），就应该去查看 Viterbi 算法相关的资料。另外，在图像处理领域中，可变形轮廓（也有叫蛇型轮廓的）也是这种策略应用的一个极佳范例。

如果您觉得序列比对问题听上去很酷，也可以去找 Gusfield 与 Smyth 合著的那本书（请参见"参考资料"部分）来读一读。另外，对于动态时间规整与加权编辑距离问题（这是本章没有讨论到的两个重要的变体）及其概念定位的简要介绍，您可以去看看 Christian Charras 与 Thierry Lecroq 共同开发的精品教程《Sequence comparison》[1]。而对于 Python 标准库中某些可用于序列比对的精华，您可以看看 difflib 模块中的内容。最后，如果您安装了 Sage，还可以看看其中的 knapsack 模块（http://sage.numerical.knapsack）。

如果您还想了解更多有关动态规划最初思路的信息，就应该去看看 Stuart Dreyfus 的论文《Richard Bellman on the Birth of Dynamic Programming》。另外，关于 DP 问题的案例，您也不应该错过 beat Lew 与 Mauch 合著的那本书，他们在里面探讨了 50 个这样的话题（尽管他们这本书中大部分都是厚重的理论性内容）。

8.9 练习题

8-1. 请重写@memo，使其 dict 被查询的次数减少一次。

8-2. 我们应如何用"进/出"思维来理解 two_pow 函数？其中的"进/出"分别对应了什么？

8-3. 请写出 *fib()*、*two_pow()* 这两个函数的迭代版本。在实现过程中，我们要允许函数使用一定量的内存，使其运行时间维持在伪线性级（相对于参数 *n* 的线性级时间）。

8-4. 在本章，您所看到的帕斯卡三角形计算代码实际上在填写的是一个矩形，只不过其中无关的部分都被填成了 0 而已。请重写一下这段代码，避免掉这些冗余操作。

8-5. 请对 DAG 中最短路径长度的查找代码（可以是迭代版，也可以是递归版）进行扩展，使其能返回一个实际的最佳路径。

8-6. 为什么我们在"DAG 最短路径问题的变体"边栏中说，即使在最好的情况下，修剪操作也不会对整体的渐近运行时间产生任何影响？

8-7. 在面向对象的 observer 模式中，可以有多个 *observer* 注册为同一个 *observable* 对象。这些 observer 都会在 observable 发生变化时得到消息。我们应该如何将这种思路实现成 DP 方案，以解决 DAG 的最短路径问题呢？其方法与本章所讨论的内容有何相似或不同之处？

---

[1] www-igm.univ-mlv.fr/~lecroq/seqcomp

8-8. 在 *lis()* 函数中，我们要如何才能判断序列递增的终点呢？

8-9. 我们要如何才能减少 *lis()* 函数中调用 *bisect()* 的次数呢？

8-10. 请对最长递增子序列问题的代码（可以是递归版实现，也可以是其迭代版中的某一个实现）进行扩展，使其能返回一个实际的子序列。

8-11. 请实现一个用于计算两个序列之间编辑距离的函数，可以用记忆体化的方式，也可以用 DP 迭代的方式。

8-12. 我们应该如何找出 LCS（实际共享子序列）或编辑距离（序列所需要执行编辑操作数）这类问题的基础结构？

8-13. 如果 lcs() 中所要比对的两个序列拥有不同的长度，我们应该如何利用这一点来减少函数的内存使用量？

8-14. 在无边界背包问题中，我们应该如何修改 w 和 c，才有可能减少该算法的运行时间呢？

8-15. 在清单 8-13 的背包方案中，我们找到判断某个元素是否被包含在最近方案中的方法。现在请再任意选择一种其他的背包方案，并对其进行类似的扩展。

8-16. 当人们都认为整数背包问题是一个无解的难题时（见第 11 章），我们又是如何开发出高效的解决方案来的呢？

8-17. 子集和问题是我们在第 11 章中还会遇到的一个问题。简而言之，该问题会要求我们从一个整数集中摘出一个子集，使得该子集中所有整数之和等于某一常量 k。请用动态规划策略来实现一下这个问题的解决方案。

8-18. 在本章正文中，我们只是简单地说明了矩阵连乘问题是一个与查找二分搜索树密切相关的问题。如果现在有 A 和 B 两个矩阵，它们的尺寸分别为 $n \times m$ 与 $m \times p$，那么 AB 乘积的尺寸就应该为 $n \times p$，并且由此产生的开销应为 $n \times m \times p$（其中元素相乘的次数）。请设计并实现一个算法，目的是找到某种能对一组矩阵进行括号处理的方式，以便尽可能地降低我们在执行矩阵乘法时的总开销。

8-19. 我们构建最优搜索树的唯一依据来自元素自身出现的频率。或许我们也可以统计一下各种不在搜索树中的查询概率。例如，我们可以统计一下语言中所有可用单词的出现频率，但只存储其中一些单词在树中，您会如何运用这些信息呢？

8.10 参考资料

- Bather, J. (2000). *Decision Theory: An Introduction to Dynamic Programming and Sequential Decisions.* John Wiley & Sons, Ltd.

- Bellman, R. (2003). *Dynamic Programming. Dover Publications*, Inc.

- Denardo, E. V. (2003). *Dynamic Programming: Models and Applications.* Dover Publications, Inc.

- Dreyfus, S. (2002). Richard Bellman on the birth of dynamic programming. Operations Research, 50(1):48-51.

- Fredman, M. L. (1975). On computing the length of longest increasing subsequences. Discrete

Mathematics, 11(1):29-35.

- Gusfield, D. (1997). Algorithms on Strings, Trees and Sequences: Computer Science and Computational Biology. Cambridge University Press.

- Lew, A. and Mauch, H. (2007). *Dynamic Programming: A Computational Tool.* Springer.

- Smyth, B. (2003). *Computing Patterns in Strings.* Addison-Wesley.

第 9 章

▪▪▪

Dijkstra 及其朋友们从 A 到 B 的旅程

> 两点之间最短的距离尚在建设中。
>
> ——诺艾利·阿尔蒂托（Noelie Altito）

现在，我们可以回顾一下序言部分的第二个问题[1]：如何确定从喀什到宁波的最短路线？如果把这个问题交给电子地图软件，不到一秒钟就可以得到答案。现在这个问题似乎没有一开始那么神秘了，我们甚至还可以在工具的帮助下编写相应的程序。解题思路是很清楚的，如果道路的各条分岔长度相等，使用广度优先搜索（BFS）算法就可以找到最短路径。而只要图中没有环，还可以使用 DAG 最短路径算法。然而，中国的公路地图既有环，道路也不等长。不过值得庆幸的是，本章会给出解决这个问题的有效算法！

为免读者误会，本章只能供编写电子地图软件一用，我们可以思考一下最短路径抽象化适用的其他场合。例如，我们可以用这种思想实现网络的高效浏览，互联网传输采用了各种各样的数据包路由方法。事实上，网络中充斥着这样的路由算法，它们都工作在幕后。不过，这样的算法还可用于完成较为隐晦的图算法寻路任务，比如让计算机游戏角色有策略地移动。再比如，您也许想用最少的步数走通某种形式的迷宫？这等同于在状态空间中确定最短路径，状态空间是表示迷宫状态（节点）和移动轨迹（边）的抽象图。又或许，您想利用汇率差异创收？本章介绍的一种算法可以助您一臂之力（见习题 9-1）。

寻找最短路径也是其他非图类算法中一个重要的子程序。例如，确定 n 个人和 n 个职位[2]之间最佳匹配的一种常见算法就需要反复寻找最短路径。我曾编写过一个修复 XML 文件的程序，插入开始和结束标签，以满足某个简单的 XML Schema 的规定（比如"列表的项目需要嵌套在列表标签中"）。后来我发现，本章介绍的一个算法可以轻松解决这样的问题。其他的应用领域还有运筹学、集成电路制造、机器人技术，不一而足。寻找最短路径绝对是一个不容回避的问题。幸运的是，虽然算法的某些部分有一定难度，但我们已经在前几章对其中困难的内容做了详尽阐释。

最短路径问题可分为以下几种形式。例如，在有向图和无向图中找出最短路径，二者最重要的区别在于起点和目的地。您是想找到从一个节点到其他所有节点的最短路径（源节点唯一），从一个节点到另一节点的最短路径（单对节点，一对一，点对点），从其他所有节点到一个节点

---

① 第 11 章会回顾"瑞典之旅"的寻路问题。

② 即最小费用二分匹配问题，将在第 10 章探讨。

的最短路径(目标节点唯一),还是从所有节点到所有其他节点的最短路径(所有节点两两组合)?其中,源节点唯一和所有节点两两组合这两种情况可能是最重要的。我们虽然有一些诀窍可以解决单对节点问题(见下文的"中途相遇"和"把握未来走向"),但无法保证解题速度比一般的源节点唯一的情况快。目标节点唯一问题当然等同于源节点唯一(有向图只需将边翻转)。对于所有节点两两组合的问题,可以将每个节点分别视为源节点唯一的情况(下文会做进一步介绍),不过也有专门的算法可以解决这个问题。

9.1 扩展知识

本书第 4 章引入了松弛和逐步改进的思想,第 8 章则介绍了如何将这一思想应用于求解 DAG 图的最短路径问题。事实上,针对 DAG 图(见清单 8-4)的迭代最短路径算法不仅是动态编程的一个典型案例,也阐明了本章算法的基本结构:对图的边采用松弛技术,将有关最短路径的知识扩展开去。

下面,我们回顾一下其中的工作原理:把图表示为字典的字典,用字典 D 存放距离值估计(上界值)。此外,还要增加一个前导节点字典 P, 这和第 5 章介绍的很多遍历算法的做法相同。这些前导指针构成了所谓的最短路径树,可以帮助我们重建与 D 中距离对应的实际路径。然后,如清单 9-1 所示,松弛技术就可以作为公共代码 relax 函数分解出来。需要注意的是,我把 D 中不存在的项目值都视为无穷大。(当然,也可以在主算法中将它们初始化定义为无穷大。)

清单 9-1　松弛技术

```
inf = float('inf')
def relax(W, u, v, D, P):
    d = D.get(u,inf) + W[u][v]          # Possible shortcut estimate
    if d < D.get(v,inf):                # Is it really a shortcut?
        D[v], P[v] = d, u               # Update estimate and parent
        return True                     # There was a change!
```

这其中蕴含的思想是,我们通过途经 u,看看是否可以缩短路程,从而改进目前已知的到达 v 点的最短路径。如果事实证明不是最短路径,没有关系,我们不再理会。如果确实是最短路径,就记下新的距离值,记住这条路径经过了哪些节点(将 P [v]设为 u)。我还额外增加了一个小功能:返回值表明是否确实发生了改变,这个功能稍后会派上用场(不过,并非所有的算法都需要这个功能)。

下面,我们看看程序的运行情况:

```
>>> D[u]
7
>>> D[v]
13
>>> W[u][v]
3
>>> relax(W, u, v, D, P)
True
```

```
>>> D[v]
10
>>> D[v] = 8
>>> relax(W, u, v, D, P)
>>> D[v]
8
```

　　如上所示，relax 函数首次调用后，D [v]从 13 改进为 10，这是因为找到了一条途经 u 的最短路径，从起点到 u 的距离为 7，而 u 到 v 的距离仅为 3。然后，我又发现可以通过一条长为 8 的路径到达 v，再次运行 relax 函数，但这时并未发现小于 8 的最短路径，所以字典保持不变。

　　我们可以这样推测，如果设 D [u]为 4，再次运行 relax 函数，D [v]这次会更新为 7，改进的距离值估计从 u 扩展到 v。这种路径知识的扩展就是 relax 函数的核心功能。如果随机松弛各边，对距离所做的任何改进（及其对应的路径）最终将扩展到全图各点。所以，如果永远随机地使用松弛技术，最终一定会得到正确答案。不过，永远意味着相当漫长的等待……

　　这正是松弛策略游戏（第 4 章曾简要涉及）的用武之地：我们要尽可能少地调用 relax 函数，获得准确的结果。我们需要付出的代价多少取决于待解问题的具体性质。例如，对于 DAG 图，我们需要对每边都调用一次 relax 函数，这显然是可以想到的最好办法。下面我们还会看到，对于比较常见的图形，实际付出的代价是很小的（不过总运行时间较长，而且不允许边权值为负）。不过在此之前，我们先来看看后面会用到的一些重要事实。下列规则的假设前提是从节点 s 出发，D[s]初始值为零，所有其他节点的距离值估计设为无穷大。设 d(u,v)是从 u 到 v 的最短路径的长度。

- d(s,v) <= d(s,u) + W[u,v]：这是三角不等式的一个例子。
- d(s,v) <= D[v]：对于除 s 以外的节点 v，D[v]的初始值为无穷大，一旦发现最短路径，数值才会减小。我们绝对不会"作弊"，所以它始终表示上界值。
- 如果节点 v 无路可达，松弛技术就不可能改变 D[v]的无穷大状态，因为找不到可以改进 D[v]的最短路径。
- 假设到 v 的最短路径由从 s 到 u 的路径和从 u 到 v 的一条边构成。如果在对从 u 到 v 的边采用松弛技术之前，D[u]的值始终是正确的（D[u] == d(s,u)），那么采用松弛技术后，D[v]的值始终是正确的，P[v]定义的路径也是正确的。
- 假设 [s, a, b, … , z, v]是从 s 到 v 的最短路径。假定对该路径的各边(s,a), (a,b), … , (z,v)依次使用了松弛技术，那么不论其他边在此期间是否进行过松弛操作，D[v]和 P[v]的值都是正确的。

继续阅读下文前，读者需要确保自己理解上述声明的正确性，这样便于理解本章的剩余内容。

9.2　松弛可"疯狂"

　　随机松弛是有点疯狂，但疯狂地"松弛"就不一定了。比方说，对所有边都采用松弛技术，顺序可以随机，没有关系，只要保证照应到所有的边。然后，再做一次，也许换种次序，但一定要照应到所有的边。然后，再来一次，一次又一次，直到不再发生任何变化为止。

提示：可以想象一下，每个节点都在不断吆喝自己的方案，根据己方目前掌握的最短路径，向相邻节点推销最短路径。如果节点得到的报价比自己目前掌握的更优惠，它就会更换路径供应商，并相应降低自己的报价。

这似乎并没有什么不合理之处，至少对于初次尝试而言。不过，这里遇到两个问题：需要多长时间才能等到没有任何变化发生（如果能够等到的话）？到了那时，如何保证答案的正确性？

我们先来看一个简单的例子。假设所有的边权值非负且相同。这意味着松弛操作只有找到较少边组成的路径，才能找到最短路径。那么，如果对所有的边都做了一次松弛操作，将会发生什么？最起码，节点 s 的所有邻居都会有正确答案，并在最短路径树中将 s 定为自己的父节点。根据各边的松弛次序不同，最短路径树也许会进一步扩展开去，但我们无法保证这一点。如果对所有边再做一次松弛操作呢？最起码，最短路径树会至少扩展一层。事实上，在最坏的情况下，最短路径树将像某种效率极其低下的 BFS 算法那样，层层扩展下去。对于有 n 个节点的图而言，路径最多可以有 n−1 条边，因此所需迭代次数的最大值为 n−1。

不过，通常而言，对边所做的假定没有这么多（假如可以这样的话，我们还不如使用 BFS 算法，它的表现会很出色）。由于边的权值各有不同（甚至可能为负数），后几轮的松弛操作可能会修改前几轮设定的前导指针。例如，一轮松弛操作后，节点 s 的相邻节点 v 会将 P[v] 值设为 s，但我们不能确定这是正确的！也许之后又发现了一条通过其他节点到达 v 更短的路径，P[v] 值将被覆盖。那么，对所有边都做了一轮松弛操作后，我们可以掌握哪些情况呢？

请回想一下前一节列出的一条原则：如果对所有的边沿着从 s 到 v 最短路径的顺序进行松弛操作，路径答案（含 D 和 P）就是正确的。具体来说，在这种情况下，我们对所有由一条边组成的最短路径上的所有边都做了松弛操作。请注意，我们不知道这些路径的位置，因为我们还不知道各种最优路径包含哪些边。不过，虽然将 s 与其相邻节点连在一起的一些 P 边很可能不是最终答案，但我们知道，正确的边一定都已包含在其中了。

解题还在继续，经过对图中各边的 k 轮松弛操作后，现已获得由 k 条边组成的所有最短路径。根据之前的推理，对于有 n 个节点和 m 条边的图而言，找到正确答案最多需要进行 n−1 轮，程序运行时间为 $Q(nm)$。当然，这只是最坏情况下的运行时间。如果我们增加一个检查步骤：上一轮之后字典是否有变化？如果没有，就不用再继续操作下去。我们甚至还可以抛开 n−1，只看这一项检查。毕竟，之前的推理认为，最多不会超过 n−1 轮，所以通过检查就可以判断是否停止运行算法。对还是不对？不对。这里还有一个问题：负环。

负环是最短路径算法的天敌。如果没有负环，凭借"没有变化"的条件判定终止程序是没有问题的，可一旦出现负环，距离值估计就要永远改进下去。所以，只要允许负边的存在（为什么不呢？），就需要用迭代次数作为保障。好消息是，我们可以用迭代次数来检测负环的存在：运行 n 轮而不是 n−1 轮，看看前一次迭代是否引发变化。如果确实获得改进（本不该出现的），就可以得出结论："这是负环干的！"我们可以宣布答案无效，放弃查找。

请注意：请不要有什么误解：即便有负环，找到最短路径也是完全有可能的。答案不允许包含环，所以负环不会影响答案。我只是说，在允许负环存在的情况下找到最短路径是一个尚未解决的问题（见第 11 章）。

现在，我们谈一谈本章第一个正式算法——Bellman-Ford 算法（参见清单 9-2）。这是一个适用于任意有向或无向图的单源最短路径算法。如果图包含负环，算法将报告这一事实，并放弃查找。

清单 9-2　Bellman-Ford 算法

```
def bellman_ford(G, s):
    D, P = {s:0}, {}                    # Zero-dist to s; no parents
    for rnd in G:                       # n = len(G) rounds
        changed = False                 # No changes in round so far
        for u in G:                     # For every from-node...
            for v in G[u]:              # ... and its to-nodes...
                if relax(G, u, v, D, P):    # Shortcut to v from u?
                    changed = True          # Yes! So something changed
        if not changed: break           # No change in round: Done
    else:                               # Not done before round n?
        raise ValueError('negative cycle')  # Negative cycle detected
    return D, P                         # Otherwise: D and P correct
```

请注意，Bellman-Ford 算法实现的与众不同之处，恰恰在于它包含了检查变化的 changed。这种检查机制带来两个好处。首先，如果不需要多次迭代，程序可以提前终止；第二，可以通过判断前次"多余的"迭代是否带来变化，检测负环存在与否。（如果没有这样的检查，更常见的做法是添加一段单独的代码，实现这最后一次迭代，再配上变化检查机制。）

由于该算法是其他几种算法的基础，我们需要弄清楚它的工作原理。回顾第 2 章加权图的例子，我们可以将其类型指定为字典的字典，如下所示。

```
a, b, c, d, e, f, g, h = range(8)
G = {
    a: {b:2, c:1, d:3, e:9, f:4},
    b: {c:4, e:3},
    c: {d:8},
    d: {e:7},
    e: {f:5},
    f: {c:2, g:2, h:2},
    g: {f:1, h:6},
    h: {f:9, g:8}
}
```

图 9-1 呈现了该图的全貌，我们不妨称之为 bellman_ford(G, A)。程序运行时究竟发生了什么？要了解详情，我们可以使用调试器，或者跟踪或运行记录包。为简单起见，我们不妨增加两行打印命令，显示进行松弛操作的边，以及分配给 D 的值。我们还可以按照排序顺序（使用排序命令）遍历节点及其相邻节点，以获得确定的结果。

得到的打印显示结果应该是这样的：

```
(a,b)    D[b] = 2
(a,c)    D[c] = 1
(a,d)    D[d] = 3
(a,e)    D[e] = 9
```

```
(a,f)    D[f] = 4
(b,c)
(b,e)    D[e] = 5
(c,d)
(d,e)
(e,f)
(f,c)
(f,g)    D[g] = 6
(f,h)    D[h] = 6
(g,f)
(g,h)
(h,f)
(h,g)
```

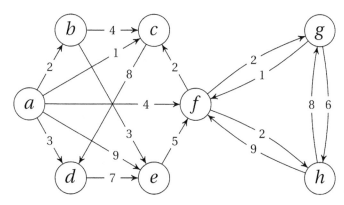

图 9-1　一个权重图的例子

　　这是 Bellman-Ford 算法第一轮运行的结果；可以看出，算法遍历各边一次。打印输出又进行了一轮，但没有值分配给 D，函数返回。其中有些草率：距离值估计 D[e]先设定为 9，即从 a 至 e 的直达距离。当对(a, b)和(b, e)都进行松弛操作后，我们发现了更好的选择，即长为 5 的路径 a, b, e。不过，我们的运气相当不错，因为只需要遍历各边一次就找到了正确答案。下面我们试试更有意思的点子，强迫算法又进行一轮后再稳定下来。您有什么办法吗？一种办法是：

```
G[a][b] = 3
G[a][c] = 7
G[c][d] = -4
```

现在我们发现了一条通过 f 到达 d 的最短路径，但第一轮时没有找到。

```
(a,b)    D[b] = 3
(a,c)    D[c] = 7
(a,d)    D[d] = 3
(a,e)    D[e] = 9
(a,f)    D[f] = 4
(b,c)
(b,e)    D[e] = 6
```

211

```
(c,d)
(d,e)
(e,f)
(f,c)      D[c] = 6
(f,g)      D[g] = 6
(f,h)      D[h] = 6
(g,f)
(g,h)
(h,f)
(h,g)
```

我们在第一轮把 D[c]降到了 6，不过那时我们已经对边(c,d)做了松弛操作，那条边再无改进空间，因为 D[c]是 7，D[d]是 3。不过，到了第二轮，您会发现

```
(c,d)      D[d] = 2
```

而到了第三轮，距离值估计已经稳定。

最后，我们在这个例子中引入负环。保持原先的各边权值不变，只做一点改动如下：

```
G[g][h] = -9
```

我们不去管不改变 D 的松弛操作，在打印结果中加入一些轮数编号，可得到如下结果：

```
# Round 1:
(a,b)      D[b] = 2
(a,c)      D[c] = 1
(a,d)      D[d] = 3
(a,e)      D[e] = 9
(a,f)      D[f] = 4
(b,e)      D[e] = 5
(f,g)      D[g] = 6
(f,h)      D[h] = 6
(g,h)      D[h] = -3
(h,g)      D[g] = 5
# Round 2:
(g,h)      D[h] = -4
(h,g)      D[g] = 4
# Round 3:
(g,h)      D[h] = -5
(h,g)      D[g] = 3
# Round 4:
(g,h)      D[h] = -6
(h,f)      D[f] = 3
(h,g)      D[g] = 2

...

# Round 8:
(g,h)      D[h] = -10
```

```
(h,f)    D[f] = -1
(h,g)    D[g] = -2
Traceback (most recent call last):
  ...
ValueError: negative cycle
```

我删去了其中几轮，不过您肯定已经发现了规律：第 3 轮后，g、h 和 f 的距离值估计不断减 1。即使到了第 8 轮还有减 1 的情况，考虑到一共只有 8 个节点，这就提示了负环的存在。这并不意味着此题无解，只是说明持续的松弛操作无法找到解决方案，我们就此提出一个异常情况。

当然，如果最近路径不经过负环，就不成问题。比方说，我们可以用 del G[f][g] 去掉边(f,g)。现在，最起码 f 不会参与构成环了，但 g 和 h 还会无休止地"改进"彼此的距离值估计。但是，如果我们把边(f,h)也去掉，负环问题不复存在！

```
(a,b)    D[b] = 2
(a,c)    D[c] = 1
(a,d)    D[d] = 3
(a,e)    D[e] = 9
(a,f)    D[f] = 4
(b,e)    D[e] = 5
```

各节点的互连关系未变，负环依然存在，但遍历过程不再经过负环。如果这种调整让您觉得怪怪的，放心好了：到 g 和到 h 的距离都是正确的，都是无穷大，因为理应如此。不过，如果调用 bellman_ford(G, g)或 bellman_ford(G, h)，负环再次变成可达，就会得到混乱的操作结果，每轮都有若干更新，最终是负环异常。

枕边情话。或许我该试试 Wexler 算法的? (http://xkcd.com/69)

9.3 找到隐藏的 DAG 图

Bellman-Ford 算法表现十分出色。从许多方面看，它都是本章最容易理解的算法：只要对所有的边反复进行松弛操作，直到确定一切答案正确为止。对于任意图而言，这都是一个很好的算法，但如果可以事先做一些假定，就能（通常如此）收到更好的效果。前文曾提过，单源 DAG 图最短路径问题可以用线性时间解决。不过在本节中，我们需要处理一个不同的约束条件。环还是可以有的，但边的权值不能为负。（其实，这是实际生活的常态，比如引言中讨论的各种情况。）这不仅意味着我们可以抛开负环的烦恼，还能给出关于各种距离是否正确的结论，从而显著改进运行时间。

下面要构建的算法，是算法学泰斗艾兹赫尔·戴克斯特拉（Edsger W. Dijkstra）在 1959 年设计的，可以用多种方式解释。理解这种算法的正确性可能有点棘手。我觉得可以把它看作 DAG 最短路径算法的近亲。二者的重要区别在于，这种算法的目标是揭示一个隐藏的 DAG 图。

尽管求解路径的图结构不限，但我们可以认为其中一些边与解题无关。首先，我们可以假定，从源节点到其他各个节点的距离已知。当然，我们实际上并不知道，但这种假想情形有助于我们的推理。再设想各节点按距离大小从左到右排序。排序的重要性不大，但假设边的权值没有负数，这一点至关重要。

因为所有的边权都是正值，假想的节点排序结果，能够帮助我们确定一个节点的下一步解只能位于其左侧。在右侧找到构成最短路径的节点是不可能的，因为右侧节点到该节点的距离较远，除非它有一条后向边为负值，否则无法构成最短路径。正的后向边对我们根本没用，与求解问题无关。这样一来，我们要解决的就是一个 DAG 图，用到的拓扑排序就是一开始假设的顺序——依据实际距离大小的节点排序。

这种求解结构的图示请参阅图 9-2。（稍后解释其中的问号含义。）

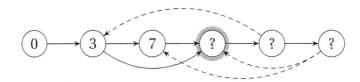

图 9-2　逐步揭示隐藏的 DAG 图。节点上标记着最终距离。因为权值为
正，后向边（虚线）无法影响结果，因此与待解问题无关

不出所料，现在我们遇到了解题的重要关口：路径有环。我们原本以为，通过揭示基本问题结构（分解成子问题或找到隐藏的 DAG 图），就可以解决这个问题。不过，推理过程还是有用的，因为我们现在有了具体的目标。我们要找到节点的排序，就需要依靠值得信赖的伙伴——归纳法！

让我们再回顾一下图 9-2。假设突出显示的节点就是我们的逐步归纳所需要找到的（之前的节点已经确定，并定好正确的距离值估计）。和解决普通的 DAG 最短路径问题一样，一旦确认节点构成最短路径，并且确定其正确距离，我们就对这个节点的出边都进行松弛操作。这意味着，我们对它之前的所有节点的出边都进行了松弛操作。我们还没有对它之后节点的出边进行松弛操作，但如前所述，这无关紧要。因为这些之后的节点的距离值估计都是上界值，而且回边的权值为正，所以它们不可能构成最短路径。

这意味着（根据早先的松弛技术特性或参见第 8 章有关 DAG 最短路径算法的讨论），下个节点的距离值估计一定是正确的。换言之，图 9-2 中突出显示的节点现在一定已经更新了正确的距离值估计，因为我们对前三个节点的所有出边都做了松弛操作。这是非常好的消息了，剩下的工作就是要弄清楚到底哪个节点符合这样的情况。记得吗？我们还不知道排序是怎样的呢。我们要一步步计算出拓扑排序。

当然，只有一个节点有可能成为最短路径的下个节点：[①]这个节点拥有最短的距离值估计。我们知道，根据排序，它就是下个节点。我们还知道它的距离值估计是正确的，因为这些估计都

① 这里假定节点的距离各不相同。如果出现距离相同的情况，候选节点就不止一个了。习题 9-2 要求对这
种情况进行讨论。

是上界值，之后的节点不可能有更小的估计。很精彩吧？至此，我们通过归纳解决了这个问题。我们按照距离排序，对每个节点的所有出边都做了松弛操作，这意味着始终选取距离值估计最低的节点作为下个节点。

这种结构和 Prim 算法相当类似：使用优先级队列进行遍历。正如 Prim 算法所示，我们知道，遍历尚未发现的节点不可能做松弛操作，因此我们（到目前为止）对它们是不感兴趣的。而对于那些我们已经发现（并已做过松弛操作）的节点，我们最感兴趣的是其中优先级最低的。在 Prim 算法中，优先级是向后来回遍历树的边的权值；在 Dijkstra 算法中，优先级是距离值估计。当然，在我们寻找最短路径的过程中，优先级会发生变化（就像新出现的可能的生成树的边会降低 Prim 算法中的优先级），但就像清单 7-5 所说明的那样，我们可以反复向堆添加同一个节点（而不是修改堆条目的优先级），而不会影响正确性或运行时间。运行结果见清单 9-3。其运行时间为对数线性函数，即 $\Theta((m+n)\lg n)$，其中 m 为边数，n 为节点数。由此可见，对于（1）从队列中提取出的每个节点；和（2）要接受松弛操作的每条边都需要进行（对数）堆操作。①如果从起始节点出发可以到达 $\Theta(n)$ 个节点，只要图有 $\Omega(n)$ 条边，运行时间就可以简化为 $\Theta(m\lg n)$。

清单 9-3　Dijkstra 算法

```python
from heapq import heappush, heappop

def dijkstra(G, s):
    D, P, Q, S = {s:0}, {}, [(0,s)], set()   # Est., tree, queue, visited
    while Q:                                  # Still unprocessed nodes?
        _, u = heappop(Q)                     # Node with lowest estimate
        if u in S: continue                   # Already visited? Skip it
        S.add(u)                              # We've visited it now
        for v in G[u]:                        # Go through all its neighbors
            relax(G, u, v, D, P)              # Relax the out-edge
            heappush(Q, (D[v], v))            # Add to queue, w/est. as pri
    return D, P                               # Final D and P returned
```

Dijkstra 算法虽与 Prim 算法类似（队列优先级规定不同），不过和另一个经典算法同样关系密切——广度优先搜索（BFS）算法。我们可以考虑一下边权值为正整数的情况。将权值为 w 的一条边替换为 $w-1$ 条无权边，连成一条由虚拟节点组成的路径（见图 9-3）。我们损失了找到高效算法的机会（见习题 9-3），但我们知道 BFS 算法会找到正确的解决方案。事实上，它解决问题的方式与 Dijkstra 算法十分相似：在各条（原始）边上花费的时间与边权值成正比，所以会按距离大小从起始节点依序到达各（原始）节点。

图 9-3　虚拟节点模拟一条边的权值或长度

① 您也许会注意到，出于简化代码的目的，回到 S 的边也都接受过松弛操作。这不影响正确性和渐近运行时间，不过您可以修改代码，跳过这些节点。

这有点像沿各边立起一系列多米诺骨牌（骨牌数与权值成正比），然后推倒起始节点的第一张骨牌。一个节点有多个方向可达，但我们通过观察哪张骨牌被压在下面，就可以判断哪个方向是最终赢家。

假如我们一开始就使用这种方法，那么 Dijkstra 算法就可以看作一种通过"模拟"BFS 算法或多米诺骨牌（或者流水、声波扩散等）获得性能的方法，无须分别处理各个虚拟节点（或多米诺骨牌）。其实，可以把优先级队列看作一条时间轴，用来记录沿各种路径到达节点的不同时刻。我们观察新发现的边的长度，思考这样一个问题："如果走这条边，多米诺骨牌何时可以到达目标节点？"我们将这条边花费的时间（边的权值）加入到当前时间（到当前节点的距离），把结果记录在时间轴（堆）上。我们对首次到达的节点都进行如此操作（说到底，我们只关心最短的路径），继续沿时间轴移动，到达其他节点。之后，如果我们在时间轴上再次到达相同节点，就不再管它。[①]

上文已清楚说明了 Dijkstra 算法与 DAG 最短路径算法的相近之处。其实就是动态编程的应用，不过递归分解没有 DAG 那么明显。为获得解决方案，Dijkstra 算法也使用了贪婪算法，因为它总是移动到拥有当前距离值估计最小的节点。用二叉堆作为优先级队列，还会涉及分治算法。总体而言，这是一个漂亮的算法，用到了本书介绍过的很多内容，值得花些时间充分理解。

9.4　多对多问题

在下一节中，我们将介绍一个非常精彩的求解所有节点对之间最短距离的算法。即使图有很多条边，这种专用算法也可以有效解决问题。不过，本节将简要谈谈将前两个算法——Bellman-Ford 算法和 Dijkstra 算法——结合在一起的方法，适用于求解稀疏图（边数相对较少的图）。这就是 Johnson 算法。很多算法设计的课程和书籍似乎都忽视了它的存在，但它确实是一个聪明的算法。凭借已有的知识储备，我们可以轻松掌握。

Johnson 算法的动机如下：解决稀疏图所有节点对之间的最短路径问题，对从各个节点出发的情况使用 Dijkstra 算法。这其实是一个很好的解决办法，它本身并不足以激发新的算法产生……但问题是，Dijkstra 算法不允许负权边的存在。对于单源最短路径问题，除了改用 Bellman-Ford 算法，我们没有其他办法。不过，对于全节点对问题，我们可以进行初步的预处理，让所有的边权值为正。

我们的想法是，增加一个新的节点 s，它到所有现有节点的边权值为零，然后对从 s 出发的情况运行 Bellman-Ford 算法。这样可以计算出从 s 到图中每个节点的距离，我们称之为 $h(v)$。然后我们可以用 h 调整各边的权值，定义新的权值如下：$w'(u,v) = w(u,v) + h(u) - h(v)$。这个定义有两个非常有用的特点。首先，它保证每个新的权值 $w'(u,v)$ 非负（服从本章之前讨论过的三角不等式，另见习题 9-5）。其次，我们并不会为待解问题引入干扰项！也就是说，如果找到了有新权值的最短路径，它就是有原始权值的最短路径（不过边数所代表的长度有所不同）。那么，为什么

---

① Dijkstra 算法比较常规的做法是每个节点只能添加一次，对应的距离值估计在堆中更新。也就是说，如果发现更好的距离值估计，旧的结果被覆盖，对旧的路径不再理会。

会这样呢？

有一个可爱的思想可以对此做出解释，它叫套筒式求和。比如，$((a-b)+(b-c)+\cdots+(y-z))$ 这样的加和算式就像望远镜的套筒结构一样，层层套叠，最后得出 $a-z$。这是因为其他变量都是既在加号之前带着负号出现一次，又在加号之后带着正号出现一次，所以，它们的总和为零。Johnson 算法修正后的各边所构成的每条路径也是同样的情况。对于路径中的任意边 (u,v) 而言，权值的修正方法是先加上 $h(u)$，再减去 $h(v)$。下一条边将把 v 作为第一个节点，加上 $h(v)$，就此从总和中消去。同样，之前的边把 $h(u)$ 减去，也是两两抵消。

只有两条边稍有不同（任何路径都是如此），即第一条和最后一条。第一条是没有问题的，因为 $h(s)$ 是零，而所有节点的 $w(s,v)$ 都是零。那么最后一条呢？也不是问题。最后一个节点 v 对应的 $h(v)$ 是带负号的，但这对终止于该节点的所有路径都是如此——得到的最短路径还是最短的。

这种变换也没有舍弃任何信息，所以只要我们使用 Dijkstra 算法发现最短路径，就可以逆向变换所有路径长度。使用类似的套筒理论，我们可以通过对基于变换后权值的答案加 $h(v)$ 再减 $h(u)$，得到从 u 到 v 的最短路径的实际长度。这就是清单 9-4 实现的算法。[1]

清单 9-4　Johnson 算法

```
from copy import deepcopy

def johnson(G):                              # All pairs shortest paths
    G = deepcopy(G)                          # Don't want to break original
    s = object()                             # Guaranteed unused node
    G[s] = {v:0 for v in G}                  # Edges from s have zero wgt
    h, _ = bellman_ford(G, s)                # h[v]: Shortest dist from s
    del G[s]                                 # No more need for s
    for u in G:                              # The weight from u ...
        for v in G[u]:                       # ... to v ...
            G[u][v] += h[u] - h[v]           # ... is adjusted (nonneg.)
    D, P = {}, {}                            # D[u][v] and P[u][v]
    for u in G:                              # From every u ...
        D[u], P[u] = dijkstra(G, u)          # ... find the shortest paths
        for v in G:                          # For each destination ...
            D[u][v] += h[v] - h[u]           # ... readjust the distance
    return D, P                              # These are two-dimensional
```

请注意： 无须检查 bellman_ford 函数调用是否成功和是否找到负环（在有负环的情况下，Johnson 算法无效），因为如果图中有负环，bellman_ford 函数会返回异常。

假设 Dijkstra 算法的运行时间为 $Q(m \lg n)$，Johnson 算法速度较慢，运行时间是其 n 倍，即 $Q(mn \lg n)$，优于 Floyd-Warshall 算法三次方的运行时间（我们稍后讨论该算法），适用于稀疏图

---

① 节点 s 的创建采用了 object 对象实例化的方法，每个这样的实例都是独一无二的（也就是说，它们并非==意义上的相等），因此适用于添加虚拟节点以及需要区别于所有合法值的其他形式的哨兵对象。

（边相对较少的图）。①

Johnson 算法使用的变换与 A*算法的势函数密切相关（参见本章稍后的"把握未来走向"），它类似于第 10 章最小费用二分匹配问题使用的变换。二者的目标都是确保边权值为正，但应用场合略有不同（边权值因逐次迭代而发生变化）。

9.5　"牵强"的子问题

Dijkstra 算法肯定是基于动态编程的原理，但确定其中子问题的排序（或相互间依赖关系）的需要遮蔽了这一事实的光彩。本节讨论的算法由 Roy、Floyd 和 Warshall 三人独立发现，是一个典型的动态编程案例。它基于缓存式递归分解，通常实现过程具有迭代性。它形式貌似简单，但设计极其精巧。从某些方面看，它基于第 8 章讨论的"非入即出"原理。但初看之下，由此产生的子问题却似乎具有很高的人工化程度，与该原理相去甚远。

在解决许多动态编程问题的过程中，我们都需要寻找一组递归相关的子问题，可一旦发现，这些子问题往往显得十分自然。例如，DAG 最短路径中的节点，或者最长公共子序列（LCS）问题的前缀对。后者例证了可以将有用的原理推广到不太明显的结构：对允许处理的元素加以限制。例如，在 LCS 问题中，我们限制前缀的长度。而背包问题的人工意味更为浓厚：我们对对象进行排序，自行限制处理前 k 个。子问题就被这个"允许对象集"和背包容量参数化了。

在全节点对的最短路径问题中，我们可以使用这种形式的限制，以及"非入即出"原理，设计一组隐式子问题：我们随意对节点进行排序，并限制允许用于构成最短路径的中间节点的数量，即前 k 个。这样，我们就使用三个参数，对子问题进行了参数化：

- 起始节点；
- 终止节点；
- 允许经过的最大节点编号。

如果您不清楚这样做的目的，也许会觉得第三个参数没有任何作用——它怎么可能帮助我们对允许完成的工作加以限制？这其中蕴含的思想是分解解空间，把问题分解为子问题，再将子问题互相连接，构成子问题图。根据"非入即出"的思想（节点 k，入还是出？），创建递归的依赖关系，从而完成连接工作。

如果只允许使用前 k 个节点作为中间节点，设从节点 u 到节点 v 的最短路径的长度为 $d(u, v, k)$。我们可以分解问题如下：

$$d(u, v, k) = \min(d(u, v, k-1), d(u, k, k-1) + d(k, v, k-1))$$

和背包问题一样，我们要考虑是否包括节点 k。如果不包括它，我们只需使用现有的解决方案，可以找到不使用 k 的最短路径，即 $d(u, v, k-1)$。如果包括它，我们必须使用到达 k 的最短路径（$d(u, k, k-1)$）以及从 k 出来的最短路径（$d(k, v, k-1)$）。请注意，在这三个子问题中，我们都

---

① 判定一个图为稀疏图的常见标准是 $m = O(n)$。但是在本例中，Johnson 算法的性能在 $m = O(n^2/\lg n)$ 的情况下（适用边数较多的情形）可与 Floyd-Warshall 算法匹敌（渐近）。另一方面，Floyd-Warshall 算法的恒定开销很小。

要处理前 k–1 个节点，因为我们要么排除节点 k，要么明确地把它作为终点而不是中间节点。这可以保证我们对子问题进行规模排序（拓扑排序）——无环。

清单 9-5 提供了实现这种思想的算法。（程序使用第 8 章的缓存装饰器。）请注意，这里假设节点为 1 到 n 范围内的整数。如果使用其他节点对象，就需要用列表 V 以任意顺序存放节点。另外，min 函数的参数要用 $V[k-1]$ 和 $V[k-2]$，而不是 k 和 $k-1$。还要注意的是，返回的 D 图的形式是 $D[u,v]$，而不是 $D[u][v]$。我还假设这是一个完整的权值矩阵，因此如果从 u 到 v 无边，$D[u][v]$ 为无穷大（inf）。如果有需要的话，修改这些假定条件是很方便的。

清单 9-5　Floyd-Warshall 算法的缓存式递归实现

```
def rec_floyd_warshall(G):                              # All shortest paths
    @memo                                               # Store subsolutions
    def d(u,v,k):                                        # u to v via 1..k
        if k==0: return G[u][v]                          # Assumes v in G[u]
        return min(d(u,v,k-1), d(u,k,k-1) + d(k,v,k-1))  # Use k or not?
    return {(u,v): d(u,v,len(G)) for u in G for v in G}  # D[u,v] = d(u,v,n)
```

下面我们来试试迭代的版本。假定有三个子问题参数（u、v 和 k），我们需要三个 for 循环来迭代处理所有的子问题。那么，我们似乎有理由认为，要存储所有的子解，就需要按三次方增长的内存开销。但和 LCS 问题一样，我们可以减少内存开销。[①] 递归分解只能将处于 k 阶段的问题与处于 $k-1$ 阶段的问题关联在一起。这就是说，我们只需要两个距离图，一个用于本次迭代，一个用于前次迭代。不过，我们还可以有更好的性能表现。

和使用松弛技术的情况一样，此题也在寻找最短路径。处于 k 阶段的问题是"途经节点 k 是否会提供比目前掌握的路径更好的解决方案？"设当前的距离图是 D，先前的距离图是 C，如下所示：

```
D[u][v] = min(D[u][v], C[u][k] + C[k][v])
```

现在想一想，如果全程只用一个距离图，会是什么情况：

```
D[u][v] = min(D[u][v], D[u][k] + D[k][v])
```

现在含义略嫌隐晦，有点循环定义的感觉，不过没有问题。我们要找的是最短路径，对吧？$D[u][k]$ 和 $D[k][v]$ 的值就是实际路径的长度（因此是最短距离的上界），所以我们没有耍花样作弊。此外，二者均不大于 $C[u][k]$ 和 $C[k][v]$，因为我们从未提高过图上的权值。因此，只有一种情形可以解释，那就是 $D[u][v]$ 以更快的速度向正确答案移动，这是毫无疑问的。因此，我们只需要一个二维距离图（二次而不是三次方内存空间），我们将通过不断更新内存空间寻找最短路径。从很多方面看，这一结果很像是 Bellman-Ford 算法的二维版本（但并不完全一致，参见清单 9-6）。

清单 9-6　Floyd-Warshall 算法，仅考虑距离

```
def floyd_warshall(G):
    D = deepcopy(G)                                      # No intermediates yet
```

---

① 在缓存型版本的算法中，也同样可以节省内存开销，参见习题 9-7。

```
    for k in G:                                  # Look for shortcuts with k
        for u in G:
            for v in G:
                D[u][v] = min(D[u][v], D[u][k] + D[k][v])
    return D
```

我一开始使用的是这个图的副本作为候选的距离图。这是因为我们尚未尝试通过任何中间节点，所以唯一的可能性是原始权值给出的直连边。还要注意的是，顶点为数字的假设已不复存在，因为我们不再需要对所处阶段进行明确的参数化。只要依据之前的结果，努力为每个可能的中间节点创建最短路径，得到的解决方案都是一样的。由此产生的算法超级简单，但其背后的原理可不简单，但愿您也赞同这一点。

不过，像 Johnson 算法那样有个 P 矩阵也很不错。和众多的动态编程算法一样，构建实际的解决方案可以轻松计算出最优值，只需记录下每次所做的选择。在这种情况下，如果发现一条途经 k 的最短路径，P[u][v]记录的前导结果就要被替换为 P[k][v]，即最短捷径后"半"部分的前导结果。最终算法见清单 9-7。对于有边相连的所有节点对，原来的 P 都有对应的前导结果。之后，P 随着 D 的更新而更新。

清单 9-7　Floyd-Warshall 算法

```
def floyd_warshall(G):
    D, P = deepcopy(G), {}
    for u in G:
        for v in G:
            if u == v or G[u][v] == inf:
                P[u,v] = None
            else:
                P[u,v] = u
    for k in G:
        for u in G:
            for v in G:
                shortcut = D[u][k] + D[k][v]
                if shortcut < D[u][v]:
                    D[u][v] = shortcut
                    P[u,v] = P[k,v]
    return D, P
```

请注意，在这里使用 shortcut < D[u][v]是很重要的，而不是 shortcut <= D[u][v]。尽管后者得到的距离也是正确的，但在有些情况下，最后一步会是 D[v][v]，这将导致 P[u,v] = None。把 Floyd-Warshall 算法改为计算图的传递闭包（Warshall 算法）是很容易的，见习题 9-9。

9.6　中途相遇

Dijkstra 算法（还有 BFS 算法的无权特殊情况）的子问题的解，在图上的向外扩展情形就像是池塘的涟漪。如果最终目标是从 A 出发到达 B，或者使用习惯的节点名称，从 s 到 t，这意味着"涟漪"必须经过许多您并不真正感兴趣的节点，如图 9-4 中的左图所示。另一方面，如果一开始就从起点和终点同时出发，展开遍历（假设允许反向遍历边），这样的两组涟漪会在某些情况下中途相遇，从而节省大量工作，如右图所示。

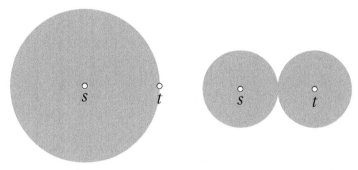

从 s 出发的遍历 　　　　　　　双向出发的遍历

图 9-4　单向和双向"涟漪"，表示通过遍历找到从 s 出发的最短路径所需开销

请注意，虽然图 9-4 中的"图形化证据"很有说服力，但它肯定不是正规的推论，并未提供任何保证。实际上，虽然本节和下节的算法针对单源单目标的最短路径问题给出了实用的改进办法，但目前还没有任何点到点算法有优于普通单源问题的渐近最坏情况表现。诚然，半径是大圆一半的两个圆只占到其面积的一半，但图的具体表现不一定会像欧里德平面那样。我们当然希望获得运行时间的改善，不过这就是所谓的启发式算法。这种算法基于学术性猜测，往往受到先验主义的评价。我们可以肯定的是，它的渐近性能表现不会比 Dijkstra 算法差，改进实际运行时间才是关键。

为实现这种 Dijkstra 算法的双向图版本，我们先对原版稍做修改，把它变成一个子解生成器，让我们可以提取尽可能多的子解用来"相会"。这类似于第 5 章介绍的一些遍历函数，如 iter_dfs（见清单 5-5）。这种迭代行为意味着我们可以彻底抛开距离表，仅仅依靠优先级队列中保存的距离值。为简单起见，这里没有引入前导节点的信息，但我们很容易就可以通过向堆元组中添加前导节点来扩展解决方案。要获得距离表（像原版 Dijkstra 算法那样），只需调用字典 dict(idijkstra(G, s))。

代码参见清单 9-8。

清单 9-8　Dijkstra 算法作为解决方案生成器的实现

```
from heapq import heappush, heappop

def idijkstra(G, s):
    Q, S = [(0,s)], set()              # Queue w/dists, visited
    while Q:                           # Still unprocessed nodes?
        d, u = heappop(Q)              # Node with lowest estimate
        if u in S: continue            # Already visited? Skip it
        S.add(u)                       # We've visited it now
        yield u, d                     # Yield a subsolution/node
        for v in G[u]:                 # Go through all its neighbors
            heappush(Q, (d+G[u][v], v))  # Add to queue, w/est. as pri
```

221

请注意，我并未使用松弛技术，它隐含在堆中。或者可以这么说，heappush 就是新的松弛技术。再次添加一个有更好距离值估计的节点，意味着它的优先级高于原有条目，这相当于用松弛操作覆盖原有条目。这类似于第 7 章介绍的 Prim 算法的实现。

既然我们已经可以分步实现 Dijkstra 算法，构建一个双向的版本就不会太难了。我们在原有算法的入节点和出节点实例之间来回往复，各组涟漪一次扩展一个节点。假如一直进行到底，会得到两组完整的答案：从 s 到 t 的距离和回溯遍历情况下的从 t 到 s 的距离。当然，这两个答案是相同的，这使得整个活动失去了意义。关键的思想是一旦涟漪相遇，立即停止遍历。一旦 idijkstra 函数的两个实例产生相同的节点，就跳出循环，这似乎是个不错的设想。

至此，我们遭遇了这个算法唯一真正的精要所在：同时从两个节点 s 和 t 出发进行遍历操作，不断移动到下个距离最近的节点，所以一旦两个算法移动到（产生）相同的节点，就意味着二者沿最短路径相遇。这个推论是合理的，对吗？毕竟如果只从 s 出发进行遍历，只要到达 t 就终止了（idijkstra 函数调用产生了节点 t）。遗憾的是，直觉欺骗了我们（至少是我）。图 9-5 中的简单例子应该可以理清这种可能的误解。那么最短路径到底在哪里？我们如何确定遍历停止的最佳时机？

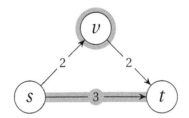

图 9-5　首次相遇节点（突出显示的节点）并不一定位于最短路径上（最短路径为突出显示的边）

事实上，一旦两个实例相遇即结束遍历是没错的。但是，要找到最短路径，我们需要在算法执行的时候保持高度警觉。我们需要维护至今为止发现的最佳距离，每次对一条边(u,v)进行松弛操作时，我们已经掌握了从 u 到 s 的距离（通过向前遍历）和从 v 到 t 的距离（通过向后遍历），就需要仔细检查，确定将现有路径与边(u,v)连接起来能否改进我们的最佳解决方案。

事实上，我们可以对终止条件稍做限定（见习题 9-10）。不必再等待两个实例访问同一节点，只需查看它们已经走了多远，也就是它们目前为止获得的最新距离。最新距离不可能减小，因此，如果二者总和至少和我们目前为止发现的最佳路径相等，那就不可能再找到更好的方案，这就大功告成了。

不过，还是一个疑问挥之不去。之前的推论可能让您相信，继续遍历不可能再找到更好的路径，可如何才能确定没有错过更好的解决方案吗？比方说，我们目前发现的最佳路径长度为 m。导致遍历终止的两个距离为 l 和 r，所以我们知道 $l+r \geq m$ 为终止条件。假定有一条从 s 到 t 的路径比 m 短。为满足这一假定条件，该路径必须包含一条边(u,v)，使得 $d(s,u) < l$ 且 $d(v,t) < r$（见习题 9-11）。这意味着，与各自对应的当前节点相比，u 到 s 的距离更短，v 到 t 的距离更短，所以两者一定已经被算法访问（产生）过。既然算法产生过这两个节点，我们维护的最佳解决方案到目前为止应该已经发现了这条路径。这就是一组矛盾。换言之，这个算法是正确的。

密切关注到目前为止的最佳路径，这个理念要求我们深入 Dijkstra 算法的内部。我更青睐

idijkstra 算法的抽象化，所以我要坚持使用这个算法最简单的版本：一旦发现两组遍历返回相同节点，即终止算法运行，然后查找最佳路径，检查将两组遍历连在一起的所有边。如果您使用的数据集适合双向搜索，这种查找不会存在太大的瓶颈，不过您可以打破限定，自行调整算法。最终的代码见清单 9-9。Itertools 的循环功能提供了一个迭代器，可以不断给出其他迭代器提供的值，而且自始至终不断自行产生数据。在这种情况下，这意味着我们在前向遍历和后向遍历之间不断交替循环。

清单 9-9 Dijkstra 算法的双向图版本

```
from itertools import cycle

def bidir_dijkstra(G, s, t):
    Ds, Dt = {}, {}                             # D from s and t, respectively
    forw, back = idijkstra(G,s), idijkstra(G,t) # The "two Dijkstras"
    dirs = (Ds, Dt, forw), (Dt, Ds, back)       # Alternating situations
    try:                                        # Until one of forw/back ends
        for D, other, step in cycle(dirs):      # Switch between the two
            v, d = next(step)                   # Next node/distance for one
            D[v] = d                            # Remember the distance
            if v in other: break                # Also visited by the other?
    except StopIteration: return inf            # One ran out before they met
    m = inf                                     # They met; now find the path
    for u in Ds:                                # For every visited forw-node
        for v in G[u]:                          # ... go through its neighbors
            if not v in Dt: continue            # Is it also back-visited?
            m = min(m, Ds[u] + G[u][v] + Dt[v]) # Is this path better?
    return m                                    # Return the best path
```

请注意，此代码假定 G 为无向图（所有边均允许有两个方向），并且对于任意节点 u 满足 G[u][u] = 0。您可以轻松扩展算法，不需要用到这些假定条件（见习题 9-12）。

9.7 把握未来走向

如前所述，遍历的基本思想是非常灵活的。只要使用不同的队列，就可以获得不少有用的算法。例如，使用 FIFO 和 LIFO 队列，可以获得 BFS 和 DFS 算法；使用适当的优先级队列，可以获得 Prim 和 Dijkstra 算法的核心。本节介绍的 A*算法同样通过调整优先级，扩展 Dijkstra 算法。

如前所述，A*算法的思想类似 Johnson 算法，但目的有所不同。Johnson 算法对所有的边权值加以变换，确保边权为正，并且最短路径依然最短。A*算法以类似的方式对边进行修改，但这次的目标不是保证正边权，我们已经假定边的权值为正了（因为构建 A*算法的基础是 Dijkstra 算法）。我们的目标是通过使用未来走向信息，引导遍历沿正确方向进行：我们要让远离目标节点的边权值大于那些离目标节点较近的边。

请注意：这类似于第 11 章介绍的分支定界策略使用的最佳优先搜索。

当然，如果真的知道走哪条边可以离目标节点更近，我们就可以用贪婪算法解决问题，直接沿最短路径移动，不用理会其他旁支路线。A *算法的好处是，它弥补了对未来走向一无所知的 Dijkstra 算法和假设明确知道未来走向的理想情况之间的差距，引入了一个潜在势函数，或启发式函数 $h(v)$，即我们对剩余距离 $d(v,t)$ 的最佳猜测。稍后将会看到，Dijkstra 算法是 A* 的一种特殊情况，即 $h(v) = 0$。此外，如果我们可以指定 $h(v) = d(v,t)$，该算法将直接从 s 一路行进到 t。

那么，其中的具体作用机制是什么？我们定义了修正后的边权，得到套筒式加和，就像 Johnson 算法那样（虽然应该注意的是，这里的符号有所变化）：$w'(u,v) = w(u,v) - h(u) + h(v)$。套筒式加和确保了最短路径依然最短（同 Johnson 算法），因为所有的路径长度改变量相同，即 $h(t) - h(s)$。如果把启发式函数设为零（或任何常数），权值保持不变。

显而易见，这种调整体现了我们的意图：奖励方向正确的边，惩罚方向不正确的边。我们给各边权增加了下降势能（启发式函数），这类似于重力势能的作用机制。如果往一张表面不平的桌上丢一颗鹅卵石，它会沿势能减小的方向运动。在本例中，该算法将沿导致剩余距离下降的方向发展，这正是我们想要的结果。

A*算法相当于针对修正图的 Dijkstra 算法，所以如果 h 是可行的，算法就是正确的，即任意节点 u 和 v 满足 $w'(u,v)$ 非负。按照 $D[v] - h(s) + h(v)$ 的递增顺序（而不仅仅是 $D[v]$）对节点进行遍历。由于 $h(s)$ 是一个普通常数，我们可以忽略它，只需将 $h(v)$ 添加到现有的优先级队列中。这一加和是我们对从 s 经 v 到 t 的最短路径所做的最佳估计。如果 $w'(u,v)$ 可行，那么 $h(v)$ 也会是 $d(v,t)$ 的下界（见习题 9-14）。

实现所有这一切的一个（常见）方法是使用原始的 idijkstra 函数，当一个节点入堆时，将 $h(v)$ 添加到优先级队列中。原始的距离值估计依然保存在 D 中。不过，简化的情况可以只使用堆（同 idijkstra 函数），我们需要对权值进行调整，把边(u,v)的结果减去 $h(u)$。清单 9-10 就采用了这种方法。如下所示，在返回距离前，去除了多余的 $h(t)$。（考虑到 a_star 函数所包含的庞大内容，这确实是个短小精悍的程序，您说呢？）

清单 9-10　A*算法

```python
from heapq import heappush, heappop
inf = float('inf')

def a_star(G, s, t, h):
    P, Q = {}, [(h(s), None, s)]        # Preds and queue w/heuristic
    while Q:                             # Still unprocessed nodes?
        d, p, u = heappop(Q)            # Node with lowest heuristic
        if u in P: continue             # Already visited? Skip it
        P[u] = p                        # Set path predecessor
        if u == t: return d - h(t), P   # Arrived! Ret. dist and preds
        for v in G[u]:                  # Go through all neighbors
            w = G[u][v] - h(u) + h(v)   # Modify weight wrt heuristic
            heappush(Q, (d + w, u, v))  # Add to queue, w/heur as pri
    return inf, None                     # Didn't get to t
```

如上所示，除了新增对 u == t 的检查，该算法与 Dijkstra 算法唯一的不同就是权值调整。换言之，只要您愿意，也可以使用 Dijkstra 算法的点到点版本（包含 u == t 检查的版本），对权值修改过的图进行操作,而不必单独使用 A*算法。

当然,为了从 A*算法获益,我们需要有很好的启发式函数。函数的内容在很大程度上取决于要解决的具体问题。例如,在一张道路交通图上查找路线,从某个节点到目的地的直线欧氏距离必须是一个有效的启发式函数(下界值)。这个函数事实上适用于任意平面运动,如计算机游戏里的怪物行动轨迹。但是,如果存在大量的死胡同和迂回曲折,这个下界值可能不会非常准确。(替代方法请参阅"如果您感兴趣……"一节)。

A*算法也用于搜索解空间,我们可以视之为抽象图(或隐式图)。例如,我们也许需要解决魔方问题或者刘易斯·卡罗尔(Lewis Carroll)所谓的单词梯问题。我们在此不妨讨论一下后一个问题。

单词梯是从一个起始单词开始构建的,比如 lead,以另一个单词作为结束,比如 gold。单词梯的每一步搭建都要用到实际单词。从一个单词推进到下一个单词,只能更换一个字母。(单词梯还有其他的版本,增删字母或字母交换位置。)因此,本题的一种解法是,通过 load 和 goad 这两个单词,从 lead 到达 gold。如果把每个单词都看作图中的一个节点,我们可以为彼此相差一个字母的所有单词之间加上边。我们可能没必要真的建立这样一个结构,但不妨"假设"一下,如清单 9-11 所示。

清单 9-11　单词梯路径的隐式图

```
from string import ascii_lowercase as chars

def variants(wd, words):                      # Yield all word variants
    wasl = list(wd)                           # The word as a list
    for i, c in enumerate(wasl):              # Each position and character
        for oc in chars:                      # Every possible character
            if c == oc: continue              # Don't replace with the same
            wasl[i] = oc                      # Replace the character
            ow = ''.join(wasl)                # Make a string of the word
            if ow in words:                   # Is it a valid word?
                yield ow                      # Then we yield it
        wasl[i] = c                           # Reset the character

class WordSpace:                              # An implicit graph w/utils

    def __init__(self, words):                # Create graph over the words
        self.words = words
        self.M = dict()                       # Reachable words

    def __getitem__(self, wd):                # The adjacency map interface
        if wd not in self.M:                  # Cache the neighbors
            self.M[wd] = dict.fromkeys(self.variants(wd, self.words), 1)
        return self.M[wd]

    def heuristic(self, u, v):                # The default heuristic
        return sum(a!=b for a, b in zip(u, v)) # How many characters differ?
```

```
def ladder(self, s, t, h=None):              # Utility wrapper for a_star
    if h is None:                            # Allows other heuristics
        def h(v):
            return self.heuristic(v, t)
    _, P = a_star(self, s, t, h)             # Get the predecessor map
    if P is None:
        return [s, None, t]                  # When no path exists
    u, p = t, []
    while u is not None:                     # Walk backward from t
        p.append(u)                          # Append every predecessor
        u = P[u]                             # Take another step
    p.reverse()                              # The path is backward
    return p
```

WordSpace 类的主要思想是，它可以作为加权图使用，这样可以配合 a_star 一起工作。如果 G 是 WordSpace 对象，G['lead'] 就是字典，其他单词（如 "load" 和 "mead"）是键值，各边权值为 1。这里使用的默认启发式函数只是统计单词不同的字符位数。

只要有某种形式的单词列表，使用 WordSpace 类是很容易的。许多 UNIX 系统都有一个名为 /usr/share/dict/words 或 /usr/dict/words 的文件，文件里每行一个单词。如果没有这样的文件，您可以从 http://ftp.gnu.org/gnu/aspell/dict/en 下载，还可以在网上找到（或类似文件）。然后，就可以构建如下所示的 WordSpace（去掉空格，所有字符统一为小写）：

```
>>> words = set(line.strip().lower() for line in open("/usr/share/dict/words"))
>>> G = WordSpace(words)
```

如果您对得到的单词梯不满意，当然可以随意去掉其中一些单词。构建好 WordSpace 后，就可以展开正式工作了：[①]

```
>>> G.ladder('lead', 'gold')
['lead', 'load', 'goad', 'gold']
```

相当清楚，但也许还不够精彩。那么让我们试试下面这个函数：

```
>>> G.ladder('lead', 'gold', h=lambda v: 0)
```

我只是用毫无信息量的部分替代了启发式函数，等于把 A*算法变成了 BFS 算法（或者说，在无权图上运行 Dijkstra 算法）。在我的电脑上（并且用我的单词列表），运行时间的差异是相当明显的。实际上，使用第一个（默认）启发式函数加速了近 100 倍![②]

9.8　本章小结

本章比前几章的关注点更为集中，主要介绍在网络状结构和空间中寻找最佳路线。换言之，

---

① 比方说，我用的是有关炼金术的单词，我去掉了像 algedo 和 dola 这样的单词。

② 是整 100，而不是 100 的因子。（当然也不是 100 的因子的 11 次方。）

求解图的最短路径问题。本章算法使用的一些基本思路和机制，在本书先前章节已有所涉及，这样可以帮助我们逐步构建解决方案。所有最短路径算法寻找最短路径共同使用的基本策略是，要么使用 relax 函数或等效方法确定路径上新的可能的下一个或最后一个节点（大部分算法的做法），要么考虑一条包含两条子路径的最短路径，以某个中间节点作为出节点或入节点（Floyd-Warshall 策略）。基于松弛的算法解题方式有所不同，具体情况由对图所做的假设而定。Bellman-Ford 算法只是通过依次遍历每一条边构建最短路径，最多重复 $n–1$ 次迭代过程（如果还有改进可能，就报告负环）。

在第 8 章可以看到，比 Bellman-Ford 算法更高效是有可能的；对于 DAG 图而言，只要按照拓扑排序访问节点，就可以对每边只做一次松弛操作。拓扑排序不适用于一般的图，但如果规定边权非负，我们可以找到对重要的边加以尊重的拓扑排序方法，即按照节点到起始节点的距离排序。当然，我们一开始并不知道排序结果，但可以通过在剩余节点中始终选取距离值估计最小的节点来逐步明确，就像 Dijkstra 算法做的那样。这么做是很有必要的，因为我们已经对所有可能的前导节点的出边都做了松弛操作，所以根据排序结果，下个节点的路径估计一定是正确的。这样的节点也只有一个，它拥有最小上界。要查找所有节点对之间的距离，我们有几种选择。例如，我们可以对每个可能的起始节点运行 Dijkstra 算法。对于稀疏程度高的图，这么做效果相当不错，而且事实上，即使有的边权为负，我们也可以用这个方法！我们首先运行 Bellman-Ford 算法，再调整所有的边权，以满足（1）路径的长度等级不变（最短路径依然最短），（2）边权为正。另一个选择是使用动态编程，就像 Floyd-Warshall 算法那样，每个子问题都是由起始节点、目标节点和最短路径允许通过的其他节点（以某种预先确定的顺序）共同定义的。

要找到从一个节点到另一个节点的最短路径，再没有比找到从起始节点到其他所有节点最短路径更好的渐近方法了。尽管如此，还是有一些启发式方法可以获得实际的改善。其中之一就是双向搜索，"同时"从起始节点和目标节点出发进行遍历，一旦二者中途相遇即终止遍历，从而减少了需要访问的节点数（至少我们是这样希望的）。另一种方法是使用启发式"最佳优先"方法，用启发式函数引导我们暂时抛开希望不大的节点，优先移动到更有希望的节点，就像 A*算法做的那样。

9.9　如果您感兴趣

大多数算法书都会介绍寻找最短路径的基本算法。不过，有些比较高级的启发式算法，如 A*算法，通常可以在人工智能方面的书中找到。在这类书中，您还可以找到使用这种算法（及其他相关算法）搜索复杂解空间的详细说明。那些例子看起来一点也不像本章讨论的显式图结构。要充分了解人工智能的相关内容，我衷心推荐 Russell 和 Norvig 的书。关于 A*算法的启发式思想，您可以在网上搜索关键词"shortest path（最短路径）"和"landmarks（地标）"或"ALT（基于地标和三角不等式的 A*算法搜索）"。

如果您想考察 Dijkstra 算法的渐近性，可以研究一下斐波那契堆。如果用斐波那契堆替换二叉堆，Dijkstra 算法的渐近运行时间将得到改善，但性能表现仍有可能受到影响，除非您用的实例非常大，因为 Python 的堆实现速度是非常快的，而 Python 的斐波那契堆实现（情况相当复杂）

有可能很慢。不过，值得一试。

最后，您也许想把 Dijkstra 算法的双向版本和 A *算法的启发式机制结合在一起。不过，在行动之前，您应该先研究一下，有些陷阱可能会导致您设计的算法无效。关于这一点和使用基于地标的启发式算法（以及随时间变化的图所带来的挑战）的更多信息（略高级），请参见 Nannicini 等人的论文。（见 "参考文献"）

9.10　练习题

9-1.　在某些情况下，由于不同货币汇率之间的差异，人们可以将一种货币换成另一种，反复兑换直到获利，再换回到原始货币类型。如何使用 Bellman-Ford 算法检测获利情况的出现？

9-2.　如果一个以上的节点到起始节点的距离相同，运行 Dijkstra 算法会发生什么？结果是否仍然正确？

9-3.　如图 9-3 所示，使用虚拟节点表示边长，有什么坏处？

9-4.　如果用无序列表而不是二叉堆来实现 Dijkstra 算法，运行时间有何变化？

9-5.　为什么可以肯定，Johnson 算法调整后的边权都是非负值？有出错的可能吗？

9-6.　Johnson 算法的 h 函数基于 Bellman-Ford 算法设计。在套筒式求和中，这个函数会被消去，那为什么不能使用其他函数？

9-7.　实现 Floyd-Warshall 算法的缓存式版本，保存记忆的方法与迭代法相同。

9-8.　扩展 Floyd-Warshall 算法的缓存式版本，让其可以像迭代法那样计算 P 表。

9-9.　如何对 Floyd-Warshall 算法进行修改，让它可以检测到路径的存在，而不是找出最短的路径（Warshall 算法）？

9-10.　Dijkstra 算法双向版本较为严格的终止标准是正确的，为什么能说明原始版本就是正确的？

9-11.　为证明 Dijkstra 算法双向版本是正确的，我提出了一条假设路径，要优于到目前为止发现的最佳路径，该路径必须包含一条边(u,v)，使得 $d(s,u) < l$ 且 $d(v,t) < r$。为什么会有这样的要求？

9-12.　改写 bidir_dijkstra 函数，令其不需要输入图是对称的且拥有权值为零的自反边（或循环）。

9-13.　实现双向版本的 BFS 算法。

9-14.　如果 w' 可行，为什么说 $h(v)$ 是 $d(v,t)$ 的下界？

9.11　参考资料

- Dijkstra, E. W. (1959). A note on two problems in connexion with graphs. *Numerische Mathematik*, 1(1):269-271.
- Nannicini, G., Delling, D., Liberti, L., and Schultes, D. (2008). Bidirectional A* search for time-dependent fast paths. In *Proceedings of the 7th international conference on Experimental algorithms*, Lecture Notes in Computer Science, pages 334-346.
- Russell, S. and Norvig, P. (2009). *Artificial Intelligence: A Modern Approach*, third edition. Prentice Hall.

第 10 章

匹配、切割及流量

快乐的生活源于个人的体验。食谱可以复制，生活不能。
　　　　　　——选自《流：最佳体验的心理学》，Mihaly Csikszentmihalyi 著

本章与前一章略有不同；在前一章中，我们只是在为一个问题通过多种算法；而在本章，我们会专注于同一种算法，介绍它的诸多变种与运用。该算法所要解决的核心问题是找出一个网络中的最大流（flow）。对此，我们所采用的解决策略将主要来自于 Ford 和 Fulkerson 的增广路径算法。然而，在正式处理这个问题之前，我们可以先来看两个相对简单一些的特例（它们也可以很容易被归纳为最大流问题）：二分图匹配问题和不相交路径问题。这两个问题本身就代表了很多应用，并且各自都可以用更特定的算法来解决。另外，正如我们将会看到的，最大流问题还有一个孪生兄弟：最小切割集问题。换句话说，我们只要解决了这两个问题中的任何一个，另一个也就迎刃而解了。最小切割集问题也有很多有趣的应用。虽然这些问题表面上看上去与最大流问题全然不同，但实际上它们是非常接近的。最后，我们还会就如何扩展最大流问题给您指点一个方向，即增加成本的概念，然后寻找成本最小的最大流，以此为一些应用铺路，如最小成本的二分图匹配问题。

最大流问题及其变体几乎有无穷无尽的应用方式。Douglas B. West 在他那本《Graph Theory》（见第 2 章的"参考资料"部分）中给出了一些非常明显的应用，例如，我们可以用它来决定一条公路或是信息网络的总容量，或者，甚至可以将其应用于计算电子电路中的电流。另外，Kleinberg 和 Tardo（见第 1 章的"参考资料"部分）还解释了如何将这种形式应用于调查问卷的设计、飞机航线的安排、图像切割、工作人事分配、篮球淘汰赛制的设计，以及为医生们规划假期。关于这个主题，Ahuja、Mananiti 和 Orlin 写过一本书，他们在几乎完全不同的领域，以超过100 种应用例子讲述了它的应用方式，包括工程、制造、规划、管理、医学、防御、通信、公共政策、数学及交通等。虽然算法可以应用于图问题，但这些领域的应用并不需要都描述为图问题。例如，有谁会将一个图像切割问题描述为一个图问题？在本章之后的部分中，我会带着您讨论这些应用中的一小部分，所以那部分内容被叫作"一些应用"也就不值得奇怪了。如果您对于这种技术的应用感到好奇，也可以选择先提前浏览一下那个段落，然后回到这里继续学习。

贯穿本章的基本理念是，我们希望经由一个网络，以网络的一边为起点，另一边为终点，尽可能多地运送某种物质——而对于这些路径有一些附加条件，如双边匹配，路径不相交，或者以某个单位的整数倍进行传输等。这与前一章中谨慎的空间探索有些不同，而增量改进这个基本方

法在这里依然行得通。我们可以不断地寻找能够将我们的方案改进一点点的方法，直到我们无法找到任何改进为止。您将会看到，放弃才是方案改进的关键——也就是说，我们可能为了改进整体而放弃之前结果中的路径。

> **请注意**：在本章中，我使用的是 Ford 和 Fulkerson 的标记法。另一种寻找增广路径的方法是在剩余网络（Residual Network）中寻找。这种方法将会在本章稍后的"剩余网络"部分予以解释。

10.1　二分图匹配

事实上，我们之前对二分图匹配问题的思路已经做过一些介绍了，例如第 4 章中那些烦躁的电影观众所面对的问题，以及第 7 章中的稳定婚配问题。通常情况下，我们所谓的图匹配问题往往是在寻找该图中不共享节点的边的某个子集。也就是说，我们会在该图中找到一些边，这些边中的任意两条都不会有共同的节点。这意味着每条边都会匹配到两对节点——该问题也正因此得名。而二分图匹配则是图匹配问题中的一个特例，因为它的所有节点都能被划分为两个独立的节点集（不包含边的子图）。例如在图 10-1 中，这个图匹配所体现的就是之前讨论过的电影观众问题与婚姻问题的匹配方式。这种匹配要比其一般形式更简单一些，因此也更容易解决。另外，当我们讨论二分图匹配问题时，通常指的是最大化匹配。在该类匹配中，边的数量追求是最大化的。这意味着，如果情况允许，我们需要寻找的是一种完美匹配。即该图中所有的节点都应存在于这个匹配中。这是个简单的问题，但也是个在现实生活中很容易遇到的问题。例如说，假设您正在为某项工作进行人事分配，这张图表示的是什么人希望自己承担什么工作。那么完美匹配就是要让每个人都满意[①]。

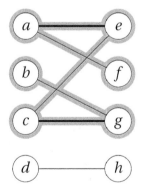

图 10-1　一个二分图的（非最大化）匹配（粗体部分），及其从 b 到 f 的增广路径（高亮部分）

[①] 在分配人手的例子中，如果允许工人给每个任务设定一个偏好度，那么这个问题就变得更一般化了，称为最小成本的二分图问题，也就是分配问题。虽然它也是一个非常有用的问题，但对我们现在而言稍微难了一些——所以我们稍后再来看这个问题。

接下来，我们继续用稳定婚配这个案例来说明问题——但这次我们要打破之前的稳定关系，试着让每个人都匹配到一个他能够接受的人。为了让匹配过程显得不那么抽象，您可以想象每位男士都有一个订婚戒指。而我们的目的是要让每位男士都把他的戒指给予一位女士，确保没有一位女士会有多于一枚的戒指。或者在这个目标无法实现的情况下，我们也要致力于将尽可能多地让戒指从男士移交给女士，并仍然坚持禁止每一位女士拥有一枚以上的戒指。和之前一样，要想解决这个问题，我们还是得先找出该问题的某种归简方式。一种显而易见的思路是先找出一对匹配成功的恋人，标记他们，然后将他们从总人数中去除，这样就等于减少了接下来要匹配的人数。然而在这种情况下，我们无法简单地保证任何一对恋人是最大化匹配中的一对，除非他们是完全孤立的，如图 10-1 中的 d 和 h。

另一个更适合这种情况的方法是第 4 章所讨论过的迭代改进法。这与第 9 章中松弛法的使用方式有着密切的关联，因为我们需要一步一步改进当前的结果，直到再也无法改进为止。在这里，我们必须确保改进终止的唯一原因是当前结果已经是问题的最优解——我们回头再来讨论这个问题本身。现在，让我们先来寻找可以逐步改进当前结果的方式。假设在每一轮中，我们都会尝试将一枚新的戒指从一位男士移动到一位女士那里。如果足够幸运的话，或许我们可以一上来就直接得到想要的结果——也就是说，每位男士都将戒指给了最适合他的那位女士。当然，我们不能让人们的浪漫主义倾向蒙蔽我们的双眼，因为实际上，这种方法通常并不太可能会一帆风顺。对此，我们可以再来看一下图 10-1，假设在前两轮迭代中，a 把戒指给了 e，而 c 把戒指给了 g。我们会得到一个不确定的匹配，该匹配中包含两对节点（图中被加粗的那些边）。现在我们站在 b 的角度想一下，他该怎么办呢？

下面我们再换一种策略试试。这种策略类似于我们在第 7 章中介绍的 Gale-Shapley 算法。这回我们可以假设女士可以在遇到新的追求者时改变原先的主意。事实上，我们是应该假设女士们在碰到这种情况的时候总是会改变主意。这样一来，当 b 遇到 g 时，她会将自己现在的戒指还给 c，然后接受 b 给她的戒指。换句话说，她取消了与 c 的订婚。（取消既有匹配的想法对本章中出现的所有算法都至关重要。）于是现在 c 就变成独身了，如果我们相信迭代会带来改进，那么我们就不能接受现在的情况。我们要立即为 c 寻找一个新的伴侣，于是我们找到了 e。但如果 c 把他被归还的戒指给了 e，就必须取消他与 a 的订婚，将戒指还给 a。然后 a 按照这个规则把戒指给了 f，于是这个过程到了终点。在这个单身人士跌跌撞撞的相亲会上，戒指沿着高亮的边不断地被传递着。并且，现在我们将匹配的对数从 2 对增加到了 3 对（$a+f$、$b+g$、$c+e$）。

事实上，我们可以根据这些特殊步骤归纳出一般化的方法。首先，我们需要找到一个还没有被匹配的男士。（如果没有找到，就终止该算法。）然后，我们会找到一些婚约与解约交替出现的序列，直至最终完成所有婚约。只要我们能找到这样的序列，那么其中婚约的次数就一定会比解约多一次，这样总体上就又多了一对新的配对。然后，我们就只要尽可能地让这个过程重复下去即可。

我们正寻找的之字形路径总是以左边的一个未匹配节点开始，又以右边的一个未匹配节点结束。根据订婚戒指传递的逻辑，我们可以知道，这条路径从左到右移动时所经过的边必然不在现有的边集合中（于是就把这条边放入了集合）。而它从右向左移动时必然要经过一条已有的边（这就需要删除那条边）。这样的一条路径（图 10-1 中被高亮显示的路径）被业界称为增广路径（augmenting path）。因为它将我们的结果增大了（也就是增加了订婚的人数），于是我们就可以通过遍历来寻找增广路径。当然，我们得确保自己遵守了相应的规则——我们不能在从左向右移动时利用已经存在的边，也不能在从右向左的过程中利用不存在的边。

现在剩下的问题是，在的确可以改进的情况下，究竟要怎样才能确保我们可以找到这种增广路径呢？虽然经过之前的讨论，似乎我们已经掌握了足够解决该问题的改进方法，但这种方法看起来并没有那么直观，为什么它必须是这样呢？下面我们需要证明：如果某问题的解决方案尚有改进的空间，那么我们就总能找到一条增广路径。换句话说，就是如果某图目前的匹配是 M，而它还有一个更大的匹配 M'，我们需要就应该能将它找出来。现在，想想这个匹配之间的对称差——也就是那些存在于两个匹配中的任何一个，但又不同时存在于这两个匹配中的边。我们把来自 M 的边标记为红色，而将来自 M' 的边标记为绿色。

虽然乍看之下，这些红色与绿色的边仍然是一团乱麻，但其实我们是可以从中找出一些门道的。例如，我们已经知道了每个节点最多只被两条边共享，两种颜色各一条（因为两条边不可能来自于同一个匹配）。这意味着我们会得到一个或多个连通分量，并且每一个分量都是一条 Z 形的路径或者颜色交替的环路。因为 M' 总是比 M 要大，于是一定会有一个分量的绿边总数比红边的总数要大。而会发生这种情况的唯一条件就是存在一条这样的路径，它的边数为奇数，并且开始与结束的边都为绿色。

您明白了吗？没错！这条绿色—红色—绿色的路径就是一条增广路径。它的边数为奇数，所以路径的一端在男性这边，另一端在女性这边，并且开始与结束的边都为绿色，这意味着它们并不是我们最初匹配的一部分。既然增广路径方法的确可行，我们就可以放心地使用它了。（这从根本上来说，其实应该算是我对于 Berge 引理的另类等价表达。）

当我们开始着手实现这种策略的时候，发挥创意的时候就到了。清单 10-1 是一种可能的实现方式。其中，函数 tr 的代码可以在清单 5-10 中找到。参数 X 和 Y 的类型都是节点集（或者说都属于可迭代对象），表示图 G 的二分图匹配。它的运行时间可能并不是非常明显，因为在执行时边总是被开启和关闭，但我们可以确定其每次迭代都可以增加一对，所以迭代的数量是 $O(n)$，其中 n 是节点的数量。假设有 m 条边，那么对于增广路径的搜索基本上就是对连通分量的遍历，也就是 $O(m)$ 的复杂度。总体而言，其运行时间即为 $O(nm)$。

清单 10-1　通过增广路径算法来寻找最大双边匹配

```
from itertools import chain

def match(G, X, Y):                             # Maximum bipartite matching
    H = tr(G)                                   # The transposed graph
    S, T, M = set(X), set(Y), set()             # Unmatched left/right + match
    while S:                                    # Still unmatched on the left?
        s = S.pop()                             # Get one
        Q, P = {s}, {}                          # Start a traversal from it
        while Q:                                # Discovered, unvisited
            u = Q.pop()                         # Visit one
            if u in T:                          # Finished augmenting path?
                T.remove(u)                     # u is now matched
                break                           # and our traversal is done
            forw = (v for v in G[u] if (u,v) not in M)  # Possible new edges
            back = (v for v in H[u] if (v,u) in M)      # Cancellations
            for v in chain(forw, back):        # Along out- and in-edges
```

```
                if v in P: continue          # Already visited? Ignore
                P[v] = u                     # Traversal predecessor
                Q.add(v)                     # New node discovered
        while u != s:                        # Augment: Backtrack to s
            u, v = P[u], u                   # Shift one step
            if v in G[u]:                    # Forward edge?
                M.add((u,v))                 # New edge
            else:                            # Backward edge?
                M.remove((v,u))              # Cancellation
    return M                                 # Matching -- a set of edges
```

■ **请注意**：König 定理陈述了这样一个事实：对于二分图而言，最大匹配问题与最小顶点覆盖问题是一对孪生问题。换言之，这两个问题是等价的。

10.2　不相交的路径

增广路径算法不仅可用于寻找图的匹配，也可以用来解决一些更一般化的问题。其中最简单的应该就是累计边的不相交路径，而不是边本身的累计[1]。边的不相交路径可以共享节点，但不能共享边。更一般化的设定为，我们不再需要将自己限制在二分图中了。然而，当我们在处理一般化的有向图时，我们可以自由地定义路径的起点和终点。最简单的（也是最普遍的）解决办法是声明两个特殊的节点：s 和 t，称为源点（source）和汇点（sink）。（这样的图经常被称为 s-t 图或者 s-t 网络。）然后我们要求所有的路径都从 s 开始，并且以 t 结束（隐含地让所有路径共享这两个节点）。这个问题的一个重要应用是决定一个网络的边连接情况——在图不连通前（这里指的是，当 s 与 t 无法连接时），多少条边可以被移除？

该问题的另一种应用是要在多核 CPU 架构中寻找通信路径。在 CPU 中，可能有很多个核被设计分布在一个二维平面上。而由于数据的通信方式，在同一个交换节点上对两个通信频道进行路由可能是不现实的。在这种情况下，寻找一组不相交的路径显得至关重要。请注意，这些路径一般会被更自然地建模为顶点不相交，而不是边不相交。关于这一点，请参考习题 10-2。并且，只要您每配对一次代表源点的核与代表汇点的核，您就会遇到所谓的多商品流问题，而这个问题在这里不会多做讨论。（更多相关讨论见"如果您感兴趣……"一节。）

在这个算法中，您可以直接处理多个源点与汇点的问题，就像清单 10-1 那样。如果每个源点和汇点都只属于唯一的一条路径，而您又完全不在意拉节点和灌节点之间的配对的话，那么整个问题可以更简单地被归简为单源点—汇点问题。每次加入一对 s、t 节点时，就引入从 s 到所有源点的边，以及从所有汇点到 t 的边。路径的数量总是不变的，而重新构造您所要寻找的便只需要重新剪除 s 和 t 节点。事实上，我们通过这个归简将最大匹配问题变成了不相交路径问题的特例。

---

[1] 在某些方面，这个问题类似于第 8 章中的边的计数问题。然而，主要的不同点在于，在那个问题中，我们对所有的可能路径都进行了奇数（如帕斯卡三角形），而这经常会导致许多重叠——不然的话，记忆体就会毫无作用。在这里，重叠是不被允许的。

正如您所见，解决这两个问题的算法非常相似。

但相对于完全路径问题的思路来说，如果我们能将图分割为互相独立的小图，这将是很有用的。为此，我们可以引入以下两个规则：

- 除了 s 和 t 节点以外，每个节点的入边数量和出边数量必须相等。
- 对任何一条边而言，最多只有一条路径可以占用它。

有了这两个规则的约束，我们就可以通过遍历法来寻找从 s 到 t 的路径了。在某个节点上，如果我们不共用某些已经被占据的边，我们就不能找到更多的路径了。于是，再一次地，我们可以使用前一章所学到的增广路径法了。例如，让我们来看一下图 10-2。第一次迭代时，第一条路径被建立了，它从 s 开始，经历 c 和 b，到达 t 结束。现在，任何其他路径都被这条路径阻塞了——但增广路径法使得我们可以通过取消从 c 到 b 的路径来改进解决方案。

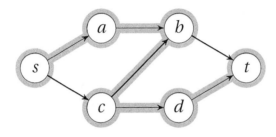

图 10-2　一个被发现了一条路径（加粗的边），以及一条增广路径（高亮的边）的 s-t 网络

取消操作的工作原理与二分图匹配似乎完全相同。在寻找增广路径时，我们会从 s 开始，然后到达 a，接着到达 b。这时，路径被边 bt 阻塞了。这时，我们遇到的问题是，对于节点 b 而言，拥有了来自 a 和 c 的两条入边，却只有到 t 的一条出边。通过取消 cb，对节点 b 而言，它的状态就正常了，但是节点 c 就会遇到问题。这与我们在二分图匹配中遇到的瀑布效应是一样的。在这里，c 拥有来自 s 的入边，但不拥有出边——我们需要为这条路径寻找一个出路。于是我们将这条路径继续延长，经过 d，最终到达 t，如图 10-2 中高亮的部分所示。

如果您在某个节点 u 上单独增加了一条入边或者取消了一条出边，那么这个节点就会超载。进入这个节点的路径将会比出这个节点的路径多，而这是不被允许的。修复它有两种方法，要么增加一条出边，要么消除一条入边。总之，我们就遵从这样的法则，从 s 出发，沿着未被使用的路径的方向，或者逆着已经被使用的路径的方向一直继续下去。一旦我们能够找到这样一条增广路径，我们也就能发现一条额外的不相交的路径。

清单 10-2 是这个算法的实现。如同之前一样，tr 函数的代码可以在清单 5-10 中找到。

清单 10-2　使用带标记的遍历来寻找增广路径，并对边不相交的路径进行计数

```
from itertools import chain

def paths(G, s, t):                       # Edge-disjoint path count
    H, M, count = tr(G), set(), 0         # Transpose, matching, result
    while True:                           # Until the function returns
        Q, P = {s}, {}                    # Traversal queue + tree
```

```
while Q:                                    # Discovered, unvisited
    u = Q.pop()                             # Get one
    if u == t:                              # Augmenting path!
        count += 1                          # That means one more path
        break                               # End the traversal
    forw = (v for v in G[u] if (u,v) not in M)  # Possible new edges
    back = (v for v in H[u] if (v,u) in M)  # Cancellations
    for v in chain(forw, back):             # Along out- and in-edges
        if v in P: continue                 # Already visited? Ignore
        P[v] = u                            # Traversal predecessor
        Q.add(v)                            # New node discovered
else:                                       # Didn't reach t?
    return count                            # We're done
while u != s:                               # Augment: Backtrack to s
    u, v = P[u], u                          # Shift one step
    if v in G[u]:                           # Forward edge?
        M.add((u,v))                        # New edge
    else:                                   # Backward edge?
        M.remove((v,u))                     # Cancellation
```

为了确认问题已经被解决，我们接下来还需要证明它的逆命题——如果有该问题的解决方案尚有进步空间的话，那么总会存在一条增广路径。最简单的证明方法是证明其网络的连通性：为了把 s 和 t 隔开，我们究竟需要去除几条边（才能导致图中没有从 s 到 t 的路径）呢？任何符合该定义的集合都被称为一个 $s\text{-}t$ 切割（s-t cut），该切割将整个图分为 S 和 T 两个集合，其中集合 S 包含了点 s，集合 T 包含了点 t。我们将从 S 到 T 的边的集合称为有向的边分离集（directed edge separator）。接下来我们就会发现，以下三个命题是等价的。

- 我们在该图中找到了 k 个不相交的路径，并且其中还存在一个大小为 k 的边分离集。
- 我们在该图中找到了不相交路径的最大数量。
- 该图中不存在增广路径。

在这里，我们主要是想证明后两个命题是等价的，但有时通过证明两个命题与第三个命题分别等价会更容易，例如在这里的第一个命题。

很显然，第一个命题中隐含了第二个命题。下面我们将分离集称为 F。任何 $s\text{-}t$ 路径必须有至少一条边在 F 里，这意味着 F 的规模至少要与不相交 $s\text{-}t$ 路径的数量一样大。如果分离集的规模与我们所找到的不相交路径的数量一致，那么我们显然就得到了不相交路径的最大值。

另外，我们也可以很容易通过反证法证明从第二个命题中可以推出第三个命题来。假设某个问题的解决方案已经没有改进的空间了，但我们又找到了一条增广路径，那么根据我们的讨论，这条增广路径应该是可以被用来改进解决方案的，于是就产生了矛盾。

现在，剩下唯一需要证明的就是最后一个命题也可以推导出第一个命题来，并且这是成功证明全连通性的垫脚石。如果您在跑出增广路径之前一直都在执行该算法，那么我们就设 S 是在您上一次遍历时所达到的节点的集合，而 T 是剩下的没有达到的节点。很清楚，这是一个 $s\text{-}t$ 切割。考虑能够跨越这个切割的边。任何从 S 到 T 的边都一定属于您所发现的不相交路径中的一条。如果不是这样的话，您一定在遍历中沿着它走过了。出于同样的理由，不存在从 T 到 S 的边，它出现在任何一条路径中，因为如果出现过的话，您也一定已经取消掉它了，所以才能够达到集合 T。换句话说，所有从 S 到 T 的边都属于您的不相交路径，而因为不存在另一个方向的路径，向前的边必须都属于某条路径，这意味着您拥有 k 条不相交路径和大小为 k 的分离集。

上述过程可能会让您觉得有一点绕，但其中心思想是：如果我们不能找到一条增广路径，那么某处肯定有一个瓶颈，而我们肯定已经充分利用了这个瓶颈。无论我们做什么，我们都不可能让更多的路径通过这个瓶颈，于是算法就找到了答案。（这个结果是 Menger 理论的一个版本，同时也是最大流的最小分割理论的一个特例。我想您已经对此有一点认知了。）

那么，它的运行时间是多少呢？每个迭代都包含了一个相对直白的遍历，它从 s 开始，当边的数量为 m 时，运行时间就是 $O(m)$。每一次迭代的过程中，我们都会得到一条新的不相交的路径，而且很清楚，路径总数不会超过 $O(m)$，这意味着该算法的运行时间应为 $O(m^2)$。习题 10-3 会要求您证明，这个值是最坏情况下的紧约束。

请注意：Menger 理论也是反映这种二元性的一个例子：对于从 s 到 t 的不相交路径来说，其最大边数等于 s 与 t 之间的最小切割集。它是最大流的最小切割集理论的一个特例。关于这点，我们稍后会做详细说明。

10.3　最大流问题

这是本章的中心问题。这个问题是二分图匹配和不相交路径这两个问题的一种泛化表述，也是（下一节）最小切割集问题的镜像表述。它与不相交路径问题的不同之处在于，它并不是将每一条边的容量设定为 1，而是允许其可以是一个任意的正值。如果边的容量是正整数，那么您可以将容量视作同一节点之间边的数量。更一般地，我们可以将问题比喻为在网络中从源点到汇点运输某种物质，而其边的容量则表示了一条边最多能够运输的单位物质。（您也可以将其视作在匹配问题中那些被反复传递的订婚戒指的抽象体。）通常来说，流本身就是将一定数量的流单位分配到网络各个单元的过程（也就是说，它实际上就是一个反映边数的函数或映射），而流的大小或量级则是指在整个网络中能够传输的总量。（例如，我们可以通过从源点出发的网络流来找出这个值。）另外需要注意的是，尽管流网络通常会被定义为有向的，但即使它是无向的，您也可以找到它的最大流（见习题 10-4）。

下面，就让我们来看看这个问题的通用解决方案究竟是怎样的。一个比较幼稚的方法是直截了当地对图中的边进行切割，就像我们在第 9 章图 9-3 中对 BFS 算法所做的扩展那样。现在，我们想要纵向地切割这些边，具体如图 10-3 所示。之前那个带有伪节点的 BFS 问题给了我们一个很好的使用 Dijkstra 算法的例子。现在，我们在平行伪节点下的增广路径算法也很接近于完全的 Ford-Fulkerson 算法寻找最大流的工作原理。当然，在 Dijkstra 的那个例子中，其实际算法可以在一次迭代中处理更大数量的流，这意味着使用伪节点（我们每次只能处理一个流量）是一种非常没有前途的方法。

让我们来看一下这种技术。就像 0-1 流的例子一样，对于流如何与边和节点关联，我们有两个规则。如您所见，这与不相交路径规则十分类似。

- 除了 s 和 t 节点以外，流入节点的流量与流出节点的流量应该相等。
- 对于给定的边，最多只能允许 $c(e)$ 个单位的流通过。

图 10-3　用伪节点法来模拟边的容量

在这里，$c(e)$ 即是边 e 的容量。就像不相交路径，我们必须沿着边的方向，所以逆着边的方向的流的数量总是零。一个符合这两条规则的流被称为可行（feasible）的流。

请注意，接下来我们要说明的内容可能需要您屏住呼吸、全神贯注地聆听。虽然我要说的并不复杂，但它可能会有一些令人困惑的地方。现在，我们被允许沿着边相反的方向放一些流，只要与边相同的方向已有一些流就可以了。您能明白这是在做什么吗？我希望通过前两节的内容，您应该能够理解——这只是一种取消流的方法。如果从节点 a 到节点 b 有一个单位的流，而我想要取消它，那么等价地，我只要把一个单位的流沿着相反的方向放置就可以了。网络的流量是 0，所以实际上在错误的方向上并没有真实的流存在（因为我们实际上并不被允许这么做）。

通过这种方法，我们也就可以像之前一样增加增广路径了：如果您向节点 u 的某条入边增加 k 个单位的流，或者取消一条出边的 k 个单位的流，那么这个节点就超载了。进入这个节点的流比离开这个节点的流要多，而这种情况并不被允许。您可以通过在一条出边上增加 k 个单位的流，或者通过取消一条入边的 k 个单位的流来解决这个冲突。这与 0-1 流那个例子中所做的事是一样的，除了在那个例子中，k 的值总是 1。

图 10-4 显示了同一个流网络的两种状态。在第一个状态中，流从路径 s-c-b-t 节点依次经过，并且流的值为 2。这个流阻塞了其他所有沿着入边的改进。不过，如您所见，增广路径包含了反向的边。通过取消从 c 到 b 的一个单位的流，我们就可以从 c 经过 d 到 t 增加一个额外的单位，于是我们达到了最大流。

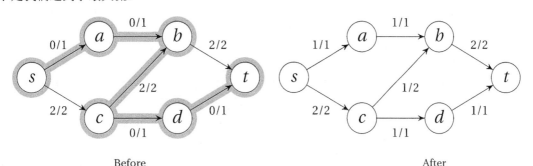

图 10-4　通过增广路径（高亮部分）改进的流网络的前后对比

本节所述的一般化的 Ford-Fulkerson 法并没有任何的运行时间保证。事实上，如果允许容量值为无理数（如包含二次方运算之类的），那么迭代过程永远不会停止。对于实际的应用而言，无理数的应用可能没有那么重要，但即使我们将自己限制在有限精度的浮点数，或者甚至整数的容量的时候，我们仍然可能遇到麻烦。让我们考虑一个非常简单的网络，只包含源点、汇点，以及两个其他的节点 *u* 和 *v*。这两个节点都拥有来自源点和指向汇点的边，并且容量都为 *k*。同时我们有一个从 *u* 到 *v* 的边，容量为 1 个单位。如果我们总是选择通过边 *uv* 的增广路径，在每一次迭代过程中总是增加并且取消一个单位的流，那么在结束迭代之前，我们会经过 *2k* 次迭代。

这个运行时间有什么问题呢？它是伪多项式级的——在实际问题中，它其实是多项式规模的。不需要太多空间，我们很容易就能达到容量上限以及运行时间。令人恼火的是，如果我们能够更加明智地选择增广路径（如避免路径 *uv*），我们本可以在两轮后就可以结束迭代，不管容量 *k* 的值是多少。

幸运的是，这个问题其实是有解决方法的。通过这个解决方法，无论容量为多少（甚至是无理数），我们都可以在多项式时间内找到解。这里的问题是，Ford-Fulkerson 实际上并不是一个完全固定的算法，因为遍历方式是完全随意的。如果我们将迭代顺序设置为 BFS 顺序（换句话说，总是选择最短的增广路径），那么我们最终就使用了 Edmonds-Karp 算法，而它实际上就是我们要寻找的东西。对 *n* 个节点、*m* 条边而言，Edmonds-Karp 算法的运行时间是 $O(nm^2)$。当然，这点并不那么显而易见。如果您需要一个严格的证明，我推荐 Cormen 等人合著的那本算法书。（见第 1 章的"参考资料"部分）。证明的大意如下：每一条最短增广路径都在 $O(m)$ 的时间内找到，并且在我们沿着增广路径改进流的时候，至少一条边饱和了（流达到了容量）。每次一条边达到饱和，从源点（沿着增广路径）到这里的距离必然增大了，而距离的值最多为 $O(n)$。由于每条边最多能饱和 $O(n)$ 次，我们就得到了 $O(nm)$ 次迭代，总的运行时间即为 $O(nm^2)$。

对于一般化的 Ford-Fulkerson 法的正确性证明（同时包含了 Edmonds-Karp 算法），请见下一节"最小切割集"。正确性证明的确假设了算法总是会停止，但如果我们避免使用无理数容量，或者使用 Edmonds-Karp 算法（它的运行时间是固定的），就可以保证算法的停止。

清单 10-3 是一个基于 BFS 与遍历寻找增广路径的例子。Ford-Fulkerson 法的完整实现例子见清单 10-4。为简便起见，它假设 *s* 和 *t* 是两个不同的节点。默认地，这个实现会使用基于 BFS 的增广路径遍历寻找方法，也就是实现了 Edmonds-Karp 算法。主要的函数（ford_fulkerson）非常直接，而且很接近于本章之前所讨论的两个算法。主要的 while 语句会持续循环，直到再也不可能找到增广路径，然后会返回所得到的流。无论增广路径是何时找到的，算法总是会从 *s* 开始，尝试向路径的每一条入边增加容量，或者取消反向路径的容量。

清单 10-3 中的 bfs_aug 函数与之前的算法的遍历过程非常类似。它在 BFS 过程中使用了 deque，并通过 P 映射来构建遍历树。因此，它只会遍历拥有剩余容量的正向边（G[u][v] – f[u, v] > 0），以及可以有流可以取消的反向边。标记包含了两个部分：设置遍历处理器（在 P 中），以及记住这个流可以传输多少流（存于 F）。这个流的值是以下两个值中较小的一个：（1）处理器能够传输的流的大小，（2）连接的边的剩余容量（或者说反向流）。这意味着一旦我们达到了 *t*，路径的增量（我们能够增加的额外的流的数量）是 F[t]。

■ **请注意**：如果某网络的容量值为整数，那么其增量也一定是整数，因此流也会以整数形式呈现。这也算是最大流问题（以及大多数解决相关问题的算法）中应用最为广泛的属性之一。

清单 10-3　通过 BFS 与标记法来寻找增广路径

```python
from collections import deque
inf = float('inf')

def bfs_aug(G, H, s, t, f):
    P, Q, F = {s: None}, deque([s]), {s: inf}   # Tree, queue, flow label
    def label(inc):                             # Flow increase at v from u?
        if v in P or inc <= 0: return           # Seen? Unreachable? Ignore
        F[v], P[v] = min(F[u], inc), u          # Max flow here? From where?
        Q.append(v)                             # Discovered -- visit later
    while Q:                                     # Discovered, unvisited
        u = Q.popleft()                         # Get one (FIFO)
        if u == t: return P, F[t]               # Reached t? Augmenting path!
        for v in G[u]: label(G[u][v]-f[u,v])    # Label along out-edges
        for v in H[u]: label(f[v,u])            # Label along in-edges
    return None, 0                               # No augmenting path found
```

清单 10-4　Ford-Fulkerson 法（默认使用 Edmonds-Karp 算法）

```python
from collections import defaultdict

def ford_fulkerson(G, s, t, aug=bfs_aug):       # Max flow from s to t
    H, f = tr(G), defaultdict(int)              # Transpose and flow
    while True:                                  # While we can improve things
        P, c = aug(G, H, s, t, f)               # Aug. path and capacity/slack
        if c == 0: return f                     # No augm. path found? Done!
        u = t                                   # Start augmentation
        while u != s:                           # Backtrack to s
            u, v = P[u], u                      # Shift one step
            if v in G[u]: f[u,v] += c           # Forward edge? Add slack
            else:         f[v,u] -= c           # Backward edge? Cancel slack
```

剩余网络

　　剩余网络是一个经常用来解释 Ford-Fulkerson 法及其相关方法的抽象概念。一个剩余网络 G_f 主要由一个初始的流网络 G 以及其中的流 f 来定义，它是一套在寻找增广路径时用来表示遍历规则的方法。在 G_f 中，如果有且仅有以下两种情况中的任何一种，从节点 u 到节点 v 会有一条边：（1）G 中存在着一条从 u 到 v 的不饱和边（也就是说，其中有剩余容量）；（2）G 中存在着一条从 v 到 u 的正向流（它允许我们对其执行取消操作）。

　　换句话说，我们在 G 中特殊的增广遍历转化成了一个在 G_f 中的一般化的完全遍历。只要在剩余网络中不再存在从源点到汇点的路径，该算法即会终止。虽然这个想法非常正统，不过是试图将增广路径寻找问题转变为一般化的凸轮问题。但如果您愿意的话，也可以去明确地实现它（见习题 10-5），用它来充当其实际图结构的一个动态视图。这样您就可以利用现成的 BFS 算法，或者(您稍后将会看到的)Bellman-Ford 算法和 Dijkstra 算法了。

10.4　最小切割集问题

就像我们可以从 0-1 流问题中推导出 Menger 原理一样，我们也可以从更一般化的流问题推导出由 Ford 与 Fulkerson 所提出的最大流的最小切割集原理，并且我们可以用类似的方法证明[①]。当然，我们得先假设目前所谈论的 *s-t* 切割法是这里唯一的切割方法，然后将该切割集的容量定义成其中所通过的流量（也就是所有入边的容量和），这样我们才会发现以下三个命题是等价的。

- 我们已经找到了规模为 *k* 的流，并且存在一个容量为 *k* 的切割集。
- 我们已经找到了最大流。
- 图中没有增广路径。

只要我们证明了这三个命题的等价性，就能很容易地确定 Ford-Fulkerson 方法的正确性，并且这种方法也可以被用来寻找最小切割集，这本身也是个很重要的问题（稍后我们会讨论）。

在 0-1 流那个例子中，从第一个命题中可以很轻松地推导出第二个问题。由于流的每个单位都必须通过一个 *s-t* 切割集，所以如果我们有一个容量为 *k* 的切割集，那么它就一定是流的上限。而如果我们能够找到一个容量恰好等于某个流的切割集，那么这个流就一定是最大的，而这个切割集则一定是最小的。这是对偶性的一个范例。

接下来，我们要从第二个命题（我们找到了最大流）中推导出第三个命题（没有增广路径）。这需要再一次用到反证法：假设我们已经找到了最大流，但该结构中仍然存在着一条增广路径，我们显然可以用增广路径来增大这个流，这就与这个流已经是最大流的结论产生了矛盾。

在证明的最后一步（从没有增广路径推得我们有一个切割集的容量和一个流相等）中，我们需要再次用遍历法来构建一个切割集。我们假设 *S* 是上一次迭代中所覆盖到的节点集，而 *T* 则是剩余节点的集合。任何通过该切割集的入边都一定是饱和的，因为我们已经遍历过它了。根据类似的推导，我们也可以确定所有的出边都一定是空的。这意味着通过该切割集的流与其本身的容量相等，而这正是我们需要的结论。

最小切割集问题具有一些与最大流问题看起来截然不同的应用。例如接下来，我们可以思考一下如何为两个处理器分配进程，才能让它们之间的通信量达到最小。假设其中一个处理器是 GPU，不同的进程在两个处理器上的运行时间会有所不同，也就是说，一些进程在 CPU 上会运行得更流畅，而另一些则更适合在 GPU 上运行。然而，也有可能同时出现了两个进程，一个进程运行于 CPU，而另一个进程则运行于 GPU，两个进程之间要进行频繁的通信。在这种情况下，我们希望把它们放在同一个处理器上，以减少通信所带来的消耗。

那么我们要怎样来解决这一问题呢？我们的思路是，可以建立一个无向的流网络，将 CPU 视为源点，将 GPU 视为汇点。每个进程都有一条指向源点和汇点的边。而该边的容量则等于该进程在那个处理器上需要运行的时间。我们也在进程之间增加了相关的边，以表示进程间的通信，该边的容量表示当两个进程在不同处理器上运行时的进程间通信成本（额外的运行时间）。在这种情况下，我们就可以通过这个图的最小切割集来找出某种在处理器上的分布进程方法，以实现

---

① 事实上，我在 0-1 流那个例子中所使用的证明是从这里的例子简化而来的。同时，有其他不基于流的方法可以证明 Menger 原理。

其总体成本最小化的目的——当然，如果我们无法解决最小切割集问题，那么这就会是个非同寻常的任务。

总之，您可以将整个流网络形式想象成某种特殊的算法机器，然后将其归简到其他能解决的问题上。这样一来，我们的任务就被转变成了构建某种形式的流网络，而该网络中的最大流或最小切割集就是我们最初那个问题的解。

对偶性（Duality）

在本章中，我们介绍了一组对偶性问题的例子：最大二分图匹配是最小二分图顶点覆盖问题的一个对偶性问题，而最大流问题则是最小切割集问题的对偶性问题。另外还有其他类似的例子，例如最大拉力问题，它是最短路径问题的对偶性问题。一般来说，对偶性主要包含了两个方面的可优化性，即对于原生问题及其对偶性问题来说，它们可以拥有相同的成本最优化方案，只要解决了其中一个问题，也就解决了另一个问题。或者更一般地，对于一个最大化问题 A 和一个最小化问题 B 来说，如果问题 A 的最优解小于或等于问题 B 的最优解，我们就说它们之间是弱对偶性的。而如果两者相等（就像最大流和最小切割集问题那样），我们就说它们之间是强对偶性的。关于对偶性的更多说明（包括一些非常尖端的资料），我们推荐您去查阅一下 Go 和 Yang 的《Duality in Optimization and Variational Inequalities》。

10.5　最小成本的流及赋值问题[①]

在结束流这个话题之前，我们最后再来看一个该领域中非常重要而显著的扩展，即寻找最大流的成本最小化方案。具体来说就是，如果我们在寻找最大流方案的过程中所找到的方案不止一个，这时候就要去选择其中成本最小的那个方案。也就是在图的构建过程中，我们为边增加了成本元素，将所有的边 e 定义总成本为 $w(e) \cdot f(e)$，其中 w 和 f 分别对应成本和流量。也就是说，对于每一条给定的边而言，其成本就等于经过它的单位流量。

与这个问题最直接相关的一个应用就是扩展二分图匹配问题。我们可以继续沿用之前 0-1 流的构建过程，只不过这回我们需要在每一条边上标记出它们各自的成本。这样一来，我们就得到了一个最小成本的二分匹配（或者分配）问题。正如之前介绍中所暗示的那样，通过寻找某个图的最大流，我们可以得到该图的一个最大匹配；而通过最小化其成本，得到的是我们真正需要寻找的那个匹配。

这个问题也经常被称为最小成本流问题。这意味着我们不需要寻找成本最小的最大流，而只需要在给定的数量级中寻找成本最小的流。例如，这个问题也可以被表述为"寻找一个规模为 k 的流，如果这样的流存在，那么请确保它是最小成本的流。"例如，您可以创造一个尽可能大的

---

① 这一节内容有一定的难度，并且它不是理解本书的必要知识。因此您可以仅仅是浏览一下本节，或者直接跳过本节。特别是当您只想对这个问题有一个大致的了解时，只需读一下前两段内容即可。

流，其大小取决于 k。在这种情况下，寻找最大流（或者说最小化非的最大流）的问题就会涉及将 k 设置为一个足够大的值。虽然这个问题仅仅专注于寻找最大流就够了，但我们其实可以用简单的归简法来优化一下某个流的值，而不用特意为此去调整算法（见习题 10-6）。

这个想法是由 Busacker 和 Gowen 在解决最小成本的流问题时引入的，即寻找最小成本的增广路径。也就是说，在迭代时，我们需要在带权值的图中使用最短路径算法，而不仅仅是 BFS。其中，我们只需要用到一个窍门，那就是在寻找最短路径时，被反向通过的边的成本可以被忽略（毕竟它们是用来取消流的）。

如果我们可以假设成本函数是正的，那么我们就可以使用 Dijkstra 算法来寻找我们的增广路径了。这里的问题是，一旦您从点 u 到点 v 增加了流量，我们就可以马上遍历（构造的）反向边 vu，而这条边的成本是负的。换句话说，Dijkstra 算法仅仅会在第一次迭代时起作用，但之后我们就束手无策了。幸运的是，Edmonds 和 Karp 找到了一种巧妙的方法来绕过这个问题——这个方法与 Johnson 算法（见第 9 章）十分相似。我们可以使用两种方法调整权值：(1)将它们都调整为正值；(2)对所有的遍历路径都进行调整，并且保证最短路径仍然最短。

现在假设我们已经在运行这个算法了，并且已经建立了一些可能的流。设 $w(u,v)$ 表示边的权重。$w(u,v)$ 会随着增广路径的遍历规则做调整（也就是说，对剩余的流量不做调整，而使用正向的流对反向的边的权重取反）。让我们再一次（像 Johnson 算法那样）设 $h(v) = d(s, v)$，在这里距离与 w 成正比。于是我们就可以定义调整权重：$w'(u,v) = w(u, v) + h(u) - h(v)$。我们可以用它来寻找下一个增广路径。与第 9 章的推理过程一样，我们会发现这种调整会保留所有的最短路径，尤其是从 s 到 t 的最短路径。

实现 Busacker-Gowen 算法基本上是一个将 BFS 替换掉的过程，例如（清单 10-3 中的）bfs_aug() 被替换成了 Bellman-Ford 算法（见清单 9-2）。如果您希望使用 Dijkstra 算法，您只需要使用上述提到的调整权值法（见习题 10-8）。清单 9-5 是一个 Bellman-Ford 算法的实现。（这个实现假设边的权重由单独的映射给出，所以 W[u,v] 是从 u 到 v 的边的权值，也称为成本。）请注意，通过 Ford-Fulkerson 标记法所标记的流已经被 Bellman-Ford 法合并了——它们都在标记函数内被完成了。接下来，您必须找到一条更好的路径，并且在新的边上拥有一些空余的流量。如果条件成立了，那么距离估计和流标签都会被更新。

Busacker-Gowen 方法的运行时间取决于所选择的最短路径算法。由于我们不再使用 Edmonds-Karp 方法，所以我们也就不再拥有该算法的运行时间保证。但如果我们正在计算流量的总和，而正在寻找值为 k 的流量，那么我们最多只需要进行 k 次迭代[①]。假设我们正在使用 Dijkstra 算法，而运行时间总和为 $O(km \lg n)$。对于最小代价二分匹配而言，k 应该是 $O(n)$，所以复杂度即为 $O(nm \lg n)$。

总而言之，这是一个贪心算法。我们逐渐地建立一个流，每一次迭代中尽可能地增加一些成本。直觉上这种方法似乎是可行的，实际上它也确实是可行的，但证明过程具有一些挑战性——所以我们就到此为止，不再展开了。如果您想要阅读证明过程（同时获得证明时间的细节），您可以查看一下 Dieter Jungnickel 的《Graphs, Networks and Algorithms》一书关于流量的章节[②]。作

---

① 当然，这是伪多项式的。所以请您慎重选择流量。

② 该书也有在线文档：http://books.google.com/books?id=NvuFAglxaJkC&pg=PA299

为其特例，最小成本的二分匹配有一个更为简单的证明，见 Kleinberg 和 Tardos 的《Algorithm Design》一书（见第 1 章的"参考资料"部分）。

清单 10-5　Busacker-Gowen 算法，使用 Bellman-Ford 作为增广算法

```
def busacker_gowen(G, W, s, t):                    # Min-cost max-flow
    def sp_aug(G, H, s, t, f):                     # Shortest path (Bellman-Ford)
        D, P, F = {s:0}, {s:None}, {s:inf,t:0}     # Dist, preds and flow
        def label(inc, cst):                       # Label + relax, really
            if inc <= 0: return False              # No flow increase? Skip it
            d = D.get(u,inf) + cst                 # New possible aug. distance
            if d >= D.get(v,inf): return False     # No improvement? Skip it
            D[v], P[v] = d, u                      # Update dist and pred
            F[v] = min(F[u], inc)                  # Update flow label
            return True                            # We changed things!
        for _ in G:                                # n = len(G) rounds
            changed = False                        # No changes in round so far
            for u in G:                            # Every from-node
                for v in G[u]:                     # Every forward to-node
                    changed |= label(G[u][v]-f[u,v], W[u,v])
                for v in H[u]:                     # Every backward to-node
                    changed |= label(f[v,u], -W[v,u])
            if not changed: break                  # No change in round: Done
        else:                                      # Not done before round n?
            raise ValueError('negative cycle')     # Negative cycle detected
        return P, F[t]                             # Preds and flow reaching t
    return ford_fulkerson(G, s, t, sp_aug)         # Max-flow with Bellman-Ford
```

10.6　一些应用

接下来，我将履行在本章之初所做的承诺，这一节将会简单地介绍一些与本章内容相关的技术应用。但我们在这里深入到这些应用的细节，或给出它们的实际代码——当然，如果您想多一些练习机会的话，也不妨亲自去实现一下这些解决方案。

- **棒球淘汰问题**：这个问题的解决方案是由 Benjamin L. Schwartz 在 1966 年率先提出的。如果您愿意听我的，我会建议您暂时先忘掉与棒球相关的语境，将该问题看成一场（我们在第 4 章中曾经讨论过的）骑士淘汰赛。总而言之，该问题的大致思路如下：我们目前所面对的是一场进行到一半的比赛（可以是棒球赛，也可以是其他类型的比赛），而我们现在想要了解的是某支特定的队伍（例如说绿皮火星队）是否可能有机会夺冠。换句话说，我们希望知道这支队伍能否总共赢下最多 W 场比赛（如果他们能在剩下的比赛中全部获胜）。另外，我们也想知道是否在这种情况下，其他队伍所能赢下的比赛就不可能多于 W 场了。

　　虽然这个问题归简成最大流问题的方法确实没有那么显而易见，但我们还是可以试试看。首先，我们要构建出一个整数类型的流网络，其中每一个流单位都代表了一场剩

余的比赛。另外，我们还创建了一系列节点 $x_1, \cdots, x_n$，它们代表了各支参赛队伍，其中还包括一些结对节点 p_{ij}，代表的是节点 x_i 和 x_j 之间的捉对比赛。另外，当然少不了要设置该网络的源点 s 和汇点 t。然后我们就需要往其中添加从 s 点到每个队伍节点的边，以及从每个结对节点到 t 点的边。另外，对一个结对节点 p_{ij} 而言，我们也需要添加从 x_i 和 x_j 节点到这个节点的边，并将边的容量标记为无限大。而从结对节点 p_{ij} 到 t 点的容量则等于 x_i 和 x_j 之间剩余的比赛场数。如果队伍 x_i 已经赢得了 w_i 场比赛，那么从 s 到 x_i 的边容量就应该等于 $W - w_i$（这个值等于它在不超越绿皮火星队的前提下所能赢下的最大比赛场数）。

正如我之前所说，该网络中的每个流单位都代表了一场比赛。现在我们设想自己要跟着其中一个流单位由 s 点移动到 t 点去。首先，我们会来到某一个队伍节点，这个队伍节点代表了这场比赛的获胜方。然后我们会来到它的一个匹配节点，该节点代表了刚才那支队伍的对手。最后，我们会继续沿着一条边来到 t 点，这表示我们最终完成了对一个流单位跟踪。这个过程就是问题中所说的两队之间的一场比赛。由此可以看出，我们唯一能让指向 t 点的所有边都达到饱和状态的方法，就是让剩下的所有比赛都在这种条件下完成——也就是说，没有队伍所赢得的比赛总场数能超过 W 场。这样一来，最大流就是其最终的答案了。关于这个问题的详细证明过程，您也可以查看一下 Douglas B. West 那本《Introduction to Graph Theory》的第 4.3 节（见第 2 章的 "参考资料" 部分），或者直接去查阅这个问题的最初源文献：B. L. Schwartz 的《Possible winners in partially completed tournaments》。

- **议员选举问题**：对于这个令人称奇的问题，Ahuja 等人是这样描述的：在一个小镇上，居住着 n 位居民 $x_1, \cdots, x_n$，他们有 m 个俱乐部 $c_1, \cdots, c_m$，以及 k 个政治党派 $p_1, \cdots, p_k$。每一位居民都至少是一家俱乐部的成员，并且属于且仅属于一个政治党派。在该小镇的政务会上，每个俱乐部必须从其成员中推举出 1 个议员来代表这个小镇。并且这里还有个条件：属于 p_i 政党的议员人数最多不能超过 u_i。那么，我们是否能找到这样一组议员呢？在这里，我们需要再一次将问题归简到最大流问题上来。和之前一样，我们将问题的对象表示成网络节点，而将问题中的约束条件表示成相应的边以及边的容量。具体到这个问题中，就是每个居民、俱乐部以及政党都分别被表示为一个节点，并且再加上必要的源点 s 和汇点 t。

由于该网络中的每个流单位都代表了一位议员。所以，我们先在该网络的图结构中添加了从 s 指向每个俱乐部的边，每条边的容量都为 1，他们代表的是那个俱乐部所推举的人。然后，我们再往其中添加从每个俱乐部到该俱乐部各个成员的边，这形成了一张俱乐部及小镇居民的关系图（边的容量并不重要，因为它至少为 1）。请注意，每个人都可以有很多条入边（换句话说，每个人可以同时属于多个俱乐部）。接下来，我们继续添加从每位居民到他们所属政党的边（每个人都只有一个所属政党）。最后，我们还要添加从各政党指向 t 的边，所以来自政党 p_i 的边的容量都应为 u_i，这个值约束了政务会上的议员人数。如此一来，寻找最大流的过程就成为了确定提名者名单的过程。

当然，这个最大流方案只给了我们一个符合条件的提名者名单，但这个名单上的人不一定都是我们所想要找的。我们可以假设各政党的容量值 u_i 是根据某种民主原则来设定的（通过某种投票形式），那么我们对议员的选择是否应该有类似于偏向于俱乐部的喜好呢？也许他们还可以通过投票来具体表明每个成员都代表了多少民意，因此每位议员都会得到一个分数，这个分数代表了他们各自在投票中所获得的票数。然后，我们可以在保证提名过程整体合法的情况下，试着将这些分数的总和最大化。知道我们为什么这么做了吗？是的，在从俱乐部到居民的边上，通过添加相关的价值（如一个百分制的数字），我们可以对 Ahuja 等人提出的问题进行延伸，使其变成了一个最大流的最小成本问题。总而言之，我们寻找最大流的过程保证了议员提名的合法性，而解决其最小成本问题则保证了小镇上的每个人都可以根据自己的俱乐部偏好度做出最好的折衷。

- **节假日医生问题**：Kleinberg 和 Tardos（见第 1 章"参考资料"部分）曾给我们描述过一个类似的问题。虽然有时对象和约束不同，但其核心思路是类似的。这是一个关于为医生分配节假日工作时间的问题。对于医院来说，每个节假日都至少要分配一位医生在岗，但其分配过程有一些约束。第一，每个医生只能分配在指定的某几个节假日。第二，每个医生总共最多只能被分配到 c 个节假日工作。第三，对于某个连续节假日区间而言，每位医生只能被分配在某一天工作。现在，您想到应该如何将这个问题归简成最大流问题了吗？

  下面我们再来一次，首先将该问题抽象成某种对象的集合，这些对象之间应该存在着某些约束关系。而且，除了源点 s 以及汇点 t 之外，我们至少还需要为每个医生以及每个假期分别分配节点。然后，我们要在图中添加从 s 指向每个医生节点的边，并将其容量设置为 c，代表的是每个医生可以工作的日期。现在，我们可以开始连接医生和日期了。但假期区间的概念应该如何表示呢？虽然我们可以再专门为它们增加相应的节点，但由于每个医生和每个假期区间之间的约束都是一一对应的，因此这也就意味着需要新增更多的节点。每个医生所对应的每个假期区间都应该有一个节点，并且从医生节点到假期区间节点都应该有一条边。例如，每个医生都会有一个圣诞节点。如果医生到假期节点的出边容量为 1，那么它就表示医生在每个假期区间中的工作不能多于一天。最后，我们将这些新的区间节点与医生的空闲时间联系起来，所以如果 Zoidberg 医生在圣诞节期间只能在圣诞夜以及圣诞日当天工作，那么我们就应该增加从他的圣诞节点到那两个日期的出边。

  最后，每个假日节点还应该都有一条指向 t 点的边。这些边的容量取决于我们在那一天需要安排多少医生，或者我们在假期是否只需要 1 名医生。不管如何，寻找最大流的过程都会带来所要寻找的答案。正如我们对于上题的扩展一样，通过增加成本值，我们可以再次将匹配度纳入考量范围。例如，从医生的假期区间节点到假期日节点上增加成本，然后找到其最小成本流，这样我们就不仅仅是找到了一个可能的解决方案，而且找到了令总体满意度最大的解决方案。

- **供给与需求问题**：我们可以想象自己是某种星际邮政服务的管理者（或者如果您希望场景不那么怪异的话，就想象是一家航运公司）。您想要制定某种商品的分配计划——如某种蘑菇。每个星球（或者港口）要么供应这种蘑菇，要么需要这种蘑菇（其数量以月为单位计算）。而这些星际航线都有某个容量，那么我们要如何将其抽象化呢？

  事实上，这个问题的解决方法为我们提供了一个好玩的工具。在这里我们希望不仅仅解决这个特定的问题（这个问题仅仅是其隐含问题的非常肤浅的描述），所以让我们将这个问题描述得一般化一些吧。我们有一个与前几个例子很接近的网络，只是我们不再有源点与汇点。取而代之的是，每个节点 v 都有一个供给值 $b(v)$，这个值为负则代表了其需求值。为了让问题简单化，我们可以假设供求和为零。在这里，我们不再寻找最大流，而是需要知道我们是否可以使用供给去满足需求，我们将其称作关于 b 的可行流。

那么，我们是否需要为其定义一个新的算法呢？幸运的是，并不需要。规约再次起到了重要的作用。在供求图上，我们可以按照以下步骤构建一个普通的香草流网络：首先，我们增加源点 s 以及汇点 t。然后，从 a 出发为每个供给节点 v 都增加一条指向该节点的边，其容量为该节点的供给值。同样，我们从每个需求节点都作一条指向节点 t 的边，其容量为需求值。然后，我们在该图上解决最大流问题。如果该流可以使所有指向汇点的边都饱和（换句话说，就是每一条从源点出发的边都饱和了），我们就找到了一条可行流（通过删除 s 和 t 节点及所有连向两个节点的边）。

- **一致性矩阵取整问题**：我们现在有个浮点数表格，希望把所有的浮点数都做取整。每一行和每一列都有各自的和，我们也希望将这些和做取整。对于每个浮点数或是和数，我们都可以选择向上取整或者向下取整（也就是说，可以调用 math.floor 或是 math.ceil 中的一个），但必须保证每行及每列的和数的取整值等于该行或该列所有浮点数分别取整后的和数。（我们可以将其视为取整后原表格的某种重要属性得以保留的标准。）我们将这种取整模式称为一致性取整。

  这看起来很数字化，是吗？也许您并不会立即联想到图或者网络流。事实上，如果我们首先引入每条边的流下限的概念，以及流量（也就是其上限），这个问题就会变得容易解答。这个约束带给了我们新的困难：我们需要按照上下线找到可行的流。一旦我们找到了可行的流，我们就可以由 Ford-Fulkerson 法做一些轻微的演变，从而很容易地找到最大流了。那么，我们要怎样找到可行的初始流呢？这并不容易，我在这里只粗略地给出主要的想法——细节请参照 Douglas B. West 的《Introduction to Graph Theory》的 4.3 节，以及 Ahuja 等人所著的《Network Flows》的 6.7 节中的相关内容。

  第一步是增加一条从 t 到 s 的边，这条边的流量为无限大（并且其下限为 0）。那么我们现在不再有流网络了，所以不再寻找流，而是寻找循环。一个循环与一个流类似，除了它在每个节点上都有流保护（每个节点的出入流量相等）。换句话说，我们不再有拉结点和灌节点这样免予流保护的概念了。循环并不会在哪里出现，又在哪里消失。循环仅仅是在网络中"走来走去"。我们仍然有上界和下界，所以我们的任务是寻找一个可能的循环（由它我们可以得到原图的一个可能的流）。

  设边 e 的下界和上界分别是 $l(e)$ 和 $u(e)$，那么相对地，我们就可以获得循环 $c(e) = u(e) - l(e)$。（这里所选择的变量名，说明待会儿我们会将其视作流量。）现在，对于每个节点 v，定义 $l-(v)$ 为其内边的下界和，而 $l+(e)$ 则为其外边的下界和。基于这些值，我们就可以定义 $b(v) = l-(v) - l+(v)$，因为每个下界都来自于来源节点和目的节点，而 b 值的总和则为 0。

  现在，如果我们找到了一个关于流量 c 和供求 b（就像前一个问题所讨论的那样），我们也就能找到一个可行的受到下界 l 和上界 u 约束的循环。为什么呢？因为一个可行的循环必须受到 l 和 u 的约束，对于每个节点而言，输入的流的大小与输出的流的大小必须相等。如果我们能够找到任何遵从这些约束的循环的话，我们就完成了工作。现在，设 $f'(e) = f(e) - l(e)$。于是 f 的上界和下界就等价于 $0 \leqslant f'(e) \leqslant c(e)$，不是吗？

现在让我们来考虑一下流和循环之间的关系。我们希望确认循环 f 输入一个节点的量与其输出这个节点的量相等。设输入节点 v 的流的总量减去输入这个节点的流的总量等于 $b(v)$——这正是供求问题的约束条件。那么这对 f 意味着什么呢？让我们假设节点 v 只有一条入边和一条出边，现在假设入边有下限 3，而出边有下限 2。这意味着 $b(v)=1$。流出量 f 需要比流入量 f 大 1。设流入量为 0，而流出量为 1。当我们将这些概念重新翻译到循环时，我们就必须增加下限，使得循环的流入量和流出量都为 3，这样流入和流出的总和即为 0。（如果这看起来很混乱，就把这些概念给偷换一下，我保证它们会起作用。）

我们已经知道了如何在下界约束下找到可行的流（首先归简到可行的循环问题，然后再次归简到有供求约束的可行的流问题）。那么这些概念到底对我们解决表格取整问题有什么关系呢？设 $x_1, \cdots, x_n$ 表示表格的行，而 $y_1, \cdots, y_m$ 为列。我们增加一个源点 s 和一个汇点 t。我们给每行都增加一条来自 s 的入边，表示这一行的和；再从每一列增加一条指向 t 的出边，表示这一列的和。然后，我们从每一行到每一列都增加一条边，表示表格的元素。每条边 e 都是一个实数 r。设 $l(e) = floor(r)$，$u(e) = ceil(r)$，一个受到 l 和 u 约束的从 s 到 t 的可行的流就是我们所需要的——一致性矩阵取整。

10.7　本章小结

本章主要针对一个核心问题，即找到网络流中的最大流，以及比它更专业的同类问题，比如最大二分匹配问题和寻找边的不相交路径问题。您也看到了最小割问题是如何对偶上最大流量问题的，给我们两个解决方案的一个价格。您也看到求解最小割问题其实是最大流问题的对偶问题，解决其中一个就等于解决了另一个。如何解决最小代价流也是紧密相关的，只需要我们修改遍历方法，使用最短路径算法来找出最便宜的增广路径。基本所有的解决方案的总体思路都是不断迭代改进，不断重复地寻找一条增广路径，使得我们的解决方案更优。这是一般的 Ford-Fulkerson 方法，它一般不保证多项式运行时间（甚至终止，如果您使用了非理性的容量）。采用 BFS 找到具有最少边的增广路径，称为 Edmonds-Karp 算法，能够很好地解决这个问题。（注意，这种方法不适用于最小代价的情况，因为那里我们找到的是相对于容量的最短路径，而不是边数。）最大流问题及其相关问题是灵活的，并且适用于很多其他问题。于是，我们面临的挑战就变成了找到合适的归简方法。

10.8　如果您感兴趣

有大量关于不同种类流算法的资料。例如，Dinic 算法，与 Edmonds-karp 算法非常相关（这实际上早于它，并使用相同的基本原则），使用了一些技巧，提高了一些运行时间。或许您看到压入与重标记（push-relabel）算法，这在大多数情况下（除稀疏图）比 Edmonds-Karp 更快。对于二分，您有 HopcroftKarp 算法，它通过同时执行多个遍历改进了运行时间。对于最小代价二分匹配问题，也有著名的 Hungarian 算法，以及更近期的很棒的启发式算法，如 Goldberg 和 Kennedy 的 cost-scaling 算法（CSA）。如果您想深入研究增广路径的基础问题，也许您会想读 Berge 的原始论文《Two Theorems in Graph Theory》。

还有更新的流问题，包括边流的下界，即所谓没有源点和汇点的环状流（circulations）。还有的是多商品流（multicommodity flow）问题，这还没有有效的特殊目的的算法（您需要使用被称为线性规划的技术来解决它）。此外，还有匹配的问题，以及针对一般图的最小代价问题。此类算法比本章中的那些算法要更复杂一些。

了解流问题的一些隐秘的细节的第一步可能就是一本教科书，如 Cormen 等人的《Introduction to Algorithms》。（见第 1 章的"参考资料"部分）但如果您还想了解更广一些，以及大量的应用实例，我建议您阅读一下 Ahuja、Magnanti 和 Orlin 合著的《Network Flows: Theory, Algorithms, and Applications》。您可能还需要看看 Ford 和 Fulkerson 的文章《Flows in Networks》。

10.9　练习题

10-1. 做一些应用（如交换节点之间的进行路由通信）中，如果我们用节点容量来代替边的容量（或者进行补充）会非常有用。那么，您会如何将其归简成标准的最大流问题？

10-2. 请问：您会如何找到顶点不相交路径？

10-3. 请证明查找不相交路径的增广路径算法在最坏情况下的时间复杂度是 $O(m^2)$，其中 m 是图中的边数。

10-4. 请问：应该如何查找在无向网络中的流？

10-5. 实现一个包装对象，看起来像一个图，但动态地反映了一个有潜在流量变化的网络流的剩余网络。实现本章中的一些流算法，比如简单地实现遍历算法来寻找增广路径。

10-6. 您会如何将一个流问题（找到给定量级的流）归简成最大流问题？

10-7. 通过 Dijkstra 算法和权重调整实现解决最小代价流问题。

10-8. 在习题 4-3 中，您邀请朋友们参加一个聚会，并希望确保每一位客人都认识至少 k 个其他人。您已经意识到事情有点复杂。您可能更喜欢其中一些朋友，由实值兼容，可能是负数表示。您也知道，很多的嘉宾只有在某些其他嘉宾出席的情况下才会出席（虽然感情不必是相互）。您会如何选择潜在的客人的一个可行的子集，最大限度地提高您的兼容性的总和？（您可能还需要考虑到某些客人可能会因为其他人的出席而不参加。这个有点更困难，不过，可以看看习题 11-19）。

10-9. 在第 4 章中，四位脾气暴躁的电影观众都在试图找出自己喜欢的座位。部分问题是，没有人会交换座位，除非他们能得到他们喜爱的座位。我们假设他们脾气稍微好了一点，愿意按照要求交换座位以获得最佳的解决方案。现在，最佳的解决方案可能只需给免费的座位添加边，直到您用完找到。请归简到本章的二分匹配算法来证明这一点。

10-10. 您要举办一个有 N 个人的团队建设研讨会，而您正在做两个活动。在这两个活动中，您要人群分成 k 组，并且要确保没有人在第二轮的分组中有和第一轮分组中相同的人。您会怎么用最大流量解决这个问题？（假设 n 可以整除 k）

10-11. 您已经聘请了由星际客运服务（或少一些想象力，是一个航空公司）来分析它的飞行之一。宇宙飞船在 1, ···, n 个星球间按顺序着陆，在每个星球接上或者放下一些乘客。您知道有多少乘客想从星球 i 去星球 j，以及每个行程的票价。设计一个算法，最大化整个行程的利润。（该问题是根据 Ahuja 等人合著的那本《Network Flows》的 9.4 节内容而设置的。）

10.10 参考资料

- Ahuja, R. K., Magnanti, T. L., and Orlin, J. B. (1993). *Network Flows: Theory, Algorithms, and Applications*. Prentice Hall.

- Berge, C. (1957). Two theorems in graph theory. *Proceedings of the National Academy of Sciences of the United States of America* 43(9):842–844. http://www.pnas.org/content/43/9/842.full.pdf.

- Busacker, R. G., Coffin, S. A., and Gowen, P. J. (1962). Three general network flow problems and their solutions. Staff Paper RAC-SP-183, Research Analysis Corporation, Operations Logistics Division. http://handle.dtic.mil/100.2/AD296365.

- Ford, L. R. and Fulkerson, D. R. (1957). A simple algorithm for finding maximal network flows and an application to the hitchcock problem. Canadian Journal of Mathematics, 9:210–218. http://smc.math.ca/cjm/v9/p210.

- Ford, L. R. and Fulkerson, D. R. (1962). *Flows in networks*. Technical Report R-375-PR, RAND Corporation. http://www.rand.org/pubs/reports/R375.

- Jungnickel, D. (2007). *Graphs, Networks and Algorithms, third edition*. Springer.

- Goh, C. J. and Yang, X. Q. (2002). *Duality in Optimization and Variational Inequalities*. Optimization Theory and Applications. Taylor & Francis.

- Goldberg, A. V. and Kennedy, R. (1995). An efficient cost scaling algorithm for the assignment problem. *Mathematical Programming*, 71:153–178. http://theory.stanford.edu/~robert/papers/csa.ps.

- Schwartz, B. L. (1966). Possible winners in partially completed tournaments. *SIAM Review*, 8(3):302–308. http://jstor.org/pss/2028206.

第 11 章

■■■

困难问题及其（有限）稀释

要求过高，反难成功。

——伏尔泰

这本书所关注的显然是关于算法问题的解决。而且到目前为止，我们的重点都一直放在讲解算法设计的基本原则上，并介绍了针对许多特定问题域的重要算法设计实例。接下来，我们将会带您了解一下算法设计的另一面：困难度。虽然我们希望许多重要而又有趣的问题都理所当然应该可以找到行之有效的算法，但残酷的现实告诉我们，大多数被认为是难题的往往真的很难。事实上，其中大多数问题甚至难到无解，我们所有试图解决问题的努力都会失去意义。所以对我们来说，重要的是要认识到它们的困难度，能了解一个问题是棘手的（或至少非常像是个棘手的问题），并知道什么时候举手投降会让事情更简单一点。

本章将分成三个部分来介绍。首先，我们将会向您介绍世界上最大的悬而未决的问题之一，并解释它的一些基本思路，以及如何让这些思路为我所用。然后，我们基于这些思路来构建并展示一堆骇人听闻的困难问题，您很可能曾经知道这其中的一两种问题。最后，我建议您借鉴一些伏尔泰的智慧，松弛化某些需求，以便您能对本章前两部分所提及的那些困难问题有更接近于目标的认知。

当您阅读以下内容时，也许会困惑"代码在哪儿"。关于这一点，我们需要向您说明的是，本章的大部分内容所介绍的都是一些非常难以解决的问题。当然，这也关系到我们对于问题困难度的界定。这一点很重要，因为在这种情况下，我们要探讨的是编程对于该问题的可达边界究竟在哪里，但这里并没有任何真正需要编程的地方。只有在最后的第三部分中，我才会稍微关注一下问题的近似解法和启发式算法（并配合性地给出一些代码）。这些解法与算法可以让您针对那些太难以找到有效最优解的问题，大致地找到某种可用的解决方案。它们通常会利用某一个漏洞来解决问题。就事实而言，在现实生活中，只要沿着这三个主轴，我们总能找到一些"足够好"的解决方案，以满足自己的需求。

■ **提示：** 或许直接跳到"如果您感兴趣……"章节去读是一种不错的阅读方法，毕竟那些部分的特定问题与算法可能更合您的胃口（如果您比较在意这个层面的话）。但是，我还是强烈建议您先抽象性地从头开始，将本章的内容概览一遍，这样效果可能会更好一些。

11.1 重提归简

从第 4 章开始，我们就一直在讨论如何对问题进行归简。大多数时候，我们所讨论的一直都是如何将一个未知的问题归简到另一个已解决的问题上——无论它是只能处理该问题一小部分实例的，还是另一个完全不同的难题。通过这种方式，对于眼下这个未知的新问题，我们就能找到相应的某种解决方案。事实上，这恰好证明了这些问题其实非常简单（或者说，至少是我们肯定能解决的）。然后在第 4 章临近结尾的时候，我们向您介绍了另外一个不同的思路：通过归简方式来证明一个问题的困难度。在第 6 章中，我们也曾牛刀小试过一回，用该思路给出了所有求解凸包问题的算法在最坏运行时间上的下界。现在，我们终于可以具体讨论一下这项技术了。在当下的大部分教科书中，归简方法通常是用来定义类的复杂度（以及问题的复杂度）的。因此在进入具体讨论之前，我想强调的是，这里只关注它在证明问题困难度这层功能上的意义。虽然这是一个相当简单的概念（虽然证明本身的确不需要），但由于种种原因，很多人（包括我自己）一直到很晚才能真正理解它。也许——只是也许——下面这个小故事可以给您提供一些帮助（尤其是当您总在尝试着去死记硬背其工作原理的时候）。

假设您来到了一个小县城，那里的主要景点之一是一对孪生的山峰。当地人亲切地分别称这两座山为 Castor 与 Pollux，这两个名字来自于希腊/罗马神话中的一对孪生兄弟。有传言说，Pollux 峰的上方有一个长期被遗忘的金矿，然而已经有许多冒险家栽在了这座奸诈的高山上。事实上，由于有了这么多关于寻找金矿的失败尝试，当地人已经不太相信有人可以找到金矿了。因此，您决定亲自去看看。

于是，在当地客栈用甜甜圈就着咖啡饱餐一顿之后，您出发了。经过一段相对较短的步行路程，您来到一个可以俯瞰整座山的有利位置。从这个地方我们可以看到，Pollux 峰看起来就像一个真正从地狱里盘旋升上来的一样，深深的陡峭沟壑，周围到处荆棘丛生。而在另一面，Castor 峰看起来却像一个登山者的梦想乐园。其两侧坡度平缓，似乎有着很多天然的把手带着我们一路向顶。虽然您并不能完全确定，但它看起来应该会是一个很好攀登的山峰。但糟糕的是，金矿并不在那里。

所以您决定再仔细观察一下，于是就拿出了望远镜，结果看到了一些奇怪的东西：Castor 峰的山顶上似乎有一个小塔，塔上有一条飞索连接到 Pollux 峰上。这一情况使您立即放弃了攀爬 Castor 峰的任何计划。这是为什么呢？（如果您没能立即明白这个道理，就应该再琢磨一下这个故事。）[1]

显然，我们之前在第 4 章和第 6 章中讨论问题困难度的时候，也曾经遇到过类似的状况。通过飞索，我们可以很轻易地从 Castor 峰荡到 Pollux 峰上去，所以如果 Castor 峰很易于攀登，应该早就有人找到金矿了才对[2]。这是一个简单的反命题：如果 Castor 峰是易于攀登的，那么 Pollux

---

[1] 我们可以假设从 Pollux 峰上下来是非常容易的。或许那里有个顺水滑梯什么的。而所有的这一切假设都必须建立在 Pollux 峰如此难以攀登的概念之前，或许那里有个超级陡坡什么的。

[2] "一位经济学教授与一个学生在校园中散步。'快看，'学生喊道，'路上有一张百元大钞！''不不不，您错了，'这位智者答道，'如果那真是一张百元大钞，早就应该被人捡起来了。'"（选自 G. T. Milkovich 与 J. M. Newman 的《Compensation》）

　　译者注：《Compensation》中文版译为《薪酬管理》，是美国学术界与企业界最富盛名的一本关于薪酬管理的理论性著作，初版于 1984 年，目前更新至第 9 版。

峰也应该如此；如果 Pollux 峰不容易爬，那么 Castor 峰显然也是不容易的。而这正是我们在证明一个困难问题（Castor）时所要做的事。我们要找到一个已知很难解决的事（Pollux），然后证明它的解决方案也很适合这个未知的（就像我们发现的那条从 Castor 到 Pollux 的飞索那样）新难题。

正如我之前所说，这个概念本身并不混乱。但当我们开始用归简术语来进行相关讨论的时候，它很容易被混淆。例如在这里，我们显然应该将 Pollux 峰的问题归简到 Castor 峰上去，归简的方法就是通过那条飞索。正是它让我们发现了攀上 Castor 峰的解决方案也可以用于 Pollux 峰。换言之，如果我们想证明问题 X 是个难题，那么首先要找到一个难题 Y，然后想方设法将其归简到 X 上去。

提醒： 这里的飞索所提示的其实是归简法的逆向运用。认清这点非常重要，这说明您没有被混淆，或出现了整体思路错误。归简这个术语在这里的作用基本上仅限于"哦，那很容易，您只需要……"换句话说，如果您希望将 a 归简到 b，就只要说："想解决 a 吗？很简单，只要解决 b 就好了。"或者配合一下当下的场景，说："您想要去爬 Pollux 峰？很简单，只要爬上 Castor 峰（并使用飞索荡过去）就好了。"换句话说，我们在这里是要将爬 Pollux 峰的问题归简到 Castor 峰上去（并且不去绕走其他的路）。

这里有几件事值得注意：首先，我们得假设那条飞索是易于使用的。如果它不是飞索，而是一条水平线，难道我们要玩着平衡术过去吗？这真的会非常困难——因此不会给我们任何信息。目前我们知道的情况是，人们或许能轻易地登上 Castor 峰的山顶，但他们无论如何也到不了 Pollux 峰的金矿。那么，我们能从中了解到什么呢？即使换一个方向来进归简，好像对我们也没有任何帮助。一条能让您从 Pollux 峰荡到 Castor 峰的飞索也不会影响我们之前对 Castor 峰的任何估计。所以，即使您可以从 Pollux 峰荡到 Castor 峰上又如何？您还是无论如何也到不了 Pollux 峰的山顶！

下面，我们来看一下图 11-1 中的这两张图。图中的节点代表的是问题，而线则代表了该问题更易于归简的方向（也就是说，它们在渐近式上没有什么区别）。另外，图的底部还有一条粗线，它代表的是"地面"，因为从某种意义上来说，没有解决的问题就像"浮在半空中"，而解决了这些问题，就相当于将问题归零，或者说使它们"落地"了。其中，第一张图所描述的是一个未知问题 u 被归简成另一个已知的简单问题 e 的全过程。而从 e 到地面的这条归简线又表明了问题 e 易于解决的事实。因此，将 u 连接到 e，我们就有了让问题 u 落地的解决方案。

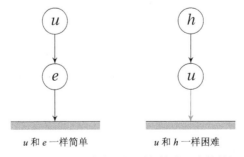

u 和 e 一样简单　　　　　u 和 h 一样困难

图 11-1　归简法的两种运用：我们要么将一个未知问题归简成一个简单问题，要么将一个困难问题归简到一个未知问题上去。在后一种情况中，那个未知问题必须和这个已知的问题一样难

下面，我们来看一下第二张图。在这张图中，已知的困难问题被归简到了未知问题 u 上。那么，我们是否有从 u 到地面的边（图中的虚线部分）呢？这取决于我们是否有一条从问题 h 到地面的道路，但这条路并不存在，否则 h 就不会是一个困难问题了！

接下来，我们将顺着这个基本思路走下去。我们的目的不只是要证明问题的困难度，还要定义一些困难度的标记。正如您可能会（也可能不会）注意到的，在这里，困难这个词其实是有些含糊不清的，它可能包含了以下两种不同的含义：

- 问题很棘手——它的所有求解算法都一定是指数级的。
- 我们不知道这个问题是否棘手，但目前还没有人能为其找到一个多项式级算法。

其中，第一种含义指的是这些问题很难通过一台计算机来解决，而第二种则是说它们对于人类来说（或许对于计算机也同样如此）是很难解决的。现在，我们可以再来看一下图 11-1 中右边的那张图。想想看，"困难"这个词在这里采用的是两种定义当中的哪一种？先来看第一种情况：我们知道 h 很棘手，不太可能被有效地解决。而 u 的解决方案（将其归简至地面）基本上就等同于 h 的解决方案，显然这样的解决方案并不存在。因此，u 也必然是个棘手问题。

第二种情况就有所不同了，这里的困难度还涉及知识的匮乏。也就是说，我们并不知道问题 h 是否棘手，但我们了解到它似乎很难找到解决方案。所以其核心观点仍然是：如果我们能将 h 归简到 u，则 u 至少和 h 有相同的困难度。如果 h 是个棘手问题，那么 u 也是。另外从事实来说，既然有如此多的人都在试图找到 h 的解决方法，这本身就使得它看起来不太可能被成功解决，这意味着 u 也不太可能是容易。总之，只要有越多的人努力去解决 h，u 易于解决的说法就越令人不可置信（因为那样的话，h 也该如此）。事实上，这种情况所描述的正是对实践重要性的整体说明，即尽管我们并不知道相关的问题是否棘手，但大多数人非常确信它们很棘手。下面，我们具体来看看这些令人头疼的问题吧。

子问题归简法

对于用归简法来表现问题的困难度这种思路，人们乍看上去可能会觉得有点抽象和怪异。对此，有一种特殊情况（或者从某些方面来说，这也是一个不同的角度）可以让它变得更容易理解一些：假设我们的问题有一个难以解决的子问题，那么该问题作为一个整体（显然）也是难以解决的。换句话说，要想解决您的问题，我们就必须先解决一个众所周知的难题，那您基本上就该自认倒霉了。举例来说，如果您的老板要求让您去制作一个反重力的悬浮滑板，您很可能做了很多工作，例如手工制作滑板或画上一个漂亮的图案。但事实上，只要面对规避重力这一问题，之前的一切努力就都得从头开始了。

那么，这怎么会是一种归简呢？这确实是一种归简，因为我们仍然可以用您的问题来解决其难以解决的子问题。换句话说，如果我们能制作出一个反重力的悬浮滑板，那么该解决方案就可以用来规避重力（这也很显然）。在这里，困难问题甚至没有被真正转化，最多只是被归简了而已；它只是被嵌入到了某些（或许毫不相干的）上下文中。又或者说，考虑到一般排序算法在最坏情况下有对数线性级的运行时间下界，如果我们可以写一个程序，它持有一组对象，并在这些对象上进行了一些操作，然后按一定的顺序输出这些对象的信息，在最坏的情况下，我们可能无法做出比对数线性级更好的算法。

　　但为什么是"可能"呢？因为这取决于上面这种情况中是否真的存在一个归简运用。您的程序作为一个"排序机"是否真的令人信服？有没有可能只要我可以使用您的程序，然后赋予它对象，就可以按任何实数来进行排序？如果是的话，那么上面的界限自然将保持下去。如果不是的话，那么该下界也就没有了。例如，可能该排序是基于整数的，那么我们可以对它运用计数排序法？又或者，也许我们实际上创建了属于自己的排序键，以便对象可以按自己的要求以任何顺序输出？问题在于我们是否能够将该问题表述得足够充分，是否足够可以表达一般的排序问题。事实上，这就是本章最重要的一个观点：一个问题的困难度与该问题是否能被描述得足够清晰有很大的关系。

11.2　不待在肯萨斯州了

　　正当我还在写本章第 1 版的时候，有一篇科学论文的发表引发了互联网上激烈的讨论，原因是该论文声称已经解决了那个所谓的 P 与 NP 问题，他们所论证的结果是 P 不等于 NP[①]。虽然目前业界正趋向于一致认为他们的论证是有缺陷的，但这篇论文还是引起了人们极大的兴趣——至少在计算机科学界是如此。此外，还有更多类似的、更不可信的（或论点相反，证明 P 等于 NP 的）论文会定期地被发表出来。从 20 世纪 70 年代开始，计算机科学家和数学家一直在设法解决这个问题，甚至该问题的解决方案还被设置了 100 万美元奖金[②]。虽然人们在对这个问题的理解上有了很大的进展，但似乎还没有任何迹象能表明它的真正解决方案即将出现。那么，这个问题为什么会这么难？它为什么如此重要？或者说，究竟什么是 P 与 NP 问题呢？

　　问题的关键在于，我们其实并不知道自己真正生活在一个什么样的世界里。如果用绿野仙踪的故事来比喻的话——就好像我们原本都认为自己生活在肯萨斯州。但如果有人证明了 P =NP，我们就绝不会还是在肯萨斯州了。相反，我们应该会在另一种仙境看到 Oz，一个被 Russel Impagliazzo 命名为 Algorithmica 的世界[③]。这个 Algorithmica 世界是多么伟大啊，您不觉得吗？在这个世界里，我们不仅可以像那首著名的歌曲里唱的那样："您永远不会更换您的袜子，酒精在岩缝间涓涓流下来。"更重要的是，我们的生活会从此少了很多问题。因为只要我们说出一个数学问题，这个问题就自动解决了。事实上，在这个世界里，程序员不需要再告诉计算机要做什么，只需要清晰描述我们所需要的输出即可。而且几乎任何类型的优化都将变得微不足道。当然，另一方面，加密将是非常困难的，因为破解密码这件事会变得非常简单。

　　虽然乍看之下，P 与 NP 是非常不同的，但它们确实属于同一类问题。实际上，应该说这是两种决策型问题，这类问题可以通过是或否来回答。具体来说，它们可能是类似这样的问题："在从 s 到 t 的所有路径中，是否存在着一条拥有最大权值 w 的路径？"或者"是否存在一种存放东西的方式，能使背包里的值至少等于 v？"第一类 P 问题的定义是我们（在最坏的情况下）可以

---

① 即 Vinay Deolalikar 写的那篇《P is not equal to NP》，发表于 2010 年 8 月 6 日。

② http://www.claymath.org/millennium-problems

③ 事实上，Impagliazzo 所定义的 Algorithmica 也允许我们在场景细节上做些细微的改动。

在多项式级别时间内解决这些问题。换句话说，只要我们能将所看到的问题转化成一个决策型问题，其结果必然属于 P 问题。

而 NP 问题则似乎有一个更不严格的定义：它指的是能用一种被叫作非确定型图灵机（简称 NTM）的"魔幻机器"在多项式级时间内解决的所有决策型问题。这也是 NP 这个缩写中 N 的来历——NP 指的是"不确定型多项式"。另外，据我们所知，这些不确定型机器基本上都超级强大。在任何需要做出选择的时候，它们都可以用魔法来猜测答案，而且永远都会猜对。这听起来真的很棒，不是吗？

下面，我们以查找图中从 s 到 t 的最短路径为例来看看这个问题。我们之前已经了解了许多如何用非魔法做到这一点的算法。但现在如果我们有了一台 NTM，情况会怎么样呢？我们只需要从 s 点开始查找其相邻节点即可。您不知道要走哪条路？没人知道——只管猜就行了。因为我们现在使用的是一台永远正确的机器，您自然会神奇地走出没有弯路的最短路径。对于像在有向无环图中寻找最短路径这类问题来说，这似乎还算不上是一个巨大的胜利。但它确实算得上是一个讨人喜欢的花招，何况它的运行时间还仍然是线性级的。

不过，您还记得我们在第 1 章中讨论的第一个问题吗？在那个问题中，我们的目的是想要尽可能高效地一次性访问到瑞典的所有城镇。我们当时的结论是，使用近几年来最先进的技术，我们也要花费大约 85 个 CPU 年来解决这个问题。但如果现在我们有一台 NTM 的话，每个城镇只要被计算一次就可以了。即使该机器是个手摇式计算机，它也应该可以在几秒钟内完成计算。这看起来很厉害，很魔幻吧？

另一种关于 NP 问题（或者对眼下而言，是关于非确定性计算机）的描述是解决某个问题与检验某个解决方案之间的差异。我们目前已经了解了解决一个问题指的是什么。但如果现在是要检验一个决策型问题的解决方案的话，我们就要比回答"是"或"否"做得更多了——这需要我们进行某种证明或者提供某种凭证（这种凭证必须是多项式级尺寸的才行）。例如，如果我们想知道是否存在某一条从 s 到 t 的路径的话，该凭证可能就得是一条实际路径。换句话说，如果有人解决了这个问题，发现答案是"是"，那么它就必须用该凭证来说服我们，说明这是真的。再换种方式说，如果您成功地证明了某一些数学表达式，您所做的证明就是这个凭证。

类似这样的问题，我们就认为它属于 NP 问题，即对于任何答案为"是"的回答，我们都要能够在多项式级时间对其凭证进行检验。而非确定型图灵机可以通过猜测其凭证的方式来解决此类问题，这感觉都有点魔幻了，对吧？

嗯，也许吧……总之事情差不多就是这样。我们知道 P 问题并不魔幻——它是一个很具体的问题，我们非常清楚地知道应该如何去解决它。而 NP 问题则看起来像一个非常巨大的问题类型，它的要求超出了这个世界中所有用来解决这些问题的机器的能力。事实上，只有在 Algorithmica 那个世界里，才有个叫 NTM 的东西。或者说在那个世界，虽然我们还是很普通，但单调的电脑（确定型图灵机）一样可以变得很强大。它们始终会有魔法！如果 P = NP，我们就可以解决任何（决策型）问题，并且用的是可实践（可检验）的解决方案。

11.3　但目前，我们还是得回到肯萨斯州

好吧，Algorithmica 确实是一个很魔幻的世界，如果我们真能住在那里，当然会是很棒的

事——但现实是我们不能。在其所有的可能性中，都存在着找到某个证据与检验该证据之间的一个非常现实的区别——解决一个问题和每次都直接猜对解决方案之间的区别是很大的。那么，如果我们仍然要待在肯萨斯州，为什么还要关心这些东西呢？

我想主要是因为它为我们提供了困难度这个非常有用的概念。如您所知，我们手边还有一大堆被称为 NPC 的、顽劣的小麻烦。NPC 是 "NP 完全问题" 的缩写，指代的是所有 NP 问题中最困难的那些问题。更精确地说，NPC 中每个问题都至少与 NP 中的其他问题一样难。虽然我们不知道它们是否真的很棘手，但只要您解决了这些坚不可摧的问题中的任何一个，就等于自动地将我们所有人带到了那个 Algorithmica 世界！虽然这可以让世界上所有人不必再为更换袜子而欢呼，但这显然是不太现实的事情（关于这点，我希望自己在上一节中已经解释得够明白了）。总之，这种情况让人很神往，但似乎是完全不可行的。

但这种奇异的设想不仅引起了世界范围内的震撼，考虑到其巨大的上升空间，以及打败上面那些麻烦问题的可能性所能带来的信心。毕竟这些问题中的任何一个都代表了人们 40 年来（到目前为止）所付出的巨大努力与经历的失败，大家都在赌自己会不会成为一个成功的人。但这至少不会很快出现。换言之，NP 完全问题（在计算机上）或许只是棘手的，但至少在目前，它们对于人类来说毫无疑问是个难题。

NP 完全问题： 一个有 50% 几率的技巧性通用方案（http://xkcd.com/287）

但这其中的工作原理是什么呢？为什么说只要干掉一个 NPC 怪物就能令所有 NP 问题都倒向 P 问题，并把我们带进 Algorithmica 世界呢？下面就让我们回到我们的归简图上来（见图 11-2）。现在，我们假设该图中的每个节点代表了一个 NP 问题（在此刻，我们将 NP 问题视为 "整个问题世界"）。该图的左边诠释的是完全性思路，即在某一类问题中，如果所有同一类的问题都可以 "轻易地" 被归简成某问题 c[①]，那么问题 c 就被认为是完全的。具体到这里，我们所指的就是 NP 问题，并且只要是多项式级的问题，就能 "轻易地" 被归简。换句话说，如果存在一个问题 c，

---

① 尽管我不打算在这点上大做文章，但从事实的角度来说，这类问题的存在实际上是一件相当怪异的事情。

它（1）本身属于 NP 问题，并且（2）NP 问题中的每一个问题可以在多项式级时间内被归简到 c，我们就认为 c 是 NP 完全的。

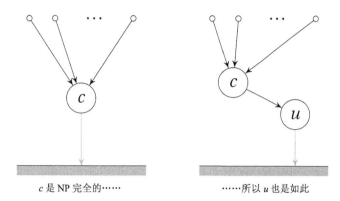

c 是 NP 完全的……   ……所以 u 也是如此

图 11-2　一个 NP 完全问题至少需要 NP 问题中的其他问题有相同的难度，也就是说，其他 NP 问题都可以被归简到该问题上来

事实上，（NP 问题中的）每一个问题可以归简到这些硬骨头的问题上，意味着它们本身就是难啃的硬骨头。如果我们能解决这些问题，就可以解决任何 NP 问题（然后刹那间，我们就不在肯萨斯州了）。上面的那张图应该有助于我们明确这一点，具体而言就是，解决问题 c 就是要添加一条从 c 指向地面的有向实线（归简至无），这立即让 NP 问题中所有的问题都通过 c 有了一条到达地面的有向实线。

虽然目前，我们已经用归简法对 NP 问题中最难啃的问题进行了定义，但其实我们还可以稍微再拓展一下这个思路。在图 11-2 右边的那张图中，我们对如何利用归简的传递性来证明问题的困难度做了说明。正如我们之前一直所讨论的那样（例如图 11-1 中的右边），我们已经知道 c 是个难题，所以只要将其归简到 u，就可以证明 u 也是一个难题。现在，虽然我们已经了解了其中的工作原理，但这幅图还给我们提供了更多的技术信息，这些信息粗略地说明了上述工作原理在当前情况下能成立的原因。通过将 c 归简到 u，我们已经将 u 放到了和 c 一样的位置上。而我们已经知道，在 NP 问题中的每一个问题都可以被归简到 c（它是 NP 完全的）。现在我们又了解到，这些问题也可通过 c 被归简到 u。换句话说，问题 u 也满足我们对 NP 完全的定义——那么按照之前的说明，如果我们能在多项式级时间内解决它，岂不是就等于确立了 P = NP。

但到目前为止，我们都只是一直在讨论决策型问题。其主要原因是，这样做要比正式推理中的一些事情（这些事大部分并不在我的讨论范围内）要更简单一点。但即便如此，其中的这些思路对于其他各种问题来说也是息息相关的，例如说，我们在本书中会看到许多优化型问题（本章在后半部分中也会有所涉及）。

例如，我们可以再来看看之前那个瑞典的最短旅游线路问题。毕竟它显然不是一个决策型问题，也不属于 NP 问题。但即便如此，它也依然是一个非常棘手的问题（这意味着它"对于人类来说很难解决"并且"可能是最棘手的"）。与 NP 问题中的那些问题一样的是，它也有可能会突然变得非常简单，前提是我们得身在 Algorithmica 世界中。接下来，我们分两个点来考虑一下这个问题。

首先，完全性这个术语通常是预留给某一类问题之中最难啃的那些问题的，因此 NP 完全问题可以被认为是 NP 问题中的恶霸。当然，对于 NP 问题以外的其他问题，我们也可以用相同的困难度指标来衡量。也就是说，某些问题虽然可能至少（在用多项式级归简法做决策型问题时）有与 NP 问题相同的困难度，但其本身不一定就属于 NP 问题。我们通常会将这样的问题称为 NP 难题。这意味着，NPC 问题还有另一个定义，即 NP 完全问题是包含在 NP 问题中的所有 NP 难题。例如，在某张图中寻找最短线路（例如之前的瑞典镇旅游线路）就是一个 NP 难题，业界称其为旅行商（或销售代表）问题，简称 TSP。我们稍后还会回头讨论这个问题。

另外一点要讨论的是，如果 P = NP，为什么就会让优化等问题变得很简单呢？其实，关于如何用某种凭证来查找实际路线，业界是有一些通用技术的，但我们目前只专注于 NP 问题的是非性与我们在 TSP 问题中所找到的数值长度之间的差异。为了简单起见，我们假设这里所有边的权值均为整数。与此同时，由于 P = NP，我们可以在多项式级时间内解决决策型问题中的是非选择（具体请参见下面为"不对称性、反 NP 问题与 Algorithmica 世界的奇迹"的专栏）。其中一种方式是将决策问题视为一个黑盒子，然后对其执行二分搜索，以找出最佳答案。

例如，我们可以将所有边的权值进行累加，得到一个针对 TSP 旅游线路的成本上限 C，并以 0 为下限。然后，我们初步猜测解决该决策型问题的最小成本值为 C/2，即对于"是否存在长度至多为 C / 2 的线路"这个问题，我们能在多项式级时间内得到答案。并接着继续分别在其上界或下界的范围内执行该二分法。在习题 11-1 中，我们会让您试着去证明这样做最终会给我们带来一个多项式级算法。

提示： 这种黑盒式的二分策略也可以应用于其他情况，即使在复杂类问题之外。如果在某个算法中，我们需要确定某个参数是否足够大，就可以通过二分法在对数级开销内为其找到一个合适/最佳值。这是非常经济的一种做法。

换句话说，无论我们将多少复杂性理论集中在决策型问题上，优化型问题也不会与之有什么不同。在许多情况下，当我们听到人们用 NP 完全这个术语时，其实他们真正所指的往往是 NP 难题。当然，我们应该小心地将事情描述到位，但相关问题是以 NP 难题还是 NP 完全问题来呈现。其实，对于该问题的困难度讨论并没有那么重要。（前提是我们得确保自己的归简方向是正确的！）

不对称性、反 NP 问题与 Algorithmica 世界的奇迹

NP 类问题的定义是不对称的。它所包括的所有决策型问题都可以在多项式级时间内用 NTM 得出答案为"是"的实例。但要注意的是，我们在这里并没有讨论任何答案为"否"的实例。因此，这是相当清楚的。例如，我们想知道是否存在一条一次性参观完瑞典每个镇的旅行路线，一台 NTM 将会在合理时间内得出"是"的答案。但如果答案是"否"的话，就意味着这个问题可能要花费很多时间。

这种不对称背后的思路是非常直觉的。该思路具体来说就是，要想回答"是"，NTM 只需要（用"魔法"）找出一组能导致该计算结果的选择即可。但如果想要回答"否"的话，我们就要确定不存在任何能导致这种计算结果的选择。虽然这种做法看起来似乎

很不一样，但我们也无法切切地知道它是否真的如此。如您所见，我们在这里遇到了复杂性理论中"众多问题"中的一个问题：NP 与反 NP。

反 NP（CO-NP）问题是 NP 问题的补集，即对于每一个答案为"是"的问题，我们现在要考虑其为"否"时的情况，反之亦然。如果 NP 类问题确实是不对称的，那么这两类问题就应该是不同的，不过它们之间也会存在重叠部分。例如，所有 P 类问题应该都在它们的交集中，因为 P 类问题的答案无论"是"与"否"都可以在多项式级时间内用 NTM 来解决（具体到这个问题，其实用确定型图灵机也能解决）。

接下来我们来考虑一下，如果某个 NP 完全问题 Foo 被发现存在于 NP 类问题与反 NP 类问题的交集中，又会如何。首先，由于所有 NP 问题都可以被归简成 NPC 问题，所以这种情况就意味着所有 NP 问题都会被包括在反 NP 问题中（因为我们现在可以用 Foo 来充当它们的补集）。那么在 NP 问题之外，还会有别的反 NP 类问题吗？我们可以这样看问题：假设 NP 问题是由 BAR 问题及其补集反 BAR 问题共同组成的，这没有问题吧？那么，由于现在我们认为 NP 问题被包括在了反 NP 问题之内，所以反 BAR 问题也应该被包括在反 NP 问题中。这意味着，它的补集 BAR 问题应该在 NP 问题之内。但是，我们现在又认为它在 NP 问题之外——这形成了一对矛盾！

换句话说，只要我们在 NP 问题与反 NP 问题的交集中找到一个 NP 完全问题，就证明 NP= CO-NP，那么不对称已经消失了。如前所述，由于 P 问题全都在此交集中，所以如果 P = NP，就会有 NP=CO-NP。这意味着在 Algorithmica 世界中，我们会惊喜地看到 NP 问题是对称的。

值得注意的是，这一结论通常是用来说明 NP 问题与反 NP 问题的交集中不太可能存在 NP 完全问题的，因为我们（强烈地）相信 NP 问题与反 NP 问题是不一样的。例如，没有人能在多项式级时间内找到能解决数字分解问题的方法，而这也构成了密码学的基础。但我们的问题是，这个问题依然同时存在于 NP 问题与反 NP 问题中，所以大多数计算机科学家认为它应该不属于 NP 完全问题。

11.4 我们应从何处开始？前往何处呢

希望到目前为止，我们的基本思路还是足够清晰的：NP 问题包含了所有能在多项式级时间内验证答案为"是"的决策型问题。而 NPC 则指的是 NP 问题中最难的那些问题，所有的 NP 问题都可在多项式级时间内被归简成 NPC 问题。另外，P 问题指的是 NP 问题中可以在多项式级时间内得到解决的那组问题。由于这些分类定义上存在着一些差异，所以，如果 P 问题与 NPC 问题之间出现了一些重叠，我们就会得到 P = NP = NPC。此外，我们还确认了一件事：如果我们能在多项式级时间内将一个 NP 完全问题归简成 NP 问题中的其他问题，那么这第二个问题也一定是个 NP 完全问题。（当然，所有 NP 完全问题都可在多项式级时间内归简到彼此，具体请参见习题 11-2）。

以上思路让我们对问题的困难度有了一个可用的描述方式——但其实到目前为止，我们也还没能确定是否真的存在一个符合 NP 完全定义的问题，更别提找到其中某个实例了。那么接下来该如何做呢？我们去求教一下 Cook 和 Levin 吧！

20 世纪 70 年代初，Steven Cook 首先证明了这类问题的存在。之后不久，Leenoid Levin 也独立完成了同样的证明。他们都提出了一个叫作布尔可满足性（简称 SAT）的问题，这是一个 NP 完全问题。该结果产生了一个由他们两人名字命名的定理：Cook - Levin 定理。该定理给了我们一个新的起点，其内容非常先进。虽然在这里我不能给出一个完整的证明，但我会尽力说明其主要思路。（完整证明已经由 Garey 和 Johnson 给出，我已在"参考资料"一节中将其列出。）

SAT 问题其实是一种逻辑式，与（A 或非 B）和（B 或 C）差不多。然后我们要检验这些逻辑公式是否可以为真（其逻辑条件是否能被满足）。当然，对于当前这种情况来说，公式显然是成立的——例如我们可以设 A = B = 真。而如果要证明这同时也是个 NP 完全问题的话，我们就得考虑一下，究竟如何才能将 NP 问题中的任意一个问题 Foo 归简成 SAT 问题。我们的思路是先构建一台 NTM，让其在多项式级时间内解决 Foo。这按照定义上来说是可行的（因为 Foo 被包括在 NP 问题中）。然后，我们再针对 Foo 问题设置一个给定的实例 bar（给机器一个既定的输入），并（在多项式级时间内）为其构建一组（多项式级的）逻辑式，具体如下。

- 输入机器的是 bar。
- 机器正确地执行了它的任务。
- 机器停止，并给出了"是"的答案。

这里需要技巧的部分是，我们必须用布尔代数的方式来完成这些逻辑式，但只要我们做到了这些，该问题在 NTM 中就非常清楚了。实际上，我们就是用这种逻辑式对 SAT 问题进行了模拟。如果该逻辑式的条件是可满足的，那么就相当于，当（且仅当）我们可以通过给问题的相关变量赋予真值的方式来使其结果为真时（这表示，除此之外的其他事宜均可交由机器来做魔幻式的选择），原问题的答案才为"是"。

总而言之，根据 Cook - Levin 定理的说法，SAT 问题是 NP 完全的，而其证明基本上就是一个用 NTM 来解决 SAT 问题的模拟过程。这种方式适用于基本的 SAT 问题，以及另一个与其相近的问题：SAT 电路问题。这时我们实际在使用逻辑（数字）电路，而不是一个逻辑表达式。

除此之外，我们在这里还有另一种重要的思路，就是用一种叫作合取范式（CNF）的方式来写所有的逻辑表达式。也就是说，该逻辑式成为了一系列子句的合取式（一连串的逻辑与运算），而其中的每个子句则又都是由一组逻辑或运算连接而成的序列。该逻辑式中出现的每个变量都可以说是 A 或它的取反 !A。虽然这些逻辑式或许在一开始并不是以 CNF 形式出现的，但它们可以被自动（并有效）转换这种形式。例如，对于逻辑式 A 与（B 或（C 与 D））来说，它可以完全等效转换成其他逻辑式，即 CNF：A 与（B 或 C）与（B 或 D）。

由于任何一个逻辑式都能被有效地改写成相应的 CNF 版本（而且变化也不会太大），CNF-SAT 也属于 NP 完全问题这件事并不会让我们觉得太惊讶。有趣的是，即使我们将逻辑式中各子句中的变量数目限制为 k，得到一个被称为 K-CNF-SAT（简称 K-SAT）的问题，我们也仍然可以证明它是个 NP 完全问题（只要 $k > 2$）。而且，我们会发现许多 NP 完全性的证明都基于这一事实：3-SAT 是个 NP 完全问题。

2–SAT 也是个 NP 完全问题吗？只有天知道了……

当我们在处理复杂性问题的时候，往往需要了解一些特例。例如，背包问题（有时候也叫作子集求和问题）的变体通常会被应用于加密领域。但问题是，背包问题在许多情况下是很容易解决的。事实上，如果该问题的背包容量被设有一个多项式界（例如通过某种计数的函数）的话，那么它显然就属于 P 问题（具体参见习题 11-3）。因此，如果我们在构建相关实例时不小心处理它的话，所做的加密就会被轻易地破解掉。

同样，K-SAT 问题中也会有类似的情况。当 $k \geq 3$ 时，它是个 NP 完全问题。但当 $k = 2$ 时，它是可在多项式级时间内被解决的。或者我们也可以来看一下最长路径问题的情况。该问题在一般情况下是 NP 困难的，但如果我们碰巧遇到的是一个有向无环图的话，该问题也是可以在线性级时间内被解决的。事实上，即使最短路径问题也一样，它在一般情况下是 NP 困难的。但其中不包括其面对负向环路的情况。

如果我们做的是与加密相关的工作，这种现象其实是个好消息。因为这意味着即使我们遇到了问题，它在一般情况下也仍然是个 NP 完全问题，我们只需要处理一些使该问题成为 P 问题的特殊情况即可。您可以将其视为问题困难度的某种不稳定性。只要对问题稍做调整就可以带来很大的不同，使一个原本棘手的问题变得很容易处理，或使一个不可判定的问题（如停机问题）变得可以判定。这也就是近似算法（稍后讨论）如此有用的原因所在。

那么，这是否就意味着 2-SAT 不是 NP-完全问题了呢？当然不是。事实上，这是个很容易让人掉进去的陷阱，该结论只有在 P≠NP 时才会成立。因为否则的话，所有的 P 问题都属于 NP 完全问题了。也就是说，上述的 NP 完全性证明法并不适用于 2-SAT 问题。我们可以证明它是 P 问题，但我们无法确定它是否属于 NPC 问题。

现在我们有了一个起点：SAT 问题及其相近问题，其中包含了电路 SAT 和 3-SAT 等一系列问题。目前它们之中还有很多问题有待研究。虽然要想重现 Cook 与 Levin 的壮举似乎有点让人望而却步，但这又如何呢？比如，难道我们不会想要证明"每个 NP 问题都可以用旅行商问题来解决"吗？

这就是我们（最终）要开始进行归简操作的地方。下面，我们先来看一个相对简单一点的 NP 完全问题：寻找哈密顿环路。其实，我们早在第 5 章中就已经接触过这个问题了（请参见"加里宁格勒的跳岛"那篇专栏）。在这个问题中，我们主要是确定一个带有 n 个节点的图中是否存在一条长度为 n 的环，换句话说，就是我们是否可以沿着某一条边遍历到图中的每个节点，并最终返回出发点。

这个问题看起来并不像 SAT 问题那么直观——这说法包括所有可用来表达该命题逻辑的编程语言——它似乎更像是某种属于 NTM 的编码。但其实稍后您就会看到，事实并非如此。哈密顿环路完全可以用 SAT 问题来表达。我的意思是，SAT 问题的确可以在多项式级时间内被归简成哈密顿环路问题。换句话说，我们完全可以在解决哈密顿问题的机器上创建一个 SAT 问题解决机！

接下来，我们将会进入具体的证明细节，而之前我们所做的一切都是为了能让您的脑海里对该问题有一个大概的印象：其总体的证明思路是，假设我们是在用某种机器来处理某一个问题，并且再通过对那台机器进行编程，以此来解决另一个不同的问题。基于这样的思路，我们首先要将目标问题所在的图结构编码成相应的布尔表达式，然后再来判断能否让哈密顿环路满足该表达式……

为了简单起见，我们会在这里假设性地设置一个该问题所要满足的 CNF 逻辑式。甚至您也可以将其假设成一个 3-SAT 问题（虽然没有必要真的这样做）。这样一来，该问题就有一系列子句的逻辑需要满足，并且对于每个子句，我们都至少需要满足其中一个元素，可以是变量本身（如 A），也可以是它的取反（非 A）。由于其真值需要通过路径和环路来表示，所以我们可以说，这里每个变量的真值编码都代表了相应路径的方向。

下面我们可以用图 11-3 来描述一下这个思路。在该图中，每个变量将由一行节点来表示，并且这些节点各由一组反向边链在一起，以便我们能在节点之间从左向右或从右向左移动。其中一个方向（如左到右）表示变量为真时的情况，而另一个方向则表示其为假时的情况。另外在这里，节点的数量并不重要，只要足够即可。[①]

图 11-3　每个单"行"都代表了一个我们希望满足的变量 A 的逻辑表达式，如果其中存在一条从左到右的环路，该变量就必须为真，否则就为假

在真正开始尝试对该逻辑式进行编码之前，还需要让我们的机器将每个变量都设置成这两种可能的逻辑值中的任何一个。也就是说，我们要确保任何哈密顿环路都能通过这里的每一行（按照之前设置的真值方向）。另外，我们还必须确保该环路在从一行切换到另一行时可以自由地转向。为了这个目的，这里的变量就必须分别进行独立赋值。我们可以通过每一行的任一端（在图 11-3 突出显示）来连接其下一行的任一端（见图 11-3 的高亮部分），具体如图 11-4 所示。

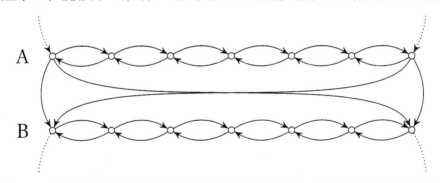

图 11-4　这几行所连接的哈密顿环路可以根据其经过的下一个节点变量的真值来决定是维持还是改变原方向。而 A 和 B 的值是真还是假，彼此是互不干扰的

---

① 当然，我们也需要让节点的数量维持在多项式级规模上。

　　如图 11-4 所示，如果我们只有这样一组连接的行，那么相应的图结构中就不会存在哈密顿环路。这是因为我们只能从其中一行转到另一行，无法再回来。于是，我们最后要修改的就是该行的基本结构，即在图的顶部（用分别连接第一行左右两端的边）添加一个缘起点 s，并在图的底部（用分别连接最后一行左右两端的边）添加一个结束点 t，然后用一条边将 t 连接到 s 上。

　　在继续下面的证明之前，我们应该能够说服自己：该结构确实是我们所需要的，即对于变量 k，我们在上面构造的图结构会产生 2^k 个不同的哈密顿环路，且其中每一个可能赋给变量真值的赋值操作，都是通过给定行中的环路向左或者向右的方向来表示的。

　　现在，我们已经成功地将一系列如何给逻辑变量赋予真值的思路编码到了我们的哈密顿机器中。接下来，我们只需要再找到一种合适的方式将这些变量编码到实际的逻辑式中就可以了。为此，我们可以采用每个子句对应一个单节点的方式来将其逐个引入。这样一来，在一个哈密顿环路中，每个节点都会被访问到一次。做到这一步的关键是要将这些子句所对应的节点与我们之前所设置的节点行进行挂钩，利用好这些已经完成编码的真值。虽然通过这样的设置，我们可以画出一条穿过每个子句节点的环路，但这种情况只有在其方向一直朝右时才会出现。所以，如果以子句（A 或非 B）为例来说的话，我们就需要在其 A 行中添加一条回路，使对应的环路维持从左向右的方向。同样，我们也会在 B 行中添加另一条回路（并让其穿过相同子句的节点），但此时的方向变成了由右向左（因为其进行的是取反运算）。在这里，我们唯一需要注意的是，这两条回路不能链接在其所在行的相同位置上——这也就是我们要对每一行设置多个节点的原因，这样每个子句都会有足够的节点可用。下面，我们以图 11-5 为例，具体看一下这个过程。

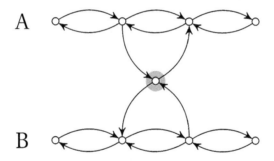

图 11-5　用通过对某个子句节点（高亮部分）添加回路的方式来对子句（A 或非 B）进行编码，其子句需满足 A 为真（方向从左向右），B 为假（方向从右向左）的逻辑条件（必须访问到相关的节点）

　　以这种方式完成对子句的编码之后，每个子句都会是可满足的，只要其中至少有一个变量代表向右的真值，让它成为被回路穿过的子句节点即可。由于哈密顿环路必须访问图中每个节点（包括每个子句节点），其表达式中逻辑与的部分一定是可满足的。也就是说，当且仅当我们所构建的图中存在一个哈密顿环路时，其逻辑表达式是可满足的。这就意味着，我们已经成功地将 SAT 问题（或者更具体地说是 CNF-SAT 问题）归简成了哈密顿环路问题，并因而证明后者确实属于 NP 完全问题！现在，您还觉得这个证明很难吗？

　　好吧，可能还是会遇到一些困难。至少想要马上学会这种思考方式，的确会是一件非常具有挑战性的事。不过幸运的是，在那么多 NP 完全问题中，有很多问题都要比 SAT 问题更像哈密顿环路问题，我们接下来会继续为您介绍。

永不完结的故事

这样的故事有很多。甚至还有更多的故事，人们根本就不太相信它们。毕竟光复杂性理论本身就已经是一个拥有诸多结论的领域，更不用提各种复杂度类型了。（如果您想一窥目前正在研究的各种复杂度类型，可以参观一下复杂性动物园：https://complexityzoo.uwaterloo.ca）该领域中有一个比 NP 完全问题还要难得多的问题，那就是由 Alan Trting 提出的停机问题（详见第 4 章）。它只要求我们确定相关的算法在收到既定输入时会不会终止执行。为了探讨其实际可能性，我们假设有一个由参数来充当输入的停机函数 halt(A, X)，它会在 A(X)终止时返回 true，否则就返回 false。下面我们来看一个函数：

```
def trouble(A):
    while halt(A, A): pass
```

在这里，halt(A, A)的调用将决定该应用是否属于停机问题。但这样做合适吗？如果我们评估的是 trouble(trouble)，会发生什么情况呢？基本上，如果说它停机了，事实显然并非如此，而如果说它没停机，它又好像确实……于是我们得到了一个悖论（或矛盾），这意味着停机是不可能存在的。因此停机问题是不可判定的。换句话说，这是一个无解的问题。

但您认为判断不可能的事是很难的吗？就像一位伟大的拳击手曾说的那样，一切皆有可能。事实上，这样的事是高度不可判定的，或"非常不可能的"。如果您还想知道更多有趣的这些事情，我推荐您去读一读 David Harel 的那本《Computers Ltd: What They Really Can't Do》。

11.5　怪物乐园

在这一节中，我们将会从上万种已知 NP 完全问题中选出一小部分来简单介绍一下。需要注意的是，我们在这里做这些问题描述的目的有两个：第一个也是最为明显的目的是，为了给您提供更多关于困难问题的概述性资料，以便您今后可以更轻松地辨别（并证明）自身在编程过程中可能会遇到的问题困难度。我们会提供一个简单的问题列表（并为这些配上简要的说明）。但除此之外，我们也希望通过更多的具体实例来说明困难度证明的具体过程，因此我在本节内容中还会继续用到归简法。

11.5.1　背包的返回

本节所要讨论的内容本质上是一个关于子集选取的问题。这是一个在许多场合都会遇到的问题，它或许是我们要在一定的预算范围内选取某些物品，或许是我们希望用尽可能少的货车来装载一些大小不一的箱子，又或许是我们正在想方设法用一组固定数量的货车来装载一组固定数量的箱子，以赚取尽可能多的利润，这是可能的吗？幸运的是，对于许多这样的问题，我们在实践中都是有很有效的解决方案的（例如第 8 章中针对背包问题的伪多项式级解决方案，以及本章稍后要讨论的近似值方法）。但如果我们想要的是一个多项式级算法，那可能就需要一些运气了。[①]

请注意： 伪多项式级解决方案只适用于部分 NP 困难问题。其实，除非 P = NP，对于许多 NP 难题来说，我们是找不到伪多项式级的解决方案的。Garey 和 Johnson 将其称为强语义下的 NP 完全性。（有关详细信息，请参见这二人的著作《Computers and Intractability》中的 4.2 节。）

对于背包问题，大家应该都已经很熟悉了，所以我们在这里会将讨论的重点放在第 7 章中实现的分数版解决方案，以及我们在第 8 章中用动态规划所构建的伪多项式级解决方案上。在本节中，我们将会具体地来检视一下背包问题本身以及它的一些朋友问题。

先来看一些看似简单的东西[②]，即所谓的分区问题。这个问题乍看之下真的是非常单纯——只是均衡分布而已。在其最简单的形式下，分区问题只是要求我们处理一列数字（如整数），将它们分割成两个和值相等的列表而已。由于将 SAT 问题归简成分区问题会有点复杂，所以我们只能希望读者这一次能信任我们的解释。（或者例如，您也看一看 Garey 与 Johnson 所做的类似解释。）

不过，如果您将分区问题转移到其他问题上就很简单了。因为它看上去所涉及的复杂性很小，其他问题应该可以很轻松地对分区问题进行模拟。以装箱问题的处理为例，该问题需要我们将一组尺寸从 0 到 k 的物料装到一组大小为 k 的箱子里。这从分区问题角度来归简就会变得非常简单：我们只需要将 k 设置为其尺寸数总和的一半。然后，只要看看该装箱问题能否设法按尺寸数将物料放进两个箱子就可以了。如果可以，它就能被归简成分区问题，否则就不行，那也就意味着装箱问题是个 NP 难题。

除此之外，另一个众所周知的简单问题就是我们所谓的子集和问题了。在该问题中，我们也要处理一组数字，这次我们要找到一个和值为常数 k 的子集。于是，我们再次遇到了足够简单的归简操作。例如，它可以从分区问题的角度来进行归简，只需要（再次）将 k 设置为其数字总和的一半即可。可能某一版本的子集和问题会将 k 锁定为零——但它仍然是个 NP 完全问题（请参见习题 11-4）。

接下来，我们来看一个更实际点的（整数的、非分数的）背包问题。我们可以先从 0-1 版的背包问题开始。虽然只要愿意的话，我们可以再次选择从分区问题的角度来进行归简，但我认为，其实选择从子集和的角度来归简可以让事情更简单一些。虽然背包问题也可以被定制成一个决策型问题，但假如我们正在用的与之前用的是相同的优化版本的话，那么我们就希望在最大化其项目值总和的同时，能保持当前的项目总规模。也就是让其每个项目成为其子集和问题中的一个数字，并且让该项目值及其权值都等于这个数字。

[①] 在本节，我们稍后会分别介绍这两种方法。事实上，这一段中所列举的范例都属于 NP 难题，您不妨试着证明一下。

[②] 为了让这些章节的讨论更容易被理解，我们将会（通过归简法）层层递进，从看似简单的问题着手，逐步将您带入更复杂的问题。当然，在现实世界中，这些问题都一样复杂（且都属于 NP 难题）——但有些问题掌握起来会更容易一些。

现在，我们可能得到的最佳答案就在背包容量得到完全匹配的地方。只需将其容量设置为 k，背包问题就会自动给出我们所寻求的答案：即对于我们能否找到和值为 k 的子集这个问题，取决于我们能否完全填充与该和值相等的背包容量。

下面对本节的内容做个小结：我们在这里只是简单地接触了一下在业界被表达得最为明确的问题之一：整数规划问题。该问题是线性规划技术中一个带线性函数优化的、尊重一组线性制约的版本。当然，整数规划问题只能处理整数类型的变量——这就已经突破了目前现存的所有算法。这意味着我们可以将所有类型的问题归简到该问题上，上述这些背包类问题在这里只是一个较为明显的用例而已。事实上，我们可以证明这些问题只是 0-1 整数规划问题的某种特殊情况，都属于 NP 难题。只是在这里，我们将背包问题中的每个项目都设置成了一个变量，使其值为 0 或 1。然后我们让两个线性函数分别处理这些值及其权重系数，优化这些值，并将其权值限制在某个基准之下。其结果就是该背包问题的最佳解决方案。[①]

那么，无边界整数背包问题的情况又如何呢？在第 8 章中，我们曾为其制定过一个伪多项式级的解决方案，但是这真的是一个 NP 难题吗？虽然它似乎与 0-1 背包问题有着相当密切的联系，但可以肯定的是，对应的归简方案并没有那么显而易见。事实上，这是一个让您练习归简法的绝佳机会——所以我在这里只打算让您直接去看看习题 11-5。

11.5.2　分团与着色

下面，我们将焦点由数字的子集问题转移到在图结构中寻找相关结构的问题上来。业界一直都存在着许多关于解决冲突的问题。例如，我们可能为某所大学编写了一个调度软件，希望尽可能地将教师、学生、班级及礼堂这些元素之间的时间冲突最小化。显然，想想完成这项工作需要你有一点好运气。又或者，我们正在写一个编译器，希望通过找出能被几个变量共享的某个变量来减少我们使用的寄存器数。在此之前，我们在实践中可能也曾找到过某种可被接受的解决方案，但该方案多半不会是一个通用的能解决大型实例的最佳解决方案。

我们在本书中已经多次提到过二分图了——该图中的节点可以被分成两个节点集，这使得图中所有的边都被置于这两个集合之间（也就是说，没有一条边连接的是相同集合中的节点）。该问题的另一种形态就是所谓的二元着色问题，（例如）我们可以任意将图中的每个节点都填成黑色或者白色，但必须保证其中没有一对相邻节点的颜色是相同的。如果该图存在，就必然是一个二分图。

现在，我们再来看看三分图的情况。也就是说，我们是否能处理三元着色问题呢？事实证明，事情没有那么简单。（当然，$k > 3$ 的 k 元着色问题都不会简单，具体证明请参见习题 11-6。）事实上也没有多难，只要我们能将 3-SAT 问题归简到三元着色问题上去即可，但问题是该证明过程本身有点复杂（与我们之前介绍的哈密顿环路的证明类似），所以我在这里只需提供相关的思路，让您明白它的工作原理就可以了。

基本上，我们需要先为此构建一些专用的组件或小部件，就像我们在证明哈密顿环路时构建

[①] 如果您之前就了解一些线性规划方面的知识，这一段理解起来可能就会更简单一些。但不了解的话，也不必过于担心——这点基础也不是真的必不可少。

的那些行一样。在这里，我们的思路是先构建一个三角形（连接三个节点），用其中的一个节点来表示真值，一个表示假值，最后一个则用来充当所谓的基础节点。具体地说，就是我们可以针对变量 A 构建一个三角形结构，其中一个节点的值为 A，另一个则为非 A，第三个则是基本节点。这样一来，如果 A 得到了与其真值节点相同的颜色，那么非 A 就会得到其假值节点的颜色，反之亦然。

如此一来，我们就用一个小部件将问题的各个子句连通起来了。它将 A 或者非 A 所在的节点与其他节点连接在了一起，其中包含真值节点和假值节点。于是，我们寻找三元着色方案的唯一办法就是看其中哪一个变量节点（反正不是 A 就是非 A）得到的颜色与其真值节点相同。（只要这样试下去，可能总归会找到完成着色的正确途径。但如果您想找一些充分的证明过程，可能就要找几本这方面的算法书来看看，例如我们在第 1 章"参考资料"中所推荐的 Kleinberg 与 Tardos 合著的那一本。）

那么，既然 k 元着色问题（在 k > 2 时）是 NP 完全问题，一个图结构的色数问题应该也是 NP 完全的——计算我们究竟需要多少种颜色来填充该图。如果其总色数小于或等于 k，其答案必然是满足 k 元着色问题的，否则就不满足了。虽然这类问题看起来似乎很抽象，且显得毫无用处，但没有什么东西是一定不成立的。这是我们解决资源类问题，例如编译器与并行计算中所需要解决的一个基本问题。

下面，我们来看一下如何确定一段代码需要多少个寄存器（这也算是一种有效的内存槽）的问题。要想解决这个问题，我们就要找出究竟有哪些变量会在同一时间被使用。为此，我们可以将这些变量视为节点，而它们之间任何可能存在的冲突则通过节点之间的边线来表示。例如 A 冲突表示的就是有两个变量（可能）会在某个相同的时间段内被使用，这意味着它们不能共享同一个寄存器。这样一来，寻找寄存器的最小使用量问题就与图结构的最小色素问题等价了。

除此之外，k 元着色问题还有个非常类似的问题，业界称之为分团覆盖问题（也叫分团问题）。想必您可能还记得，这些分团其实本身就是一个完整的图结构，只不过通常我们用到这个词的时候，往往指的应该是一些完整的子图结构。因为在目前情况下，我们的目的是要将一个图结构划分成若干个分团。换句话说，就是想要将这些节点划分成若干个（重叠的）节点集，并使得每个节点集中的每个节点彼此相互连接。稍后，我会给您解释为什么这会是个 NP 难题。但在那之前，让我们先来仔细了解一下分团问题。

其实，单纯只是确定一个图结构中是否含有某个大小的分团就已经是个 NP 完全问题了。比方说，我们正在分析一个社交网络，想要看看是否存在着一个 k 人组，组中的每个人彼此之间都是朋友关系。这个问题并不简单……其优化版本，最大分团问题显然都至少有一定的难度。为了将 3-SAT 问题归简到分团问题上，我们需要再次去创建一个逻辑变量和子句的模拟结构。我们的思路是每个子句对应三个节点（分别用于表示其各种逻辑状态，是该变量本身还是它的取反），然后在这些节点中间添加相应的边线以表示它们之间共同的逻辑关系，也就是那些会同时被设置为真值的情况。（换句话说，我们应该在 A 和非 A 这样的变量及其取反值之外的所有节点中间添加这些边线。）

但我们不应该在同一个子句的节点之间添加边线。这样一来，当我们基于 k 条子句来查找大小为 k 的分团时，就能确保每个子句中至少有一个节点存在于该分团中。这种分团能显示出被有效分配到真值的变量，这样我们就能通过寻找分团的方式来解决 3-SAT 问题。（对此，Cormen

等人给出了详尽的证明，具体文件请参阅第 1 章中的"参考资料"列表。）

　　另外，分团问题还有一个关系非常密切的问题——如果您愿意的话，可以认为它们互为阴阳的关系——我们称之为独立集问题。在该问题中，我们所面临的挑战是要在某个图结构中找到一个含 k 个独立节点（与其他节点之间没有边连接的节点）的集合。而其优化版本则是要找出相应图结构中的最大独立集。这一类问题通常被用来处理像图着色问题这样的资源调度应用。例如，我们可能会面对某种形式的交通系统，它的各条车道在某个路口如果不能同时发挥作用，就可能会产生交通上的冲突。我们在图中可以用边线来表示这些冲突，其最大独立集问题可以帮助我们找出在任何情况一次所能使用的最大车道数。（该情况还有许多种应用场景，但前提都是要先划分出某种独立集。稍后，我们还会回到这个问题上来。）

　　您见过反映家族关系的分团结构吗？好吧。其实除了边线方面以外，它们的其他情况基本相同，我们在这里要让边线缺席。这回为了解决独立集问题，我们可以直接通过解决相关图的补图的分团问题来做——在该图中，我们删除了原有的各条边，并且将各条原本缺失的边添加了进来。（换句话说，就是我们原图邻接矩阵中的每个真值都被取反了。）同样，我们在这里也可以通过独立集问题来解决这个分团问题——这样我们两种归简法都用到了。

　　下面回到分团覆盖的思路上来。由于我肯定您一定能明白，只要我们能找到解决其补图的独立集覆盖问题（将其节点划分到独立集中），这个问题就迎刃而解了。因此，该问题的关键就是要找到一个由 k 个分团（或独立集）组成的覆盖面。关于这一点，我们可以试试其 k 值最小化情况下的优化版本。需要注意的是，由于其独立集内不能存在任何冲突关系（边缘），所以同一组中的所有节点都可以被填上相同的颜色。换句话说，查找 k 元分团的问题本质上就是在寻找一种 k 元着色方案，而我们知道后者显然是个 NP 完全问题。所以等价地说，上述两个优化版本都属于 NP 难题。

　　除此之外，我们还有另一种覆盖方式，叫作顶点覆盖（也叫节点覆盖）。这回的方案中既包含了图中的节点子集，也涵盖了相关的边线。也就是说，该图中的每条边都至少会成为其覆盖节点中的一条入射边。在决策型问题中，我们要寻找的是节点数最多为 k 的顶点覆盖集。而此时此刻，我们看到的是当图结构中存在着一个节点数至少为 $n{-}k$ 的独立集时所发生的情况，这里的 n 为该图中的节点总数。这就是我们的分团与独立集，它们都很好地向我们展示了归简法运用的两个面向。

　　这里的归简法是非常浅显易懂的。基本上来说，当且仅当图中其余节点能形成一个独立集时，这些节点才能构成一个顶点覆盖集。请考虑一下，对于任何一对不属于顶点覆盖集的节点来说，即使它们之间存在着一条边，也不能形成覆盖（这就矛盾了），所以这对节点之间不能有任何一条边。这是因为这里包括了覆盖集以外的任何一对节点，而这些节点形成了一个独立集。（当然，该工作原理也同样适用于单节点的情况。）

　　这言下之意就是我们还有别的方式可用。接下来，假设我们手里有一个独立集——您明白为什么其余节点一定会形成顶点覆盖集吗？当然，首先是因为它们没有任何连接到独立集的边。但是，如果这些节点有一条边连接到独立集中的节点，情况又如何呢？嗯，那么被连接的那个节点就不应该在独立集中（这些节点之间是没有连接的），这意味着这条边将会被外部节点覆盖。换句话说，顶点覆盖问题是 NP 完全的（或者说在其优化版本中，它是 NP 困难的）。

　　最后，我们还有个覆盖集问题没有解释。该问题主要是让我们去寻找一个所谓的规模最大为

k（或者说找出其优化版本中规模最小的那个）的覆盖集。基本上来说，就是假设我们现在手里有一个 S 集和另一个由 S 的子集组成的 F 集。这样一来，F 集中所有集合的联合体就与 S 集相等了。然后我们想要找出 F 集中能涵盖 S 集中所有元素的最小子集。为了让您对这个问题有一个更直观的理解，我们也可以从边与节点的关系来入手。也就是如果 S 集被看成某个图的节点集合，则 F 集就是该图的边集（也可以说它是个点对集合），然后我们要试图找出能覆盖所有节点（也就是入射到这些节点）的最小边数。

> **提醒**：这里所举的用例实际上就是我们所谓的边线覆盖问题。尽管这是一个用来诠释覆盖集问题的好例子，但我们不能因此就认定边线覆盖问题是个 NP 完全问题。事实上，它是可以在多项式级时间内被解决的。

显而易见，覆盖集问题应该属于 NP 难题，因为顶点覆盖问题基本上是该问题的一种特殊情况。我们只要让 S 集变成图的边集，而 F 集则将由图中各节点的邻居集来组成，就大功告成了。

11.5.3 路径与环路

下面，我们来介绍最后一批怪物——与本书开篇时所介绍的问题类似。这部分内容主要与我们在某个地方（或国家）穿行时所需要的有效导航有关。例如，我们可能需要为某种工业机器人制定出相应的运动模式，或者为某些种类的电子线路进行相应的布局。为此，我们需要再次估算出问题的近似情况或特殊情况。之前，我们已经证明了想要找出适用于一般情况的哈密顿环路是一件何等令人生畏的事。接下来看看我们是否能从知识的角度入手，规避掉一些有困难的路径问题或电路问题。

首先，我们来考虑一下方向的问题。我们所给出的那个检查哈密顿环路的证明实际上是一个基于有向图的 NP 完全问题（因而我们要找到的是一个有向环路）。那么，其在无向情况下又如何呢？看起来我们似乎缺少了一些信息，而且我们早先所做的证明在这里并不适用。但是，我们还是可以用一些工具来模拟一个无向图的方向的！

其思路就是先将其对应有向图中的各节点一分为三，并将其路径替换成原有长度的两倍。然后，假设我们要对这些节点进行着色：我们将其原始节点填成蓝色，但额外再添加一个红色的入向节点与一个绿色的出向节点。接下来，我们再让所有的入向边都变成连接到红色入向节点的无向边，而由出向边转化的无向边则都连接到绿色的出向节点上。很显然，如果原图中存在着一条哈密顿环路，其在新图中也会存在。而我们的挑战是要找到之前所暗示的那个其他方案——为了其归简的有效性，我们需要增加一个"当且仅当"的限制。

假设我们已经完成了新图中的哈密顿环路。那么在该环路中，节点的颜色顺序要么是"……红、蓝、绿、红、蓝、绿……"，要么是"……绿、蓝、红、绿、蓝、红……"。在第一种情况中，蓝色节点代表的是原图中的有向哈密顿环路，它们只能通过入向节点（对应原图中的入向边）进入，并从出向节点离开。而在第二种情况中，蓝色节点所代表的是一个反向的有向哈密顿环路——它也同样告诉了我们需要了解的东西（我们在另一个方向上也有一条可用的有向哈密顿环路）。

这样一来，我们现在知道，哈密顿环路在有向和无向时的情况是基本相同的（请参见习题

11-8）。那么哈密顿路径问题的情况又如何呢？其实与其环路问题非常类似，只不过这回我们的终点不再是起点了。这会让问题变得更容易一点吗？很抱歉，门都没有。如果我们能找到一条可用的哈密顿路径，基本上就一定能找到一条相应的哈密顿环路。下面，我们来考虑一下有向边的情况（关于无向边的情况，请参考习题 11-9）。我们将所有同时带有入向边和出向边的节点 v（如果图中没有这样的节点，那么它的哈密顿环路就不存在）都拆分成两个节点，分别为 v 和 v'。并让所有的入向边都指向 v，而所有的出向边则都指向 v'。如果其原图存在哈密顿环路，那么经转换之后的哈密顿路径应该起于 v' 点，并在 v 点结束（基本上就等于我们将原有的环路从 v 点剪断了，使其变成了一条路径）。相反，如果新图中存在着一条哈密顿环路，它就必须始于 v' 点（因为只有该节点没有入向边），并且基于同样的理由，它也必然会终止在 v 点上。然后将这两个节点重新合并在一起的话，我们就得到一条基于原图的有效哈密顿环路。

> **请注意：** 在上一段内容中，"相反……"之前的那一部分确保了我们可以从两个方向来表达意图。这非常重要，它使我们可以用"是"或"否"两种回答方式来正确地使用归简法。但这并不意味着我们可以同时在两个方向上做归简。

相信读到这里，您或许已经开始明白最长路径问题的问题所在，毕竟我们之前曾多次提到这一类型的问题。具体来说，就是这类在两点之间寻找最长路径的问题最终会将我们引向哈密顿路径的检测问题！这使我们可能不得不以图中的每一对节点为端点来进行搜索，但这只是一个平方级因子——仍然可以被归简成多项式级。另外，正如我们之前所说，图本身是否是有向图并不重要，我们可以通过权值来直接概括这一问题。（关于环路的情况，请参阅习题 11-11。）

那么，最短路径的情况又如何呢？在一般情况下，最短路径的查找过程与最长路径是完全相同的。我们只需将所有边的权值取反即可。然而，当我们不允许最短路径问题中存在反向环路时，事情就会像在最长路径问题中不允许出现正向环路一样。在两种情况下，我们的归简策略就会被破坏（见习题 11-12），这会使我们无法判断这些问题是否属于 NP 难题。（事实上，我们坚信这些问题不太可能会在多项式级时间内得到解决。）

> **请注意：** 当我们说到不允许出现反向环路的时候，我们指的是在相关的图结构中，里面的路径中不应该有反向环路是因为这些路径被假设成了简单路径，其中本身就不应该存在任何形式的环路，无论是反向的还是别的形式的。

下面来看最后一个问题，这回我们来个大问题（或者说只是到目前为止算大问题，或许实际而言也没多大），探讨一下瑞典旅游问题的最佳解决方案为什么会那么难找。正如之前所说，我们正在处理的这个问题叫作旅行商问题（简称 TSP）。该问题有几个不同的变体（其中绝大部分都是 NP 难题），所以我们从最简单的那一个开始讨论。在这个问题环境中，我们所面对的是一个无向加权图，目的是要找一条经过图中所有节点的路径，并且该路径上的总权值应该尽可能地降到最低。从效果来看，这个问题实际上在找的就是一条成本最低的哈密顿环路——并且只要我们能够找到这条路径，也就等于确定了图中存在着一条哈密顿环路。换句话说，TSP 的难度与它是一样的。

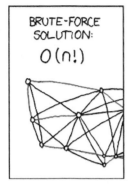

旅行商问题： 最适用于界面切割技术的线性规划方案具体是什么复杂度类型的？我哪儿也没找到呀。

兄弟，Garfield 那家伙就没有这些问题……（http://xkcd.com/399）

但 TSP 问题还有另一个常见的版本。这个版本所设定的对象是完全图。对于一个完全图来说，（只要它有三个以上的节点）哈密顿环路始终是存在的。因此，归简法在这里确实是真的不管用了。那现在应该怎么办呢？其实，这看起来不像是个太大的问题。我们可以对前一版本 TSP 问题进行归简，通过将一些多余的边的权重设置成一些很大的值，使其对应的图结构变成一个完全图。只要它足够大（超过其他边的权值总和），我们就有可能会找到一条穿越原先那些边的路径。

当然，对于许多实际应用来说，TSP 问题所设定的情况可能有些过于泛化了。它完全允许任意形式的加权边存在，这种灵活性在许多路线规划任务中是不需要的。例如，我们在基于某个地理位置规划路线时，或者制定某种机器手臂的运动模式时，只需要该问题能够描述欧氏空间中的距离操作即可[1]。这一点似乎给我们提供了更多关于这个问题的信息，使它变得更容易解决——果真如此吗？恐怕我们又得说抱歉了，事情显然不是这样的。虽然想要证明基于欧氏空间的 TSP 问题属于 NP 难题可能会有点复杂，但我们可以来看一个更通用化一点的版本。当然，这个问题相对于通用版的 TSP 问题来说还是算特殊的，它就是所谓的度量型的 TSP 问题。

这里所谓的度量实际上是一个用来表示 a、b 两点之间距离的距离函数 $d(a,b)$。只不过，这段距离不再非得是一条代表欧几里得距离的直线了。例如，在规划飞行路线时，您肯定希望沿着测地线（沿着地球表面曲线）来测量距离。再比如，在铺设某块电路板时，我们可能希望将水平距离与垂直距离分开来测量，然后相加（其结果就是我们所谓的曼哈顿距离或出租车距离）。除此之外，还有许多别的距离类型（或者说距离类的函数）也需要建立类似的度量标准。这要求这些问题有一个对称的、能产生非负实数值的度量函数，并且该函数会将一个点到自身的距离设置为 0。此外，它们还应该遵循三角不等式：$d(a,c) \leqslant d(a,b) + d(b,c)$。这在度量标准上确保了两点之间的最短距离必然是它们的直接距离——我们不可能会找到任何通过第三点的捷径。

这样一来，要证明该问题属于 NP 难题就不会太难了。我们可以从哈密顿环路的角度来归简问题。由于三角不等式的限制，我们的图必须是一个完全图[2]。不过，我们可以让原先的那些边

---

① 除非您想将相对论或地球曲率考虑进来……

② 任何形式的无限距离会对该结构产生破坏，除非其中完全不存在边，或者它只由两个节点构成。

赋予一种权值，而对于新增的边则赋予它们第二种权值（这仍然不会使事情本身产生破坏）。度量型的 TSP 问题会带给我们一条基于某种度量型图结构的、权值最小的哈密顿环路。因为这样的环路总是由相同数量的边（对应于每个节点）构成的，并且，当且仅当原先的那个任意设置的图结构中存在哈密顿环路时，它将全部由原有的（单位权值）的边构成。

尽管度量型的 TSP 问题也属于 NP 难题，但在下一节中，我们还会介绍一种非常重要的不同于通用版 TSP 问题的处理方式：它是一种针对上述度量型问题的、多项式级的近似算法。这是一种近似于通用版本的 TSP 问题，自然也属于 NP 难题。

11.6　当困难来临的时候，聪明人就开始犯错

在上一节中，我们介绍了许多第一眼看上去非常简单的问题，但经过仔细思考后，就会发现它们实际上难得超乎想象。但您也不必着急，下面我们就来履行之前的承诺，为您指出一条解决之道，那就是你得"马虎一点"。我们之前曾经提到过"困难度的不稳定性"。这意味着，有些时候，我们其实只需要对问题进行小小的调整，就可以让一些几乎无解的问题变得柳暗花明。这种调整问题的方式有很多，我们在这里只介绍其中的两种。在本节我们所要介绍的是，在我们搜索相关优化方案时，如果目标问题的某些条件允许存在一定的马虎，可能会发生什么情况。而在下一节中，我们将会为您介绍算法设计学中的"祈祷派"。

现在，我们先来系统性地阐述一下近似算法的思路。基本上来说，就是我们要允许自己的算法能找到某种解决方案。这种解决方案很可能不是最优的，但它在某种程度上来说属于比较好的方案。或者说得更通俗点，上面所谓的"某种程度"往往是以某种因子或近似比的形式来呈现的。例如，如果近似比为 2 的话，就意味着我们在当前这个算法设计的最低限度在其解决方案的开销上最多只能是最佳解决方案的两倍[1]。而其最高限度所能给出的答案则至少应该是最佳情况下的一半。下面我们将履行第 7 章中的约定，具体来看一下它是如何工作的。

之前我们在介绍无边界整数背包问题时，曾用贪心算法的思路将问题的近似比设在了 2 以内。作为确切的贪心算法来说，我们在这里其实大可不必这样设计解决方案（只需采用与分数背包问题相同的贪心策略即可）。问题是它的正确性已经被证明。这究竟是如何做到的呢？只要我们一直向背包中添加单元价值最高（权值比最大）的项目，就能保证其结果至少能有最佳情况下的一半了吗？何况我们其实并不知道什么才是最佳情况，这个结论究竟是怎么来的呢？

这个问题便是近似算法的关键所在。由于我们无法精确地知道其最佳方案的近似比——因此只能给出一个能应付最坏情况的保证。这意味着只要我们能对某问题可能的最佳方案有一个合理的估算，就可以用这个估算方案来代替其实际的最佳方案，其结果仍然会是有效的。为此，我们可以来看一下其边界情况。只要我们能确定最佳方案的情况不会好于 A，而我们的近似方案则不会坏于 B，那么我们就能确认这两种方案的近似比就肯定不会大于 A/B。[2]

下面，我们以无边界背包问题为例，具体探讨一下其最佳方案的上限问题。首先，我们放入

---

① 需要注意的是，我们往往得通过比小的方式来分辨（最佳方案与近似方案）两者之间谁的结果更大。

② 至于最小化的情况，我们只需将这里的逻辑反转一下，从 B/A 这个比例开始着手即可。

背包的任何物品在价值上都不能超过该背包在被填满时里面的最高价值单元（这与无边界分数背包问题有些类似）。尽管这样的解决方案基本上不存在，但我们也不可能会有比这个更好的方案了。因此，我们就将它设为该问题在最佳情况下的上限 A。

接下来，我们来确定一下应该如何设置近似方案的下限 B，或者至少要了解一下与 A/B 这个比值相关的信息。我们可以从第一个被添加的物体着手。假设该物体占据了总容量的一半。那么，这类物体显然就不能再增加了。因此，我们就遇到了一个比假设情况 A 还要糟糕的局面。但毕竟我们已经填满了总容量的一半，就算现在立即停止装包，我们也确切地知道了 A/B 至少会高于 2。而且，即使在这之后我们装进了更多的物体，我们也只不过得到了一个更好的装包方案，结论本身并不会受到任何影响。

但是，如果第一个物品没有占到背包容量的一半呢[①]？恭喜各位了，我们可以再往里装一个同样的物品了！事实上，我们可以一直往里装同样的物品，直到它们超过容量的一半为止。这样一来，我们刚才得出的那个近似比就仍然能得到保证。

近似算法的种类成千上万——单就这一话题，业界就出版了许多本著作。如果您想更深入地了解这个话题，我建议您去读一本（其中，Williamson 与 Shmoys 合著的《The Design of Approximation Algorithms》，以及 Vijay V. Vazirany 的《Approximation Algorithms》都是不错的选择）。在这里，我只展示其中一种非常好的算法，它主要用于解决度量型的 TSP 问题。

需要再次强调的是，我们当下所要做的是找到一种并不确切的、基于乐观估计的解决方案，然后通过调整将其改进成一个有效的（但并不一定是最佳的）解决方案。或者更明确地说，我们的目标是要找到一种解决方案（它并不一定非得是一条哈密顿环路），该方案的开销最多为最佳方案的两倍，然后我们通过某种捷径来持续调整它（并用相应的三角函数来确保它不会变得太糟糕），直到我们找到哈密顿环路为止。虽然眼下找到这条环路的开销最多也就是最佳方案的两倍，但这至少像个计划，对吧？

那么，什么近似方案才能找到一个接近于哈密顿环路（最佳方案），且长度最多是其两倍的捷径呢？我们可以从更为简单的地方着手：先确保这条路径的权值最多不大于该图的最短哈密顿环路。关于这一点，您能从现有知识中找到相应的解决方案吗？就是最小生成树呀！您可以再仔细想想，哈密顿环路是一种连接图中所有节点的结构，而在一个图中，能连接所有节点并开销最小的方式无疑就是构造一棵最小生成树。

但是，树结构毕竟不是一条环路。按照 TSP 问题的思路，我们要访问到每个节点，并且一个接一个地遍历。当然，我们沿着树的边走下去，也一样能访问到每一个节点。如果 Tremaux 是一个销售商，他确实会这么做（见第 5 章）[②]。也就是说，我们确实可以通过深度优先算法来回溯到其他节点上。但这条封闭路径毕竟不是环路（因为我们总会重复访问到一些节点与边）。如果我们仔细观察一下这条封闭路径，就会发现其中的每一条边都正好被走了两次，所以它的实际权值应该是生成树的两倍。下面，我们就将其视为被我们乐观估计（但一定有效）的解决方案。

从好的方面说，该方案使我们在使用捷径的同时避开了回溯操作。比起要沿着已经走过的边

---

① 请注意，这里所谓的"案例依据"，必须是现实中切实可用的技术才行。

② 尽管我猜他会想出一些更好的办法。

再走回去，访问已经访问过的节点，我们现在可以构建一条直连到下一个未访问节点的捷径了。由于三角公式的限制，我们可以确保这样做完全不会使总路径有任何增加。因此，我们最终得到了一个两倍上限的近似比！（业界通常称这种做法为"绕树两周"算法，虽然这个名字可能让我们很难同意，因为它对该算法的表述并不确切，我们实际上只在树上绕了一圈。）

当然，该算法实现起来可没有我们说得那么直观，但其实际所用的思路确实大致如此。一旦我们构建出问题的生成树，剩下所要做的就是遍历它，并且避免重复访问节点。只要在 DFS 过程中能报告出它所经过的节点，实际上我们就已经得到了所需要的解决方案。下面我们来看看具体的算法实现，代码如清单 11-1 所示。（另外，您也可以参考清单 7-5 中的 prim 算法实现。）

清单 11-1　"绕树两周"算法，用于度量型 TSP 问题的近似比为 2 的最佳方案

```
from collections import defaultdict

def mtsp(G, r):                          # 2-approx for metric TSP
    T, C = defaultdict(list), []         # Tree and cycle
    for c, p in prim(G, r).items():      # Build a traversable MSP
        T[p].append(c)                   # Child is parent's neighbor
    def walk(r):                         # Recursive DFS
        C.append(r)                      # Preorder node collection
        for v in T[r]: walk(v)           # Visit subtrees recursively
    walk(r)                              # Traverse from the root
    return C                             # At least half-optimal cycle
```

除此之外，该近似算法还有一种改进的方式。这种改进方式从概念上来说非常简单，但实现起来却非常复杂。业界称其为 Christofides 算法，它的思路不再是将树上的每条边都遍历两次，而是致力于构建一个针对生成树中奇数度节点之间的最小开销匹配[1]。这意味着我们可以先沿着树的边走出一条封闭的路线，然后沿着被匹配的边再遍历一次（这相当于我们通过添加某种捷径的方式修改了之前的解决方案）。而我们已经知道生成树的情况不会比最佳环路更糟糕。同理，这也证明该最小匹配所拥有的权值不会大于其最佳环路的一半（见习题 11-15）。所以从总和上来说，这个被优化了的近似算法给了我们一个 1.5 的近似比。这是迄今为止，我们在这个问题上所能得到的最好的上限。但问题是，要想找到这个最小开销匹配是一件大费周章的事情（正如我们在第 10 章中所讨论的那样，这显然比寻找双向型最小开销匹配还要麻烦得多），所以在这里，我们不打算再讨论相关的细节问题。

假设我们能找到这样一个近似比为 1.5 的、能用于度量型 TSP 问题的解决方案，那么即使这是个 NP 难题，它也能给我们带来一些惊喜，即我们用类似的方法——或者针对任何固定的近似比——找出的这种针对通用型 TSP 问题的近似算法本身也属于 NP 难题（即使该 TSP 图是一个完全图也是如此）。当然，这种情况也只能适用于少数几种问题。也就是说，我们不必指望能在实际解决方案中单纯依靠这种近似算法来最优化所有的 NP 难题。

为了说明为什么 TSP 问题的近似解决方案本身也是个 NP 难题，我们以哈密顿环路问题为起点来做一次近似性的归简。也就是说，我们现在希望了解一下，某个指定的图结构中是否存在一

---

[1] 您甚至可以自行在任意图结构的奇数度节点组中验证一下这个算法。

条哈密顿环路。首先，为了得到一张 TSP 的完全图，我们将其中所有缺失的边都做了增补，并给这些边赋予了一个很大的权值。也就是如果我们所设定的近似比为 k，我们就要保证新增的每一条边的权值都大于 km（m 为图中原有边的总数）。这样一来，如果我们所要的哈密顿环路完全建立在原图之上，该环路的最大总权值就该是 m。而只要该哈密顿环路中存在着一条增补的边，它就立即超过了我们为该近似算法所设定的权值边界。这意味着当且仅当原图中存在一条哈密顿环路时，我们的近似算法才一定能够找到且也只能找到这条环路——换句话说，该近似算法的困难度至少与原问题相同（属于 NP 难题）。

11.7　尽力寻找解决方案

我们刚刚讨论了一种解决问题的方式，它的困难度是不定的——有的时候寻找一种近似于最佳的解决方案比寻找最佳方案本身要容易得多。其实，我们还有一种更为犯懒的方式，即采用某种暴力破解的方式来做这件事。在该解决方式中，您可以通过猜想的方式来尽量规避一些计算。如果运气好的话，只要我们的问题不是碰巧正好是最难的那几个问题之一，就能很快地找到一个解决方案了！也就是说，我们犯懒的目的并不是要对解决方案偷工减料，而是在寻找该方案的时间上做些投机取巧。

这种做法与快速排序法有些类似，它在最坏情况下是个指数级算法，但平均起来算是一个对数线性级算法，并且它的常数因子非常小。事实上，许多难题的解答都是在处理该问题所可能面临的最坏情况，然而在具体实践中，最坏情况通常并不是我们考虑的所有情况。实际上，即使我们不在 Russel Impagliazzo 所设想的奇幻 Algorithmica 世界中，也会在他的另一个被称为 Heuristica 的世界中。在这个世界里，NP 难题在最坏情况下仍然会很棘手，但它们在一般情况下却是可解决的。而即使没有这种情况的设定，我们也可以利用某种启发式方法，尽可能地解决一些不可能解决的问题。

这样的启发式方法有很多种。以我们在第 9 章中曾讨论过的 A*算法为例，它就可以被用于在某个解决方案空间中寻找某个正确的或者最优的方案。除此之外，业界还有许多使用这种启发式方法的技术，例如人工进化法、模拟退火法等（请参见我们稍后在"如果您感兴趣……"一节中的介绍）。但在本节中，我们打算介绍一种既简单又很酷的设计思路，在这里会同时用到本章所讨论的两种解决难题的方法。这是一种快糙猛的，但能解决所有算法问题的方法，其中包括那些多项式级的解决方法。它在我们无法解决某个问题，或解决算法过慢时都非常有效。

这种技术被业界称为分支定界法（branch and bound），它在人工智能领域非常有名。它的特化版本（alpha-beta 剪枝法）被大量应用于游戏设计。（例如在棋类游戏的设计中，我们就经常会面临这样的分支定界问题。）事实上，分支定界法也是解决 NP 难问题的主要工具之一，其中包含了普遍而又有表现力的整数规划法。但是，虽然这项令人生畏的技术在语义上非常直观，但想要将其实现成通用的算法是非常困难的一件事。很可能出现的情况是，如果我们想使用这种方法来设计，就必须为我们的问题专门写一个特定的版本。

所谓分支定界法，简称 B&B，基本上是一种逐步建构解决方案的设计方式。这种做法与许多贪心算法有些类似（请参见第 7 章）。事实上，我们在用该设计方法新建模块时通常也会用到贪心选择策略，结果产生了一种叫作分支定界优先的技术。但是，该模块也不是完全靠这种方式来构建的（或者说，这其实上只是一种解决方案的扩展），其他相关的方式我们都要予以考虑。从核心思路上来说，我们在这里实际上提出的是一种暴力破解的方式，但这种方法在多数情况下是完全可行的，它可以通过一定的方法，帮助我们对相关选项的前景（或风险）做出选择。

为了说明得更具体一些，下面我们来看一个特殊的范例。实际上，我们可以回过头去重新看一下之前已经给出过许多种解决方案的那个问题：0-1 背包问题。Peter J. Kolesar 在 1967 年曾经发表过一篇题为《A branch and bound algorithm for the knapsack problem》的论文。他在这篇论文中写道：“分支定界算法通过对各种可行的解决方案进行逐一分类的方式，最终获得其中的最佳方案”，这句话恰如其分地给出了分支定界法的定义。这里所谓的“分类”，指的是我们在当下那个步骤中所能构建的局部方案。

例如，如果我们决定往背包中放入某物品 x，就等于隐式地构建了一组分类，其中包含了所有将 x 放入背包的解决方案。当然，同时相对地也会出现另一组分类，其中包含不将 x 放入背包的方案。接下来，我们需要对两组分类进行具体检验，直到我们最终可以确定问题的最佳方案不属于其中一个分组为止。正如我们在第 5 章中所阐述的那样，您可以把整个过程想象成一个树形的状态图，树上的每个节点都分别由上述两个分类所定义：一个分类定义的是放入背包的节点，而另一个分类则定义的是不放入背包的节点，最后剩下的是一些尚未被决定去留的节点。

对于该（抽象的，暗含的）树结构的根节点来说，其中不存在放入或不放入背包的问题，因为所有物品都还是待定的。其决定物品去留的过程实际上就是将一个节点分裂成了两个子节点（这就是所谓的分支），放入背包的属于一个子节点，不放入的则属于另一个子节点。如果某个节点中已经没有了待定物品，那么它就是一个叶节点，我们的算法也将在那里结束。

很显然，如果我们完全探索了这个树结构，就会检验到所有物品有没有被放入背包中（也就是所谓的暴力破解）。而分支定界算法的核心思路就是要在这一遍历过程中加入相关的分支剪除操作（就像我们在二分法与搜索树中所做的那样），这有助于我们尽可能地缩小所要访问的搜索空间。作为近似算法，我们在这里引入了上界与下界。作为最大值问题，我们为该问题设置了一个最佳方案的下界（基于我们目前所能找到的方案）。而对于其中任意给定的子树，我们则为其设置了一个上界（基于某种启发式方案）[1]。换句话说，我们会首先对其子树中所含有的最佳方案做一个保守的估计，然后根据这种估计做出选择。如果保守范围大于我们预先设定的最佳方案，那么该子树中就不存在最佳方案，它因此会被剪除了（这就是所谓的定界）。

在基本情况下，最佳方案的保守边界往往只是我们当下所能找到的最佳值。在启动 B&B 算法之前，这个值应该尽可能地被设置得越高越好。（例如，如果我们想找一个针对度量型 TSP 问题的方案，这就是个最小值问题。我们可以先将它的初始上界设置为基于近似算法的方案。）为了让这个背包问题显得更简单一些，我们也可以只考虑从 0 开始的最佳解决方案。（在习题 11-16 中，我们会要求您对它做一些改进。）

现在，唯一剩下的问题就是找出某个局部方案（子树结构所代表的搜索空间）的上界。如果我们不想错过实际解决方案的话，该上界就必须是一个真实的上界；我们不希望自己是因为某种

---

[1] 当然，如果您正在处理的是最小化问题，只需要交换一下这两个边界即可。

过于悲观的估计而剪除某个子树。但话又说回来，我们也不能估计得太过于乐观（例如"这个值可以无穷大！耶！"之类的）。这样的话，我们就无法剪除任何子树了。换句话说，我们需要设定的是一个自己当前所能设定的最严格的上界。一种可能的做法（Kolesar 用的就是这种做法）是假装我们在解决分数背包问题，然后用贪心算法来解决。这种做法得出的解决方案绝不会比其实际的最佳方案差（见习题 11-17），而其最终所设的上界也是一个在实践中非常严格的上界。

在清单 11-2 中，我们给出了一种可能的可用于 0-1 背包问题的 B&B 算法实现。为简单起见，这段代码只针对问题最佳方案的最终值进行了计算。当然，如果您想看到实际的解决方案结构（来具体说明放入了哪些物品），可能就需要在此基础上再添加一些额外的代码。另外，如您所见，我们在这里并不是通过两个分集来管理每一个节点（以区分物品有没有被放入背包）的，而是单纯利用了背包的总价值与物品权值之间的关系，并用一个计数器 m 来统计被考虑过的物品（按照顺序）。这里的每个节点都是一个生成器，用于生成之后的子节点。

请注意：在清单 11-2 中，我们使用了 nonlocal 这个关键字。该关键字允许我们在域外对一个变量进行修改。也就是说，我们可以像对待 global 变量那样在全局域中对其进行修改。但这是 Python 3.0 中才有的新特性。如果我们想在这之前的 Python 版本中使用这一特性，可以直接将其中的 sol = 0 替换成 sol = [0]，然后通过表达式 sol[0]，而不是 sol 来访问这个值即可。（关于这方面的更多信息，请参考 PEP 3104：http://legacy.python.org/dev/peps/pep-3104。）

11.8 这些故事告诉我们

好吧，本章的确可能不是本书中最简单的一章，这一话题也的确在您日复一日的编程工作中没有什么显著的作用。所以为了帮助您厘清本章所讨论的主要论点，我认为应该在这里尽可能地给您提供一些建议：告诉您应该如何去应对那些怪兽级问题。

- 首先，我们应遵守第 4 章中前两个问题的处理建议。那么，您确定理解该问题了吗？您对其采用任何形式的归简处理了吗（例如您知道跟该问题沾边的算法有哪些吗）？
- 如果您觉得自己碰壁了，也可以再次回到归简法上来。不过，这回的归简要从已知的 NP 难题开始着手，不再是归简成一个已解问题了。只要我们找到一个这样的难题，我们就至少能够确定是问题本身很难，而不是我们自身能力的问题。
- 接下来再考虑一下第 4 章最后一个问题的解决建议：看看我们是否能做出一些稀释目标问题难度的假设？也就是如果该问题是个 NP 难题，我们必然是举步维艰；但如果它的结构是个 DAG，那么或许我们就能轻易地找到解决方法。
- 最后，我们还可以看看是否能引入一些稀释问题的条件。如果该问题并不需要一个 100% 的最佳方案，我们就可以来看看是否能用近似算法来解决问题？为此，我们可以对目标问题的语义进行相应的设计和研究。另外，如果我们不需要确保方案在最坏情况下必须有多项式级复杂度，或许分支定界法也是个不错的选项。

清单 11-2　用分支定界法解决背包问题

```
from __future__ import division
from heapq import heappush, heappop
from itertools import count

def bb_knapsack(w, v, c):
    sol = 0                                # Solution so far
    n = len(w)                             # Item count

    idxs = list(range(n))
    idxs.sort(key=lambda i: v[i]/w[i],     # Sort by descending unit cost
            reverse=True)

    def bound(sw, sv, m):                  # Greedy knapsack bound
        if m == n: return sv               # No more items?
        objs = ((v[i], w[i]) for i in idxs[m:]) # Descending unit cost order
        for av, aw in objs:                # Added value and weight
            if sw + aw > c: break          # Still room?
            sw += aw                       # Add wt to sum of wts
            sv += av                       # Add val to sum of vals
        return sv + (av/aw)*(c-sw)         # Add fraction of last item

    def node(sw, sv, m):                   # A node (generates children)
        nonlocal sol                       # "Global" inside bb_knapsack
        if sw > c: return                  # Weight sum too large? Done
        sol = max(sol, sv)                 # Otherwise: Update solution
        if m == n: return                  # No more objects? Return
        i = idxs[m]                        # Get the right index
        ch = [(sw, sv), (sw+w[i], sv+v[i])] # Children: without/with m
        for sw, sv in ch:                  # Try both possibilities
            b = bound(sw, sv, m+1)         # Bound for m+1 items
            if b > sol:                    # Is the branch promising?
                yield b, node(sw, sv, m+1) # Yield child w/bound

    num = count()                          # Helps avoid heap collisions
    Q = [(0, next(num), node(0, 0, 0))]    # Start with just the root
    while Q:                               # Any nodes left?
        _, _, r = heappop(Q)               # Get one
        for b, u in r:                     # Expand it ...
            heappush(Q, (b, next(num), u)) # ... and push the children

    return sol                             # Return the solution
```

　　如果上述这些尝试都失败了，我们也可以去试着实现一些看起来可能有用的算法，并通过一些实验来检验它的结果是否足够好。例如，如果您希望通过某种课程表的设计来使得学生们排课冲突降到最小（这类问题很容易成为 NP 难题），这种时候我们往往只需追求一个看起来足够好的结果即可，并不一定非得找出一个最佳方案来。[①]

11.9 本章小结

在本章中，我们讨论了问题困难度，以及我们面对难题应该做些什么。问题的困难度有许多分类，但本章将重点放在了 NP 完全问题上。NP 完全问题是 NP 问题的核心。判断这类问题，主要取决于问题解决方案所找到的算法是否能在任意实际使用中都至少能在多项式级时间内完成。另外，每一个 NP 类问题都可以在多项式级时间内被归简为 NPC 类问题中的问题（或者说归简成所谓的 NP 难题）。也就是说，只要有任意一个 NP 完全问题可以在多项式时间级内得到解决，那么每一个 NP 类问题也都可以在同样的时间内得到解决。但大多数计算机科学家的发现表明，这个问题得到解决的可能性微乎其微。当然，无论他们的观点是可以解决还是不可以解决，迄今为止都没有人能提出有效的证明。

NP 完全问题和 NP 难题是一体的，并且它们经常在各种情况下成对出现。我们在本章列出了其中的一些问题，并对这些问题的困难度做了一些简单的证明。这些证明的基本思路都来自 Cook-Levin 的理论：先证明 SAT 问题是一个 NP 完全问题。然后，如果一个问题能在多项式级时间内被归简为一个 SAT 问题，或者能通过类似的归简产生出另一个 NP 问题或 NP 难题，那么这个问题本身也属于 NP 完全问题或 NP 难题。

处理这些困难问题的战略就是尝试引入某种可控的问题稀释方法。例如，通过近似算法，我们可以控制目标问题与其最佳方案结果之间的差距。通过启发式方法，例如分支定界法，我们可以确保目标问题有一个最佳方案，但并不能确定它会花费多少时间。

11.10 如果您感兴趣

与计算复杂度理论、近似算法、启发式算法相关的书籍有很多，具体推荐请参阅本章后面"参考资料"。

在这一领域中，本章完全没有讨论所谓的启发式演算法（metaheuristics）。它是启发式搜索法的一种形式，并不会对最终方案结果做出过多保证，但却十分强大。例如，有一种我们称之为遗传规划（genetic programming，GP）的人工进化算法，就是一个使用了该演算法的最著名的技术。在 GP 中，我们需要维护一个虚拟的结构群，该结构群很少被表达为计算机程序（虽然我们也可以用 TSP 问题中的哈密顿环路或者其他任何我们喜欢的结构来代替它）。结构群中的个体会在每一次迭代中被进化（例如，我们在解决 TSP 问题时会计算它们的长度）。进化之后，结构群中最有前景的那几个个体会被允许在下一次迭代中基于其上一代发展出新的特性，但这过程中又会带有一些随机的改变（它们要么只是简单的突变，要么是几个父结构的组合变化）。除此之外，别的启发式演算法还可以根据相关材料的融化程度减缓冷却的速度（如退火模拟算法）、根据具体的搜索情况回避掉已搜索过的路径（如禁忌搜索法），或者基于一群昆虫模拟出它们在某种状

---

① 如果您喜欢的话，其实从人工智能的角度也总能研究出不少启发式搜索方法，例如稍后我们在"如果您感兴趣……"一节中将会提到的遗传规划法与禁忌搜索法。

态空间内移动的情况（如粒子群优化算法）。

11.11 练习题

11-1. 我们知道有一种算法的运行时间存在着一些情况，它取决于我们输入的是哪一种值，而不是输入的实际规模（例如，动态规划是针对 0-1 背包问题的解决方案）。在这些情况下，算法的运行时间往往被称为伪多项式级时间，并且它有着一个指数级规模的问题函数。请问：为什么说基于整数值的二分法是这类问题的一个特例？

11-2. 为什么说每一个 NP 完全问题都可以被归简成别的 NP 完全问题？

11-3. 如果背包问题的容量上界是由一个代表物品数量的多项式方程来设定的，该问题就一定是个 P 类问题，为什么？

11-4. 请证明即使在目标和值 k 被固定为 0 的情况下，子集和问题也属于 NP 完全问题。

11-5. 请描述一下如何在多项式级时间内将一个子集和问题归简成正整数型无边界背包问题（这个问题可能会有一点挑战性）。

11-6. 为什么说四元着色问题，或者 $k > 3$ 的 k 元着色问题，都不会比三元着色问题简单？

11-7. 通常所谓的同构问题，就是要确定两个图结构是否具有相同的结构（也就是说，看看我们能不能通过某种节点的标签或标记方式证明它们的拓扑结构相等），该本身未必属于 NP 完全问题。但与其同构子图相关的问题却属于 NP 完全问题。这个问题会要求我们判断一个图中是否含有另一个图的子图，请证明这个问题是个 NP 完全问题。

11-8. 请问：您会如何用有向图来模拟无向哈密顿环路问题？

11-9. 请问：您会如何（用有向图或无向图）将一个无向哈密顿环路问题归简成无向哈密顿路径问题？

11-10. 请问：您会如何将哈密顿路径问题归简成哈密顿环路问题？

11-11. 为什么我们在这一节中给不出证明在 DAG 中寻找最长路径属于 NP 完全问题的证据？其归简过程缺失了哪一部分？

11-12. 为什么我们没有证明带负向环路的最长路径问题属于 NP 完全问题？

11-13. 在针对无边界背包问题的近似比为 2 的贪婪方案中，为什么我们确定只需要填充到背包的一半以上就可以了（当然，我们得先假定至少有一些物品可以被装入背包）？

11-14. 假设您希望找出一个有向图中最大的无环路子图（最大子 DAG）。为此，您会需要去衡量一下其中所涉及的边数规模。当然，您会认为这个问题似乎有点挑战性，因而决定设计一个近似比为 2 的解决方案。请详细描述一下这个近似方案。

11-15. 在 Christofides 算法中，为什么我们会说匹配奇数度节点的总权值最多等于该图最佳哈密顿环路所经过节点的一半？

11-16. 请用针对 0-1 背包问题的分支定界法来制定一些能改善其最佳方案下限初始值的方法。

11-17. 为什么说基于贪心策略的分数型解决方案绝不会比 0-1 背包问题的实际解决方案更糟糕？

11-18. 我们来考虑一下 MAX -3-SAT 问题（或 MAX-3-CNF-SAT 问题）的优化问题，在这过程中，我们需要试图让 3-CNF 逻辑式中的多个子句成立。显然，这个问题属于 NP 难题（因为它可以用来解决 3-SAT 问题），但它有一个出奇简单、有效的随机近似算法：只需要通过掷硬币来决定每个变量即可。请证明在平均水平下，该算法的近似比为 8/7（当然，我们得先假设没有一个子句中含有该变量及其取反量）。

11-19. 在习题 4-3 与习题 10-8 中，我们着手构建了一个用于选择性邀请朋友参加聚会的系统。在该系统中，每一个客人都会有一个表示彼此兼容的值，我们希望尽可能地从中选取出一个组合值最高的子集。在这其中，有些客人只会在某些特定的其他人出场时才会接受邀请，我们要想方设法满足这些条件。但同时我们也得知道，还有一些客人会因为某些特定的其他人出场而拒绝邀请。请证明要想迅速解决该问题，需要付出多巨大的努力。

11-20. 假设我们正在写一个并行处理系统，以便尽可能快地将所有工作分配到不同的处理器上进行操作。具体来说就是，我们的任务是将 n 项工作的处理时间分配到 m 个处理器中，并使其最终完成时间最小化。请证明这是个 NP 难题，同时描述并实现一下其近似比为 2 的近似算法。

11-21. 请用分支定界法为习题 11-20 中的调度问题写一个最佳解决方案。

11.12 参考资料

- Arora, S. and Barak, B. (2009). *Computational Complexity: A Modern Approach.* Cambridge University Press.

- Crescenzi, G. A., Gambosi, G., Kann, V., Marchetti-Spaccamela, A., and Protasi, M. (1999). *Complexity and Approximation: Combinatorial Optimization Problems and Their Approximability Properties.* Springer. Appendix online: ftp://ftp.nada.kth.se/Theory/Viggo-Kann/compendium.pdf.

- Garey, M. R. and Johnson, D. S. (2003). *Computers and Intractability: A Guide to the Theory of NP-Completeness.* W. H. Freeman and Company.

- Goldreich, O. (2010). *P, NP, and NP-Completeness: The Basics of Computational Complexity.* Cambridge University Press.

- Harel, D. (2000). *Computers Ltd: What They Really Can't Do.* Oxford University Press.

- Hemaspaandra, L. A. and Ogihara, M. (2002). *The Complexity Theory Companion.* Springer.

- Hochbaum, D. S., editor (1997). *Approximation Algorithms for NP-Hard Problems.* PWS Publishing Company.

- Impagliazzo, R. (1995). A personal view of average-case complexity. In *Proceedings of the 10th Annual Structure in Complexity Theory Conference* (SCT '95), pages 134–147. http://cseweb.ucsd.edu/~russell/average.ps.

- Kolesar, P. J. (1967). A branch and bound algorithm for the knapsack problem. *Management Science*, 13(9):723–735. http://www.jstor.org/pss/2628089.

- Vazirani, V. V. (2010). *Approximation Algorithms.* Springer.

- Williamson, D. P. and Shmoys, D. B. (2011). *The Design of Approximation Algorithms.* Cambridge University Press. http://www.designofapproxalgs.com.

附录 A

猛踩油门！令 Python 加速

> 先要能做，做得对，最后才是要做得快。
>
> ——Kent Beck

这篇附录将致力于提供一些优化代码的工具，以便能使我们的代码变得更简洁，或者更快速。尽管此类优化在大多数情况下并不能代替算法设计（特别是当我们所处理的问题规模非常大的时候），但是让我们的程序运行快上 10 倍应该还是能做到的。

在调用外部辅助之前，我们应该首先审视一下自己是否已经做到 Python 的内置工具物尽其用了。在本书中，我曾列举过许多类似的例子，其中包括了适用于双向队列的 deque，以及如何在合适的条件下运用 bisect 和 heapq 来提升算法的性能。另外，作为一个 Python 程序员，我们也很幸运 Python 提供了当今最高级也最为有效的排序算法（list.sort()，并且高效地实现了它），以及一个功能多样而又迅速的散列表（dict）。甚至您还会发现，itertools 与 functools 模块中也能给我们带来某种程度的高性能代码[1]。

除此之外，当我们选择要用外部库来优化代码时，还应该先确认一下这种优化是否有必要。优化本身也往往会让我们的代码变得更复杂，依赖关系更多，所以优化之前要想一想，优化是否真的值得。如果您的算法已经"足够好"，代码也"足够快"，那么通常就不值得引入用其他语言（如 C 语言）撰写的外部模块了。当然，什么是"足够好"、"足够快"，也取决于我们自己的判断。（您可以在第 2 章找到一些用于代码测速与剖析的例子。）

需要注意的是，本篇附录中所讨论的包和外部扩展库主要用于优化单处理器的代码，其中既包括高效的函数实现，也包括封装好了的扩展模块，以及速度更快的 Python 解释器。当然，考虑将我们代码改为多处理器版本确实能有助于大幅提高运行效率，所以您真的想这么做的话，multiprocessing 模块是一个好的开始。如果您希望深入了解多核编程，您同样可以找到非常多的关于分布式计算的第三方工具。例如，您可以查看一下 Python wiki 上 Parallel Processing 页面中的内容。

在接下来的内容中，我们将会看到一份加速工具的选单。其中包含了业界在若干个方向上的努力，应对于各种情境的变化，毕竟新项目会与时俱进，而一些旧项目则逐渐被淘汰。如果您对下面所介绍的工具方案很感兴趣，打算将其运用到自己的项目来，我们建议您可以先浏览一下这些扩展库的网站以及社区——当然，这要根据您自己的需要，本篇附录最后附有这些网站的地址

---

① 但如果您是在写一个迭代器封装、功能性代码以及其他您想要的某种额外扩展，或许 CyToolz 是一个值得一看的东西。

（见表 A-1）。

　　NumPy、SciPy、Sage 与 Pandas：NumPy 是一个历史悠久的包。它起源于 Numeric 和 numaray 这些更为古老的项目。NumPy 的核心是一个多维数字数组的实现。除了该数据结构外，它还实现了若干个函数与运算符，它们能够高效地进行数组运算，并且对函数被调用的次数进行了精简。您可以用它来进行极其高效的数学运算，而无需对内置模块进行任何额外的编译。SciPy 和 Sage 则属于那种更为宏大的项目，它们将 NumPy 内置为自身的一部分，同时内置了几种不同的工具，实现了用于特定科学、数学及高性能计算的模块（关于这些内容，我们在后面的内容中还会提到）。Pandas 是一个侧重于数据分析的工具，但只有等它的数据模块适用于我们的问题实例时，它才是一个强大而快捷的工具。另一个与之相关的工具叫 Blaze，它在我们处理大量半结构化数据的时候是非常有用的。

　　PyPy、Pyston、Parakeet、Psyco 与 Unladen Swallow：让代码运行得更快，且侵入性最小的方式之一就是使用实时编译器（just-in-time (JIT) compiler）。在以前，我们可以用 Python 安装器来安装 Psyco。安装完成之后，我们就只需要直接导入 psyco 模块，然后调用 psyco.full()，代码的运行速度就会有明显的提升。在您运行 Python 程序时，Psyco 会将我们的一部分代码编译为机器码。而由于它可以在运行时监控程序，因此也就可以做出某些静态编译器无法做到的优化。例如，一个 Python list 中可以包含任意类型的值，但当 Psyco 注意到该 list 其实只包含整型时，它就会假设，可能该 list 在之后的运行时间里也仅会包含整型，因而对相关代码进行编译，将该 list 编译为整型列表。遗憾的是，如今包括 Psyco 在内的数个类似的 Python 加速器项目以及它们的网站都已经处于"停止维护以及消亡"的状态了，尽管类似的功能在 PyPy 中得到了传承。

　　PyPy 则是一个更为宏大的项目：它用 Python 语言重新将 Python 实现了一遍。当然，这本身不会直接加快运行速度，这么做主要是为便于代码的分析、优化与翻译。正是基于这个框架，JIT 编译才变为了可能（这使得我们不再需要 Psyco，代码在 PyPy 内就能完成编译）。甚至 PyPy 还能将代码翻译成像 C 那样的、性能更高的编程语言。另外，在 PyPy 中所实现的 Python 的核心子集被称为 RPython（restricted Python），这部分已经有工具可以静态地编译成高效的机器码。

　　在某种程度上，Unladen Swallow 也是一种 Python 的 JIT 编译器。或者更精确地说，它是 Python 解释器的一个版本，被称为底层虚拟机（Low Level Virtual Machine，LLVM）。该项目的目标是将加速因子相对标准编译器提高至 5。然而，Unladen Swallow 项目还没有达到这个目标，但它的开发活动似乎已经停止了。

　　Pyston 也是一个由 Dropbox 开发的、与 LLVM 平台较为接近的 Python JIT 编译器。在本书写作期间，Pyston 还是一个非常年轻的项目，只支持了语言的一个子集，并且完全不支持 Python 3。然而在很多情况下，它已经优于 Python 的标准实现，并且目前还在积极地开发中。此外，Parakeet 也是一个相当年轻的项目，用该项目 Web 页面的话说，"其中包含了类型接口、并行数据的数组操作以及大量能使代码加速的黑魔法"。

　　GPULib、PyStream、PyCUDA 与 PyOpenCL：这四个包都是在用图像处理单元（graphics processing units，GPUs）来实现现代码的加速。它们与 Psyco 这样的 JIT 编译器不一样，后者是通过代码优化来实现加速的。但如果我们有一个强大的 GPU 的话，为什么不用它来进行计算呢？比起 GPULib，PyStream 更加古老一点，而 Tech-X 公司已经转向了更为年轻的 GPULib 项目的开发。它提供了基于 GPU 的各种形式的数值计算。另外，如果您想用 GPU 来加速自己的代码，PyCUDA、PyOpenCL 这两个项目也值得您试试看。

Pyrex、Cython、Numba 与 Shedskin：这四个项目都致力于将 Python 代码翻译为 C、C++ 及 LLVM 代码。其中，Shedskin 会将 Python 代码编译为 C++程序，而 Pyrex 和 Cython（后者实际上是前者的一个分支）的编译目标主要是 C 语言。另外，当我们用 Cython（及其前身 Pyrex）来进行编译时，我们可以在代码中加入一些可选的类型声明，例如静态声明一个整型变量之类的。此外，Cython 还有 NumPy 数组的额外支持，这使您可以写出某种针对底层逻辑的代码，以高效操作数组内容。我在自己的代码中使用了这个特性，其中的部分代码的加速因子提升到 300 至 400。而且，由 Pyrex 和 Cython 生成的代码可以直接编译为 Python 扩展模块，然后在 Python 代码中导入即可。如果您想从 Python 程序中生成出通用的 C 代码，Cython 也依然是一种安全的选择。而如果您只是在寻找一种加速方式，特别是在面向数组与数学计算的代码的时候，或许 Numba 是一个值得看看的选择。它在被导入时会自动生成相应的 LLVM 代码。其升级版本 NumbaPro 还提供一些更为高级的功能，甚至还包含了对 GPU 的支持。

SWIG、F2PY 与 Boost.Python：这些工具可以帮助您将其他语言封装为 Python 的模块。它们所封装的语言分别是：C/C++，Fortran，C++。尽管我们也可以自行编写访问扩展模块的代码，但使用这些工具可以帮助我们免于许多单调乏味的工作——而且它们也更能确保结果的正确性。以 SWIG 为例，您只需要启动一个命令行工具，往里输入 C（或 C++）的头文件，封装器代码就自动生成了。SWIG 的另一个优点在于，除了 Python，它还可以成为很多语言的生成封装器。例如，您同样也能轻易地利用 Java 或 PHP 这样的语言来编写相关的扩展。

ctypes、llvm-py 与 CorePy2：这些模块可以帮助我们实现对 Python 底层对象的操纵。ctypes 模块可用于在内存中构建编译 C 的对象，并且调用某些共享库中（如某些 DLL）的 C 函数。而 llvm-py 包则正如之前所说，主要提供了 LLVM 的 Python 接口，以便于我们可以构建代码，然后更高效地编译它们。甚至如果您愿意的话，也可以在 Python 中用它来构建您自己的编译器（没准能搞出一种属于自己的编程语言！）。CorePy2 也一样，它可以帮助您处理与高效运行代码对象，只不过，它是运行在汇编层的。（值得注意的是，ctypes 如今已是 Python 标准库的一部分了。）

Weave、Cinpy 与 PyInline：通过这三个包，我们就可以在 Python 代码中直接使用 C 语言（或其他语言）。虽然不同的语言被混排在了一起，但代码仍然可以保持干净整洁，因为您可以使用 Python 字符串的多行特性，将 C 代码部分按照其自身的风格来排版。然后就能即时进行编译，并输出可用在 Python 代码中的代码对象。这样，我们就可以像使用 ctypes 模块那样使用它们了。

其他工具：显然，可用的工具远远不止这些，我们可以根据自己的需要来选择更多的工具。例如，如果我们希望节省的是内存而不是时间，那么 JIT 就不太适合了——JIT 通常都需要耗费大量的内存。这时候，我会建议您去看看 Micro Python 项目。这是一个专为最小内存占用，使用 Python 的微控制器及嵌入式设备而设计的编程环境。而且，谁知道呢？也许我们有些时候根本不想用 Python。或许我们只是在某种 Python 环境中工作，然后想使用某种高级编程语言，但同时希望自己所有代码都能运行得飞快，这时我会建议您看看 Julia 这个项目。尽管这项目在 Python 体系中算是个异类，实际上是一种不同的语言，但它的语法对于所有 Python 程序员来说都会感觉很熟悉。同时它也支持 Python 库的调用，这意味着 Julia 团队与 Python 项目之间一直有着密切的合作，例如 IPython 项目等[①]，甚至这一直是 SciPy 项目研讨会上的主题之一[②]。

---

① 例如，您可以去看看 http://jupyter.org。

② https://conference.scipy.org/scipy2014/schedule/presentation/1669

表 A-1   各加速器工具网站的 URL

工　具	网　站
Blaze	http://blaze.pydata.org
Boost.Python	http://boost.org
Cinpy	http://www.cs.tut.fi/~ask/cinpy
CorePy2	https://code.google.com/p/corepy2
Ctypes	http://docs.python.org/library/ctypes.html
Cython	http://cython.org
CyToolz	https://github.com/pytoolz/cytoolz
F2PY	http://cens.ioc.ee/projects/f2py2e
GPULib	http://txcorp.com/products/GPULib
Julia	http://julialang.org
llvm-py	http://mdevan.org/llvm-py
Micro Python	http://micropython.org
Numba	http://numba.pydata.org
NumPy	http://www.numpy.org
Pandas	http://pandas.pydata.org
Parakeet	http://www.parakeetpython.com
Parallel Processing	https://wiki.python.org/moin/ParallelProcessing
Psyco	http://psyco.sf.net
PyCUDA	http://mathema.tician.de/software/pycuda
PyInline	http://pyinline.sf.net
PyOpenCL	http://mathema.tician.de/software/pyopencl
PyPy	http://pypy.org
Pyrex	http://www.cosc.canterbury.ac.nz/greg.ewing/python/Pyrex
PyStream	http://code.google.com/p/pystream
Pyston	https://github.com/dropbox/pyston
Sage	http://sagemath.org
SciPy	http://scipy.org
Shedskin	http://code.google.com/p/shedskin
SWIG	http://swig.org
Theano	http://deeplearning.net/software/theano
Unladen Swallow	http://code.google.com/p/unladen-swallow
Weave	http://docs.scipy.org/doc/scipy/reference/weave.html

附录 B

■ ■ ■

一些著名问题与算法

> 如果您的飞船破了一个洞，我只能深表同情，因为我所解决的 99 个问题里唯独没有这个问题。
>
> ——匿名者①

这篇附录并不会列举出书中提到的所有问题与算法，因为有一些算法仅仅是为了试图说明某个原理，而有一些问题仅仅是为了某个算法而创造的。然而，作为索引，这里会列举出书中最重要的那些问题与算法。如果您查阅了这篇附录，并没有找到您所需要的那个问题或者算法，那么请查阅一下本书最后的索引部分。

在本附录大多数描述中，n 代表的是问题规模，如一个序列中的元素数量。而在图论问题中，n 表示的是节点的数量，m 则表示边的数量。

问题部分

分团问题与独立集：分团图是每对顶点之间都有边相连的一种图结构。我们对该问题的兴趣主要在于，怎样在一个较大的图中，找到它的分团图（也就是说，分团图实际上是一种子图）。而独立集则指的是图结构中互相没有边与之相连的点。换句话说，找独立集的过程基本等价于将图中每两点之间的连接关系倒转，然后找出该图的分团图。找到一个 k-分团图（含有 k 个节点的分团图），或者找到某图结构中的最大分团图（最大分团图问题），属于 NP 难题。（更多内容请查阅第 11 章。）

最近点配对问题：在几何平面上给出一些点，找到其中最接近的两个点。它可以在线性对数级时间内，使用分治策略来解决。（见第 6 章）

压缩问题与最佳决策树：哈夫曼树是叶节点有权重的一种树结构。权重与节点深度的乘积和越小越好。这种树结构对于构建压缩编码非常有效，而权重可能是节点已知的概率分布。哈夫曼树可以使用第 7 章描述的哈夫曼算法（见清单 7-1）来构建。

连通问题与强连通分量：如果一个无向图的每个节点都可以找到通向其他任意节点的路径，那么我们把这种图结构称为连通图。如果一个基于有向图的无向图是连通的，那么这个有向图也

---

① 该玩笑来自《Star Trek: The Next Generation》中的 Geordi La Forge 少校。

是一个连通图。而连通分量则是图结构中最大的连通子图。连通分量可以用遍历算法来获得，如 DFS（见清单 5-5）或者 BFS（见清单 5-9）。另外，如果在一个有向图中，每个节点到其他任何一个节点，都可以找到一条有向路径，那么这个图被称为强连通图。而强连通组件（SCC）则是一幅连通图中最大的强连通子图。SCC 可以通过 Kosaraju 算法（见清单 5-10）来找。

凸包问题：在几何平面中，凸包指的是包含所有点的最小凸多边形区域。通过分治法，凸包问题可以在线性对数级时间内得到解决（见第 6 章）。

寻找最小值/最大值/中间值：通过单次遍历，我们就可以找到一个序列中的最小值与最大值。通过使用二叉堆，以及线性级时间的准备，我们在常数时间里可以反复提取最大值和最小值。通过随机选择算法，我们也可能在线性级时间（或预期在线性级时间）内，找到一个序列中的第 k 小的元素。（更多信息请参考第 6 章。）

流量和切割问题：在图结构中，如果每条边上标注了流量，那么其构成的网络总流量应该是多少？这就是最大流量问题。与之等价的一个问题是，找到一组能最大化地限制流量的边。这是最小切割问题。类似的问题存在着数个不同的版本。例如，在边上标注过路费，然后寻找最省钱的路径。或在每条边上标注最小流量，然后寻找可行路径。甚至可以在节点上标注通过该节点的消耗或是要求。第 10 章讨论了这一系列问题。

图着色问题：首先，我们得尝试对图结构中的点进行着色，将每一对直接连接的节点涂成不同的颜色，然后试着对颜色进行分类，尽可能地将着色所用的颜色减到最少。基本上，这是一个 NP 难题。然而，如果是要判断某一图结构的着色是否可以只用两种颜色（该图是不是个二分图），那么该问题可以在线性级时间内用单次遍历来解决。另外，寻找分团覆盖的问题等价于寻找独立集覆盖问题，它们都与图着色问题非常类似。（关于图着色问题的更多信息，请参见第 11 章。）

停机问题：判定一个给定的算法是否会因某个给定的输入而终止。这通常情况下是一个不可判定（不可解）的问题（见第 7 章）。

哈密顿环路/路径、TSP……和欧拉路径：在路径问题和子图问题中，确实存在着若干个特定问题的高效解决方式。但不意味着一定存在一种方法，可以访问所有的节点，并且每个节点只访问一次。任何有这种限制的问题都被称为 NP 难题，包括寻找哈密顿环路（从某个节点出发，仅访问每个节点一次并且回到出发节点）、哈密顿路径（从某个节点出发，访问每个节点一次，但不需要回到出发节点），以及寻找完全图的最短路径（旅行商问题）。尽管，无论对于有向图还是无向图来说（见第 11 章），这些问题都属于 NP 难题，但它们有一个与之相关的问题：寻找欧拉路径（从某个节点出发，仅访问每条边一次，不需要回到出发节点）则可以在多项式级时间内得到解决（见第 5 章）。另外，虽然 TSP 问题仍然是 NP 难题，但在某些特定情况下，例如您想计算在平面上的几何距离，我们可以将因子规约于 1.5 之内，然后用其他矩阵距离来解决它。然而，这并不影响其他大多数类似的 TSP 问题是 NP 难解的。（更多信息请参见第 11 章。）

背包问题和整数规划：背包问题是一个在某种限制条件下，根据某种边界值摘选某集合子集的问题。在（有限）分数情况下，我们会拥有几种物品，它们各有不同的质量，并且在单位质量上的价值也不尽相同，而我们要将这些物品放入一个背包中。这时候，我们采用的（贪心）解决方案是：从价值最高的物品开始放，尽可能多地放即可。而对于整数背包问题来说，我们必须把一种物品整个放进去，不能仅放入这个物品的几分之几。每种物品都有质量和价值，对于有限制的情况（所谓的 0-1 背包问题）来说，每种物品都有一定的数量。（另一种同类型的问题是，您有一些固定的物品集合，您可以选择要不要这些集合，但不能拆分任一集合。）而在物品数量不限的情况下，您可以想取多少物品就取多少物品（当然，也要考虑背包容量）。例如，子集和问题就是这种情况的一个特例。它描述了如何从一个数集中取出一个子集，使得子集中元素的和为一个指定的数。这些问题都是 NP 难题（见第 11 章），但使用动态规划的话，可以在伪多项式级时间内得到解（见第 8 章）。而背包问题，甚至可以通过贪心算法，在多项式级时间内解决（见第 7 章）。整数规划在一定程度上是一般化的背包问题（所以很明显是 NP 难题）。它只是变量为整数的线性规划问题。

最长递增子序列问题：寻找给定的序列中长度最长的递增序列，该问题可以用动态规划（见第 8 章）在线性对数级时间内解决。

匹配问题：匹配问题有很多种，其中最典型的就是对象互相链接的问题。本书中所讨论的问题主要是二分匹配问题、开销最小化的二分匹配问题（见第 10 章）以及稳定婚配问题（见第 7 章）。二分匹配问题（或最大化的二分匹配问题）主要涉及的是在一个二分图中寻找边的最大子集，这个子集中不能有两条边的任意两个端点重合。这个问题还有另一个版本：为该图中所有的边标注权值，然后找出权值最大的且符合此条件的子集。稳定婚配问题则与此稍有不同。在该问题中，每个人都会对所有的异性打分，然后根据分数来为他们分配配偶，使得任意两个异性都不会出现宁愿孤独终老也不愿意与对方婚配的情况。

最小生成树问题：生成树实际上是一种子图，该子图要是一棵包含其原图所有的节点的树。最小生成树是在边上有权值的情况下，总权值最小的生成树。寻找最小生成树可以用 Kruskal 算法（见清单 7-4）或 Prim 算法（见清单 7-5）。例如，由于边的数量是固定的，最大生成树可以通过取消边的权来找到。

分割问题与装箱问题：分割问题指的是将一个数的集合一分为二，使得两个子集的和相等。而装箱问题则是指将一个集合中的数放入若干个“箱子”，使每个箱子内的总数值都不超过某个值，并同时尽可能减少所用的箱子数。这两个问题都属于 NP 难题。（见第 11 章）

SAT、Circuit-SAT、*k*-CNF-SAT：这些都属于可满足性问题（SAT）的变体，它会要求我们给定一个用来判定真值的逻辑（布尔型）公式。当然，前提是我们可以按照自己的意愿设置真值变量。不过，Circuit-SAT 问题通常直接应用于逻辑环路中，而不是公式。而 *k*-CNF-SAT 问题主要涉及的是公取范式当中的公式。当 *k* = 2 时，后者可以在多项式级时间内得到解决。而对于 *k* > 2 的其他情况，这就是一个 NP 完全问题了（见第 11 章）。

搜索问题：这是一个非常普遍而又非常重要的问题：通过某个键找到对应的值。这本身就是 Python 这类动态语言的变量运作方式。在当今互联网世界，这几乎也是寻找所有信息的方式。对此，目前大致上有两种解决方案，即散列表（见第 2 章）及二分查找/搜索树（见第 6 章）。而如果数据集中的元素存在概率分布的话，我们也可以用动态语言创建最佳搜索树，以优化查询。

序列比对问题：对比两个序列，并找出它们之间相同（或不同）的元素。解决此类问题的方法之一是寻找两个序列中的最长公用子序列，或寻找从一个序列变换到另一个序列所需的最少基本编辑数（Levenshtein distance 算法）。这两个问题是等价的。更多信息详见第 8 章。

序列修改问题：向链表中插入元素的时间复杂度非常小（常数级时间），但查找指定元素的时间复杂度却很大（线性级时间）。而对于数组而言，情况则刚好相反（查找时间为常数级，而插入时间为线性级，因为元素插入位置之后的所有元素都需要移动）。但是向两者末端插入元素的时间都非常小（见第 2 章相关的黑盒子专栏）。

集合与顶点覆盖问题： 顶点覆盖集是指能够覆盖图中所有的边的顶点集合（每条边至少有一个顶点在顶点覆盖集中）。如果将这个概念中的顶点换为子集，则可以引申出集合覆盖的概念。这个问题的重点在于限制或最小化顶点与子集的数量。这两个问题都是 NP 难题。（见第 11 章）

最短路径问题： 该问题的具体形式包括一个节点到另一个节点之间的最短路径、一个节点前往其他所有节点（反向也可以）的最短路径，以及图中各个节点到其他节点的最短路径。其中，一对一、一对多或多对一的解决方式基本相同。通常使用的是基于未加权图的 BFS 算法。如果是 DAG 图的话，则采用 DAG 最短路径算法，权值非负的情况采用 Dijkstra 算法，一般情况则采用 Bellman–Ford 算法。另外，在实践中，为了加快算法的速度（虽然无法提升其最坏情况的运行时间），我们也可以采用双向 Dijkstra 算法，即 A*算法。而对于问题的最后一种情况，可选的算法主要有 Floyd–Warshall 算法、Johnson 算法（适用于稀疏图）。如果边的权为非负值，Johnson 算法则（渐近）等价于对每个点使用 Dijkstra 算法（后者更为高效）。关于最短路径算法的更多信息，见第 5 章和第 9 章。另外值得注意的是，（一般图的）最长路径问题通常被用于寻找哈密顿路径。也就是说，这是个 NP 难题。事实上，这也意味着，对于一般情况而言，最短路径问题也是 NP 难的。然而，如果我们删去图中的负环，我们的算法即可在多项式级时间内解决问题。

排序问题与元素重复性： 排序是非常重要的一种操作，也是其他许多算法的基础所在。在 Python 中，我们一般会借助 list.sort()方法或者 sorted()函数来完成排序操作，两者都使用了 time 排序算法的高效实现。其他算法还包括插入排序法、选择排序法及 gnome 排序法（这些都属于平方级时间的算法）。除此之外，还有堆排序、归并排序及快速排序（这些都属于线性对数级算法，尽管这只是快速排序算法在平均水平下的表现）。关于平方级运行时间的排序算法，更多信息可以参考第 5 章的相关内容。而对于线性对数级（使用分治法）的算法，我们则可以参考第 6 章的相关内容。另外，一个实数集是否存在重复值，也直接决定了它的排序时间（在最坏情况下）是否能好于线性对数级。这里需要的是一些归简操作，而不只是排序。

拓扑排序问题： 将 DAG 图中的节点按照某种规则排序，使得所有的边指向同样的方向。如果说边代表的是依赖关系，那么拓扑排序就代表了按照这种依赖关系为节点制定的顺序。使用引用计数（见第 4 章）或 DFS（见第 5 章）可以解决这个问题。

遍历问题： 该问题主要涉及的是如何在某种连通结构中访问到所有的对象。通常情况下，这个问题都会被表述为图或树结构中的节点遍历。它既可能要求您访问到每个节点，也可能只需要访问其中的某些节点。对于后者，即忽略图或者树结构某一部分的策略，我们通常称之为修剪，往往用于搜索树和分支定界策略中。更多信息请参考第 5 章。

算法与数据结构部分

2-3 树： 平衡树结构，支持插入、删除、搜索操作。这些操作在最坏情况下需要的时间为 $\Theta(\lg n)$。其内部节点可以有 2～3 个子节点。并且，该树结构在节点拆分、插入的过程中需要始终保持平衡（见第 6 章）。

A*算法：启发式的单源最短路径算法。它比较适用于大型搜索空间。所以我们不（像 Dijkstra 算法那样）是根据最短距离值来选择节点的，用的是节点的最低启发值（其等于实际距离值加上剩余距离估计值）。该算法在最坏情况下的运行时间与 Dijkstra 算法相同。（见清单 9-10）

AA 树：该结构是一棵多层二叉树中的 2-3 树节点翻转的结果。该算法在最坏情况下插入、删除、搜索的运行时间为 $\Theta(\lg n)$。（见清单 6-6）

Bellman–Ford 算法：用于找出加权图中某一节点到其他所有节点的最短路径。其查找的途径是沿着每一条边走 n 次。除非这是一个负向环路，否则其正确答案应该可以在 $n{-}1$ 次迭代之后得到确认。如果其在最后一轮迭代中仍有改进的余地，那么它就应该被当成一个负向环路删除掉，并放弃这个运行时间为 $\Theta(\ln m)$ 的算法。（见清单 9-2）

双源 Dijkstra 算法：在起点和终点同时运行 Dijkstra 算法，并在这两个算法实例之间交叉迭代。当它们在中间相遇时（虽然这个中间点有些地方值得探讨），最短路径就被找到了。该算法在最坏情况下的运行时间与 Dijkstra 算法相同。（见清单 9-8 与清单 9-9）

二分搜索树：二分搜索树上的每个节点都会有一个键（通常还会有一个对应的值）。并且，经由这些节点的键，我们才能对其子节点的键进行区分。较小的键通常放在左子树中，而较大的则放在右子树中。平均而言，任何节点所在的深度就等于其对数，因而其插入、搜索操作的时间复杂度为 $\Theta(\lg n)$。如果（像 AA 树那样）去掉其中的平衡成本，虽然树结构有可能会失去平衡，但可以得到线性级运行时间。（见清单 6-2）

二分法与二分搜索：一种起源于搜索树的搜索方式。其会在一个已排序的序列中，根据自己的兴趣将序列依次减半。在减半过程中，算法将通过对序列中间元素的检测来决定要偏向左半边还是右半边。该算法的运行时间为 $\Theta(\lg n)$。Python 程序员可以在 bisect 模块中找到一份非常高效的实现。（见第 6 章）

分支定界法：这是一种通用的算法设计方法。它主要构建一个局部评估方案，然后我们将其作为一个方案空间，用深度优先或最佳优先策略来进行搜索。在此过程中，保守的估值会被当成最佳方案保留下来，而乐观的估值则会被当作局部方案来计算。如果该乐观性估值比保守性估值糟糕，我们就不会扩展该局部方案，同时回溯该算法。这种算法设计通常用于解决 NP 难题。（见清单 11-2，那是一个用分支定界法解决 0-1 背包问题的范例。）

广度优先搜索（BFS）：一种逐层遍历图结构（也可能是树结构），以找出其（不加权的）最短路径的搜索方式。其在实现中将用一个 FIFO 队列来记录探索到的节点。算法运行时间为 $\Theta(n{+}m)$。（见清单 5-9）

桶式排序法：该算法所要排序的数值将均匀分布在一组区间内，这些区间都是一些大小尺寸相等的、用于存放相关值的桶。预计这些桶的大小是恒定的，所以它们本身也可以用插入排序法这样的算法来进行排序。算法的整体运行时间为 $\Theta(n)$。（见第 4 章）

Busacker–Gowen 算法：该算法希望寻找的是一个网络中在最低成本条件下所能达到的最大流量（或该网络在给定流量值下所能做到的最低成本），它采用的是来自 Ford–Fulkerson 方法中的、最低成本的增广路径。而这些路径的查找则可以通过 Bellman–Ford 算法或（经过某些加权处理的）Dijkstra 算法来解决。在一般情况下，算法的运行时间取决于最大流量值，为伪多项式级时间。如果其最大流量值为 k，其运行时间（假设它采用的是 Dijkstra 算法）就应该为 $O(km \lg n)$。（见清单 10-5）

Christofides 算法：主要针对度量型的 TSP 问题的一种近似算法（近似比大约绑定在 1.5），其寻找的是某种最小生成树结构，以及该树奇数节点的最小匹配[①]，并为相应的图结构构建一个有效的短回路。（见第 11 章）

计数排序法：该算法能在 $\Theta(n)$ 时间内完成对某个小型整数区间（最多能有 $\Theta(n)$ 个连续值）的排序。其工作原理是对出现的数字进行计数，并直接根据该累计值来安排结果中的数字，然后持续更新。（见第 4 章）

DAG 的最短路径：寻找某 DAG 中某个节点到其他所有节点的最短路径。其工作原理是先对节点进行拓扑排序，然后从左至右松弛化每一个节点的所有出向边（或者改成所有入向边也行）。（在无环路的情况下）该算法也可以用来寻找最长路径。运行时间为 $\Theta(n+m)$。（见清单 8-4）

深度优先搜索（DFS）：一种不断深入并回溯图结构（也可能是树结构）的遍历方式。其在实现中将用一个 LIFO 队列来记录探索到的节点。由于可以对探索及完成时间进行记录，DFS 也可以被用来充当其他算法的一个子程序（如拓扑排序、Kosaraju 算法等）。算法运行时间为 $\Theta(n+m)$。（见清单 5-4、清单 5-5 与清单 5-6）

Dijkstra 算法：该算法可用于寻找某加权图中某一节点前往其他所有节点的最短路径，但前提是图中不能有权值为负的边。它会在遍历图的过程中，不断地通过优先队列（heap）来选取下一个节点。其优先级来自于对节点当前距离的评估值，而这些评估值的更新又来自于当下在已访问节点中找到的短路径。算法的运行时间为 $\Theta((m+n)\lg n)$。但如果这是一个连通图，时间复杂度就可以简化至 $\Theta(m\lg n)$。

双向队列：FIFO 队列通常用链表（或数组的链表）来实现，因此其在任何一段插入与提取对象都可在常数时间内完成。Python 程序员可以在 collections.deque 类中得到一份非常高效的实现。（请参考第 5 章中相关的黑盒子专栏话题。）

动态数组、向量：这是一种让数组拥有额外容量的思路，有助于提高追加元素的操作效率。当该结构被填满时，可以通过某个常数因子扩充成更大的数组。因此在平均水平下，它可以在常数时间内完成追加操作。（见第 2 章）

Edmonds–Karp 算法：采用 BFS 进行遍历的 Floyd–Warshall 方法实例。该算法可在 $\Theta(nm^2)$ 时间内找到相关网络的最低成本流。（见清单 10-4）

Floyd–Warshall 方法：该方法用于寻找图中各个节点前往其他所有节点的最短路径。该算法在第 k 轮迭代中，沿路只能（按某种顺序）经过前 k 个中间节点。从第 $k-1$ 个节点的延伸将取决于其是否能通过最短路径的检查，检查当前从 k 节点到前 $k-1$ 个节点的路径是否比直接通往这些节点的路径更短。（也就是 k 节点是否可被用于最短路径。）算法的运行时间为 $\Theta(n^3)$。（见清单 9-6）

Ford–Fulkerson 方法：一种最大流问题的通用解决方案。该方法会通过图的重复遍历来找出所谓的增广路径，这是一种会随着流量增长（增广）的路径。而其中的流量又会随着其经过的或所回退的边数（取消访问）而增长，前提是每一条边中都带来额外容量，并且只要经过它们就会产生流量。因此，我们的遍历同时包含了有向边中的前进和回退两种情况，取决于它们共同产生的流量。具体算法的运行时间取决于我们所采用的遍历策略。（见清单 10-4）

Gale–Shapley 算法：该算法致力于对一组男女进行优先排序，然后从中找出稳定的婚配组合。

---

① 需要注意的是，一般性图结构（可能是非二分图）的匹配查找并不属于本书的讨论范围。

任何一个尚未婚配的男士都会被推荐给一个女士，以作为最佳的婚配对象，而每个女士可以在她当下的追求者中间挑选（其中可能就有她的未婚夫）。算法实现应该在平方级时间内完成这些事。（请参见第 7 章中"求婚者与稳定婚姻"专栏中的内容。）

侏儒排序法：一种简单的平方级排序算法。您在实践中可能不会用到该算法。（见清单 3-1）

散列操作与散列表：散列是一种通过键值来查找相应值的操作（与搜索树类似）。相关的元素项通常存储在一个数组中，所在的位置将取决于某种（伪随机的或有序的）计算得出的散列键值。只要有一个良好的散列函数和足够的数组空间，散列表的插入、删除以及查询操作都可在 $\Theta(1)$ 时间内完成。（见第 2 章）

堆与堆排序：堆是一种高效的优先级队列。通过某些线性级的预处理，一个最小（或最大）堆可以让我们在常数级时间内查找到结构中最小（或最大）的元素，并且在对数级时间内完成元素的提取或替换。另外，元素的添加也可在对数级时间里完成。从概念上来说，堆实际上是一个完全二叉树结构，树上的每一个节点都小于（或大于）其自身的子节点。当该结构被修改时，修复其属性是一个 $\Theta(\lg n)$ 时间的操作。但在实践中，堆通常是用数组来实现的（节点的概念用数组元素的某种编排来表现）。对此，Python 程序员可以在 heapq 模块中找到一份非常高效的实现。Heapsort 的执行过程与选择排序法非常类似，只不过它所要排序的是一个堆结构罢了，所以该算法 n 次查找最大元素的总运行时间为 $\Theta(n \lg n)$。（请参见第 6 章的黑盒子专栏"堆结构与 heapq、Heapsort"。）

哈夫曼算法：该算法用于构建哈夫曼树，以便进而构建出最佳前缀码之用。在初始阶段，算法会将每一个元素（如字母表中的字母）制作成一个单节点的树结构，这时它们的权值等于其出现的频率。然后在每一轮迭代中，都会有两个权值最轻的树被挑选出来，合并成一个新的树结构。该树的权值等于之前两棵树的权值之和。这一切都可以在线性对数级时间内完成（或者说在出现频率已经完成预排序的情况下，它事实上可以在线性级时间内完成）。（见清单 7-1）

插入排序法：一种简单的平方级运行时间的排序算法。它的工作原理就是反复地向数组中已排序的段落中插入下一个未排序的元素。对于小型数据集来说，这实际上可能是比归并排序法或快速排序法更为优秀（甚至是最佳）的算法。（但在 Python 中，我们还是应该尽可能地调用 list.sort() 或 sorted()。）（见清单 4-3）

插值搜索法：该算法与普通的二分搜索法非常类似，但它用来猜测当前位置的是其内部端点之间的内部插值，而不再是简单地查找中间元素。虽然该算法在最坏情况下的运行时间依然是 $\Theta(\lg n)$，但它在平均水平下，面对分布均匀数据时的运行时间变成了 $\Theta(\lg \lg n)$。（请参见第 6 章"如果您感兴趣……"一节中所提到的内容。）

深度迭代的 DFS：该算法会反复地进行 DFS，但每次遍历得多远都会有一定的限制。对于某些扇出型结构来说，算法的运行时间与 DFS 或 BFS 基本相同（$\Theta(n+m)$）。关键在于它既能发挥出 BFS 的优势（善于寻找最短路径以及探索大型的固有状态空间），又能像 DFS 那样具有占用内存少的特点。（见清单 5-8）

Johnson 算法：该算法致力于寻找图中每一个节点前往其他所有节点的最短路径，其基本工作原理就是基于每一个节点运行 Dijkstra 算法。但该算法在这中间使用了一个技巧，以使得它可用来处理负权值的边。首先，它会在某个（能到达图中所有节点的）新起点上运行 Bellman–Ford 算法，然后用得到的距离值来修改图中各条边的权值。修改之后，所有边的权值都变成了非负值，但原始图中的最短路径在修改图中依然会是最短路径。算法的运行时间为 $\Theta(mn\ \lg\ n)$。（见清单 9-4）

Kosaraju 算法：该算法致力于通过 DFS 来寻找强连通分量。首先，节点要按照它们的完成时间排好序。然后，反转它们的边，另行运行 DFS，按照最先的顺序选择起点。算法运行时间为 $\Theta(n+m)$。（见清单 5-11）

Kruskal 算法：该算法致力于通过反复添加不会导致环路的最小剩余来寻找最小生成树。其环路检查可以得到非常有效的执行（当然，这需要一些小聪明），所以算法的运行时间取决于边的顺序。总体而言，大致为 $\Theta(m\ \lg\ n)$。（见清单 7-4）

链表：一种可替代数组的序列表现结构。虽然在链表中只要找到了元素，修改操作的成本很低（只需常数级时间），但查找本身是一个线性级操作。链表的实现像是一条路径，每一个节点都指向下一个节点，另外需要提醒的是，Python 中的 list 类型是用一个数组来实现的，它并不是一个链表。（见第 2 章）

归并排序法：典型的分治类算法。它在排序时会始终将序列从中间分开，然后继续对那两半部分进行递归，最后在线性时间内将排序好的那两半合并起来。算法的总运行时间应为 $\Theta(n\ \lg\ n)$。（见清单 6-5）

Ore 算法：人们通过标记通道入口与出口来遍历实体迷宫的一种算法。其在多数情况下类似于基于深度迭代的 DFS 或 BFS。（见第 5 章）

Prim 算法：该算法致力于通过反复添加与树最接近的节点来使其成长为一棵最小生成树。其核心部分与 Dijkstra 算法类似，由一个遍历算法与一个优先级队列组合而成。（见清单 7-5）

基数排序法：该算法将从最低有效位起，通过（元素的）数位来对数字序列（或其他类型的序列）进行排序。只要数位的个数是恒定的，并且数位能在线性时间完成排序（如通过计数排序法），算法的总运行时间应为线性级。该排序算法的侧重点基于数位的稳定性。（见第 4 章）

随机选取法：该算法致力于查找中间数，或者通常情况下的第 k 顺位的某个数（第 k 小的元素）。其工作原理就像是"半个快速排序法"。它会随机（或者说任意）选择一个分割点元素，将其余元素划分到它的左边（更小的元素）或右边（更大的元素）。然后在各部分继续搜索，整个过程或多或少与二分搜索有些类似。完美平分虽不能保证，但预计的运行时间依然是线性级的。（见清单 6-3）

选取法：虽然相当不现实，但该算法确实可以保证在线性级时间内对兄弟节点进行随机选取。其工作原理如下：先将目标序列划分成五个组，然后分别用插入排序法找到它们各自的中间值，接着用选取法递归地找出这五个中间值中的中间值，再以该中间值的中间值为分割点划分元素。现在，我们就可以在合适的那一半元素上进行选取了。换言之，它与随机选取很相似——不同之处在于，现在我们可以确保分割点两侧存在着一定的比例关系，避免了完全不平衡的情况。这不是一个我们实践中真正会的算法，但了解它依然有着重要的意义。（见第 6 章）

选择排序法：一种简单的平方级排序算法。它的工作原理与插入排序法非常类似，只不过这回不是将下一个元素插入到已排序的区段中，而是找出（选取）未排序区段中最大的那个元素（并交换它与最后一个未排序元素的位置）。（见清单 4-4）

Tim 排序法：这是一种非常棒的、基于归并排序法的就地型排序算法。除了一些被明确声明条件的、未经处理的特殊情况外，它甚至能对已排序的序列做出针对性处理，包括那些反序的序列段。因此，它对某些真实世界中的序列来说，排序速度可能要比通常的情况更快一些。其在 list.sort()与 sorted()的实现中也确实很快，所以您会需要用到它们。(请参考第 6 章黑盒子专栏"Tim 排序法"中的相关内容。)

基于引用计数的拓扑排序法：该算法用于对 DAG 的节点进行排序，使其所有边呈现从左向右的形态。整个过程将通过对每个节点的入向边计数来完成。入向边数为 0 的节点将会被保存到一个队列（也可以只是一个集合，顺序无关紧要）中。这些节点将从该队列中被取出，并放入拓扑排序的顺序当中。当我们这样做时，我们就是在递减相关节点入向边的计数。当它们减到 0 的时候，就可以放到队列中去了。(见第 4 章)

基于 DFS 的拓扑排序法：另一种用 DAG 拓扑排序的算法。该算法的思路很简单，即执行 DFS，然后在完成时反转节点的顺序。另外，如果想更轻易取得线性级的运行时间，我们也可以直接在 DFS 的过程中，在每个节点完成遍历时就将其添加到结果顺序中。(见清单 5-7)

Tremaux 算法：与 Ore 算法一样，这是一种为让人们能步行穿越迷宫而设计的算法。在该算法执行过程中，人们所用的跟踪模式其实基本上就等同于 DFS。(见第 5 章)

绕树两周算法：一种针对公制 TSP 问题的近似算法，它可以确保我们得到解决方案的成本最多是最佳方案的两倍。首先，它会构建一棵最小生成树（它的成本小于最佳方案），然后它会在该树上"绕行"，并且走捷径以避免重复访问相同的边。由于采用公制的原因，它可以确保自己的操作成本低于每条边被访问两次的成本。至于最后一次的遍历，则只需用现成的 DFS 来实现即可。(见清单 11-1)

图论基础

他打赌说：在地球上 15 亿茫茫人海中随意选出一位，我们最多只需要通过五名中间人，就能和这位随意选出的陌生人产生联系。

——选自《Lánczemek Lánczemek》，Frigyes Karinthy 著[1]

本附录的内容参考了以下书目的相关章节：Reinhard Diestel 编写的《Graph Theory》第一章；Bang-Jensen 和 Gutin 合著的《Digraphs》第二章以及 Cormen 等人所著的《Introduction to Algorithms》的附录部分。（值得注意的是，这些书所用的术语和符号都不尽相同，因为这些目前还没有被标准化。）如果您觉得有太多的东西需要记忆和理解，也不必太担心。的确，这里会有很多新的词汇，但这些概念大部分都很直观，而且简单明了，相关的名词往往就已经表达了它们的意思，非常容易被记住。

通常来说，我们基本上会将图结构视为一种由节点（或顶点）组成的抽象网络，网络中的各节点将通过边（或者弧线）实现彼此的连接。如果说得更规范一点，我们也可以将图结构定义成某种点对集合 $G = (V, E)$。其中，节点集合 V 可以是任何有限集合，而边集 E 则是由一组（无序的）点对组成的[2]。我们往往将其称作图 V，有时也写作 $V(G)$ 和 $E(G)$，以此来说明它属于哪一个集合[3]。另外，图结构通常也可以用图 C-1（这里暂时先忽略其中的灰色高亮部分）这样的网状图来表示。图 C-1 中的图称为 G_1，它可以被表示成节点集 $V = \{a,b,c,d,e,f\}$，也可以用边集 $E = \{\{a,b\},\{b,c\},\{b,d\},\{d,e\}\}$ 来表示。

当然，我们其实并不需要总是严格分辨图和它的节点及边集之间的区别。当我们提到图 G 中的节点 u 时，往往只是在说一个 $V(G)$ 中的节点而已，或者类似地，图 G 中的边 $\{u,v\}$ 实际上指的也只是 $E(G)$ 中的边。

■ **请注意：** 直接在渐近表达式中使用 V 和 E 是很常见的。比如 $Q(V+E)$，表示的是图的线性规模。在这种情况下，集合可以通过它们的模来表示（规模），所以其更确切的渐近表达式应该是 $Q(|V|+|E|)$，其中，$|\cdot|$ 表示取模运算。

---

① 正如 Albert-László Barabási 在他的著作《Linked: The New Science of Networks》中引用的那样。

② 您可能甚至会怀疑这里有没有问题，但我们可以假设 V 和 E 之间不存在重叠的部分。

③ 即使我们给集合起了别的名称，函数依然会是 V 和 E。比如，对于 $H = (W,F)$ 这样的图，我们还是可以定义 $V(H) = W$ 以及 $E(H) = F$。

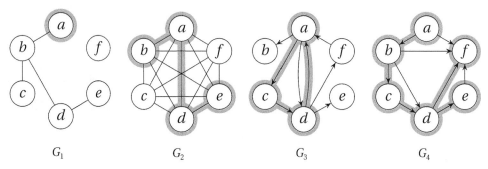

G_1　　　　　　G_2　　　　　　G_3　　　　　　G_4

图 C-1　各式各样的无向图与有向图

最基本的图通常被定义为"无向图"，与之对应的则被称为"有向图"。两者唯一的区别在于，有向图中组成边的点对是具有指向性的，即连接节点 u 和 v 的要么是从 u 指向 v 的边(u,v)，要么是从 v 指向 u 的边(v,u)。也就是对于有向图 G 而言，$E(G)$ 是 $V(G)$ 一个关联图。在图 C-1 中，G_3 和 G_4 都属于有向图，我们通过箭头来表示边的方向。值得注意的是，图 G_3 中，a 和 d 之间存在着两条边，我们通常称其为反向并行线，即两条方向相反的线。这在有向图中是被允许的，因为 (a,d)和(d,a)实际上是完全不同的两条线。而并行边（完全相同的边）则无论是在有向图还是无向图中都是不被允许的。（这遵循了边是一个集合这条准则）。另外需要注意的是，无向图中不允许存在指向节点本身的边，而这在有向图中是被允许的（我们称之为自闭环）。但这种情况原则上应该是被禁止的。

> **请注意：**有些图的要求其实并没有那么严格，它们有时也会允许出现诸如平行边及自闭环之类的东西。如果我们允许网络结构中存在相同的边（也就是说，现在我们的边集将是一个多重集合）与自闭环，那么我们就可以将其视为一个伪图（也可能是有向的）。而不带自闭环的伪图则可以被简化为一个多重图。此外还有许多稀奇古怪的版本，比如"超图"，它的每条边都能有超过两个的节点。

虽然无向图和有向图是截然不同的两种事物，但它们的许多原理和算法是相通的。因而在大部分场合中，"图"这个概念往往非常宽泛，它既包括无向图，也包括有向图。值得注意的是，在许多运用场景中（如某个图结构的遍历或"环游"），我们只需要将每条无向边替换成一组反向边，该无向图就可以用有向图来模拟。另外，通过数据结构来实现图结构时，这样的做法是很常见的（第 2 章中将深入探讨这方面的问题）。当我们非常清楚边是否有向，或者有向与否无关紧要时，我们也可以把$\{u,v\}$或(u,v)写作 uv。

通常情况下，对于被边连接的两个节点，我们称之为端点。也就是说，边 uv 连接的是 u 和 v 这两个端点。如果这是一条有向边，那么我们就说它从 u 点出发，指向了 v 点。而 u 和 v 则分别被称为该边的尾端和首端。如果 uv 是无向边，那么 u 和 v 就是相邻的，它们互为相邻节点。对于由所有 v 的相邻节点所组成的集合，我们称之为 v 的邻接集，记为 $N(v)$。例如在图 G_1 中，b 节点的邻点集合 $N(b)$ 就是$\{a,c,d\}$。如果某图中任意两个节点都互为邻点，那么该图就可被称为完全图（参见图 C-1 中的 G_2）。但对于有向图而言，边 uv 仅表示 v 为 u 的相邻节点，反过来则未必成立，当且仅当它的反向边 vu 也存在时，我们才能说 u 是 v 的相邻节点。（也就是说，u 的相邻节点必须是一条从 u 出发的有向边所指向的那些节点。）

另外，对于节点 v 所连接的（无向）边数（也就是 $N(v)$ 中的元素数量），我们往往称之为 v 的度，通常写作 $d(v)$。以图 C-1 中的 G_1 为例，节点 b 的度数为 3，而 f 的度数为 0（度数为 0 的节点通常被称作孤点）。对于有向图而言，度数还得分为入度（指向该点的边）与出度（从该点出发的边）。推而广之，我们也能把邻点分为入邻点或父节点，以及出邻点或子节点。

而且，一个图结构也可以是另一个图结构的一部分。当 W 为 V 的子集并且 F 是 E 的子集时，我们会说图 $H = (W,F)$ 是图 $G = (V, E)$ 的子图，或者 G 是 H 的超图。这意味着，我们可以通过删除图 G 中的某些节点和边来得到 H。在图 C-1 中，高亮显示的节点和边预示着我们即将讨论的子图概念。如果 H 是 G 的子图，我们通常会说 G 包含了 H。如果 $W =V$，那么 H 和 G 就是共轭的。也就是说，某张图的共轭图包含了该图的所有节点（比如图 C-1 中的图 G_4）。

路径是一种特殊的图结构，主要以子图的形式出现。通常情况下，一条路径往往由一系列互不重复的节点组成（如 $v_1, v_2, \cdots, v_n$），它的边通常需要（一次性地）连接一组连续的节点（如 $E = \{v_1v_2, v_2v_3, \cdots, v_{n-1}v_n\}$）。需要注意的是，在有向图中，路径还必须跟随边的方向；也就是说，有向图中的每条边都必须标明方向。路径的长度则等于边的数量。我们称之为 v_1 至 v_n 之间的路径（如果是有向图，则称为从 v_1 指向 v_n 的路径）。例如，G_2 中高亮部分子图就是 b 和 e 之间的一条路径，长度为 3。其中，如果路径 P_1 是另一条路径 P_2 的子图，那么我们就称 P_1 为 P_2 的子路径。比如，G_2 中的路径 b, a, d 和路径 a, d, e 都是路径 b, a, d, e 的子路径。

除此之外，还有一个与路径相似的概念，我们称之为环路。在路径的终点上添加一条指向起点的边就构成一条环路（例如，在图 C-1 的图 G_3 中，a, b, c 就构成了一个有向环路）。环路的长度同样为它所包含的边数。和路径相似，环路也必须跟随边的指向。

请注意：根据路径的定义，它不能穿越自身，即一条路径中不能包含带有环路的子图。另外，我们还有一个与路径相似但意义更为宽泛的概念——"路（walk）"。它由节点和边交替而成（本身并不属于任何一种图结构），但每个节点和每条边都能被多次经过，允许被"环绕"。而环路的概念实际上与封闭的路是相同的，其首尾节点重合。为了将无环的路径与通常概念上的路加以区分，我们通常也会用"简单路径"这样的术语来称呼前者。

边的权重（或者称为开销、长度等），也是目前经常讨论的一个概念，即每一条边 $e = uv$ 都有与之对应的 $w(e)$，有时也写作 $w(u,v)$，用于表示这条边所对应的某些开销。例如，当节点代表某些物理地点时，权重就是路网中的开车距离。整个图 G 的权重 $w(G)$ 则为每一条边 e 的权重 $w(e)$ 之和。推而广之，如果将这个概念应用到路径和环上，那么路径 P 的权重就是 $w(P)$，环 C 的权重就是 $w(C)$。另外，两个节点之间的距离指的是连接这两点的最短路径的长度。（关于最短路径的查找方法，请参考本书第 9 章中的相关介绍。）

如果某图结构中的任意两点之间都存在路径，那么它就是连通的。如果有向图忽略了边的方向之后是连通的，那么我们就称之为该图的基础无向连通图。图 C-1 中只有图 G_1 是唯一的非连通图。图中最大的连通子图称为它的连通分量。图 C-1 中的图 G_1 有两个连通分量，而其他图都只有一个连通分量，因为这些图本身就是连通的。

请注意：术语"最大的"指的是在仍然满足给定特性的情况下，无法再进行扩展了。例如，连通分量不能成为任何更大的连通图（包含更多节点或边）的子图。

在计算机科学以及许多其他领域中，有一种图是深受关注的：不包含环的图，也称为无环图。无环图既可以是有向图，也可以是无向图，但这两种图的属性大相径庭。下面我们先来看看无向的。

无向的无环图称为森林，而它的连通分量则称为树。

换言之，一棵树就是连通的森林（由单一连通分量组成的森林）。例如，G_1 就是包含了两棵树的森林。在一棵树中，度数为 1 的节点称为叶节点（或者外部节点）[①]，而其他的就称为内部节点。G_1 两棵树中较大的那棵有三个叶节点和两个内部节点。较小的那棵则只有一个内部节点。事实上，这棵树只有三个以下节点，讨论它的叶节点和内部节点实在没有太大意义。

请注意：仅有 0 个或 1 个节点的图称为平凡图，它们的作用只是让定义变得更加复杂，事实上并没有太大必要。通常情况下，我们会直接略过这些情况，不过有时还是得记住这些概念。例如，在使用归纳法时，它们就能体现出作用了（具体请参见第 4 章中的相关讨论）。

树这种结构有着一些非常有趣而且重要的特性，这是一个自始至终贯穿于本书之中的概念。以下就是实例：假设 T 为一个拥有 n 个节点的无向图，那么以下命题实际上是等价的（具体证明要求请参考习题 2-9）：

（1）T 是一棵树（这是个无环的连通图）；

（2）T 是无环图，且有 $n-1$ 条边；

（3）T 是连通图，且有 $n-1$ 条边；

（4）其任意两个节点之间有且只有一条路径；

（5）T 是无环图，但任意再添加一条新边都会产生环路；

（6）T 是连通图，但任意再删除一条边都会将它分成两个连通分量。

也就是说，以上关于 T 的命题中的任意一条都和其他命题是等价的。

如果有人说 T 中任意两点之间有且只有一条路径，那么您应该立刻推导出它是连通的，有 $n-1$ 条边，并且没有环路。

通常而言，我们在构建树结构之前会赋予它一个根节点（简称根）。这样一来，它就是一棵有根树，否则这就是一棵自由树。（如果我们上下文中没有清晰地表明某个树是否含有根节点，那么该树就能同时用于有根树和自由树的情况。）在挑选出根节点之后，接下来我们就能定义"上"和"下"的概念了。不过，在计算机科学中（以及一般图论中），我们习惯上会越来越多地把根节点置于结构的顶端，而把叶节点放在底部，这与定义正好完全相反（类似情况还有很多）。因此对于任何节点而言，指向根节点的方向是"向上的"（沿着节点到根的路径），反过来则是"向下的"（指向叶节点）。另外需要记住的是，在有根树中，根节点视为内部节点而非节点，即使这

[①] 我们稍后将会详细说明，根节点不会被认作叶节点。同理，对于只有两个连通节点的图，将两个节点都称为叶节点也没有任何意义。

棵树的度数正好是 1。

正确定义了节点的指向之后，我们就可以进而将节点与根节点之间的距离定义成它的深度，而节点的高度则指的是它到叶节点之间的最长路径长度。整棵树的高度正是根节点的高度。例如，对于图 C-1 的 G_1 中较大的那棵树而言，假设 a（高亮显示）为根节点，那么这棵树的高度就应该为 3，而节点 c 和 d 的深度则为 2。所有包含相同深度节点的集合称为层。（在本例中，第 0 层包含 a，第 1 层包含 b，第 2 层由 c 和 d 构成，第 3 层则只有 e。）

有了方向的概念之后，我们还能通过非常直观的家族树来定义许多其他关系（多个子节点共享同一个父节点）。某节点的上一层邻节点（离根节点更近的）称为它的父节点，而某节点的下一层邻节点则称为它的子节点[1]（当然，根节点没有父节点，而叶节点没有子节点）。推而广之，向上的路径中的节点称为前辈节点，向下路径中的节点称为后辈节点。包含节点 v 以及它所有后代节点的树称为以 v 为根的子树。

请注意：与子图概念不同的是，子树通常并不指代一棵树所有的子图——特别是在讨论有根树时。

其他类似的术语通常都有明确的含义。例如，兄弟节点指的是那些共享同一个父节点的节点。有时兄弟节点是有序的，我们能指定某个节点的"第一个子节点"或者"下一个兄弟节点"。在这种情况下，这棵树就称为有序树。

正如我们在第 5 章中所讨论的那样，许多算法都是基于遍历问题来设计的，它们会从某个节点（起始点）出发，系统性地探索整个图结构。虽然这些算法的探索方式各不相同，但有些概念是共通的。在遍历整个图的过程中，生成树[2]的数量会逐渐增加（生成树就是那些恰好为树的生成子图）。通过遍历产生的生成树称为遍历树，它的根节点就是起始节点。更进一步的细节将会在遍历算法中展开介绍，不过图 C-1 中的 G_4 很好地诠释了这一概念。高亮部分的子图就是一棵以 a 为根节点的遍历树。请注意，所有从 a 到其他节点的路径都跟随了边的方向；大部分情况下，有向图的遍历树都是如此。

请注意：如果某个有向图的基础图是一棵有根树，所有的边都从根节点指向其他节点（也就是说，其所有节点都可以通过从根节点出发的路径访问到），那么它就被称为有向树形图。不过，我更愿意将这一类图简称为树。换言之，图的遍历过程中会产生遍历有向树形图。有向树这个术语同时适用于有根树（无向）以及有向树形图，因为有根数的边总是从根节点指向其他节点。

您是否已经对这没完没了的术语感到厌倦了？请打起精神来——现在只剩最后一个概念了！正如先前介绍的那样，有向图可以不含环路，无向图也是这样。有趣的是，这样的图看上去并不

---

[1] 值得注意的是，这里跟有向图中出入相邻节点的情况使用的是相同的术语，这说明它们在树结构中所表示的概念是一致的。

[2] 当且仅当所有节点都能通过起始节点访问到时才成立。否则，必须换一个起始节点重新开始新的遍历，结果会导致生成森林的产生。每一个生成森林的分量都有它自己的根节点。

像森林或者有向树。原因是基础无向图完全可以包含任意数量的环路，而一个有向图只要每条边都指向合适的方向，就可以形成有向无环图（以下简称 DAG），它的结构可以是任意的（请参考习题 2-11）——也就是说，通过指定合适的方向，就能避免有向环路的产生。G_4 就是一个很好的实例。

DAG 通常很适合用来模拟依赖关系，因为循环依赖通常是不可能的（至少来说是不符合需求的）。例如，节点所代表的可能是大学课程，边 (u, v) 则表示课程 u 是课程 v 的先决条件。第 5 章中的拓扑排序部分设计了这方面的讨论。第 8 章中会提到 DAG 也是动态编程技术的根本所在。

习题提示

在解决任何问题之前，我们都应该先问自己三个问题：第一，我能做什么？第二，我能读什么资料？第三，我能向谁请教？

——Jim Rohn

第 1 章

1-1. 随着机器越来越快，内存越来越大，要处理的输入规模也会越来越大。我们在算法上的贫困最终将会导致灾难。

1-2. 一种简单而又十分灵活的解决方案是对各字符串中的字符进行排序，然后对比其结果。（理论上说，对于字符出现频率的计数，如果用 collections.Counter 来做，可能会得到更好的性能弹性。）而一个黔驴技穷的方案可能会选择按照其中一个字符串的顺序去跟另一个字符串比较。我不想夸大这个方案有多可怜。事实上，我们随便再写一个算法也不会比它更糟糕。您可以看看它能应对多大的字谜游戏。我敢打赌，它走不出多远。

第 2 章

2-1. 那样的话，我们会重复运用同一个 list 十次，这绝对是一个糟糕的思路。（例如，您可以试着运行一下 a[0][0] = 23; print(a)）

2-2. 一种可能性是我们使用 A、B 和 C 三个 n 大小的数组，它们各自都有 m 个元素尚未被赋值。其中，A 是实际数组，而 B、C 和 m 则都是用于检测的结构。只有用 C 中的第 m 项，才能将它们从 B 中索引出来。当我们执行 A[i] = x 的时候，就相当于执行了 B[i] = m 与 C[m] = i，并且递增 m（m += 1）。您能从中找出自己需要的信息吗？只要明白了这个，之后问题再扩展到二维邻接数组就非常简单了。

2-3. 如果 f 等于 $O(g)$，那么就一定存在一个常数 c，使得在 $n > n_0$ 时，$f(n) \leqslant cg(n)$。这意味着常数 $1/c$ 也能满足 g 等于 $\Omega(f)$ 的条件。反过来也是同样的逻辑。

2-4. 下面具体看看其中的工作原理。根据定义，我们应该知道 $b^{\log_b n} = n$。这是一个等式，我们可以在其两侧都加一个（以 a 为底的）对数，使其变成 $\log_a (b^{\log_b n}) = \log_a n$。由于 $\log x^y = y$

log x（这是对数标准规则），我们又可以把它写成$(\log_a b)(\log_b n) = \log_a n$，这样我们就得出了 $\log_b n = (\log_a n)$。从这个结果我们可以看出，$\log_a n$ 与 $\log_b n$ 之间只相差一个常数因子$(\log_a b)$，这在我们的渐近记法中是要被消除的。

2-5. 我想首先得确认随着 n 的增长，不等式 $k^n \geqslant c \cdot n^j$ 是否能对于任何常数 c 都始终成立。为简单起见，我们在这里可以设 $c = 1$。接下来，我们可以在不等式两侧都增加一个（以 k 为底的）对数（由于它是一个递增函数，所以这样做并不会使该不等式发生逆转），这样我们要确认的就是 $n \geqslant j \log_k n$ 是否在某些点上成立，其结果出自于一个由（递增）线性函数决定的对数。（之后您应该可以自行证明了）

2-6. 这个问题可以用一种叫作变量置换的小技巧来轻松解决。像在习题 1-5[①] 中一样，我们可以临时设置一个不等式 $n^k \geqslant \lg n$，然后试图证明其对于任意大的 n 都成立。和之前一样，我们再次通过在不等式的两侧增加一个对数，并得到 $k \lg n \geqslant \lg(\lg n)$。这种双对数看上去好像挺吓人，但其实我们可以优雅地回避掉它。我们不用关心指数级操作具体是如何超过多项式级操作的，只要知道超越是在哪些点上发生的就可以了。这意味着我们可以替换掉某个变量——我们设 $m = \lg n$，如果通过递增 m 能得到结果，通过递增 n 也一样能得到。我们就认为 $km \geqslant \lg m$ 是成立的，这与习题 2-5 完全相同。

2-7. 在 Python 的 list 类型中，任何查找或某个指定位置的修改都是常数级操作，因为该类型的底层实现的是个数组。但在链表中，我们就必须通过遍历来完成这些操作（平均需要遍历半个 list），这是个线性级操作。对于交换操作来说，只要我们知道两者所在的位置，这也是一个常数级操作（请参见线性级链表的反转操作）。而对于要修改 list 结构的插入和删除元素操作来说，数组就通常需要线性级的时间了，这些在链表中却都是常数级操作。

2-8. 关于第一个结果的证明，我在这里将只用 O 记法来证明其上半部分，下半部分（Ω）的证明是完全相同的。首先，我们知道 $O(f) + O(g)$ 的和值实质上是 F 与 G 这两个函数的和值，也就是说（在 n 足够大，并且常数 c 相同的情况下）$F(n) \leqslant cf(n)$ 并且 $G(n) \leqslant cg(n)$。（您知道为什么这里要求两者的 c 要相同吗？）这样一来，在 n 足够大的情况下，我们就可以得出 $F(n) + G(n) \leqslant c \cdot (f(n) + g(n))$，那就意味着 $F(n) + G(n)$ 实际上等同于 $O(f(n) + g(n))$，而这正好是我们所要证明的。至于 $f \cdot g$ 的情况，大体上与前面相同（只有与 c 相关的地方有些许不同）。也就是 $\max(\Theta(f), \Theta(g)) = \Theta(\max(f, g))$ 的证明遵循的是这样一个类似的逻辑：这中间最令人惊讶的事实是 $f + g$ 竟等同于 $O(\max(f, g))$，或 $\max(f, g)$ 等同于 $\Omega(f + g)$ ——也就是说，它的最大增长速度与其和值一样快，这用 $f + g \leqslant 2 \cdot \max(f, g)$ 的事实就很容易解释了。

2-9. 每当我们需要证明句子之间的等价关系时，通常会先逐条确认列表中每个句子的含义，然后从最后一个句子回到第一个。（您可能会想，试着直接证明其中的某些句子具有别的含义也一样吧。但这里大概存在着 30 种选择。）下面我们来提供几个入门提示：1→2，假设该树呈现的是一组继承关系，那么其每条边都代表了一层父子关系，并且根节点以外的节点都会有一条来自其父节点的边，因此应该有 $n-1$ 条边。2→3，T 的构建将通过逐条添加这 $n-1$ 条边来完成。我们不能用这些边连接该树中已经存在的节点（不能出现环路），所以每条边必然会将一个新的节点连接到该树中，这样它就必将是连通的。

---

① 译者注：原文如此，但由于习题 1-5 事实上并不存在，谨慎怀疑是作者笔误，实际应该是习题 2-5。

2-10. 这一题算是第 3 章 "计数初步" 的一道前菜。您可以用归纳法来证明这个结果（我们在第 4 章中会深入讨论归纳法），但我们还有一种更简单的解决方法（它与第 2 章中的分发问题非常类似）。也就是我们给每个家长（内部节点）发两个甜筒。现在，每一个家长都要挨个给他们的孩子分发甜筒。这里唯一没有分到甜筒的就只有根节点。所以，如果我们有 n 个甜筒和 m 个内部节点，现在就大致可以知道 $2m$（甜筒的数量只能在初始化的时候设定）应该等于 $m + n - 1$（除根节点以外的所有节点都会被分到一个），这意味着 $m = n - 1$。并且这也是我们所要找的答案，很整洁，是吧？（这其实是计数技术的一个实例，在这里我们用两种不同的方式对相同的东西进行了计数，并用事实——甜筒的数量来证明这两种计数结果必然相等。）

2-11. （任何一种）节点的编号都可以按照其所有边的编号从低到高排列。

2-12. 优点还是缺点其实取决于我们用它来做什么。这种表示法在查看相关边权值的时候效率比较高，但不太适合用来遍历图中的节点或某节点的相邻节点。我们可以用某些额外的结构来改善这一部分（如果需要的话，可以用某种全局性的节点列表，或者必要时也可以用简单的邻接列表来做）。

第 3 章

3-1. 我们可以试着用归纳法，甚至递归法来证明。

3-2. 我们可以先将其重写成 $(n^2-n)/2$，然后去除其中的常数因子，得出 n^2-n，最后再拿掉 n，因为按照规则这里得以 n^2 为主。

3-3. 二进制编码告诉我们，其通常是被包含某个求和式的 2 的指数中，并且每一种编码都只能被包含一次。下面，我们假设任何前 k 位（或二进制位）数字的上界可以用 2^{k+1} 来表示（我们设定的归纳前提是其在 $k=1$ 时成立）。然后，我们再试着用习题提供的提示来证明其他位数（允许我们添加下一个 2 的指数）的数字也可用 $2^{k+1} - 1$ 来表示上界。

3-4. 一种基本方法是用一个循环遍历所有可能的值，另一种方法是使用二分法。后者我们将会在第 6 章中详细介绍。

3-5. 该证明很显然要从计算公式的对称性开始着手。此外，还有一种证明方式是由于其中要减去 k 个元素，所以我们用许多种方式来移除这 k 个元素。

3-6. sec[1:]这个截取操作需要复制 $n-1$ 个元素，这意味着该算法的运行时间接近于握手问题的求和式。

3-7. 该证明过程可从握手问题的求和式中快速推导出来。

3-8. 递归式展开后，我们会得到 $2\{2T(n-2) + 1\} + 1 = 2^2 T(n-2) + 2 + 1$，它最终会成为一个双倍的求和式 $1 + 2 + \cdots + 2^i$。为了得出其基准情况，我们需要设置 $i = n$，这样指数求和式的上界就变成了 2^n，即 $\Theta(2^n)$。

3-9. 该题的证明与习题 3-8 类似，但这回递归式展开之后得到的是 $2\{2T(n-2)+(n-1)\}+n = 2^2 T(n-2)+2(n-1)+n$。这之后，我们将会得到一个相当求和式，其主导相加项是 $2^i T(n-i)$。我们设置 $i = n$，得出的是 2^i。（希望您不要满足于这个粗糙的推理，应该亲自用归纳法验证一下。）

3-10. 该题的证明很简洁：我们可以对等式的两边取对数，由此得到 $x^{\log y} = \log y^{\log x}$。然后我们就可以直接看出这两边都等于 $\log x \cdot \log y$ 了。（知道为什么吗？）

3-11. 该算法除递归调用外的操作基本上就是将原序列的两半重新合并成一个单一的序列。那么首先，我们可以先暂时假设该序列经递归调用以参数形式返回的长度始终是相同的（lft 与 rgt 的长度是不变的）。然后 while 循环会对序列进行遍历，并一直弹出元素，直到它们中的一个变成了空序列，这最多是一个线性级作业。同理，其反向操作也最多是线性级的。而 res 列表则将由 lft 和 rgt 中弹出的元素共同组成，并且到最后，（lft 或 rgt 中）剩下那些的元素也会被合并进来（也是线性时间）。现在唯一剩下的事情就是要证明归并排序所返回的序列长度始终与其接受的参数序列相同。对此，我们可以对 seq 的长度使用归纳法（如果这个对您来说还是有点挑战性，或许我们也可以借用一下第 4 章中的某些技巧。）

3-12. 这会在握手问题的求和式中插入一个 $f(n)$，这意味着其递归式会变成 $T(n) = 2T(n/2) + \Theta(n^2)$。即使是最基本的公式原理也会告诉我们其二次方部分成为了主导，即现在 $T(n)$ 属于 $\Theta(n^2)$ 了——也就是比原来更糟糕了。

第 4 章

4-1. 我们可以试着对 E 应用归纳法，然后像内部节点计数的实例一样"向后"推导归纳步骤。其基本情况的设置并不重要（我们可以设 $E = 0$ 或 $E = 1$），所以我们现在就假设公式对 $E = 1$ 是成立的，并且这里考虑的是任何一种带 E 条边的平面图的连通图。接下来我们要尝试着删除某一条边，并假设（删除后）这个更小的图结构依然处于连通状态。然后，由于边的数量减少了一条，势必会有两个区域要合二为一，区域的数量也要减一。于是我们将原公式写成 $V - (E - 1) + (F - 1) = 2$，这与我们要证明的公式是等价的。接下来，您可以试着解决一下删除边之后，图结构不连通的情况。（提示：您可以针对每个连通分量应用该归纳前提，只不过这里会产生两个无限区域，因此务必要做一些相应的抵消处理。）当然，我们也可以试着对 F 或 V 应用归纳法，看看哪一种更适合您的口味。

4-2. 这其实是个技巧性的问题，因为其任何分解序列给出的都是相同的"运行时间"：$n-1$。我们可以通过归纳法来证明，具体如下（您可以将基本情况设为 $n=1$，这不重要）：第一次分解之后，我们会得到一个由 k 个正方形组成的矩形与一个由 $n-k$ 个正方形组成的矩形（k 的值取决于我们分解的位置）。两个正方形的数量都小于 n，所以根据强归纳法，我们可以假设它们各自还需要分解的次数分别为 $k-1$ 与 $n-k-1$。最后加上最初的这次分解，我们可以得出整个巧克力的分解次数是 $n-1$。

4-3. 我们可以将问题中所有人的关系看成一个图，边 uv 表示 u 和 v 彼此认识对方。这样一来，我们只要试着找出该图的最大子图（纳入节点数量最多的子图）就可以了，其中每个节点 v 的深度都满足 $d(v) \geqslant k$。下面轮到归纳法再一次登场了：我们将基本情况设为 $n = k + 1$，这样只要该图是完整的，我们就可以凭此来解决问题。相信您也已经猜到了，该问题只要将其归简到 $n-1$（归纳前提）就自然会迎刃而解，而要想做到这点，我们就必须：（1）能确定所有节点的深度都必须大于或等于 k（这一点我们已经做到了），或者，（2）能找出某一节点，只要它被移除问题就解决了（根据归纳前提）。事实证明，我们可以随意删除任何一个深度小于 k 的节点，因为它无论如何都不会是我们解决方案的一部分。（这与排列问题有些类似——只要删除该节点是必要的，那就大胆删除它吧。）

    附加题提示：需要注意的是，$d/2$ 是边点之间（在完全图中）的比例，并且只要我们所删除的节点的度小于或等于 $d/2$，（剩余子图中的）这个比例是不会下降的。因此只要不突破这个比例限制，我们就只管继续删除节点。而且，由于剩余图的边点比不会为 0（因为它至少要和原图一样大），所以它必须非空。另外，由于我们不能移除更多的节点，所以剩下每个节点的度一定都大于 $d/2$（我们已经删除了所有度小于这个比例的节点）。

4-4. 尽管证明该结构中只能有两个中心节点的方式有很多种，但或许其中最简单的方式是先（用归纳法）构建相应的算法，然后用该算法来完成证明。我们设基本情况为 $V=0$，也可以设成 1 或 2，这都没关系——可用节点都是中心。除此之外，我们还需要将 V 归简到 $V-1$。这一点我们可以通过删除某个叶节点来完成。在 $V>2$ 的情况下，没有节点可以成为中心（因为其相邻节点永远都会是"更为中心"的节点，它们总是有更短的最长距离），所以我们要将它排除掉并且忘掉。该算法具体如下：在结构中剩余节点都等效于中心节点之前，它会一直持续删除叶节点（这可能需要再次用度数/计数法来实现）。这样，我们就可以看出 V 显然最多只能等于 2。

4-5. 这个问题与拓扑排序有些类似，只不过这里可能会出现环路，因此我们不能保证相关图结构中会存在入度为 0 的节点。事实上，这其实就是在寻找一条有向的哈密顿路径。它或许甚至不存在于一般的图结构中（这确实是个难题，详细说明请参考第 11 章）。但对于面向边的完全图（这就是图论中所谓的竞赛图）来说，这样的路径（沿着有向边一次性访问到各个节点，且每个节点只能被访问一次）却始终是存在的。对此，我们可以直接进行某种单元素归简——删除其中的某个节点，然后整理剩下的节点（用归纳前提设定这样做是可行的，基本情况您可以随意设定）。这样一来，问题就变成了我们能否（以及如何）往该图中插入最后一个节点，或骑士。关于这个问题，最简单的方式就是看看要插入的这位骑士打败他（或她）第一个对手的可能性（如果能打败这个对手，就插入在对手的前面，否则就只能往后放了）。因为我们在将骑士插入在某个对手之前，这位骑士必须先打败他，这样才能维持问题所需的排序类型。

4-6. 这个问题证明了细节在归纳法中的重要性。其参数分解的目标为 $n=2$。即使在归纳前提对于 $n-1$ 成立（设基本情况为 $n=1$）的情况下，那两个 set 之间也不会发生重叠，所以要用归纳步骤分解之！需要注意的是，如果我们用某种方式证明任意两匹马的毛色都相同（设基本情况为 $n=2$），那么该归纳就（显然）是有效的。

4-7. 问题的关键不是它应该在某有 $n-1$ 个叶节点的树上操作，因为我们已经假设了当前的情况。重点是其参数指向的是 n 个叶节点的树，它已经构建好了。无论我们选择的是不是带 n 个叶节点的树，我们都可以删除它的一个叶节点和该叶节点的父节点，构建出一个带 $n-1$ 个叶节点及 $n-2$ 个内部节点的有效二叉树。

4-8. 这里只要直接运用相关规则即可。

4-9. 只要我们研究过单独一个人的情况（如果我们这样做的话），就会了解到这个人要么不能指向任何人，要么被指向的那个人不能被删除。因此，他（或她）只能指向自己（或者说指向自己的椅子）。

4-10. 只要快速扫一眼代码，我们就可以看出这其实就是一个握手问题的递归式（其在每轮调用中，B 的构建都是一个线性级操作）。

4-11. 我们可以试着按（"数位"的）序列进行排序。在这个过程中，我们会将计数排序当作一个子例程，它会通过参数告诉我们当前排序的是哪一组数位。然后我们只需要从最低位遍历到最高位，并按其位数对（序列）编号进行排序。（请注意：我们可以在这些数位之上用归纳法来证明基数排序的正确性。）

4-12. 找出大小合适于各个（取值范围的）区间，然后按编号将各个值进行分割，并用去尾取整法找出适合存放该值的是哪个桶。

4-13. 我们可以（根据第 2 章中所讨论的内容）做出假设：假设我们可以在一个足够大的编号区间上用常数级操作完成对整个数据集的编址，其中包含了 d_i。在这种情况下，我们首先要得出所有这些字符串的计数值，并将其添加为一个单独的"数位"，然后用计数排序法对新数位的编号进行排序。到这一步，我们的总运行时间为 $\Theta(\sum d_i + n) = \Theta(\sum d_i)$。其各个编号"区块"中的数位长度是相等的，可以单独进行排序（用基数排序法）。（现在，您应该怎样看出其总运行时间依然是 $\Theta(\sum d_i)$，以及如何最终得出正确的编号排序呢？）

4-14. 用两个数位来对它们进行编号，每个数位有 $1, \cdots, n$ 的取值范围（您知道怎么做吗？）。然后我们就可以对其运用基数排序，其总体运行时间是线性级的。

4-15. 因为列表推导式是完全平方级复杂度的。

4-16. 请参考第 2 章中在运行实验上所做的那些提示。

4-17. 因为该节点不可能被放在这点之前，并且只要不能更晚放置它，它最终就不能让其后任何事情取决于自己（因为图中不存在环路）。

4-18. 例如，我们可以生成这样一组 DAG 图：其节点按随机顺序排列，并且每个节点都被添加了随机数量的前向边。

4-19. 该算法与原算法非常类似。现在我们要保持剩余节点的出度，并在我们已经发现的节点之前插入各个节点。（请记住，不要在列表前端插入任何东西，相反，我们要追加，并且到最后再反转它们，以此来避免平方级的运行时间。）

4-20. 该算法思路是一个非常简单的递归实现。

4-21. 一种简单的归纳法方案是删除其中一个区间，并继续解决其余问题，然后再回过头来检查最初的那个区间是否需要加回来。问题在于我们必须针对其他所有的区间来检查这个区间，这会产生平方级的运行时间。但我们可以改善这个运行时间。首先，我们可以按照这些区间左端点的位置对它们进行排序。然后将我们可以解决的前 $n-1$ 个区间的问题设置为归纳前提。接下来继续扩展该前提：假设我们也可以找到前 $n-1$ 个区间中最大的右端点。现在，您应该能看出其归纳步骤怎样才能在常数时间内完成了吧？

4-22. 与随机选取一对 u、v 不同的是，这回我们要直接遍历每一对可能的值，这将是一个平方级操作。（您看出这样做对于我们能正确到达各个城镇的必要性了吗？）

4-23. 想要证明 *foo* 很难，我们需要将 *bar* 归简成 *foo*。而要想证明 *foo* 很简单，则需要将 *foo* 归简成 *baz*。

第 5 章

5-1. 虽然在渐近运行时间上两者相同，但后者的开销可能更多（更高的常数因子），因为并不是添加了大量的内置对象，我们才运行得更慢。这里的每个对象都是用 Python 自定义的。

5-2. 我们可以试着反过来用归纳法来证明一个递归算法（您或许可以去看看 Fleury 算法）。

5-3. 我们可以试着在无向图中重新针对其归纳参数（及递归算法）使用归纳法——其过程基本相同。其与 Trémaux 算法的联系是这样的：由于我们允许从每个方向对迷宫中的每条通道进行遍历，所以每一条通道都会对着两条有向边，它们的方向正好相反。这意味着迷宫中所有的路口（节点）都有相同的入度和出度，我们可以确保自己在探索之路会走两遍，但每次的方向不同。（需要注意的是，对于那些比本练习环境更一般的情况来说，Trémaux 算法也许并不合适。）

5-4. 这只不过是对相关像素网格及其相邻像素的邻接表的一种遍历。虽然在这种情况下，我们通常会用 DFS 来实现，但其实任何遍历方法都可以用来做这件事。

5-5. 我敢肯定该线团的用法有许多，但如果您没有其他任何标记方式的话，类似于 DFS（或 IDDFS）堆栈这样的用法可能就只有一种了。虽然这最终会让我们多次访问同一个房间，但这样做至少不会使我们陷入到某种环路中。

5-6. 其实并不是所有迭代版本中都会有回溯操作，该操作只是会隐式地发生在从堆栈中弹出的所有"对子系节点的遍历"中。

5-7. 正如习题 5-6 所述，迭代版本的 DFS 代码中往往会存在回溯操作，所以我们不能只针对一些特定的地方来设置遍历的完成时间（像在递归版本中那样）。恰恰相反，我们需要为此在堆栈中添加某种标志。例如，这回我们不向堆栈中添加相邻节点，而是添加(u,v)形式的边。并且在一切开始之前，我们需要先将$(u, None)$推入堆栈中，以便于我们能回溯到 u 点。

5-8. 假设节点 u 在拓扑排序中必然排在节点 v 之前。那么如果我们先从（或者经由）v 开始 DFS 的话，可能永远都到达不了 u。所以我们在（之后的某些时间点上）启动从 v 出发的，或是先经过该节点的 DFS 之前，必须先完成对 u 的遍历。到目前为止，一切都很正常。而在另一方面，如果我们先从节点 u 开始遍历的话，由于 u 与 v 之间（直接或间接）依赖关系（路径），我们将会在完成对 u 的（再次）遍历之前到达 v。

5-9. 例如，我们可能在这里只需要提供一些带可选参数的函数。

5-10. 如果存在环路的话，DFS 就会尽其所能地一直在环路中遍历下去（可能会从某些弯道上转回来）。这意味着它终究要在进入这个环路的地方建立一条后向边。（当然，它可能已经在后续的其他环路中走过了这条边，但这依然是一条让它转回来的后向边。）所以，如果某图中没有后向边的话，该图中就不可能会存在环路。

5-11. 其他遍历算法也可以通过在遍历树的过程中寻找某个已访问节点的其中一个父节点（一条后向边）来检测环路的存在。只不过，相关情况发生时的确认过程（从交叉边中区分出后向边的过程）不见得那么简单。但在无向图中，我们要检测环路就只需要找到某个被经过两次的节点就好了，这种检测无论对于什么遍历算法都很简单。

5-12. 我们可以假设自己能找到一条经过 u 节点的前向边或交叉边。由于无向图没方向限制，所以 DFS 算法在没有探索完 u 所有的出向边之前绝不会回到 u 本身。这意味着它很可能已经从其他方向上遍历过了我们所假设的那条前向边或交叉边。

5-13. 该算法只不过是把需要持续追踪的记录信息由各节点的前辈节点换成了相关的距离，起点将从 0 开始计数。这回我们要记录的不是这些节点的前辈节点，因此只需要每抵达一个前辈节点就在距离值上加 1，并一直记录着该值即可。（当然，您也可以两种记录都做。）

5-14. 这个问题的好处在于，对于 uv 边来说，如果我们将节点 u 设成白色，那么节点 v 就必然是黑色（反之亦然）。这种思路我们之前见过：如果某问题的约束迫使我们要做某些事，那么在构建该问题的解决方案时，它就必须以某种安全步骤来进行。因此，我们只要对相关的图进行遍历，确保图中所有相邻节点的颜色都不相同即可。如果我们在某些点上做不到这点，那么解决方案就不存在。否则，我们就一定能成功构建出这个二分结构。

5-15. 在一个强连通分量中，每一个节点都可以到达其他任何一个节点，所以它们之间在各个方向上都至少会存在着一条路径。即使边的方向被反转了，但路径依然还是存在的。从另一方面来说，任何一对没有通过这两条路径连通的节点在被反转之后也一样是不连通的，所以连通分量中也不可能会有新加入的节点。

5-16. 假设我们是从 X 开始进行 DFS 遍历的。然后在某些节点上，我们进入了 Y 的部分。我们知道自己不可能通过回溯法返回 X（SCC 图不是环路图），所以 Y 中的每个节点必须完成遍历，之后我们才能回到 X。换句话说，X 中至少有一个节点的遍历必须在 Y 完成遍历之后完成。

5-17. 我们可以试着举出一个简单的实例，以说明那样做的结果更糟糕。（您可以为此准备一个小型的图结构。）

第 6 章

6-1. （无）

6-2. 该解决方案的渐近运行时间和前一个方案一样。然而，比较的次数却会上升。要理解这一点，分别观察二分查找和三分查找的递归式 $B(n) = B(n/2) + 1$ 以及 $T(n) = T(n/3) + 2$（基本条件：$B(1) = T(1) = 0$ 和 $B(2) = T(2) = 1$）。您可以通过归纳法证明 $B(n) < \lg n + 1 < T(n)$。

6-3. 如习题 6-2 所示，多路查找的比较次数不会下降；但是，它们却有其他优点。比如，在 2-3 树中，3 节点组帮助我们取得平衡。在更通用的 B 树中，更大的节点有助于减少磁盘访问的次数。注意在 B 树节点的内部，通常也会用到二分查找。

6-4. 您可以直接遍历这棵树，对每个节点，在访问其左子树之后、右子树之前，显示或返回其键值（中序遍历）。

6-5. 首先您找到要删除的节点，称其为 v。如果它是一个叶结点，直接把它移除。如果它是一个拥有单个子节点的内部节点，则用该子节点替换它。如果它有两个子节点，那就或者找到它的左子树中最大（最靠右）的子孙节点，或者找到右子树中最小（最靠左）的子孙节点——两者选一，您自己决定。然后，把该子孙节点的键和值与 v 对换，再（递归）删除该子孙节点。（为了避免把树变得不必要的不平衡，您应该反复切换左和右这两个选择。）

6-6. 我们插入的是 n 个随机值，所以每次插入一个值时，这个值在已插入的 k 个值（包括这个值本身）中是最小值的概率是 $1/k$。如果它是最小值的话，最左边节点的深度就会增加 1。（为简化起见，我们把根节点的深度定义为 1，而不是通常的 0。）这意味着节点深度为 $1 + 1/2 + 1/3 + \cdots + 1/n$。这个和有一个名称，叫"第 n 个调和数（harmonic number）"，或者叫 H_n。有趣的是，这个和是 $\Theta(\lg n)$。

6-7.　我们假设您拿当前节点和左子节点对换位置，而它又比右子节点大。此时堆的属性已被破坏。

6-8.　每个父节点都有两个子节点，所以向前走两个元素能走到相邻父节点的子节点；于是，节点 i 的子节点位于 $2i + 1$ 和 $2i + 2$。如果您理解起来还有困难，试着把树的节点画成它们在数组中的排列，并用弧线连接父子节点。

6-9.　要理解为什么标准实现中堆构建操作的时间复杂度是线性的，需要一些技巧。它从叶结点上面一层开始，按层向上遍历节点，并在每个节点上做一个对数级的操作。它看起来几乎就是线性对数级的。然而，我们却可以把这个过程表示为一个等效的分治算法，把它变得更眼熟些：把左右子树各做成一个堆，然后修复根节点，其递归式是 $T(n) = 2T(n/2) + \Theta(\lg n)$。而我们知道（如通过主定理）它是线性的。

6-10.　首先，堆能允许直接访问最小（或最大）的节点。当然，这一点也能通过维护一个指针，指向搜索树中最左（或最右）的节点来实现。其次，堆的平衡很容易维护。并且，由于它是完美平衡的，它的表达可以十分紧凑，额外开销非常小（例如，您可以在每个节点的内存空间中保存一份值和引用）。最后，构建一棵（平衡）搜索树需要线性对数时间，而构建一个堆只要线性时间就够了。

6-11.　（无）

6-12.　（无）

6-13.　对随机的输入而言，这种方法并不会对分区的性能有影响（反而多了一次函数调用）。然而，总体来说，这种方法能够确保任意输入都不会总是导致最坏情况的发生。

6-14.　（无）

6-15.　这里您可以利用鸽洞原理（如果试图把多于 n 只的鸽子放进 n 个鸽子洞，至少有一个洞里会有两只鸽子）。把这个正方体分割为边长为 $n/2$ 的四个块。如果有超过 4 个的点，那么必有一个块会有至少两个点。只需要简单的几何知识就能明白，这些方块的对角线长度都小于 d，因此，这是不可能的。

6-16.　在开始之前，把数据处理一遍，把那些位置重叠的点清理掉。所有的点都已排过序，所以去除重复的操作是线性时间的。当运行这个算法时，沿着中线的一个切片最多可以有 6 个点（您发现为什么了吗？），所以您只需要比较按 y 值递增的最多 5 个后续点就行。

6-17.　这个证明正类似于排序算法下界对凸包问题下界的证明：可以把实数的元素唯一性问题归简为最近点对问题。只要把实数映射为 x 轴上的点（线性时间，它的渐近复杂度比唯一性判定要少），然后找到最靠近的点对即可。如果两个点相同，那么实数元素便不唯一；否则，它们就是唯一的。因为唯一性无法在少于线性对数级的时间里判定，于是最近点对问题也就不可能比这更高效。

6-18.　关键在于发现以下事实——完全没有必要让子序列起始的任意多个元素（或者叫头部）的和是 0 或负数（否则，抛弃这一段总能得到相等或更大的和）。并且，完全没有必要抛弃一个总和为正的头部（包括它的话，总能得到更大的和）。于是，我们可以从左边开始，总是维持到目前为止最大的和（以及相应的区间）。一旦出现总和为负，我们就把 i（起始索引）下移一格并从那里开始重新求和。（您最好搞明白这个方法的确管用；或许用归纳法证明一下？）

第 7 章

7-1. 有很多种可能性（例如，从美制硬币中去掉几种之后）。一个重要的例子是老式英制系统（1、2、6、12、24、48、60）。

7-2. 这正是一种理解 k 进制如何工作的方法。如果选 10 作为基数，就非常容易理解。

7-3. 这种情况下，当您考虑是否要加入剩余部分的最大元素时，加入它总是合算的，因为如果您不加入它，其余所有元素之和都小于被跳过的这个元素。

7-4. 假设 Jack 是男的里面被他最合适的"可行"妻子 Jill 抛弃的第一个人，而她选择了 Adam。根据假设，Adam 还没有被他最合适的"可行"妻子 Alice 抛弃，这意味着他喜欢 Jill 的程度至少等于他喜欢 Alice 的程度。考虑一下 Jack 和 Jill 在一起的稳定配对情况（这种情况一定存在，因为 Jill 是 Jack 的"可行"妻子）。这一配对情况下，Jill 将仍旧喜欢 Adam。然而，我们知道相对于 Alice 或另一个"可行"妻子来说，Adam 更喜欢 Jill，所以这一配对根本不是稳定的！这样我们就有了一个矛盾，证明了"某个男士没有与他最合适的'可行'妻子配对"这一假设不能成立。

7-5. 假定在一种稳定配对中，Jack 与 Alice 结婚，而 Jill 与 Adam 结婚。因为 Jill 是 Jack 最合适的"可行"妻子，所以他会比喜欢 Alice 更喜欢她。因为这一配对是稳定的，Jill 必然更喜欢 Adam。在任何稳定配对下，只要 Jill 的丈夫不是 Jack，这一事实总是成立——相对于 Jack 来说，她总是更喜欢另一位男士。

7-6. 如果您的背包能够在随意填充的情况下被所有小块填满，那么贪心算法必然是可以工作的。例如，当某个项能以 2.3 为单位分割，而另一个项能以 3.6 为单位分割，而包的容量能被 8.28 整除，那么您将不会遇到问题，因为您有一个足够好的"分辨率"（您能否看出更多的变化形式？这一思想有什么其他含义？）。

7-7. 这一点容易由树结构推测出来。所有代码都让我们能唯一确定地从根节点导航到子节点，因此在"我们什么时候到达哪个点"这个问题上是没有疑义的。

7-8. 我们知道 a 和 b 是频率最低的两个项，这意味着 a 的频率低于（或等于）c 的频率，而 b 和 d 之间的关系也一样。如果 a 和 d 拥有相同的频率，那么我们将会消除所有频率之间的不同（包括 $a \leq b$ 和 $c \leq d$），从而这四个频率将是相同的。

7-9. 考虑所有文件都是同样大小的情况。此时，一棵平衡的归并树能给我们提供线性对数级的归并时间（典型的分治法）。然而，如果我们把归并树做得完全不平衡，那么我们就将得到一个平方级的运行时间（就像插入排序一样）。现在考虑一系列文件，它们的大小都是 2 的幂次，直到 $n/2$ 为止。最后一个文件将有线性大小，而在一棵平衡的归并树中，它将经历对数次的归并，这意味着我们将至少得到线性对数级的效率。现在考虑 Huffman 的算法会怎么做：它总是归并最小的两个文件，而它们的和值总是接近下一个较大文件的大小（比它小 1）。我们得到这些幂次的和，并最终得到线性的归并时间。

7-10. 前提是您必须拥有两条同样权重的边，而它们又各能成为某个解决方案的一部分。例如，如果最低的权重在两条不同的边上被用了两次，那么您就会得到（至少）两个不同的解决方案。

7-11. 由于所有生成树的边数都是一样的，因此，我们可以简单地在权重前面加一个负号（也就是说，如果权重是 w，我们就把它改成 $-w$），然后找出最小生成树。

7-12. 我们需要为所有情况证明这一点，此时我们知道哪些边已被加到解决方案中。子问题就是图的剩余部分。我们想要证明的是，在剩余部分中找到一个与我们已经拥有的部分解决方案相兼容的最小生成树（不会产生环的树）将会给我们一个全局最优的解决方案。与往常一样，我们通过反证法来证明它。假设我们能够找到子问题中的一个非最优解，而它能给我们带来一个全局最优的解。这两个子解决方案都与我们已经拥有的部分兼容，所以它们可以互换。显然，把那个（部分的）非最优解换成最优解，可以降低总权重，于是得到矛盾。

7-13. 在这种情况下，Kruskal 算法将总是找到一个最小生成森林。而在连通图的情况下，它则会变成一棵生成树。Prim 算法可以扩展为采用一个外围的循环，就像深度优先遍历一样，这样它就会在所有的连通分量中重新开始。

7-14. 它仍能执行，但无法找到最廉价的遍历（或者说，代价最小的树）。

7-15. 因为您可以用这个算法来排序实数，而后者拥有线性对数级的下界。（类似于凸包问题。）您只要把这些实数同时作为 x 和 y 轴坐标。最小生成树会将第一个点连接到最后一个，于是就得到了升序的排序。

7-16. 我们只需要证明，所有连通分量的树都拥有（至多）对数级的高度。一个连通分量的树的高度等于其中的最高等级（rank）值。只有当两棵高度相等的树被合并时，等级才会增 1。想要在每次合并操作中递增等级，必须是以平衡的方式进行，最终得到的就是对数级的等级（和高度）。如果只是一味地调用它，经历许多不增加等级的操作的话，结果只可能是不增加高度。因为我们只是在把结点"隐藏"到树中，而不会更改它们的等级，所以我们不必为这一点费心。换句话说，对于这些连通分量的树，无法获得比对数级更大的高度。

7-17. 总的时间复杂度完全被隐藏在堆的对数级操作中了。在最坏情况下，如果我们对每个节点都只添加一次，那么这些操作将会是对数级的（相对于节点数量来说）。现在，它们可能会是相对于边数的对数级，而边的数量相对于节点数量是多项式级（平方级）的，结果也只能得到一个常数级的差别：$\Theta(\lg m) = \Theta(\lg n^2) = \Theta(\lg n)$。

7-18. 包含最早起始时间的那个区间将会潜在地覆盖集合中剩余的所有区间，而这些区间可能全都是不重叠的。另一方面，如果我们从最大的起始时间开始，我们也注定会失败，因为我们总是只能得到一个元素。

7-19. 我们先对所有区间做一次排序，然后就能用线性时间来做所有的扫描与淘汰操作（您知道怎么做吗？）。换句话说，总的运行时间由排序决定，也就是通常的线性对数级。

第 8 章

8-1.　我们也可以不去检查参数元组是否已经存在于缓存中，要直接对它们进行索引即可，如果该元组确实不存在，函数会捕获到一个 KeyError。另外，在其间使用一些不存在的值（例如 None）也有助于提升一些性能。

8-2.　子集计数法或许是一种方式，我们可以用各元素在子集中的存在与否来对应这层关系。

8-3.　对于 fib()，我们只需在每轮循环之前设置两个预置值即可；而对于 two_pow()，我们也只需一直将现有的值加倍就行了。

8-4.　（无）

8-5.　这个问题只需要用第 5 章中"前向指针"的思路就可以解决。如果您所做的是正向版本，就应将自己在每个节点上所做的选择（也就是您所走过的每一条出向边）存储下来。而如果您要做的是反向版本，就只要存储经过的节点即可。

8-6.　因为拓扑排序依然会访问到结构中的每一条边。

8-7.　我们可以让每个节点负责观察自己的前辈节点，然后在起始节点的预估值中显式地触发一个更新（给其一个零值）。这样一来，observer 对象们就看到更新信息，并相应地更新自己的预估值，并在它们的 observer 对象面前触发一个新的更新。虽然这里所采用的许多方式与本章中基于松弛法的那个解决方案非常类似，但这个解决方案看起来总给人那么一点"操之过急"的感觉。因为这些更新联动会在瞬间被触发（并不是让每个节点在某段时间内完成自身的更新输出或输入），所以事实上，该解决方案的运行时间是指数级的。（您明白是怎么回事了吗？）

8-8.　该终点有很多种呈现方式——最直接的方式是观察该列表的具体构造。其每个对象都是通过 bisect() 添加进来的（可以是追加的形式，也可以是覆盖旧有元素的形式），它们都按照既定的顺序被放在了合适的位置上。因此根据归纳法，它们的终点也应符合这个顺序。（您能用其他方式来说明已排序列表在这里的必要性吗？）

8-9.　当新元素大于列表的最后一个元素，或者其尾端为空时，我们是无须调用 bisect() 的。因此我们可以通过 if 语句来检查一下上述情况。这虽然可以令代码加速，但也会牺牲掉一些可读性。

8-10.　和 DAG 的最短路径问题一样，这个问题的关键是要记住"我们从哪里来"，也就是需要我们持续记录下自己所经过的前辈节点。在平方级版本的实现中，我们可以不必使用前向指针，只需要在每一轮循环中简单地拷贝一下当前的前辈节点列表即可。这对算法渐近运行时间没有影响（因为虽然所有的列表拷贝都属于平方级操作，但我们的算法本身已经是平方级的了），它在实际运行时间中所占的分量和使用的内存空间都是微不足道的。

8-11.　这个问题的解决在许多地方都与 LCS 代码非常类似，如果您需要更多的帮助信息，可以去搜索一下诸如"levenshtein distance python"等关键字。

8-12.　和其他算法一样，我们只需一直循着自己所做的每个选择，在对应"子问题 DAG"中设置出相应走向的边就可以了。

8-13.　我们可以将这两个序列及其长度进行对换。

8-14.　我们可以用 c 与 w 中所有元素去除以它们的最大公约数。

8-15. （无）

8-16. 其运行时间是伪多项式级的——这意味着它依然是个指数级算法。因为我们可以轻松地用调大背包容量的方式来使其算法运行时间变得不可接受，并同时将问题实例的规模保持在低水平上。

8-17. （无）

8-18. （无）

8-19. 我们可以增加一组虚拟叶节点，用它们来表示那些失败的搜索。这样一来，该树的叶节点就用来表示两种实际情况中所有不存在的元素了。我们可以在求和式中对它们进行单独处理。

第 9 章

9-1. 这题需要我们对相关算法或图结构做一定程度的修改，使得原本用于检测负向加法环路的机制可以被用来寻找汇率获利比最终在 1 以上的乘法环路。对此，最简单的解决方案是直接用取对数和取反值的方式对问题中所有的权重进行转换。然后对其使用标准版的 Bellman-Ford 算法，并得出一条我们所需的负向环路。（您清楚这个过程吗？）当然，实际操作起来，我们还需要对该环路上的节点的出入细节做一些具体的安排。

9-2. 这不是问题，它并没有超出 DAG 的最短路径问题的范围。哪一条路径排序靠前一些是无关紧要的，因为另一条（排序靠后的）路径也并不能被用来构建任何捷径。

9-3. 这会瞬间（给原问题实例）带来伪多项式级的运行时间，您知道这是为什么吗？

9-4. 这取决于我们具体怎么做。在这里，多次添加节点已经不是什么好主意了，我们或许应该设置一些东西，以保证我们在执行松弛法时可以访问到并直接修改队列中的元素项。这部分的内容应该在常数级时间内完成，但从队列中提取元素的操作是线性级的，我们最终得到的是个平方级的运行时间。对于一个稠密图而言，这实际上已经很好了。

9-5. 如果问题结构中存在负向环路的话，出错是有可能的——但 Bellman–Ford 算法在那种情况下会触发一个异常。除此之外，我们也可以转而采用三角不等式。我们都知道对图中所有的节点 u 和 v，都应该满足 $h(v) \leq h(u) + w(u, v)$。这意味着我们可以根据规则得出：$w'(u, v) = w(u, v) + h(u) - h(v) \geq 0$。

9-6. 对于这题，我们可以沿用最短路径的思路，但没有必要再保证权值的非负特性了。

9-7. （无）

9-8. （无）

9-9. 在这里，我们需要对原算法做些小改动。我们可以将其中的权值矩阵改成一个（二进制、布尔型的）邻接矩阵。这样一来，当我们查看某一路径能否被改善时，就可以不用再执行添加和最小化操作了，只需要查看是否有新的路径存在即可。换句话说，我们要寻找的是 A[u, v] = A[u, v]或者 A[u, k] = A[k, v]的情况。

9-10. 因为这个较为严格的停止标准告诉我们：一旦 $1 + r$ 大于我们目前所能找到的最短路径，算法就会停止，并且我们也已经确认了这条标准的正确性。所以当我们从两个方向上都找到（并因此访问了）同一个节点时，就可以确定其最短路径一定会穿过这一已被探索到的节点。由于该节点本身就属于我们已探索到的节点，所以它一定大于或等于这些节点中最小的那一个。

9-11. 无论被选中的是哪一条边，我们都可以确定 $d(s,u) + w(u,v) + d(v,t)$ 一定会小于目前所能找到的最短路径的长度，即小于或等于 $1+r$。这意味着，1 和 r 无论如何都会穿过该路径的中点。如果该中点在某一条边内，我们就选择它即可。而如果该中点正好落在某个节点上，我们只需在该路径的相邻边中随意选择一条就可以了。

9-12. （无）

9-13. （无）

9-14. 以 v 到 t 之间的最短路径为例的话，其修改成本可以用两种方式来表示。第一种表示方式是 $d(v,t) - h(v) + h(t)$，而又因为 $h(t) = 0$，它又可以被表示为 $d(v,t) - h(v)$。而另一种表现其修改成本的方式则是各条被修改边权重的和值，即我们假设目标结构中没有负向边（也就是说，h 是可行的），那么它就可以被表示成 $d(v,t) - h(v) \geq 0$ 或者 $d(v,t) \geq h(v)$。

第 10 章

10-1. 我们可以直接将每个节点 v 都拆分成两个节点 v 与 v'，并添加一条带预置容量的边 vv'。所有的入向边都留在 v 点，而所有的出向边都由 v 移到 v' 上。

10-2. 我们可以通过修改算法来做，也可以通过修改我们自己的数据来做。例如，我们可以将每个节点都一分为二，并在其间加入单位容量的边，接着再赋予其他所有的边无限的容量，这样最大流量算法就会帮我们识别出相应的顶点不相交路径。

10-3. 我们知道算法的运行时间为 $O(m^2)$，所以接下来要做的就是模拟出这个平方级运行时间发生的情景。一种可能性是这条从 s 到 t 的路径中（除了 s 和 t）还有 $m/2$ 个节点。在最坏的情况下，这次始于 s 点的遍历所访问的都是未饱和的出向边。这样的话（由握手累计问题可知），它必然是一个平方级运行时间的操作。

10-4. 我们只需要直接将每一条边 uv 替换成容量相同的两条边 uv 和 vu。当然，在这种情况下，我们最终可以在同一时间里使用这两条路径中的流量。但这实际上不是问题——想要找出实际流量所穿过的未饱和边，我们只需要另外再减去 1。然后得出结果的正负号将会告诉我们该流量的方向。（有些算法书可能会避免在节点之间设置这种双向边，以便简化残量网络的用法。这也可以通过虚拟一个节点，然后在两个节点之间的双向边中分出一条来实现。）

10-5. （无）

10-6. 例如，我们可以赋予源节点一个容量（详见习题 10-1），使其等于预置流量值。如果这行得通，最大流量就应该是这个值。

10-7. （无）

10-8. 对于这个问题，我们可以通过最小切割问题来解决，具体如下：如果客户 A 只有在 B 出现的时候出现，我们就将边 (A,B) 添加到网络中，并赋予其无限容量。在可避免的情况下，这条边绝不会（在其前方）穿过某个切割处。我们所邀请的朋友一定都在切割处偏向源头的那一侧，而其他人则都在槽口一侧。我们所采用的兼容模型如下：所有正向兼容都将作用于来自源头那条边中的容量，相对地，所有负向兼容都将作用于前往源头的那条边中的容量。该算法会寻求最小化切割处两侧边中的流量和，以（尽可能地）将我们喜欢的那一组客人都维持在源头这一侧，而不喜欢的那组则都在另一侧。

10-9. 由于每一个人都有一个单一喜欢的座位，我们可以让左侧的每个节点都有单独一条边前往右侧。这也就意味着我们的增广路径将全部由一些单一的未饱和边组成——所以它与我们对增广路径算法的描述是等效的，而后者应该会得出一个最佳答案（它会尽可能地让更多的人与他们喜欢的座位对上号）。

10-10. 我们用节点来表示这两轮练习中的各个分组、第一轮分组中分到的都是来自于源头的入向边，容量为 k。类似地，第二轮分组中分到的都是流向槽口的出向边，容量也为 k。接下来，我们将第一分组中所有边加到第二分组的所有边上，其总容量应该为 1。这里的每个流量单元都代表了一个人，只要我们能使这些来自源头（或流向槽口）的边进入饱和状态，就成功了。所以，每个分组都将由 k 个人来组成，并且第二分组的人中最多只能有一个人能来自第一分组。

10-11. 这个问题的解决需要我们用最小费用流算法的思路来设计供应/需求方案。为此，我们需要将每个行星表示成一个节点，并且为每一种乘客类型增添一个节点（乘客类型指的是各个能有效记录每位乘客的出发地与目的地的组合体）。然后，每一个 $i < n$ 的星球与星球 $i+1$ 之间的链路容量都等于我们宇宙飞船的实际承客量。而乘客类型节点的分配则取决于该类型的乘客数量（想要从 i 星球飞往 j 星球的乘客数）。具体来说就是，假设我们现在有一个节点 v，它代表的是想要从星球 i 飞往星球 j 的乘客。这些旅程有些是可以飞的，有些则不能飞。对此，我们可以通过在 v 到 i 之间，以及 v 到 j 之间添加边的方式来呈现（边的容量无限）。接下来，我们加在节点 j 上的需求应该等于节点 v 上的供应量（换句话说，我们得确保每个星球都占据了全部乘客目的地中的一部分需求。）最后，我们加在 (v,i) 这条航线上的成本应该等于从 i 飞往 j 这趟航程的票价（不包含返程票）。这代表了在 v 点上所要处理的乘客量。现在，我们就是要找到一种能应对这些供应与需求的、可行的最小费用流算法。这个航线必须确保每位乘客要么一定会被路由到他们预先设定的出发地（这样他们才会接受这趟航程），要么就一定能通过星际航线抵达他们的目的地（这会增加我们的收入），或者他们将会顺着一条零成本的航线被直接路由到目的地（这意味着他们不会接受这趟航程）。

第 11 章

11-1. 因为二分法的运行时间是对数级的，所以即使某些问题规模的函数有指数级的取值范围，其实际运行时间也只有线性级而已。（您能明白是为什么吗？）

11-2. 因为这些问题都属于 NP 问题，而 NP 类问题都可以被归简成 NP 完全问题（这是 NP 完全问题的定义）。

11-3.　因为背包问题的运行时间为 $O(nW)$（其中 W 代表背包容量），如果 W 是 n 的多项式，那么它就必然是多项式运行时间。

11-4.　要想对一个带任意 k 值的版本进行归简，其实简单，只需要直接增加一个值为 $-k$ 的元素就可以了。

11-5.　将一个无边界版子集和问题归简成无边界背包问题的过程应该是很清楚的（我们只要让相关的权值和数值等于问题中的数字）。该问题真正的挑战来自于从无界到有界的过渡。这基本上是一个由若干个元素参与的数字变戏法。首先，我们当然要继续利用权值来实现最大化方案。但除此之外，我们还需要为该问题添加几种约束条件，以确保每个数字的最大使用率。下面，我们分别来看看这些约束条件。首先，对于问题中的 n 个数字，我们可以试着通过 2 的指数形式来创建 n 个"插槽"，用 2^i 来表示数字 i。这样一来，我们就可以将背包容量表示成 $2^1 + \cdots + 2^n$，并在此基础上实施我们的最大化方案。当然，光这样做还是不够的。只要我们的背包中有一个 2^n 实例或两个 2^{n-1} 实例，这个最大化方案就没有意义了。为此，我们还得另增加一个约束条件：我们改用 $2^i + 2^{n+1}$ 来表示数字 i，并将背包容量改成 $2^1 + \cdots + 2^n + n \cdot 2^{n+1}$。作为最大化方案来说，它依然会按照从 1 到 n 的顺序填充每个插槽，但现在，由于它只允许在背包中放入 n 个 2^{n+1} 了，因此单个 2^n 实例一定会优于两个 2^{n-1} 实例。但我们的事情依然还没有做完……因为这些只是最大化了每个数字的使用率，并不是我们真正想做的。恰恰相反，我们真正想做的是将背包中的各个项目分成两个版本，一个代表放入背包的数字，一个代表不放入背包的数字。因此，如果数字 i 是放入背包的项目，我们要为其加上一个 w_i；如果它是不放入背包的项目，则为其加 0。此外，我们还会设置一个原始背包容量 k。这些约束条件都是在"每个插槽对应一个项目"的设定之下的，所以我们真的会希望这种表现形式能有两个"数位"。为此，我们可让代表插槽数量的常数乘以一个巨大的常数。如果我们设定这个常数的最大值为 B，这个约束条件就是 nB 的乘积，当然，我们应该确保其在安全线以内。然后由此产生的方案就将原问题中的 w_i 表示成了以下两个新的数字，它们分别代表了放入背包的项目和不放入背包的项目，前者为 $(2^{n+1} + 2^i)nB + w_i$，后者则是 $(2^{n+1} + 2^i)nB$。背包容量则为 $(n \cdot 2^{n+1} + 2^n + \ldots + 2^1)nB + k$。

11-6.　将任何一种 $k > 3$ 的 k 元着色问题归简成三元着色问题其实都非常简单，我们只需成对地将多余的颜色合并一下即可。

11-7.　在这里，我们可以归简掉任意数量的东西，其中一个简单的例子就是将一个子图同构归简成一个有向分团图。

11-8.　在这里，我们可以通过在两个方向上各添加一条有向边的方式（添加一组反向平行边）来模拟无向边。

11-9.　对于这题，我们依然可以用红—绿—蓝三色来模拟方向，并预先将有向哈密顿环路归简成哈密顿路径（当然，我们应该具体验证这一过程，并说明为什么这样依然是可行的）。但其实这里还有另外一种选择。我们这回可以考虑将无向哈密顿环路问题归简成无向哈密顿路径问题。具体来说，我们可以选取某一节点 u，然后添加三个新的节点 u'、v 与 v'，以及 (v,v') 和 (u,u') 两条（无向）边。接下来，我们在 v 和 u 的每个相邻节点之间都添加一条边。这时候，如果我们的原始图中有一条哈密顿环路，这个新的图结构中显然就会有一条哈密顿路径（只要断开该环路中节点 u 与其某个相邻节点之间的连接，再将 u' 和 v 添加到路径的两端即可）。更重要的是，该隐式操作的作用是双向的：新图结构中的哈密顿路径必须是一条从 u 到 v 的路径，我们也可以把这两点连接起来，以得到一条哈密顿环路。

11-10. 该归简就是在另一个方向上对其进行反向排序（意料之中）。这里并不需要对现有节点进行分割，我们可以新增一个节点。然后令该节点与其他每个节点都能连通。在这种情况下，当且仅当原图中存在一条哈密顿路时，我们才会在这个新图中得到一条哈密顿环路。

11-11. 对于这题，我们可以试着顺藤摸瓜看看。DAG 中的最长路径问题的确可以被用于寻找哈密顿路径，但这只限于在 DAG 中。而且，这种方式是让我们在一个用单节点分割而成（或者由某种归简操作形成的，有些事之间是紧密关联的）的 DAG 中寻找有向哈密顿环路。但是，我们用来将 3-SAT 问题归简成哈密顿环路的有向图并不是这样的。确实，我们可以看到在 s 与 t 节点之间隐藏着这样一个结构，其中边的方向都是从 s 往 t 向下的，但其每一行都布满了反向的平行边。这使得我们从两个方向都可以进入这个结构，这是一个关键性证据。因为由此可以看出，我们所假设的非环路特性在这里并不成立。

11-12. 这一题的原理与习题 11-11 非常类似。

11-13. 正如我们在正文中所讨论的那样，只要被放入的物体能过背包容量的一半，我们就大功告成了。如果该物体略小一些（但不小于背包的四分之一）的话，我们就改放两个物体，一样能达到让总容量过半的目的。现在唯一剩下的可能就是，该物体还要更小一些。在这种情况下，我们就只能一直往里填充物体，直到总容量过半为止——因为该物体再小也不可能小到让总容量永远过不了半的程度。

11-14. 这题其实很简单。首先，将节点随机排列。这样一来，我们就会拥有两个 DAG，它们分别由从左向右和从右向左的边组成。其中最大的那个图必须由半数以上的边组成。这样我们就得到了一个近似比为 2 的解决方案。

11-15. 假设我们目标图中所有节点都是奇数度的（这样我们匹配到的就是这里所能得到的最大权值了）。这意味着该环路只能由这些节点来构成，而且其中每个节点的第二条边都属于被匹配的部分。由于我们在这里所采取的是最小匹配策略，所以自然会选择这两个交叉序列中最小的那一个，以确保其权值最多为该环路总权值的一半。但三角关系不等式的存在，这种放宽假设条件并移除某些节点的方式并不能使其形成（或者匹配出）环路，而且会带来更大的开销。

11-16. 对此,我们可以自由地发挥创造力。或许这里只需要我们去试着单独添加其中的某个对象，或是添加某些随机对象？又或者我们可以对其运行一下最初所绑定的贪心策略——尽管该策略可能在先前的某次扩展中已经被用过了。

11-17. 从直觉上来说，贪心策略是有可能找出那个最有价值的解的，但终究还是要看我们是否能提出更有说服力的依据。

11-18. 这里需要用到一些概率论方面的知识，但这并不难。我们可以从单个子句看起，由于其中的每一个逻辑（可以是变量本身，也可以是该变量的取反）都是非 true 即 false，所以它们的概率都是 1/2。也就是说，整个子句的概率应该为 $1-(1/2)^3 = 7/8$。这也可以用来预估被判为 true 的子句数量，即如果我们现在有 m 个子句，我们就可以预估这之中会有 $7m/8$ 的子句为 true。而我们又知道 m 是该问题最佳解的上限，所以其近似比就应该是 $m/(7m/8)$ = 8/7。整个推导非常干净利落，不是吗？

11-19. 该问题目前所拥有的表现力足以用来描述（例如）最大独立集问题这一类 NP 难题了，因此我们的问题也属于 NP 难题。我们可以对其进行如下归简：将每个客人的兼容值都设置成 1，并为原图中的每条边都增加冲突的属性。这样一来，只要我们能让别人拒绝，未被邀请的那些客人的兼容值达到最大，最大独立集就找到了。

11-20. 即使我们通过某个局部问题将本题归简成了 $m = 2$ 的情况，它 NP 难题的属性也很容易被确认。如果我们能通过将工作分发给不同机器来处理，使它们能在某个时刻同时完成，那么实际上就等于实现了它们完成时间的最小化——同样，如果我们能够最小化这些工作的完成时间，也就等于知道了这些工作能不能同时完成（这些值能不能被分割）。它们的近似算法也非常简单，我们可以（按照任意顺序）对各项工作进行遍历，并把当前会最早完成（负载量最低）的工作分配给机器。换句话说，我们在这里使用的是一个非常简单的贪心策略。当然，在这种情况下，要想证明算法的近似比为 2 确实有一定的难度。在这里，我们设其最佳完成时间为 t。这样一来。首先，我们知道不会有一项工作的持续时间会大于 t。其次，我们也知道在最好的情况下，也就是所有工作都得到了完全均匀地分配的情况下，它们的平均完成时间也不会超过 t。接下来，我们继续将该贪心设计中最后完成的机器设置为 M，并且将该机器中最后一项工作设置为 j。由于贪心策略的关系，我们知道在 j 启动的时候，所有的机器都会处在忙碌状态下，所以该启动时间应该在所有工作的平均完成时间之前，因此它也必然在 t 之前。另外，j 工作的持续时间也必须低于 t，所以将它的持续时间加到启动时间上之后，我们应该得到的是一个小于 $2t$ 的值……而且事实上，这个值就是我们的完成时间。

11-21. 对于这题，我们可以重用清单 11-2 中的基本代码结构。如果您愿意的话，我们可以通过一个简单的方法依次对各项工作进行考察，并试着将它们分配给每一台机器。这意味着，我们搜索树的分支因子依然会是 m。（请注意，这与某一台机器中的工作排序无关。）然后在下一层搜索中，我们再试着来安排第二项工作。这样的状态可以用 m 台机器完成工作的时间表来表示。每当我们为一台机器临时增加一项工作时，就只要将该工作的持续时间加到机器的完成时间上即可。而当我们要撤回这项工作时，也只要再从中减掉其持续时间就行了。接下来，我们需要设置一个边界，即给某个局部解决方案（只用于部分工作调度）设置一个针对其最终解决方案的最佳值。举例来说，由于我们完成工作的时间绝不可能早于该局部解决方案中最后一项工作的完成时间，所以这后者就是一个可能的边界（或许您还能提出一个更合适的边界）。另外，在我们正式开始之前，还必须将我们解决方案的初始值设置成最佳方案的上界（因为我们现在做的是最小化问题）。当然，如果能做得更严格一点就更好了（因为这会使我们的剪枝操作递增）。另外，在这里，您也可以用习题 11-20 中的近似算法来解决。